一、优质高产瓜类作物长势长相

黄瓜结果期壮株长势长相（段敬杰　供图）

丝瓜生产（段敬杰　供图）

苦瓜套种黄瓜生产（段敬杰　供图）

西葫芦生产（董双宝　供图）

西葫芦生产（李继德　供图）

二、瓜类作物侵染性病害识别

黄瓜霜霉病危害叶片背面症状

黄瓜霜霉病危害叶片正面症状

丝瓜霜霉病危害叶片正面症状

黄瓜细菌性叶斑病危害叶片正面症状

西葫芦细菌性叶斑病危害叶片正面症状

丝瓜细菌性叶斑病危害叶片背面症状

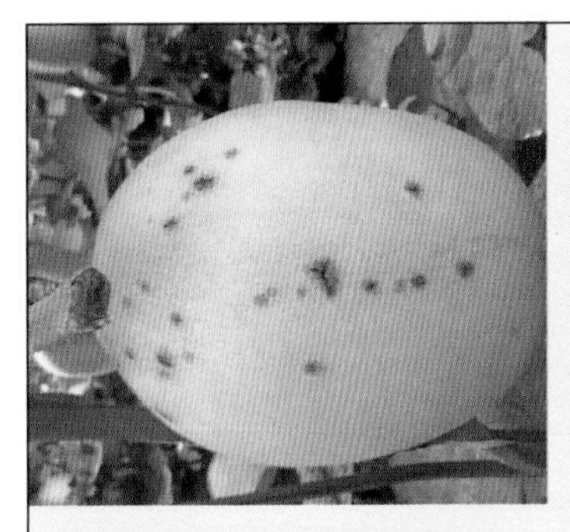

甜瓜炭疽病危害果实症状

甜瓜炭疽病危害叶片正面症状

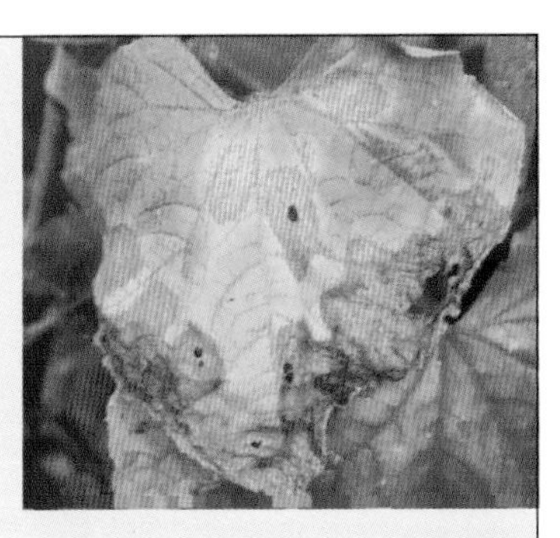

黄瓜炭疽病危害叶片正面症状

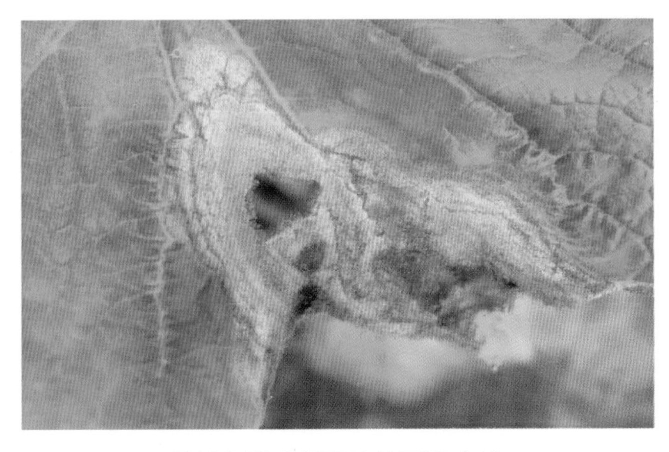

黄瓜灰霉病危害叶片正面症状

西葫芦病毒病危害西葫芦苗期植株症状

南瓜病毒病危害植株症状

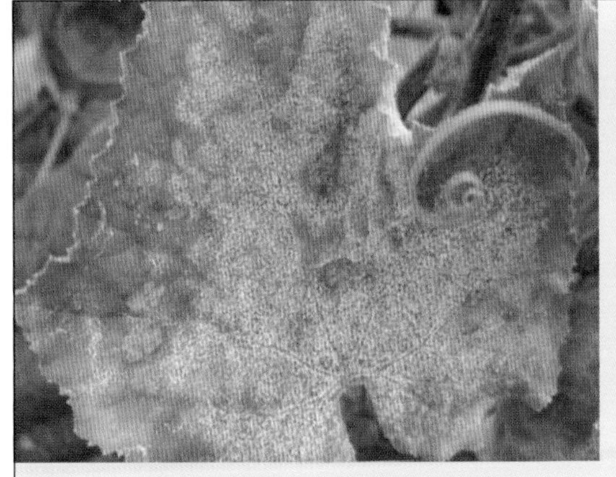

黄瓜白粉病危害叶片正面症状

苦瓜白粉病危害叶片正面症状

丝瓜白粉病危害叶片正面症状

西瓜白粉病危害叶片正面症状

西瓜白粉病危害叶片背面症状

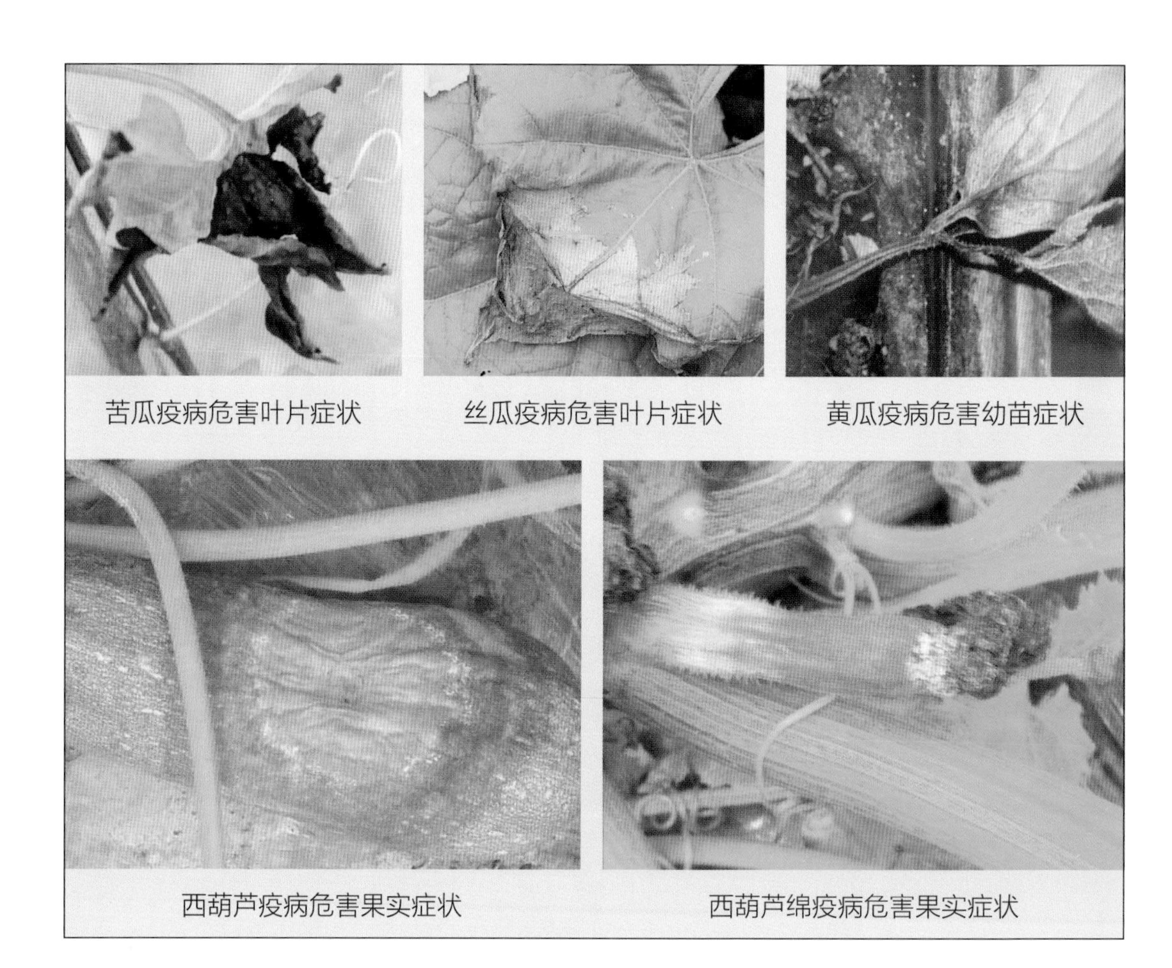

苦瓜疫病危害叶片症状　丝瓜疫病危害叶片症状　黄瓜疫病危害幼苗症状

西葫芦疫病危害果实症状　西葫芦绵疫病危害果实症状

黄瓜黑星病危害果实症状　西葫芦黑星病危害果实症状

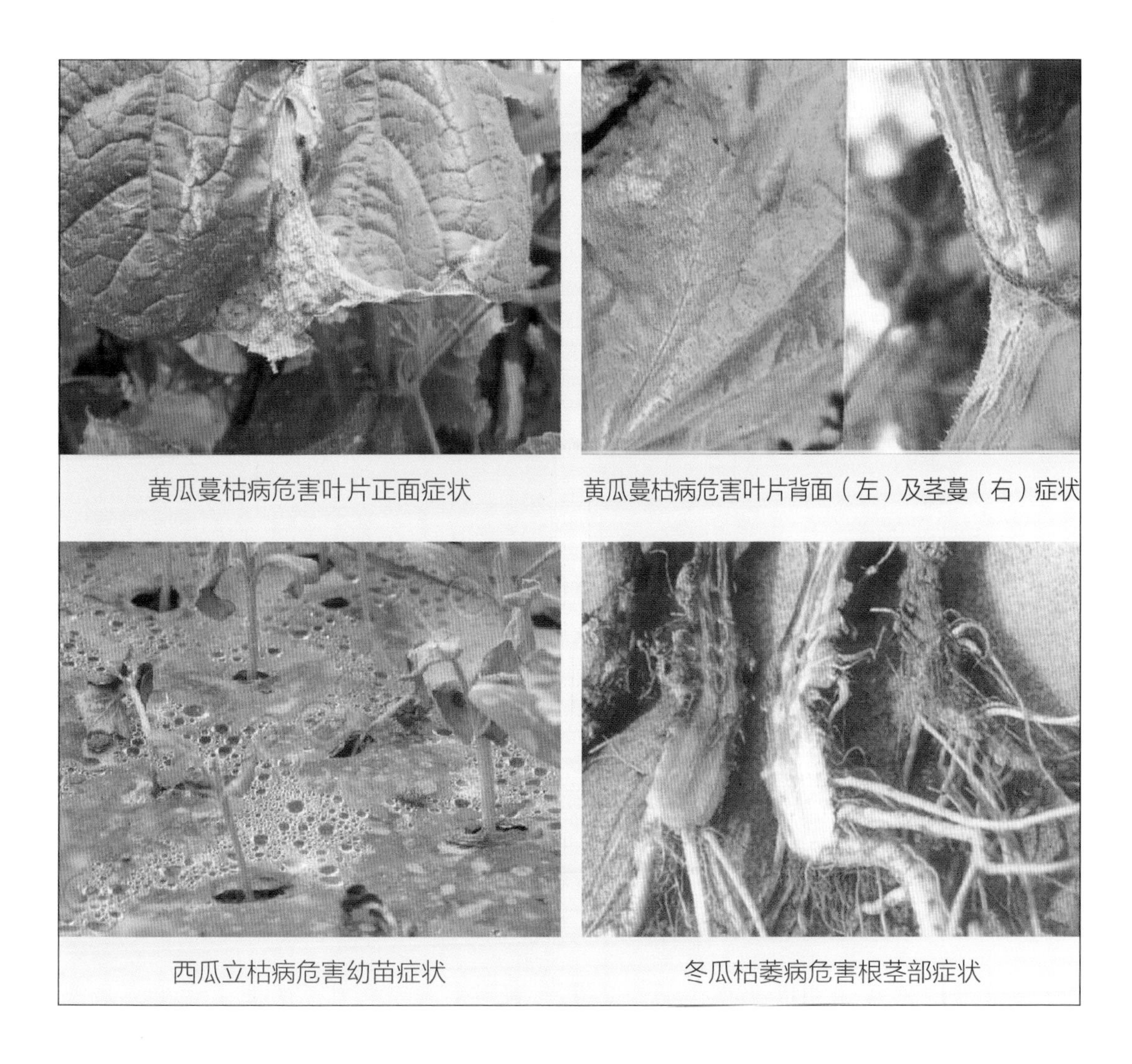

黄瓜蔓枯病危害叶片正面症状

黄瓜蔓枯病危害叶片背面（左）及茎蔓（右）症状

西瓜立枯病危害幼苗症状

冬瓜枯萎病危害根茎部症状

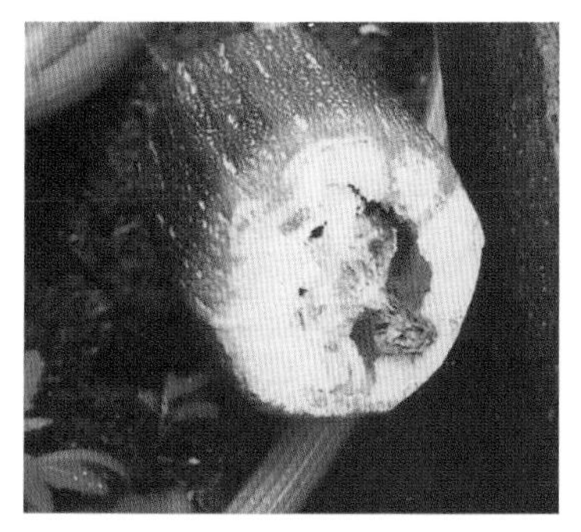

西葫芦果腐病危害果实症状

西葫芦软腐病危害果实症状

黄瓜根线虫危害根系生长发育症状

三、瓜类作物虫害识别

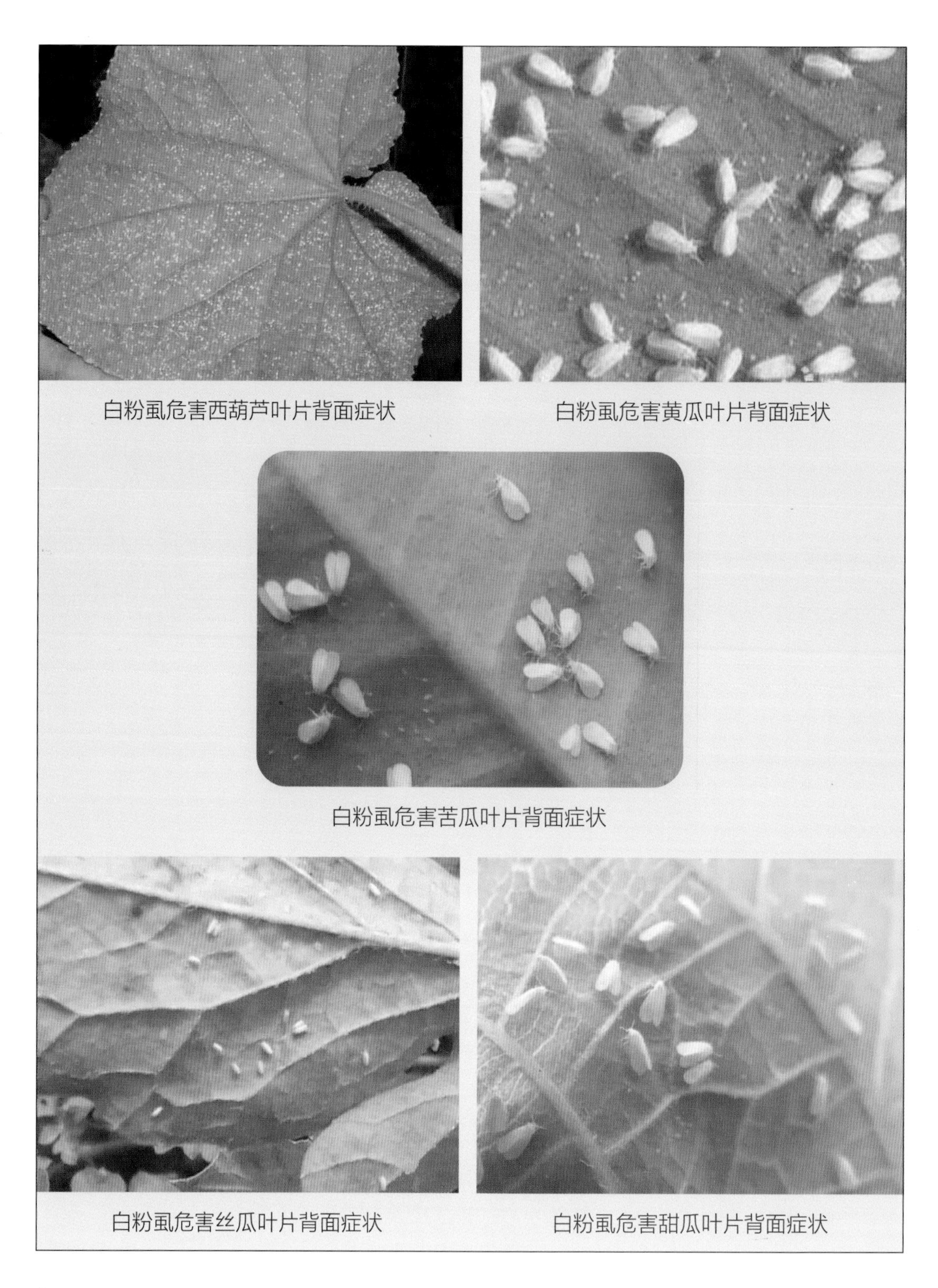

白粉虱危害西葫芦叶片背面症状

白粉虱危害黄瓜叶片背面症状

白粉虱危害苦瓜叶片背面症状

白粉虱危害丝瓜叶片背面症状

白粉虱危害甜瓜叶片背面症状

蚜虫危害西瓜叶片背面症状

蚜虫危害甜瓜叶片症状

蚜虫危害黄瓜叶片背面症状

螨虫危害西葫芦叶片背面症状

黄守瓜危害黄瓜叶片症状

蓟马危害苦瓜盛开花朵症状

蓟马成虫

蓟马危害西瓜幼瓜症状

蓟马危害西瓜花朵症状

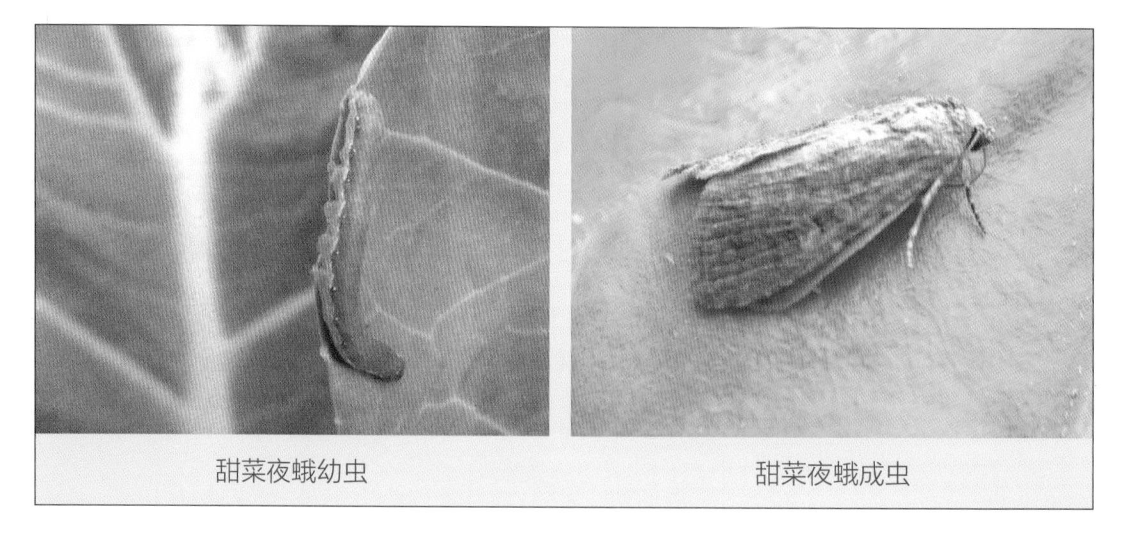

甜菜夜蛾幼虫

甜菜夜蛾成虫

小地老虎成虫

地老虎幼虫

美洲斑潜蝇成虫

冬瓜斜纹夜蛾幼虫

蛴螬幼虫

苦瓜瓜实蝇危害苦瓜果实症状

瓜绢螟虫卵

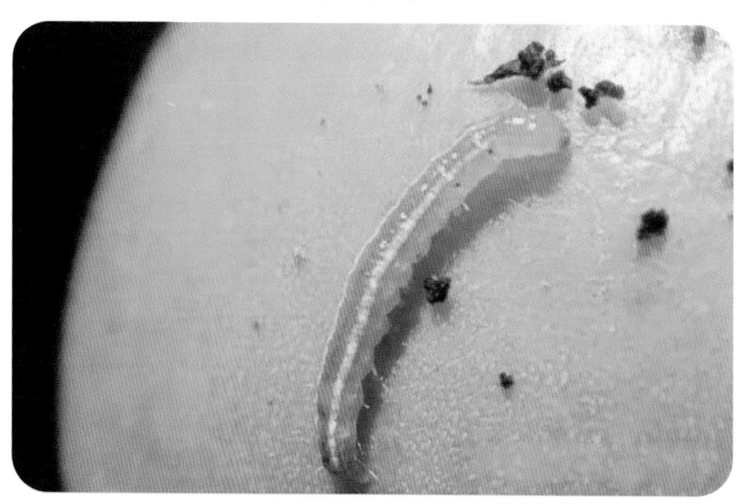

瓜绢螟幼虫危害甜瓜果实症状

瓜绢螟成虫

四、瓜类作物生理性病识别

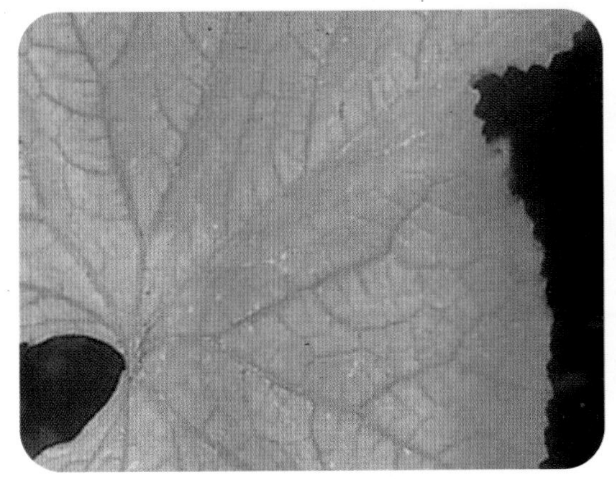

黄瓜缺氮症状

西葫芦缺氮症状

黄瓜缺钾症状

西葫芦缺钾症状

西葫芦缺镁症状

黄瓜缺镁症状

黄瓜缺锌症状

西葫芦缺钙症状

黄瓜缺铁症状

西瓜扁平瓜症状

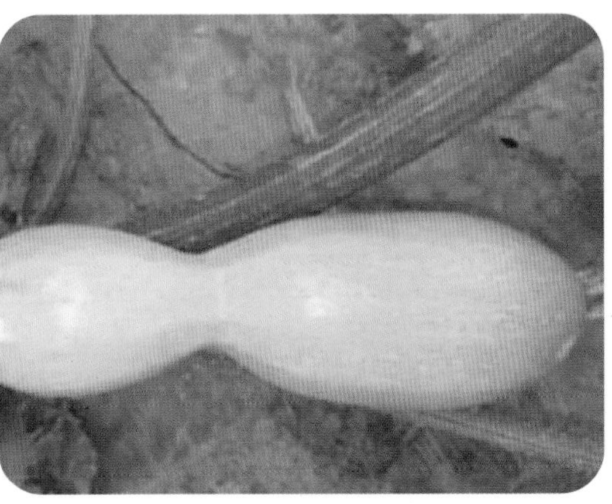

西葫芦蜂腰瓜症状

西葫芦棱角瓜症状

西葫芦尖嘴瓜症状

黄瓜大头瓜症状

黄瓜化瓜症状

南瓜化瓜症状

西葫芦化瓜症状

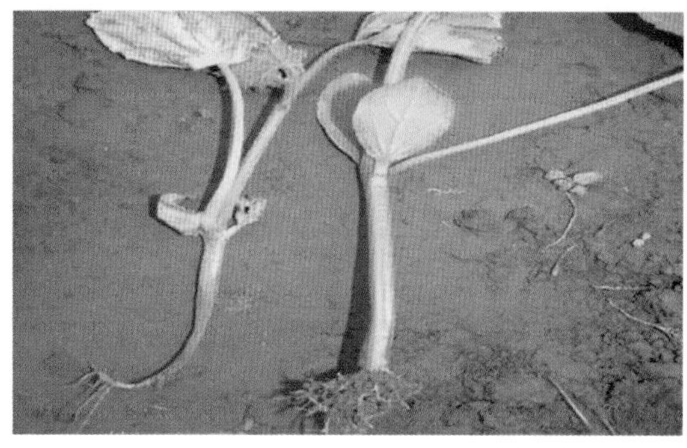

黄瓜苗烧根症状

黄瓜苗沤根症状

黄瓜苗僵化苗症状

黄瓜徒长苗症状

瓜类作物优质高效栽培技术

刘　涛　侯书杰　梁　勇　主编

中原农民出版社
·郑州·

图书在版编目（CIP）数据

瓜类作物优质高效栽培技术 / 刘涛，侯书杰，梁勇主编. —郑州：中原农民出版社, 2022.10
ISBN 978-7-5542-2662-9

Ⅰ.①瓜… Ⅱ.①刘… ②侯… ③梁… Ⅲ.①瓜类蔬菜-蔬菜园艺 Ⅳ.①S642

中国版本图书馆CIP数据核字（2022）第216062号

瓜类作物优质高效栽培技术
GUALEI ZUOWU YOUZHI GAOXIAO ZAIPEI JISHU

出 版 人：刘宏伟
选题策划：段敬杰
责任编辑：苏国栋
责任校对：肖攀锋　张晓冰
责任印制：孙　瑞
内文设计：尚丽峰
封面设计：薛　莲

出版发行：中原农民出版社
地址：郑州市郑东新区祥盛街 27 号 7 层　　邮编：450016
电话：0371 － 65788651（编辑部）　0371 － 65788199（营销部）
经　　销：全国新华书店
印　　刷：河南瀚博印刷有限公司
开　　本：787 mm×1 092 mm　1/16
印　　张：23
插　　页：16
字　　数：510 千字
版　　次：2023 年 2 月第 1 版
印　　次：2023 年 2 月第 1 次印刷
定　　价：89.00 元

《瓜类作物优质高效栽培技术》
编 委 会

主　　任　常　科

副 主 任　殷金玉　苗保朝

主　　编　刘　涛　侯书杰　梁　勇

副 主 编　王彦芳　褚艳丽　李　航　马晓妹　宋红杰　臧长有

编写人员　李春红　李浩敏　邹　伟　张加平　张华莹　赵洪昌

　　　　　胡　煜　谢云梦　魏　玲

目　录

第一章

黄瓜优质高效栽培技术

本章介绍了黄瓜的生物学特性；栽培茬口与品种选择；优质高效栽培技术；侵染性病害的识别与防治；生理障碍的识别与防治；主要虫害的识别与防治；缺素症的识别与防治。

黄瓜是我国北方蔬菜当中主要的一种，也是保护地栽培当中最主要的一种。目前我国温室和大棚栽培的黄瓜占其总面积的70%以上。由于露地、大棚和温室黄瓜的生产，使新鲜黄瓜达到周年供应。

第一节　生物学特性

一、形态特征

（一）根

黄瓜的根由主根、侧根、须根、不定根组成。黄瓜属浅根系，通常主根向地伸长，可延伸到1 m深的土层中，但主要集中在30 cm的土层。主根上分生的侧根向四周水平伸展，伸展的宽度可达2 m左右，但主要集中于半径30~40 cm，深度6~10 cm的范围。黄瓜的上胚轴培土之后可分生不定根。

黄瓜根系好气性较强，抗旱力、吸肥力都比较弱，故在栽培中要求定植要浅，土壤肥沃疏松，并保持湿润，干旱时注意灌水。黄瓜根系的形成层（维管束鞘）易老化，并且发生得早而快。所以幼苗期不宜过长，10天的苗龄，不带土坨也可成活，30~50天的苗龄带土坨、纸袋不伤根，也能成活，如根系老化后或断根，很难生出新根。所以在育苗时，苗龄不宜过长。定植时，要防止根系老化和断根，保全根系。

（二）茎

黄瓜的茎是攀缘性蔓茎，中空，4棱或5棱，生有刚毛。5~6节后开始伸长，不能直立生长。第三片真叶展开后，每一叶腋均产生卷须。茎的长度取决于类型、品种和栽培条件。早熟的春黄瓜茎较短，一般茎长1.5~3 m；中晚熟的半夏黄瓜和秋黄瓜茎较长，可长达5 m以上。茎的粗细、颜色深浅和刚毛强度是植株长势强弱和产量高低的标志之一。茎蔓细弱、刚毛不发达，很难获得高产；茎蔓过分粗壮，属于营养过剩，会影响生育；一般以茎直径0.6~1.2 cm，节间长5~9 cm为宜。

（三）叶

黄瓜的叶分为子叶和真叶。子叶储藏和制造的养分，是秧苗早期主要营养来源。子叶大小、形状、颜色与环境条件有直接关系。在发芽期可以用子叶来诊断苗床的温、光、水、气、肥等条件是否适宜。真叶为单叶互生，呈五角形，长有刺毛，叶缘有缺刻，叶面积较大。黄瓜之所以不抗旱，不仅因为根浅，而且和叶面积大、蒸腾系数高也有密切关系。就一片叶而言，未展开时呼吸作用旺盛，光合成酶的活性弱。从叶片展开起净同化率逐渐增加，展开约 10 天后发展到叶面积最大的壮龄叶，净同化率最高，呼吸作用最低。壮龄叶是光合作用的中心叶，应格外用心加以保护。叶片达到壮龄以后净同化率逐渐减少，直到光合作用制造的养分不够呼吸消耗，应及时摘除，以减轻壮龄叶的负担。叶的形状、大小、厚薄、颜色、缺刻深浅、刺毛强度和叶柄长短，因品种和环境条件的差异而不同。生产上可以用叶的形态表现来诊断植株所处的环境条件是否适宜，以指导生产。

（四）花

黄瓜基本上是雌雄同株异花，偶尔也出现两性花。黄瓜花为虫媒花，依靠昆虫传粉授粉，品种间自然杂交率高达 53%~76%。因此在留种时，不同品种之间应自然隔离 4~5 km。花萼绿色有刺毛，花冠为黄色，花萼与花冠均为钟状、5 裂。雌花为合生雌蕊，在子房下位，一般有 3 个心室，也有 4~5 个心室，侧膜胎座，花柱短，柱头 3 裂。黄瓜花着生于叶腋，一般雄花比雌花出现早。雌花着生节位的高低，即出现的早晚，是鉴别熟性的一个重要标志。不同品种有差异，与外界条件也有密切关系。

（五）果实与种子

黄瓜的果实为假果，是子房下陷于花托之中，由子房与花托合并形成的。果面平滑或有棱、瘤、刺。果形为筒形至长棒状。黄瓜的食用器官是嫩瓜，通常开花后 8~18 天达到商品成熟，时间长短由环境条件决定。黄瓜可以不经过授粉受精而结果，称为单性结实，但授粉能提高结实率和促进果实发育。所以在阴雨季节和保护地栽培时，人工授粉可以提高产量。

黄瓜种子为长椭圆形、扁平、黄白色。一般每个果实有种子 100~300 粒，种子千粒重 16~42 g。种子寿命 2~5 年，生产上采用 1~2 年的种子。

黄瓜新、陈种子的鉴别方法：新的黄瓜种子表皮有光泽，乳白色或白色，种仁含油分、有香味，尖端的毛刺（即种子与胎座连接处）较尖，将手插入种子袋内，抽出手时手上往往挂有种子。陈旧的黄瓜种子，表皮无光泽，常有黄斑，顶端的毛刺钝而脆，用手插入种子袋再抽出手时种子往往不挂在手上。

二、生长发育周期

黄瓜的生长发育周期大致可分为发芽期、幼苗期、初花期和结果期 4 个时期。

（一）发芽期

由种子萌动到第一片真叶出现为发芽期，5~10 天。在正常温度条件下，浸种后 24 h 胚根开始伸出 1 mm，48 h 后可伸长 1.5 cm，播种后 3~5 天可出土。发芽期生育特点是主根下扎，下胚轴伸长和子叶展平。生长所需养分完全靠种子本身储藏的养分供给，为异养阶段。所以种植要选用成熟充分、饱满的种子，以保证发芽期生长旺盛。子叶拱土前应给以较高的温、湿度，促进早出苗、快出苗、出全苗；子叶出土后要适当降低温、湿度，防止徒长。此期末是分苗的最佳时期，为了护根和提高成活率，应抓紧时间分苗。

（二）幼苗期

从第一片真叶出现到 4~5 片真叶为幼苗期，20~30 天。幼苗期黄瓜的生育特点是幼苗叶的形成，主根的伸长和侧根的发生，以及苗顶端各器官的分化形成。由于本期以扩大叶面积和促进花芽分化为重点，所以首先要促进根系的发育。黄瓜幼苗期已孕育分化了根、茎、叶、花等器官，为整个生长期的发展，尤其是为产量的形成及品质的提高打下了组织结构的基础。所以，生产上应创造适宜的条件，培育适龄壮苗是栽培技术的重要环节和早熟丰产的关键。在温度和肥水管理方面应本着"促""控"相结合的原则进行，以适应此期黄瓜营养生长和生殖生长同时并进的需要。此阶段中后期是定植的适期。

（三）初花期

由 5~6 片真叶到根瓜坐住为初花期，15~25 天，一般株高 1.2 m 左右，已有 12~13 片叶。黄瓜初花期发育特点主要是茎叶形成，其次是花芽继续分化，花数不断增加，根系进一步发展。初花期以茎叶的营养生长为主，并由营养生长向生殖生长过渡。栽培上的原则是，既要促使根的活力增强，又要扩大叶面积，确保花芽的数量和质量，并使瓜坐稳，避免徒长和化瓜。

（四）结果期

从根瓜坐住到拉秧为结果期。结果期的长短因栽培形式和环境条件的不同而异：露地夏秋黄瓜只有 40 天左右；日光温室冬春茬黄瓜长达 120~150 天；高寒地区能达 180 天。黄瓜结果期生育特点是连续不断地开花结果，根系与主、侧蔓继续生长。结果期的长短是产量高低的关键所在，因而应千方百计地延长结果期。结果期的长短受诸多因素的影响，品种的熟性是一个影响因素，但主要取决于环境条件和栽培技术措施。管理温度的高低，肥料的充足与否，不利天气到来的早晚和多少，特别是病害发生与否都对黄瓜结果期的长短起着决定作用。结果期由于不断地结果，不断地采收，物质消耗很大，所以生产上一定要及时地供给足够的肥水。

三、对环境条件的要求

（一）温度

黄瓜是典型的喜温植物，生育适宜温度为10~32℃。白天适宜温度较高，为25~32℃；夜间适宜温度较低，为15~18℃。光合作用适宜温度为25~32℃。黄瓜所处的环境不同生育适宜温度也不同。据有关资料介绍，光照强度在1万~5.5万lx，每增加3 000 lx，生育适宜温度提高1℃。另外，空气相对湿度和二氧化碳（CO_2）浓度高的条件下生育适宜温度也会提高。所以生产上要根据不同环境条件采用不同温度管理指标。光照弱应采用低温管理，增施CO_2应采用高温管理。由播种到果实成熟需要的积温为800~1 000℃。一般情况下，温度达到32℃以上则黄瓜呼吸量增加，而净同化率下降；35℃左右同化产量与呼吸消耗处于平衡状态；35℃以上呼吸作用消耗高于光合产量；40℃以上光合作用急剧衰退，代谢机能受阻；45℃下3 h叶色变淡，雄花落蕾或不能开花，花粉发芽力低下，导致畸形果发生；50℃下1 h呼吸完全停止。在棚室栽培条件下，由于有机肥施用量大，CO_2浓度高，湿度大，黄瓜耐热能力有所提高。黄瓜制造养分的适宜温度为25~32℃。黄瓜正常生长发育的最低温度是10℃。在10℃以下时，光合作用、呼吸作用、光合产物的运转及受精等生理活动都会受到影响，甚至停止。

黄瓜植株组织柔嫩，一般-2~0℃为冻死温度，但是黄瓜对低温的适应能力常因降温缓急和低温锻炼程度而大不相同。未经低温锻炼的植株，5~10℃就会遭受寒害，2~3℃就会冻死；经过低温锻炼的植株，不但能忍耐3℃的低温，甚至遇到短时期的0℃低温也不致冻死。

黄瓜对低温要求比较严格。黄瓜的最低发芽温度为12.7℃，发芽适宜温度为28~32℃，35℃以上发芽率显著降低。黄瓜根的伸长温度最低为8℃，最适宜为32℃，最高为38℃；黄瓜根毛的发生最低温度为14℃，最高为38℃。生育期间黄瓜的适宜地温为20~25℃，最低为15℃左右。

黄瓜生育期间要求一定的昼夜温差，适宜的昼夜温差能使黄瓜最大限度地积累营养物质。因为黄瓜白天进行光合作用，白天温度高有利于光合作用；夜间呼吸消耗，夜间温度低可减少呼吸消耗。一般白天25~30℃，夜间13~15℃，昼夜温差10~15℃较为适宜。黄瓜植株同化物质的运输在夜温16~20℃时较快，15℃以下停滞。但在10~20℃时，温度越低，呼吸消耗越少。所以昼温和夜温固定不变是不合理的。在生产上实行变温管理时，生育前期和阴天，宜掌握下限温度管理指标；生育后期和晴天，宜掌握上限管理指标。这样既有利于促进黄瓜的光合作用，抑制呼吸消耗，又能延长产量高峰期和采收期，从而实现优质高产高效益。

（二）光照

黄瓜对日照长短的要求因生态环境不同而有差异。一般华南型品种对短日照较为敏感，而华北型品种对日照的长短要求不严格，已成为日照中性植物，但 8~11 h 的短日照能促进性器官的分化和形成。黄瓜的光饱和点为 5.5 万 lx，光补偿点为 1 500 lx。黄瓜在果菜类中属于比较耐弱光的蔬菜，所以在保护地生产，只要满足了温度条件，冬季仍可进行生产。但是冬季日照时间短，光照弱，黄瓜生育比较缓慢，产量低。夏季光照过强，对生育也是不利的。在生产上夏季设置遮阳网，冬春季覆盖无滴膜和张挂反光幕，都是为了调节光照，促进黄瓜生长发育。

黄瓜的同化量有明显的日差异。每日清晨至中午较高，占全日同化总量的 60%~70%；下午较低，只占全日同化总量的 30%~40%。因此在日光温室栽培黄瓜时应适当早揭苫。

（三）湿度

黄瓜根系浅，叶面积大，对空气相对湿度和土壤湿度要求比较严格。黄瓜的适宜土壤湿度为土壤最大田间持水量的 60%~90%，苗期 60%~70%，成株期 80%~90%。黄瓜的适宜空气相对湿度为 60%~90%。理想的空气相对湿度应该是：苗期低，成株高；夜间低，白天高；低到 60%~70%，高到 80%~90%。

黄瓜喜湿怕旱又怕涝，所以必须经常浇水才能保证黄瓜正常结果和取得高产。但一次浇水过多又会造成土壤板结和积水，影响土壤的透气性，反而不利于植株的生长。特别是早春、深秋和隆冬季节，土壤温度低、湿度大时极易发生沤根和猝倒病。故在黄瓜生产上浇水是一项技术要求比较严格的管理措施。

黄瓜对空气相对湿度的适应能力比较强，可以忍受 95%~100% 的空气相对湿度。但是空气相对湿度大很容易发生病害，造成减产。所以棚室生产时，阴雨天以及刚浇水后，空气相对湿度大，应注意放风排湿。在生产上采用膜下暗灌等措施使土壤水分比较充足，湿度较适宜，此时即使空气相对湿度低，黄瓜也能正常生育，且很少发生病害。

黄瓜在不同生育阶段对水分的要求不同：幼苗期水分不宜过多，水多容易发生徒长，但也不宜过分控制，否则易形成老化苗；初花期对水分要控制，防止地上部徒长，促进根系发育，为结果期打好基础；结果期营养生长和生殖生长同步进行，叶面积逐渐扩大，叶片数不断增加，果实发育快，对水分要求多，必须供给充足的水分才能获得高产。

（四）土壤

栽培黄瓜宜选富含有机质的肥沃土壤，这种土壤能平衡黄瓜根系喜湿而不耐涝、喜肥而不耐肥等矛盾。黏土发根不良；沙土发根较旺，但易老化。

黄瓜喜欢中性偏酸性的土壤，在土壤 pH 5.5~7.2 都能正常生长发育，但以 pH 6.5 为最适。pH 过高易烧根死苗，发生盐害；过低易发生多种生理障碍，黄化枯萎，pH 4.3 以下黄瓜就不能生长。

（五）肥料

黄瓜吸收土壤营养物质的量为中等，一般每生产 100 kg 果实需吸收氮 2.8 kg，五氧化二磷 0.9 kg，氧化钾 9.9 kg，氧化钙 3.1 kg，氧化镁 0.7 kg。

黄瓜播种后 20~40 天，也就是育苗期间，磷的效果特别显著，此时绝不可忽视磷肥的施用。氮、磷、钾各元素的 50%~60% 在采收盛期吸收，其中茎叶和果实中三元素的含量各占一半。一般从定植至定植后 30 天，黄瓜吸收营养较缓慢，而且吸收量也少。直到采收盛期，对养分的吸收量才呈增长的趋势。采收后期氮、钾、钙的吸收量仍呈增加的趋势，而磷和镁与采收盛期相比都基本上没有变化。生产上应在播种时施用少量磷肥作种肥，苗期喷洒磷酸二氢钾，定植 30 天前后（即根瓜采收前后）开始追肥，并逐渐加大追肥量和增加追肥次数。

由于黄瓜植株生长快，短期内生产大量果实，而且茎叶生长与结瓜同时进行，这必然要耗掉土壤中大量的营养元素，因此用肥比其他蔬菜要大些。如果营养不足，就会影响黄瓜的生育。但黄瓜根系吸收养分的范围小，能力差，施肥应以有机肥为主，只有在大量施用有机肥的基础上提高土壤的缓冲能力，才能施用较多的速效化肥。施用化肥要配合浇水进行，以少量多次为原则。

（六）气体

空气中氧的平均含量为 20.79%。土壤中氧的含量因土质、施有机肥多少、含水量大小而不同，浅层含氧量多。黄瓜适宜的土壤空气中氧含量为 15%~20%，低于 2% 生长发育将受到影响。黄瓜根系的生长发育和吸收功能与土壤中氧的含量密切相关。生产上增施有机肥、中耕都是增加土壤中氧含量的有效措施。

CO_2 的含量和氧相反，浅层土壤比深层中少。在常规的温度、湿度和光照条件下，在空气中 CO_2 含量为 0.005%~0.1%，黄瓜的光照强度随 CO_2 浓度的升高而增高。也就是说在一般情况下，黄瓜的 CO_2 饱和点浓度为 0.1%，超出此浓度则可能导致生育失调，甚至中毒。黄瓜的 CO_2 补偿点浓度是 0.005%，长期低于此限可能因饥饿而死亡。但在光照强度、温度、湿度较高的情况下，光合作用的CO_2饱和点浓度还可以提高。露地生产，由于空气不断流动，CO_2可以源源不断地补充到黄瓜叶片周围，能保证光合作用的顺利进行。保护地栽培，特别是日光温室冬春茬黄瓜生产，严冬季节很少放风，室内CO_2不能随时得到补充，影响光合作用。可增施有机肥和人工施放CO_2补充。

四、保护地黄瓜环境条件适应性

黄瓜喜湿，又能适应温暖多雨气候，但不耐霜冻，黄瓜是对环境反应比较敏感的蔬菜。

黄瓜是根系发达而分布较浅的浅根蔬菜。在黄瓜幼苗期和根瓜采收之前，它的根系容易发生烂根或烧根损伤，造成植株生育不良或早衰减产。因此，在保护地栽培中，黄瓜育苗的主要关键是幼苗根群发达，茎叶鲜润，花芽分化早，并且雌花多。

黄瓜幼苗的同化面积大大超过营养面积，并且能够迅速形成大量雄花、雌花和分枝，构成了黄瓜特有的丰产性。在温室的温暖潮湿环境和黄瓜密植肥培条件下，应该充分发挥这些特性。为了保证黄瓜正常生长发育，经常要协调黄瓜根、茎、叶和瓜的平衡关系。从叶片的大小、厚薄、色泽、植株生长点、瓜条的形态表现，可以看出温室环境条件的调节和黄瓜栽培管理是否得当，及时采取相应措施协调这些关系。

黄瓜的第一朵雌花着生节位高低以及后来是否连续着生雌花，除与品种特性有关外，主要还与保护地育苗技术和定植以后的栽培管理有关。在温室环境适宜，肥水充分供应条件下，可以结成丰硕的、顺直的无籽嫩瓜。如果保护地内光照不足，温度、湿度不正常，肥水不能及时供应，就会造成植株早衰易病，出现畸形瓜条而减产。这是黄瓜冬季温室生产的主要问题。

由于黄瓜喜温不耐低温，它的生长适宜温度是17~29℃。温室昼夜变温管理，可使黄瓜充分发育，早熟、优质、高产。黄瓜要求地温也比较严格。保护地栽培主要依靠太阳辐射提高地温；采取人工补充加温方法提高室内气温，也可相应提高一些地温。温室生产上采取高畦栽培，在栽培床底填充酿热物或用加温管道提高地温。冬季温室地温管理是黄瓜栽培中一个关键问题。

黄瓜是丰产蔬菜，有较多而大的叶片，蒸腾面积大，又有连续结瓜、连续采收嫩瓜的特点。这些特点与根系吸收能力较弱是相矛盾的，再加上黄瓜对土壤溶液浓度忍耐力较弱，这就决定了保护地黄瓜栽培应当大量施用营养完全的有机肥料为基肥；在定植后随着黄瓜生长发育要求勤浇水，轻浇水，勤追肥，轻追肥。

黄瓜要求空气相对湿度为80%~90%，结瓜期要求土壤湿度在80%以上。随着提高土壤湿度，也可增强对干旱的忍耐力，即使空气相对湿度下降到60%，黄瓜仍然正常生育，还可防病。因此，在保护地中栽培要经常通风换气，保持室内有一定的温度和湿度。

黄瓜喜光，又耐弱光。有充足的光照，又有其他环境条件配合得当，更有利于保护地黄瓜生长发育。

由于黄瓜具有喜温暖、耐湿润和适应弱光的特性，因此能够适应大棚的环境条件，其生长发育胜过温室或露地栽培的黄瓜。所以在大棚中栽培黄瓜，如果条件管理得好，产量可以超过温室或露地，而且增产的潜力很大。

第二节　栽培茬口与品种选择

一、栽培茬口

（一）日光温室越冬一大茬栽培

日光温室越冬一大茬栽培，也称黄瓜的一大茬栽培。黄淮地区一般播期在当年9月下旬至10月上旬，11月中旬至12月上旬定植，12月中下旬开始采瓜，翌年6月下旬以后拉秧。此茬黄瓜每667 m^2 产量一般在11 000 kg左右。

（二）日光温室秋冬茬栽培

日光温室秋冬茬栽培，是衔接大中拱棚秋延后和日光温室黄瓜冬春茬生产的茬口安排。一般在8月上中旬播种，8月下旬或9月上旬定植。苗期正处炎热多雨，生长后期正处低温、弱光。品种选择必须选用前期耐热、后期抗寒，长势强、产量高、品质好的品种。

（三）日光温室冬春茬栽培

日光温室冬春茬栽培，定植一般在2月10~15日，选择晴天定植，从定植到根瓜上市一般20天，在2月底或3月初；日光温室冬春茬黄瓜的育苗时间为12月下旬或翌年1月上旬，苗床底部铺地热线，日光温室内增加一台热风炉，可保证1月黄瓜苗健壮生长。品种选用高产、优质、抗病杂交一代品种。

（四）塑料大棚春提前栽培

大棚春提前栽培采用四膜覆盖生产，无公害黄瓜可提前采收20天左右。一般在1月中旬播种，2月下旬定植，3月中旬开始采收，7月上旬结束，每667 m^2 产量12 000 kg。品种选择前期耐低温、后期耐高温、抗病性强的优良品种。

（五）塑料大棚秋延后栽培

大棚秋延后栽培，就是在深秋较冷凉季节，夏秋露地黄瓜已不能生长时，利用大棚的保温防霜作用，继续生产黄瓜的一种栽培形式。该茬口的气候特点和大棚春提前栽培正好相反，前期处于高温多雨季节，而后期急剧降温。因此，选用品种要求抗病性强、耐热、结瓜早、瓜码密且收获集中。

（六）塑料大棚夏秋茬栽培

大棚夏秋茬栽培上市期主要集中在 7~9 月，是我国南北方气温最高，降雨集中，春秋蔬菜换茬的阶段，也是我国蔬菜供应的秋淡阶段，该阶段大棚栽培黄瓜要注意高畦栽培，大棚四周要有排水沟，裙膜四周要用土压实，防止棚内进水发生涝灾或渍害；大棚顶部 1 m 覆盖遮阳率 50%~60% 的遮阳网，注意遮阳降温；大棚顶部及四周安装通风装置的基础上，昼夜通风排湿降温。大棚夏秋茬黄瓜栽培每 667 m^2 产量一般在 10 000 kg。

二、品种介绍

（一）青研黄瓜 1 号

该品种为早熟旱黄瓜，耐热、抗病，生育期长，适应性强。植株生长旺盛，主蔓结瓜为主，第一雌花着生于 4~6 节，瓜呈短棒形，瓜长 22 cm 左右，瓜皮绿色，有光泽，白刺，棱瘤大而稀，肉质致密脆嫩，口感清香。

（二）津杂 1 号

该品种植株生长势强，第一雌花着生节位为 3 节，第一侧枝平均出现在 7.3 节，平均每株有侧枝 4~6 条，从播种到现蕾需 36 天，到收根瓜需 67 天，叶色深绿，瓜条绿色，白刺，棱瘤明显，果顶有时略显黄色条纹，瓜条长 37.4 cm，横径 3.5 cm，单瓜重 200~250 g，含有丰富的维生素 C，品质良好。该品种有明显的抗霜霉病、白粉病、枯萎病特性。丰产性好，要求充足的水肥条件。

（三）津杂 2 号

该品种植株生长势强，第一雌花着生节位 4.3 节，平均每株有侧枝 5.3 条，从播种到现蕾需 39 天，收获期比津杂 1 号晚 2~3 天，叶色深绿，瓜条深绿色，刺白色，棱瘤明显，瓜条长 37.6 cm，横径 3.6 cm，单瓜重 300 g，品质良好。该品种抗霜霉病、白粉病、枯萎病，丰产性好，喜充足的水肥条件。

（四）津杂3号

该品种植株生长势强，叶色深绿，叶片大而厚，分枝性强，主侧蔓结瓜，第一雌花着生在3~4节。瓜呈棍棒形，长30~35 cm，横径3~3.5 cm，单瓜重150~250 g，瓜色深绿，有光泽，棱瘤明显，白刺，质脆清香，品质中上等，中晚熟。春露地栽培从播种到始收69天左右，秋季从播种到始收42天。抗霜霉病、白粉病、枯萎病和疫病。每667 m^2 产量一般在5 000 kg以上。

（五）津春2号

该品种植株生长势中等，株形紧凑，分枝少，叶色深绿，叶片较大而厚。以主蔓结瓜为主，第一雌花着生在3~4节，以后每隔1~2节结瓜，单性结实能力强。瓜呈长棍棒形，长32 cm左右，单瓜重200 g左右。瓜把短，瓜色深绿，白刺较密，棱瘤较明显，肉厚、质脆，商品性好。早熟，从播种到始收嫩瓜仅65天左右，瓜条发育速度快。抗病性强，高抗霜霉病、白粉病和枯萎病。

（六）津春3号

该品种植株生长势强，茎粗壮，叶片肥大、深绿色。以主蔓结瓜为主，回头瓜多，有侧枝，单性结实力强，第一雌花着生在3~4节，瓜码密，结瓜集中。瓜呈棒状，长30 cm左右，长30 cm，横径约3.0 cm，单瓜重200~300 g，瓜色深绿，瓜顶无黄线，刺瘤适中，白刺，有棱。瓜把较短，约为瓜长的1/7。瓜腔比小于0.5。属早熟杂交种，较适于密植。单性结实能力强。耐低温、弱光，可以在冬季10~13℃夜温下正常生长。

（七）中农16号

中国农业科学院蔬菜花卉研究所最新育成的中早熟杂种一代黄瓜品种。

中早熟品种，植株生长速度快，结瓜集中，主蔓结瓜为主，第一雌花始于主蔓第3~4节，每隔2~3片叶出现1~3节雌花，瓜码较密。瓜呈长棒形，商品性及品质极佳，瓜长30厘米，瓜把短，瓜色深绿，有光泽，白刺，刺密，棱瘤小，单瓜重150~200 g，口感脆甜。从播种到始收52天，前期产量高，丰产性好，每667 m^2 春露地产6 000 kg以上，秋棚产4 000 kg以上。抗霜霉病、白粉病、黑星病、枯萎病等多种病害。适宜春露地及秋棚延后栽培，亦可在早春保护地种植。华北地区春茬日光温室1月中旬育苗，2月中旬定植，3月中旬始收。春棚2月中下旬育苗，3月中下旬定植，4月中下旬始收。春露地3月中旬播种，4月中下旬定植，5月底始收。该品种侧枝少，适于密植，每667 m^2 栽3 500~4 000株。秋棚延后栽培可在7月下旬直播或育苗。

（八）中农 19 号

中国农业科学院蔬菜花卉研究所最新推出的光滑水果型杂种一代黄瓜品种。

该品种植株长势和分枝性极强，顶端优势突出，节间短粗。第一雌花始于主蔓 1~2 节，其后节节为雌花，连续坐果能力强。瓜短筒形，瓜色亮绿，无花纹，果面光滑，易清洗。瓜长 15~20 cm，单瓜重 100 g，口感脆甜，不含苦味素，富含维生素和矿物质。每 667 m^2 可产 10 000 kg。抗枯萎病、黑星病、霜霉病和白粉病等。华北地区春茬日光温室 1 月中旬育苗，2 月中旬定植，3 月中旬始收。春棚 2 月中下旬育苗，3 月中下旬定植，4 月中下旬始收。越冬茬 9~10 月播种育苗。每 667 m^2 栽 2 000~2 500 株，用种量 100 g。打掉全部侧枝及 5 节以内雌花，注意疏花疏果，及时整枝落蔓。耐低温弱光能力强。

（九）中农 21 号

中国农业科学院蔬菜花卉研究所最新育成的日光温室越冬茬专用黄瓜品种。

该品种植株生长势强，主蔓结瓜为主，第一雌花始于主蔓第 4~6 节。早熟性好，从播种到始收 55 天。瓜呈长棒形，瓜色深绿，棱瘤小，白刺，刺密，瓜长 35 cm，瓜直径 3 cm，单瓜重 200 g，商品瓜率高。抗枯萎病、黑星病、细菌性角斑病、白粉病等病害。耐低温弱光能力强，在夜间 10~12℃下，植株能正常生长发育。适宜长季节栽培，周年生产每 667 m^2 产 10 000 kg 以上。华北地区早春茬日光温室 1 月中旬育苗，2 月中旬定植。越冬日光温室 9 月中旬至 10 月上旬育苗，苗龄 25~30 天，幼苗 2~3 片真叶定植。可以利用黑籽南瓜嫁接，每 667 m^2 栽 3 000~3 500 株，育苗用种量 150 g。该品种喜肥水，应施足基肥，宜小高垄、地膜覆盖栽培。勤追肥，勤采收。生长中后期可结合防病喷叶面肥 6~10 次。中上部侧枝见瓜后留 2 叶掐尖。

（十）科润 99

天津市科润黄瓜研究所最新育成的杂交一代新品种。

该品种植株长势强，叶片中等大小，主蔓结瓜为主，品种适应性强，瓜码密，连续结瓜能力强，总产量高，商品性突出，短把密刺，瓜条顺直，腰瓜长 35 cm 左右。

（十一）津优 616

天津市科润黄瓜研究所育成的杂交一代新品种。

越夏黄瓜，可直播，不需要嫁接。植株生长势强，叶片中等，主蔓结瓜为主，瓜码较密，回头瓜多，瓜条生长速度快。腰瓜长 35 cm 左右，畸形瓜率低。单瓜重 200 g 左右，质脆味甜，品质好、商品性佳。抗霜霉病、白粉病、枯萎病。

（十二）盛冬8号

盛冬8号为全雌油亮型黄瓜新品。植株生长势强，紧凑，主蔓结瓜，一叶一瓜，第一雌花着生在3~5节，把短、刺密，瘤适中，瓜条顺直，瓜色深绿油亮，果肉淡绿，瓜长35 cm左右，单果重200 g左右，无黄筋，抗病性强，耐低温、弱光，连续结瓜能力强，商品性佳，产量高，是冬暖大棚及早春冷棚栽培的优良品种。

（十三）青玉

山东省潍科种业公司选育的杂交一代纯雌性系品种。

该品种瓜长15~17 cm，直径3 cm左右，单瓜重130~170 g。瓜条秀美，无刺瘤。瓜色乳白。果肉厚，口感清香脆嫩，货架期长。

第三节　优质高效栽培技术

一、黄瓜嫁接育苗技术

（一）黄瓜嫁接育苗的优点

黄瓜嫁接育苗是设施黄瓜优质高效栽培的一项新技术，其显著优点：

1. *黄瓜嫁接苗抗不良环境的能力显著增强*　用较耐低温的黑籽南瓜、南砧1号等砧木嫁接的黄瓜，当地温下降到8℃左右，气温下降到10℃左右时，仍能保持较强的生长势。而不嫁接黄瓜则停止生长，如果低温持续的时间较长，不嫁接黄瓜还会出现“花打顶”以及“寒根”等冷害现象。

2. *防病作用显著*　在其他防病措施配合得当时，嫁接黄瓜对枯萎病的防效在95%以上。另外，嫁接黄瓜对黄瓜疫病和根结线虫病等也有较好的防效。

3. *增产作用显著*　驻马店市上蔡县发户蔬菜种植合作社，日光温室嫁接黄瓜越冬一大茬栽培，12月中下旬定植，翌年2月上中旬黄瓜上市，7月中下旬拉秧，每667 m^2产量在30 000 kg以上；保温型塑料大棚早春茬黄瓜栽培，2月上中旬定植，3月上中旬黄瓜上市，7月中下旬拉秧，每667 m^2产量在20 000 kg以上。

（二）黄瓜插接育苗技术

1. *播种期和播种量的确定* 为了使砧木和接穗的最适嫁接期协调一致，应从播种期上进行调控。播种期的确定取决于所采用的嫁接方法，采用插接法要求的接穗小，应先播砧木南瓜，3~4 天后再播接穗黄瓜。所播种子都应催芽，如果干籽播种则不仅苗期延长，砧木和接穗的最适嫁接期也难以达到一致。

接穗的播种量要比计划苗数增加 20%~30%，而砧木的播种量又要比接穗增加 20%~30%。

2. *砧木培育*

1）*浸种催芽* 黑籽南瓜种子休眠性很强，须进行处理打破休眠，否则发芽率极低。打破休眠的方法：一是高温法，用温箱或烘干箱先把种子置于 30℃下 4 h，然后温度调至 50℃处理 4 h，再将温度调至 70℃处理 72 h 后种子取出，缓慢冷却后浸种 24 h；二是药物浸种，先用温水将种子浸泡 1~2 h，搓洗除去杂物，然后用 150~200 mL/L 的赤霉素水溶液浸种 24 h，或用 25% 过氧化氢浸种 20 min，最后再用温水浸种 12 h；三是热水烫种，先将种子用凉水浸泡 10~20 min，再用种子量 3~5 倍的 70℃热水烫种，注意要不断搅拌，待温度下降后温水浸种 12 h。

隔年种子用温水浸泡 9 h 后，放在 30~35℃处催芽，36 h 后出芽，待芽长 0.3 cm 左右即可播种，遇阴雨天气应将种子放在 10℃处并保湿，待天气转好后播种。

2）*播种与出苗* 育苗基质可用 2∶1 的草炭、蛭石混合基质，或草炭、蛭石、废菇料按 1∶1∶1 比例配制的复合基质。配制基质时可加入瓜类蔬菜专用肥，加入的肥料应与基质混拌均匀。砧木黑籽南瓜可选用 72 孔穴盘育苗，播种深度为 1.0~1.5 cm，所有南瓜种子嘴都朝同一个方向，这样出苗后子叶方向整齐，嫁接操作时效率高，嫁接后成活率高。播种后覆盖约 1 cm 厚的蛭石，然后将育苗穴盘喷透水，以水从穴盘底孔滴出为宜。出苗前苗床内的温度应稳定控制在 28~30℃，地温保持在 20℃左右，基质水分含量保持在 70%~80%。

3）*砧木苗的管理* 一是脱壳与防病，南瓜种子较大容易“戴帽”出苗，出苗后应及时除去戴帽苗的种皮，同时可喷施 72.2% 霜霉威水剂 1 000 倍液，预防猝倒病发生。二是控制苗床温度和湿度，黄瓜插接则需要粗壮的南瓜苗，但也应保证嫁接时的茎高能达到 4 cm 才便于嫁接和定植，一般南瓜子叶节高 5~7 cm，过高易倒伏。因此砧木苗盘出苗后要控制较低的温度，白天温度在 25℃以下，浇水也应相配套。三是肥水管理要精心，浇水的原则是宁干勿湿及不让苗床潮湿过夜，做到“白天湿，夜间干；有风湿，无风干；晴天湿，阴天干”。苗床周围水分蒸发快，容易缺水，应注意管理。施肥浓度按复合肥（20∶5∶20 或 20∶20∶20）50 mg/L 或使用专用肥，浇水施肥应按秧苗生长状况和天气情况灵活掌握。

3. 接穗培育

1）种子处理与浸种催芽　黄瓜种子表面常附有枯萎病、炭疽病、细菌性角斑病等多种病原菌，播种前进行种子消毒十分必要。较好的做法是温汤药剂浸种，不但能杀死附着于种子表面的病原菌，还能杀死侵入种子里面的病原菌。方法是将种子放入干净的容器内，先放适量凉水泡 20 min，之后加热水使水温达到 55℃，浸种 20 min。浸种期间注意不断搅拌种子，随时观察温度计，维持浸种水温。待水温降到 30℃左右时加 50% 多菌灵可湿性粉剂 500 倍液浸种 1 h。捞出种子用水淋洗后继续用 30℃温水浸种 4~5 h。浸种后用清水冲洗 2~3 遍，然后将种子表面水分滤干，用干净的湿布包好，在 26~30℃下进行催芽。经 12 h 左右即可出芽，24 h 出齐，芽长 0.3 cm 时即可播种，芽不宜过长，否则播种时容易折断。

2）播种与出苗　瓜秧苗子叶展平至第一片真叶顶心时是播种接穗黄瓜的有利时机，从黄瓜一出苗至出苗 48 h 是嫁接的良好时机。接穗在苗盘内的时间很短，对基质和肥料的要求不严格，可以用草炭：珍珠岩 2：1 混匀后作为基质。在育苗盘中铺 1~1.5 cm 做底，可加铺一层珍珠岩然后播种，一张 54 cm × 28 cm 的平盘可播种 800~1 000 粒，播完后覆盖 1.5 cm 厚的蛭石或珍珠岩。

待幼苗拱出时将苗移到阳光下，子叶展平后及时嫁接。

4. 插接法嫁接

1）准备工作　嫁接前需做好以下准备工作：一是给砧木苗喷洒 75% 百菌清可湿性粉剂 600 倍液，以防在嫁接后的保湿期间感染病害；二是嫁接前给黄瓜苗浇足水，并喷 1 次 72.2% 霜霉威水剂 1 000 倍液；三是准备配套的嫁接工具并用 75% 乙醇消毒，洗净手并消毒；四是砧木掐去真叶，用嫁接针或竹签剔除砧木生长点；五是南瓜苗大小不一致时需要移苗分级，将大小相同的苗移入同一个穴盘，使每个穴盘中的砧木苗长势一致；六是选择晴天，在温室内或避风遮阴处进行嫁接操作。

2）嫁接操作

①选择与接穗茎同样粗细的嫁接针和锋利的刀片，用 75% 乙醇消毒，进行嫁接操作的人也需洗净手消毒，嫁接时以两人为一组嫁接效率高。

②右手拿嫁接针，针头斜面向下，沿南瓜一侧子叶的上侧插向对面子叶的下侧，左手食指指肚放在对面子叶下方，以感觉插针的程度，感觉到针扎时停止扎针，但先不要把针抽出。插针时右手还要感觉阻力，如果感觉阻力小，很可能是插进砧木茎空腔了，要重新插。正确的插针路线是在空腔之上叶柄底下的实心区域。

③一人专门负责切取接穗，将黄瓜苗从苗盘内取出，左手拇指和食指捏住两片子叶，将茎秆置于中指上，右手拿刀片在子叶下方 1 cm 处切单面楔形，斜面长度为 0.5~1 cm。对于出苗晚、茎不够粗的黄瓜苗，需换细的嫁接针嫁接，或让苗再在苗盘内生长半天或 1

天，待茎粗一些再进行嫁接，否则将影响成活率。嫁接操作的人用右手拇指和食指捏住穗茎，用左手食指和中指将嫁接针抽出，左手扶稳南瓜苗，将接穗迅速插入插孔，只要接穗茎能承受，插入的接穗越紧越好。嫁接完一个穴盘后用复合肥营养液浸泡穴盘，使其吸足水但不湿到嫁接伤口。将穴盘放入准备好的苗床上，盖上薄膜，再扣上小拱棚，如果气温很高，就可以不盖薄膜只扣小拱棚和遮阳网，防止嫁接苗感病和失水萎蔫。

5. **嫁接后管理** 黄瓜嫁接后需要7~9天的特殊管理，总的原则是开始时高度保湿、遮光，72 h后逐渐降低空气相对湿度，增加光照时间和光照强度，最后过渡到正常的光照和湿度管理。

1）**前3天的管理** 以小拱棚为例，嫁接后不通风，保持薄膜内空气相对湿度接近100%，以薄膜上能见水珠为宜。为补足嫁接苗子叶失水，可对其进行适当喷雾，上午嫁接的可在中午前和下午各喷1次水雾；下午嫁接的可在傍晚前喷1次水雾；嫁接后的第2天和第3天的上午和下午也要各喷1次水雾，喷水雾量要轻，不宜过多，尤其要注意不宜有水滴流入嫁接口内。加盖多层遮阳网或无纺布，将光照强度控制在5 000 lx以下；嫁接苗伤口愈合的适宜温度为25~30℃，最适温度28℃。通过遮阳或保温或加温等措施，保持温度白天25~30℃，夜间20℃左右。

2）**第4天以后的管理** 去掉薄膜，适当降低温度，每天早、晚通风，逐渐加大通风的时间和强度，发现秧苗有萎蔫现象时可适当喷水缓解。若因怕秧苗萎蔫而不通风，则会影响输水导管的形成，同时可能造成温度高或光照少、接穗出现徒长现象。通风以在拱棚顶部沿拱棚长度方向开缝通风较好。

每天早晨和傍晚光照弱时逐层去掉遮阳网，给予30 min至几小时的光照，要视秧苗的承受能力、外界光照强度和温度状况决定去掉几层遮阳网，给予多长时间的光照，一般以手感黄瓜子叶略发软但不下垂为标准。通风和见光时段要避开中午，否则容易伤害秧苗。

第5天或第6天后穴盘基质或地面干燥时可以通过叶面补水，用复合肥营养液喷洒淋透穴盘，待叶片上的水滴基本晾干后盖膜保湿。

6. **成活后的管理** 一般嫁接后8天左右，绝大多数秧苗接穗的颜色由深转浅，开始生长，这时应转入常规的温度、肥水、光照、水分管理，若强光、高温比较严重，可再单用遮阳网保护1~2天。

在遮阴不通风的特殊管理期间南瓜容易长出侧芽或不定芽，要注意及时去除。子叶对于瓜类蔬菜幼苗的光合作用有重要作用，因此抹芽时要避免伤害子叶。嫁接成活后应适时除去嫁接夹等固定物。固定物不能除去太早，否则会影响嫁接苗的愈合成活；也不可除去太晚，否则嫁接苗的幼茎会出现缢缩现象，影响根茎的正常生长发育。

嫁接成活后还要进行病虫害防治工作，可喷施百菌清、多菌灵、甲基硫菌灵、农用链霉素等进行防治。

定植前1周左右进行低温锻炼，白天温度为22~24℃，夜间为13~15℃。幼苗经过生长和锻炼，具有一叶一心或两叶一心时即可定植，秧苗过大影响穴盘内光照，而且穴盘内的根系容易老化，影响定植成活率。

7. **黄瓜嫁接苗成苗标准** 砧木和接穗的4片子叶完整，植株一叶一心或两叶一心，叶色浓绿、肥厚，无病斑、无虫害，株高10~12 cm，节间短，茎粗壮，砧木下胚轴长4~6 cm，根坨成形，根系粗壮发达，苗龄25~30天，定植后缓苗和发根快、适应性强、雌花多、节位低。

（三）黄瓜嫁（靠）接育苗

日光温室黄瓜越冬一大茬栽培，生产周期长达8~9个月，产量往往是冬春及早春日光温室黄瓜产量的2~3倍，提高根系抗逆性、强化吸收功能、采用嫁接换根技术、培育嫁接适龄壮苗是实现黄瓜丰产的基础。试验表明，嫁接育苗不仅可以预防土传病害，还可以提高黄瓜整体抗低温能力，通常嫁接苗根系比自根苗根系的耐低温能力可提高2℃左右，而且发达的砧木根系吸水、吸肥能力强。因此，黄瓜嫁接能够促进植株生长并提高产量20%左右。

黄瓜嫁接的整个过程都应在预先准备好的日光温室内进行。目前，生产上黄瓜嫁接采用较多的是舌形靠接嫁接技术。砧木品种以采用亲和力强、嫁接成活率高、抗逆性及抗土传病害能力强、不改变黄瓜原有品质的云南黑籽南瓜。一般每667 m^2用种量：接穗黄瓜150~200 g，砧木品种云南黑籽南瓜1 500~2 000 g。其具体方法是：

1. **营养土配制** 一般以土质疏松肥沃、细致、养分充足，pH 6.5~7.0，且没种植过黄瓜等葫芦科蔬菜的土壤为宜。生产上多采用肥沃园田土5~6份，优质腐熟粪肥4~5份，并配以速效性肥料，营养土+磷酸二铵0.5 kg/m^3+硫酸钾1 kg/m^3，然后混匀过筛。注意不准掺入碳酸氢铵或尿素。如果园田土较黏重，可酌情加入2~4份腐熟马粪，或腐熟麦糠，或少量炉灰渣。营养土中最好不掺入鸡粪，因鸡粪中含肥料浓度高，使用时易烧苗或诱发微量元素缺乏症。若肥源不足，必须使用鸡粪，用量应掌握在不超过总量1%的比例，而且鸡粪要充分腐熟过筛细碎，与营养土掺匀。

2. **装钵** 边装钵边摆放在事先打好的育苗畦内，缝隙用细土填严。育苗畦为南北向，长度视日光温室栽培床宽度而定，一般为5~8 m，宽1.0~1.1 m，深0.20~0.25 m。苗床摆满后浇透水扣日光温室膜提温，以备嫁接后移苗。

3. **浸种催芽** 采用靠接法嫁接，接穗黄瓜应比砧木云南黑籽南瓜早播3~5天，其目的是尽可能缩小两者苗高的差距，使黄瓜幼苗与云南黑籽南瓜幼苗做到基本匹配。所以，应以黄瓜接穗的播期为准，推算砧木云南黑籽南瓜的浸种催芽和种子处理时间。

黄瓜在播种前需对种子进行必要的处理，包括温烫浸种和催芽后种子的低温锻炼，方法是：先将种子做适当晾晒；然后将种子放入55℃的热水（两份开水对一份凉水）中，并用小木棍不停搅动，10 min后当水温降到30℃时，再浸泡4~6 h，之后捞出反复清洗，搓去黏液；再用湿纱布包好，放在瓦盆里置于25~30℃的地方催芽，每隔4~5 h用清水冲洗1次，因此时气温较高，一般经12~18 h，当大部分种子发芽后即可放在低温（-1~1℃）的地方5~7天，进行低温锻炼，以加强抗逆性，增加瓜码密度，所以低温锻炼主要是针对接穗黄瓜而言。云南黑籽南瓜浸种催芽方法可参照上述方法进行，只是黑籽南瓜种子具有一定的休眠性，当年的新种子发芽率只有40%左右。为打破休眠，提高发芽率，可将种子先用温水浸泡1~2 h，然后用0.015%的赤霉素浸泡24 h，或用25%过氧化氢浸泡20 min，再用温水浸泡24 h后捞出催芽。2~3年的陈种子，可在温烫浸种后，用温水浸种6~12 h再行催芽。

4. **播种** 播种可选择在育苗床或育苗盘内，营养土厚3~5 cm，浇透水以备播种。播种采用点播，黄瓜密度按3 cm×3 cm 1粒，黑籽南瓜按5 cm×5 cm 1粒，然后覆盖一层湿土，黄瓜0.5 cm，黑籽南瓜1.5 cm。播种后幼苗出土前，温室内温度可保持在25~30℃，5~7天当70%幼苗出土，子叶展平时，要加大放风量适当降低室温，保持白天25℃，夜间17℃左右，防止幼苗的徒长。如黑籽南瓜幼苗出现徒长后，往往加剧髓部的中空，导致愈合面积减小，降低嫁接成活率。

5. **嫁接** 当黑籽南瓜幼苗7~12天，苗高5~6 cm，第一片真叶半展开，黄瓜幼苗11~15天，第一片真叶长到约2 cm时，为嫁接适期。嫁接时，应先将两者苗子分别取出，注意要尽量减少根系损伤，然后再用扁竹签将黑籽南瓜真叶（生长点）去掉，再在两子叶间下方1 cm处下刀（靠接用刀片尽量采用较薄锋利的剃须刀片，刀片要干净无泥土），刀口呈45°向下斜切，深度不超过上胚轴直径的1/3，刀口过深达到髓部后，会影响成活率。刀口长度以0.5~0.6 cm为宜。切好后先暂放在干净的湿布上。然后再取黄瓜幼苗，选择幼苗茎凸起（棱角处）的一侧，在子叶下面1.3 cm处以30℃角向上斜切，深度可达胚轴直径的2/3，长度与砧木的切口基本相等，切时动作要迅速平稳，一气呵成，刀口面越平，靠接时的接触面就越大，越容易形成愈伤组织，从而提高嫁接成活率。刀口切好后，再将两株幼苗的舌形切口互相插入，并用小嫁接夹子夹住吻合处，使切口密切接触并将嫁接苗逐一栽在准备好的营养钵中。栽好后浇水，水要浇透，浇水时尽量不要触及接口。随后将营养钵重新放回育苗畦内，畦上加设塑料小拱棚，主要是白天保湿、遮光（覆盖遮阴物），夜间保温，以促进切口愈合，提高成活率。

6. **嫁接后管理** 嫁接前3 h小拱棚内的白天温度应保持在25~30℃，夜间温度应在20~25℃，地温在20℃以上。空气相对湿度90%~95%，以膜上常有水滴为宜。否则当小拱棚内比较干燥时，可选择在上午用喷雾器喷水2~3次，以保持空气相对湿度。喷水时可结合喷肥、喷药（1%白糖+0.5%尿素+75%百菌清500倍液）防病菌侵入。10~16时用草帘遮光防止嫁接苗蒸腾萎焉。3 天以后逐渐降低温湿度，白天 22~25℃，夜间 15~17℃，空气相对湿度降至 70%~80% 并逐渐增加光照，7 天左右黄瓜新叶开始萌发即可去掉覆盖；同时，进行接穗黄瓜的断根准备，即有意识地用手掐伤黄瓜的胚轴（对接口下 1 cm 左右处）以减少自身根系的养分供给，并及时清除以后黑籽南瓜顶端再次长出的真叶或侧芽，起到迫使黑籽南瓜根系吸收的水分和养分输送到接穗黄瓜的作用。约 2 天以后，即嫁接后的第 10 天左右，再用小剪刀将紧靠嫁接夹子下面的黄瓜根系切断，使接穗完全依靠砧木的根系生长。值得注意的是在黄瓜近地面胚轴附近易生不定根，定植后不定根的形成将使黄瓜失去嫁接效果。因此，在两者苗高相匹配的情况下应把南瓜下胚轴培育得适当长一些。嫁接苗断根后表明嫁接过程结束，并进入定植前的温度管理，一般白天 25~28℃，夜间 15~18℃；定植前 7 天，可进一步降低夜间温度至 12℃左右，实现低温炼苗。

二、日光温室黄瓜越冬一大茬栽培技术

日光温室黄瓜越冬一大茬栽培，也称黄瓜一大茬栽培。黄淮地区一般播期为 9 月下旬至 10 月上旬，11 月中旬至 12 月上旬定植，12 月中下旬开始采瓜，翌年 6 月下旬以后拉秧。此茬黄瓜每 667 m^2 产量一般在 11 000 kg 左右。

由于这茬黄瓜栽培生育期较长，其间经历一年当中外界气温由高到低，再由低到高和光照强弱、时间长短的较大变化，特别是从定植到盛瓜期基本处在一年当中最寒冷、最低温寡照的季节，生产上推广应用的日光温室嫁接栽培、酿热温床、滴渗灌以及病虫害综合防治配套等技术，也主要是用于日光温室黄瓜越冬一大茬栽培。

（一）品种选择

日光温室黄瓜越冬一大茬栽培的品种选择原则应遵循：品种自身既耐低温寡照，同时又耐高温高湿，表现为第一雌花出现早，单性结实能力强，瓜码密，品质优、抗病、丰产。生产上选用较多的品种有中农 19 号、中农 21 号、津春 3 号、盛冬 8 号等。

（二）定植

1. **定植前的准备**　由于日光温室黄瓜越冬一大茬栽培，占地周期长达 6~8 个月，总产量高，所以黄瓜植株需从土壤当中吸收大量的氮、磷、钾，据试验分析每形成 1 000 kg 果实，需吸收氮（N）2.00 kg、磷（P）0.92 kg、钾（K）2.32 kg，盛瓜期氮、磷、钾吸收量最大，占总量的 80% 以上。因此，施肥遵循三原则：一是以施足基肥为主，追肥为辅；二是以腐熟细碎的有机肥为主，化肥为辅；三是以根施为主，叶面喷施为辅。一般在 8~9 月结合翻地（深度 40 cm 左右），每 667 m^2 施腐熟过筛有机肥（圈肥、鸡粪或马粪与人粪等量

混合）8 000~10 000 kg，磷酸二铵或过磷酸钙 50 kg，硫酸钾 30 kg，结合整地做畦。畦为半高垄，垄高 12~15 cm，垄间距采用大小行间隔形式做畦，大行距 75 cm，小行距 55 cm 的马鞍形高畦。定植前 15 天，依据土壤墒情，洇地造墒，日光温室扣好塑料膜，烤地升温。

为提高深冬季节栽培床地温，可在施基肥前，按将来黄瓜定植方向（南北向），挖 50 cm 深，40~60 cm 宽的酿热沟。酿热沟间距 80~100 cm。酿热沟挖好后先在沟四壁喷洒 98% 棉隆微粒剂 1 000 倍液预防地下害虫，随后再顺沟施入新鲜麦秸踩实，麦秸厚 10 cm 左右，每 667 m^2 用新鲜麦秸 2 000 kg 以上，结合铺设麦秸每 667 m^2 再加入 2 kg 酵素菌，对加速麦秸的分解非常有利，随后再向沟内添加腐熟过筛粪肥土踩实，浇一次大水，水渗后整地做畦。根据对比试验采用酿热床栽培，冬季最寒冷季节可提高地温 3~5℃。另外，由于土壤当中腐殖质成分的增加，不仅土壤肥力进一步提高，而且土壤微生物活动的增加，还使室内空气中 CO_2 的浓度加大，一般增产幅度为 20%~40%。

2. **定植时期** 日光温室黄瓜越冬一大茬栽培的苗龄期，一般日历苗龄在 35~45 天，即 10 月下旬至 11 月中旬，生理苗龄 3~4 片真叶。定植宜选择在晴天的上午进行，定植时应首先选择和使用健壮的大苗，定植时取掉外面的营养钵，尽量保持土坨完整，减少根系损伤，然后在半高垄上按株距 30 cm，挖坑坐水（水量要适当多些）定植，定植不宜过深，嫁接部位应与地面保持 1~2 cm 的距离，防止黄瓜在定植以后再生不定根，为保险起见嫁接夹可暂不去掉，一般每 667 m^2 栽苗 3 500 株左右。

3. **定植后的管理** 黄瓜定植后 7 天内，要特别注意保持室内较高温度，白天以 28~30℃为宜，夜间不低于 18℃，可进行一次中耕，缓苗至根瓜采收前原则上不需浇水。7 天后当心叶开始萌发，表明缓苗结束，为不影响茎蔓的正常生长，此时可将嫁接夹去掉。黄瓜缓苗后 10~20 天可进行一次叶面喷肥（0.2% 磷酸二氢钾及其他叶面肥），其间在垄背两侧再进行 2~3 次中耕，深度为 15~10 cm，由深至浅，范围由近至远，做到浅锄背深锄沟，目的是在加强土壤通透性，促进生根的同时，还要尽量减少伤根。中耕结束后 10 天左右开始铺设地膜（地膜不宜铺设过早），即在每个 50 cm 的小垄背间铺设一层地膜，采用从膜两侧划口方式进行，地膜绷紧两边用土埋实，地膜与地面在垄背中间形成中空，以利于以后膜下暗灌浇水。铺设地膜既可以提高地温，保持土壤湿度，又可以控制土壤水分向室内空气当中的蒸发，降低空气相对湿度，减少病害的发生。当黄瓜茎蔓长度达到 50 cm 左右，10 余片叶时，开始用尼龙绳吊蔓，以合理调整茎蔓的生长。为达到预防黄瓜霜霉病、灰霉病、白粉病等真菌病害发生的目的，从此时开始每隔 20 天左右，采用百菌清、速克灵烟雾剂在每天下午回苫后熏蒸。

（三）结瓜期管理

日光温室黄瓜越冬一大茬栽培的结瓜期历时 180 天左右，时间占到黄瓜整个生育期的

85% 以上，这期间调控好光、温、气、水、肥等，使其有利于黄瓜的营养（茎蔓、叶片）生长与生殖（开花、结果）生长协调进行，同步发展，实现丰产丰收。

1. **光照管理** 黄瓜虽具有一定的耐阴性，其光补偿点在 1 500~2 000 lx；但它同时也表现出一定的喜光性，当光照强度达到 40 000~50 000 lx 时，黄瓜的生长发育达到最佳，趋于饱和状态，当光照强度低于 20 000 lx 以下时，黄瓜的正常生长发育将会受到影响，不利于形成高产。因此，在保证室内温度的前提下，日光温室的草苫宜早揭苫，晚回苫并及时清扫塑料薄膜表面的灰尘及杂物，以减少遮光增加透光，即使遇到连续的阴雪天气也要进行 1~2 h 的揭苫。另外有条件的地方可采用人造光源，如阳光灯、汞灯，也可在温室的后墙上张挂反光幕以改善温室中后部的光照，增加其产量。

2. **温度与通风管理** 首先在低温季节为提高室温应有意识减少通风换气，来保证室内温度；而在中后期随着外界气温的升高，又需通过加大放风手段来降低较高的室温。另外，通风换气不仅可降低室内空气相对湿度，降低病害发生的概率，还可向室内及时补充外界的 CO_2 气体，保持室内的空气流动，提高光合作用水平，增加雌花数量。所以，即使在最寒冷的季节也不可忽视通风换气。

一般在黄瓜的采收期内，白天的温度应保持在 25~28℃，超过 30℃需加大放风量，夜间温度保持在 16~20℃，其中前半夜的温度要高于后半夜，试验表明，黄瓜叶片在白天所制造的养分只有 1/4 输送到根、茎和果实，而 3/4 的养分需要在夜间输送，所以适当提高前半夜的温度有利于叶片养分的运输，后半夜降低温度则有利于降低呼吸强度，减少养分呼吸消耗。同时，适宜的昼夜温差（10℃左右）也对黄瓜今后的花芽分化，增加有效雌花数目非常有利。另外，阴天低温季节宜将温度保持在适宜温度的低限；反之，晴天外界温度升高时，在土壤湿度较大的情况下，白天温度可适当提高到 30℃左右。

3. **水肥管理** 水肥管理一般分为 4 个阶段：第一阶段从定植缓苗到根瓜膨大前 10 天左右，即 11 月中旬至下旬，结合中耕，以蹲苗控秧保根瓜为主，一般不浇水，防止高温高湿形成徒长苗；同时也要防止蹲苗过度形成“花打顶”，一般说来以植株中午稍萎蔫至 15~16 时恢复正常为适宜，否则需适当补水。第二阶段从根瓜开始膨大到盛瓜前期约 30 天。缓苗后 10 天左右当根瓜大部分坐住，瓜身开始伸长变粗时，浇第一水，每隔 7~10 天浇一水，膜下暗浇，水量不宜过大，隔 1~2 水随水追肥 1 次，追肥采用充分腐熟的粪肥和氮磷钾复合肥交替使用，每次腐熟的粪肥 15 kg、氮磷钾速效复合肥 5~10 kg，隔 20 天左右，定期进行叶面喷肥 2~3 次，如 0.2% 磷酸二氢钾 +2% 白糖或其他叶面肥。第三阶段从盛瓜前期至盛瓜期 120~150 天，即 1~5 月。此期间的黄瓜产量占总产量的 80% 以上，加强水肥管理，保持瓜与秧的协调生长可以延长黄瓜盛瓜期，浇水施肥宜选择在连续晴天的上午进行，切忌阴天浇水。进入 2~4 月，浇水施肥数量要明显增加，必要时可 5 天左右浇一水，隔一水随水追肥 1 次，每次追施腐熟的粪肥 50~100 kg、氮磷钾速效复合肥 15~20 kg，同时逐渐加大放风，保持室内通风换气质量。第四阶段从结瓜后期到黄瓜拉秧，即6月上旬至7月上旬瓜的数量质量下降，应减少浇水次数及浇水量，可10天左右浇一水。

4. **植株调整** 一般栽培所采用的品种多为早熟品种，以主蔓结瓜为主，对嫁接后接穗及砧木所萌生出的侧芽应一律及时清除。黄瓜植株采用尼龙绳吊蔓后，为利于前后采光，缠蔓时靠近温室前部的黄瓜植株尽量压得低些，后部的尽量抬得高些，对过多的卷须、雄花和雌花，也应及时摘除以减少养分消耗。在黄瓜茎蔓长至2~2.2 m时开始放蔓盘秧，同时摘除靠下部分的老叶和病残叶，使黄瓜茎蔓始终保持13片左右的功能叶片，高度在1.8~2.0 m。

5. **采收** 黄瓜的果实在雌花开放时，子房的细胞数目已经确定，果实的生长增大，完全取决于细胞个体的膨大。一般来讲在黄瓜根瓜花芽分化时，由于受自身营养供应所限，花芽分化质量不会太好，所以根瓜长相也较差，表现为个体小、畸形瓜多。因此，生产上要在保证上部瓜坐稳，植株不表现疯秧徒长的情况下宜及早采摘根瓜。根瓜以上部位瓜的采收，要在瓜充分膨大定个后进行，过早单瓜重量低影响产量；过晚瓜条顶尖变黄，瓜身出现黄线，将大大消耗植株营养，严重时造成植株的早衰。进入6月中旬前后，根据黄瓜植株长势、市场效益情况和下茬安排确定拉秧时间。一般此茬黄瓜的植株可达到60~70节；茎蔓总长6.0~6.5 m。平均单株结瓜20余条，平均单瓜重150 g，平均单株产量3.3 kg。

三、日光温室黄瓜秋冬茬栽培技术

日光温室黄瓜秋冬茬栽培，是衔接大中拱棚秋延后和日光温室黄瓜冬春茬生产的茬口安排，是黄淮地区黄瓜周年供应的重要环节。这茬黄瓜幼苗时期是高温季节，生长中后期转入低温期，光照也逐渐变弱。所以在栽培技术上与冬春茬大不相同。

（一）品种选择和育苗

一般在8月上中旬播种，8月下旬或9月上旬定植。苗期正处炎热多雨，生长后期正处低温、弱光。必须选用耐热、抗寒、长势强，适应性好的抗病品种，不要求早熟，强调中后期产量。主要品种有青研黄瓜1号、津杂3号、中农16号、科润99等。

（二）定植前的管理

黄瓜是喜肥作物，黄瓜的产量和抗病能力与基肥施用数量和质量有密切关系。一定要多施含有机质多的堆肥、圈肥、鸡粪、人粪尿和饼肥等。每667 m^2施优质有机肥10 000 kg，磷酸二铵50 kg，腐熟饼肥200~300 kg，草木灰150 kg。基肥在施用时，最好普施和沟施结合起来，先将2/3的肥料普遍撒施，人工深翻两遍，深度为30~40 cm，搂平后，按大行 80 cm、小行 60 cm 南北向开沟，将剩余的 1/3 肥料施入沟内，必须与土壤充分搅拌均匀，防止烧根。将沟用土填满搂平，在原来的沟上按大小行距起垄，宽行 80 cm，窄行 60 cm，垄高 10~15 cm，垄宽 40 cm。宽行的垄沟宽 40 cm，供行人操作；窄行的垄沟宽 20 cm，供浇水用。土壤墒情不好的，起垄前要先浇水。在定植前 1~2 天向苗床浇一小水，以利起坨时或者去掉营养钵时不散。在起好的垄上开深 10 cm 的沟，按 30 cm 的株距（每 667 m^2 栽苗 3 100~3 500 株）摆苗，然后浇水，水渗后封掩，土坨一定要与土壤紧密接触，不能有空隙。

定植时要注意：一是土坨要大，以减少伤根；二是苗子大小要分开，大苗栽到温室南北定植行的北部，小苗栽到中部及南部，栽苗时要选优去劣；三是土坨苗要轻拿轻放，苗子放入穴后，不能用手用力压土坨，防止散坨伤根；四是埋土不能太深，掌握覆土后土坨与埂面相平。

（三）定植后的管理

1. **肥水管理** 定植后 3~5 天当苗子已开始生长时，顺沟浇 1 次缓苗水。浇水后土不黏时，要进行松土保墒，以利新根生长。中耕松土最好进行 2~3 次，当新根由土埂向行间伸长时，停止中耕，在 5~6 片叶黄瓜伸蔓前，将垄沟整平，垄整好，用幅宽 1.2~1.3 m 的地膜把窄垄帮沟两边的两个小高垄覆盖在一起。为了以后浇水畅通，可用多根细竹片或树枝横插在两个小高垄基部，将地膜撑起。用刀片划开地膜，将秧苗领出，把膜孔四周用土埋好，在下午进行为好。当根瓜长到 15~20 cm 长时，追一次化肥，如硝铵、磷酸二铵等。每 667 m^2 用量 30~40 kg，顺水冲施。进入结瓜期后，一般 10 天左右浇一水，在 11 月可再追 1 次肥，每亩顺水施化肥 20~25 kg。

2. **放“回头苫”** 进入 12 月在冬季如果遇到久阴骤晴时，要逐渐由少变多地揭苫。如果瓜叶打蔫，表示温度过高，把草苫再盖上，这叫“回头苫”，当叶片不蔫时再揭去草苫，也可采用间隔式揭苫。

3. **吊蔓、绑蔓**

1）吊蔓 在栽培行的上面南北向固定一道 14 号铁丝，把线的上端拴在铁丝上，下端拴在秧苗的茎蔓上。

2）绑蔓 用竹竿在每一行苗上垂直立插，然后用横竹竿，将每根立竿相连。当黄瓜出现卷须时开始绑蔓，要将叶片均匀摆布在架上，防止互相遮挡。同时将侧蔓赘芽、雄花、卷须都去掉，在 12 月上中旬进行掐顶。嫁接苗可适当晚些。

4. **人工授粉** 人工授粉可显著提高产量。授粉最好在 9~13 时进行。将正开放的雄花花粉涂在正开放的雌花柱头上。

（四）采收

采摘黄瓜一般在浇水后的上午进行。采收时要做到“三看”：一看植株生长状况。根瓜应适当早采，若植株弱小，可将根瓜在幼小时就疏掉。采腰瓜和顶瓜时，当瓜条长足时再采。二看市场行情。秋冬茬黄瓜一般天越冷价格越高。为了促秧生长，待黄瓜价格高时提高产量，前期瓜多时可人为地疏去一部分小瓜，12 月后光照少，气温低，生长慢，尽量延后采收。三看采瓜后是否要储藏。这茬瓜在采收的前期，露地秋延后和大棚秋延后黄瓜还有一定的上市量，为了不与其争夺市场，赶上好行情，可进行短期储藏。如果要储藏的瓜，应当在黄瓜的初熟期和适熟期进行采收。直接到市场上出售时，可在适熟期和过熟期采收，让瓜条长足个头，增加黄瓜重量。

四、日光温室冬春茬黄瓜栽培技术

日光温室冬春茬黄瓜栽培在黄淮流域主要是和日光温室秋冬茬蔬菜栽培接茬，一般在 2 月 10~15 日，选择晴天定植。从定植到根瓜上市一般是 20 天左右，在 2 月底或 3 月初。日光温室冬春茬黄瓜的育苗时间为 12 月下旬或翌年 1 月上旬，苗床底部铺地热线，日光温室内增加一台热风炉，可保证翌年 1 月黄瓜育苗健壮生长。

（一）品种选择

选用高产、优质、抗病的品种。目前种植较多的有科润 99、津春 2 号、青玉等。

（二）育苗及苗床管理

日光温室冬春茬黄瓜的育苗时间一般为 12 月下旬至翌年 1 月上旬。该茬黄瓜必须使用嫁接苗，砧木一般为黑籽南瓜。

1. **苗床准备**　黄瓜和黑籽南瓜苗床设在温室内，床土可加 30% 左右的腐熟有机肥并过筛备用。苗床面积一般为 2.5~3 m^2。

2. **浸种催芽**　播种前先将种子放入 55~60℃的热水中浸泡，并不断搅动，待水温降至 25~30℃时浸泡 4~6 h，黑籽南瓜要适当长些。待种子吸水充分后，再捞出放在 25~30℃条件下催芽。

3. **播种**　黄瓜播种应选择晴天上午，黄瓜的播种时间比南瓜早 4 天左右，此时温度高，出苗快且整齐。播种时应做到均匀一致，播前浇足底水。黄瓜的覆土厚度掌握在 1~1.5 cm，黑籽南瓜掌握在 2~2.5 cm。

4. **苗床管理**　播种后立即用地膜覆盖苗床，增温保墒，为种子萌发创造良好的温、湿条件。播种后温度一般控制在25~30℃，出苗后温度可适当降低，以防止幼苗过于徒长。幼苗出土后到嫁接前间隔4~5天喷洒50%甲基硫菌灵可湿性粉剂500倍液、50%多菌灵可湿性粉剂500倍液。

（三）嫁接及嫁接苗的管理

嫁接前准备好足够的营养土。当砧木第一片真叶半展开，黄瓜苗刚现真叶时为嫁接适期。嫁接后1~2天是愈伤组织形成期，是成活的关键时期。一定要保证小拱棚内空气相对湿度达95%以上，前两天应全遮光。第三天可在早晚适当见弱光。嫁接后4~10天这段时间光照要逐渐加强，只在中午强光时适当遮阴。同时通风时间从1 h逐渐增加，7~10天可全天通风。嫁接后10~15天把黄瓜下胚轴割断，割断后要灵活掌握苗情变化，调节好光照和温度，提高成活率。

（四）定植

定植前先按大行距80 cm，小行距50 cm，进行整地做垄。黄瓜定植，应选择寒尾暖头的天气进行，定植时应有较高的地温。定植时株距35 cm，浇好定植水，水下溶后封土，并平整垄面以利于覆膜。

（五）定植后的管理

1. **缓苗期**　定植后应密闭保温，尽量提高室内温度、湿度，促进新根生长，以利于缓苗。温度一般白天以25~28℃、夜间以13~15℃为宜。

2. **初花期**　缓苗期尚未结束，仍按缓苗期管理，以促根控秧为中心。在管理上应适当加大昼夜温差，以增加养分积累，白天超过30℃从顶部通风，午后降到20℃闭风，一般室温降到15℃时放草苫。

3. **结果期**　结果期温度仍实行变温管理，由于这一时期日照时数逐渐增加，光照由弱转强，温度白天保持25~28℃，夜间15~17℃。在生育后期应加强通风，避免室温过高。此期大量结瓜，植株养分消耗多，必须加强水肥管理。每667 m^2每次结合浇水随水冲施复合肥15~20 kg。

（六）采收

冬春茬黄瓜要尽量早采收，以防坠秧。一般2月下旬至3月下旬2~3天采收一次，4月上旬至5月上旬1~2天采收一次，盛瓜期每667 m^2每次可采收黄瓜400~600 kg。采收的时间可根据销售的方式而定，如是批发商上门收购，可以上午采收，然后装箱出售；如是自己到交易市场出售，可以根据市场的交易时间，安排早晨采收并装箱、装车直接运到批发市场出售。

五、大棚黄瓜秋延后栽培技术

大棚黄瓜秋延后栽培，每 667 m^2 一般产量达 2 500~3 000 kg，高产可达 4 000 kg，现将种植要点概括如下：

（一）品种选择

最适宜大棚秋延后栽培的品种有津春 2 号、津优 1 号，前者结果相对早 3~5 天（50 天上市），后者产量较高，瓜条较粗长。两者均表现出较强的抗病、抗寒能力。

（二）土壤及设施要求

选前茬没有种过瓜类的地块，搭建标准的蔬菜大棚，建棚工作要在 8 月上中旬完成，盖好顶膜。

1. **施基肥** 结合整地，每 667 m^2 撒施生物有机肥 150~200 kg，施农家肥 3 000 kg 以上，硫酸钾 50 kg，过磷酸钙 100 kg。

2. **整地** 在搭建好的大棚内整理好地块，要求深挖，每 667 m^2 施 50~100 kg 生石灰，整细整平。如果是老菜园土，则于定植前 15 天用 40% 甲醛 100 倍液均匀喷施于畦面，立即盖地膜密闭消毒，5 天后揭膜敞气。

3. **做畦** 畦高 20~25 cm、宽 120~150 cm，畦沟宽 30 cm。

（三）栽种季节及方式

采用大棚遮阳育苗，全程大棚加地膜覆盖栽培。播种期 8 月 10~15 日，定植期 8 月 25~30 日。

（四）栽培技术要点

1. **准备苗床** 选择地势低平、易吸潮、通风背阳、排灌畅通、3 年以上未种过瓜类作物的土块，搭建好大棚，棚内做高畦，畦面平整，表土细匀，播种前半月用 40% 甲醛 100 倍液进行消毒，按 4 kg/m^2 药液标准，均匀淋浇于畦面，立即盖膜封闭 5 天后敞气。

2. **配制营养土** 取菜园土、优质有机肥、火土灰或炉糠灰，按 1∶1∶1 的比例充分拌匀堆制，上盖农膜，使之高温发酵、消毒、过筛，一部分均匀地铺垫于苗床上，厚约 5 cm，一部分装入 10 cm × 10 cm 规格的塑料营养钵内。

3. **播种** 一亩栽培田约用种子 100 g，播种前苗床要浇足底水，将种子按 4 g/m^2 标准均匀撒于床面，再盖 1~2 cm 厚的细营养土，施一层薄水后用地膜盖严。2~3 天，幼苗出土后揭开地膜，待子叶展开，及时将幼苗假植于已准备好的营养钵内，上盖薄膜与遮阳网，保湿防晒。

4. **苗期管理** 假植后晴天一定要盖遮阳网，晚上揭开，阴天可不盖，保持土表气温在 28℃以下。如水分蒸发较快，要适时喷水，保持营养土湿润。假植后应喷施 1 次代森锰锌 1 000 倍液预防霜霉病，7~10 天幼苗即可定植。

5. **定植** 株距 25~30 cm，宽窄行定植，宽行 70~90 cm，窄行 50~60 cm，每 667 m^2 种植 2 500~3 000 株，定植时幼苗子叶与畦长方向垂直，定植后每株浇水 0.75 kg 左右，注意勿直接冲刷幼苗，然后用细土或土杂肥密封定植穴。

（五）栽培管理

1. **温、湿度调节** 定植后，如遇晴天最好加盖遮阳网。一般叶片色浓则表明水少，色浅则表明水足。中后期气温逐步降低，要保持棚内相对干燥，当最低夜温低于 15℃时应及时装好裙膜，晚上闭棚保温。后期如遇寒潮，只需中午通风 2~3 h 即可，保持棚温 12℃以上。

2. **植株管理** 主蔓长 30 cm，应及时搭架引蔓，采用立式篱架，要求 2 天绑蔓 1 次。到后期主蔓触及棚顶时，要摘除顶芽以免发生霜冻影响全株生长，同时要及时打掉下部的病残老叶，以利通风降湿，保肥保水，打叶时间最好选晴天中午进行。

3. **追肥** 在采收第一批瓜后，适当追施叶面肥料，如腐殖酸液肥、磷酸二氢钾等，既可促进中后期植株生产势，也可提高抗病、抗寒能力，增加后劲。

（六）采收

大棚黄瓜秋延后一般每株可结 3~5 条瓜，每株产量 1~1.5 kg，应早摘，以免影响后续瓜成长。采后适当追肥水。为保证正常结瓜，应有选择地保留雌花，原则上相邻节位的雌花抹除其中一个，当第五雌花成瓜后，打掉余花，并摘顶，保肥壮果。进入 11 月，气温偏低，应加强保温，实践证明，在高于 10℃的低温条件下，瓜条不受冻害，也不易衰老，采取闭棚保温防冻措施进行活苗储瓜，瓜条可延至 12 月上中旬采摘上市，增加经济效益。

六、大棚黄瓜春提前栽培技术

大棚黄瓜春提前栽培采用四膜覆盖生产，可提前采收 20 天左右。一般在 1 月中旬育苗，2 月下旬定植，3 月中旬开始采收，7 月上旬结束，每 667 m^2 产量 12 000 kg，收入在 20 000 元以上。

（一）播种育苗

1. **品种选择** 选择前期耐低温、后期耐高温、抗病性强的优良品种，如科润 99、津春 3 号等。

2. **种子处理** 播种前 1~3 天进行晒种，晒种后将种子用 55 ℃的温水进行烫种 10~15 min，并不断搅拌到水温降至 30~35℃，将种子反复搓洗，并用清水洗净黏液，浸泡 3~4 h，将浸泡好的种子用洁净的湿布包好，放在 28~32℃的条件下催芽 1~2 天，待种子 70% “露白”时播种。

3. **营养土和药土的配制** 营养土应用近 3~5 年没有种过瓜类蔬菜的园土或大田土与优质腐熟有机肥混合，有机肥占 30%，土和有机肥混匀过筛。将过筛后的营养土按照 1 m^3 土加入 100 g 多菌灵混匀配成药土。

4. **播种育苗** 播种期为 1 月中下旬，可在加温温室或节能日光温室内育苗，用直径 10 cm、高 10 cm 的营养钵，内装营养土 8 cm，浇透水，水透后在每个营养钵内播发芽种子 1 粒，上覆药土 1 cm 厚，平盖地膜，以利保墒。

5. **苗期管理** 播种后用地膜密封 2~3 天，当有 2/3 的种子子叶出土及时揭掉地膜。苗期尽量少浇水，防止高温、高湿出现高脚苗，及时揭草苫增加光照。变温管理：一般白天温度应控制在 25~30℃，不宜过高；夜温一定要控制在 15℃以下，最好在 12~13℃。定植前 7~10 天，进行炼苗，温室草苫早揭晚盖，减少浇水，增加通风量和时间，白天保持 20~25℃，夜间保持 8~10℃，并需要 1~2 次短时间 5℃的炼苗。

6. **壮苗标准** 苗龄 35 天左右，株高 15~20 cm，三叶一心，子叶完好，节间短粗，叶片浓绿肥厚，根系发达，健壮无病。

（二）定植前准备

1. **整地施肥** 施肥应以有机肥为主，化肥为辅，施肥方式以基肥为主，追肥为辅，根据蔬菜生长发育的营养特点、需肥规律、土壤养分含量和目标产量，确定蔬菜的施肥量，进行平衡施肥，保证土壤中养分平衡。中等肥力水平的菜地一般每 667 m^2 施优质腐熟有机肥 5 000 kg、尿素 20 kg、过磷酸钙 75 kg、硫酸钾 30 kg。基肥撒施后，深翻地 30~40 cm，土肥混匀、耙平，按 1.2 m 宽做畦，畦内起两个 10~15 cm 的高垄，垄距 50 cm。

2. **扣棚膜挂天幕膜** 早春大棚采用四膜覆盖，即一层大棚薄膜，二层天幕膜和苗上一层小拱棚膜，定植前 20 天扣大棚膜，以便提高地温，在大棚内 10 cm 地温连续 3 天稳定通过 12℃即可定植。定植前 5~7 天挂天幕膜 2 层，间隔 20~30 cm，最好选用厚度 0.012 mm 的聚乙烯无滴地膜。

（三）定植

定植前 1 天在苗床喷一次杀菌剂，可选用 50% 多菌灵可湿性粉剂 500 倍液，或 77% 可杀得微悬浮剂 700 倍液，或 75% 百菌清可湿性粉剂 1 000 倍液。定植要选择晴天上午进行。垄上开沟浇水，待水渗至半沟水时按株距 32 cm 左右放苗，水渗后土封沟，此法称“水稳苗”，每 667 m^2 定植 3 500 株左右，定植后在畦上扣小拱棚。

（四）栽培管理

1. **温度管理** 定植后，地温较低，需立即闷棚，即使短时气温超过 35℃也不放风，以尽快提高地温促进缓苗。缓苗期间无过高温度，不需放风。小拱棚在早晨及时扒开，以尽快提高土壤温度。缓苗后根据天气情况适时放风，应保证 21~28℃ 8 h 以上，夜间最低温度维持在 12℃左右。随着外界气温升高逐步加大风口，当外界气温稳定在 12℃以上时，可昼夜通风，大棚气温白天上午在 25~30℃，下午为 20~25℃最好。

2. **中耕松土** 缓苗后进行 3~4 次中耕松土，由近及远，由浅到深，结合中耕给瓜苗培垄，最终形成小高垄栽培。

3. **浇水** 定植后要浇一次缓苗水，以后不干不浇。当黄瓜长到 12 片叶后，约 60% 的秧上都长有 12 cm 左右的小瓜时，浇第二水，进入结瓜期后，需水量增加，要因长势、天气等因素调整浇水间隔期，黄瓜生长前期间隔 7~10 天浇 1 次水，中期间隔 5~7 天浇 1 次水，后期间隔 3~5 天浇一次水，前期浇水以晴天上午浇水为好。

4. **追肥** 进入结瓜期后，结合浇水进行追肥，一般隔水带肥，每 667 m^2 每次追施尿素 3 kg、硫酸钾 5 kg、高钾冲施肥 10 kg。

5. **湿度** 大棚空气相对湿度应控制在 85% 以下，尽量要使叶片不结露、无滴水，最好采用长寿流滴减雾大棚膜。晴天上午浇水后要先闭棚升温至 33℃，而后缓慢打开风口放风排湿。气温降至 25℃，关闭风口，如此一天进行 2~3 次，连续进行 2~3 天，降低棚内空气相对湿度。

6. **植株调整** 当植株长到 7~8 片叶时，株高 25 cm 左右，去掉小拱棚，开始吊绳，第一瓜以下的侧蔓要及早除去，瓜前留 2 叶摘心。当主蔓长到 25 片叶时摘心，促生回头瓜，根瓜要及时采摘以免坠秧。

7. **小拱棚、天幕的撤除** 小拱棚一般在定植后 15~20 天，开始吊绳时撤除。随着外界温度升高，逐步撤除天幕，增加透光率，一般在 3 月中旬先撤除下层天幕，3 月底至 4 月初撤第二层天幕。

（五）采收

参照本节第四部分“日光温室冬春茬黄瓜栽培技术”的采收部分内容。

七、大棚黄瓜夏秋茬栽培技术

（一）品种选择

夏秋茬黄瓜主要选择耐高温、抗病力强的品种，如津杂 3 号、中农 16 号等。

（二）选地、整地与施肥

1. **选地**　黄瓜忌与同科作物连作，选择土层含丰富有机质、保水保肥力强的土壤。

2. **整地与施肥**　夏秋季节高温少雨，为便于灌溉，深翻后开沟做畦，畦宽 80~90 cm，畦高 18~20 cm。每 667 m^2 施充分腐熟的有机肥 1 500~2 500 kg，生物有机肥 120~150 kg，复合肥 20~50 kg，过磷酸钙 25~50 kg，于播种行开沟深施作基肥。

（三）播种

夏黄瓜可在 5~7 月上旬播种，秋黄瓜宜在 7 月上旬至 8 月下旬播种。每 667 m^2 用种量为 150 g 左右。夏秋季节气温较高，黄瓜一般采用直播。播种前种子浸泡 2~3 h，然后用 75% 百菌清 1 000 倍液浸种 15 min 消毒，洗净后直播或催芽播种，行株距 60 cm × 30 cm，每穴播种 3 粒左右，播后盖土 1~1.5 cm 厚，再盖稀疏碎稻草或麦草，以利出苗。

（四）田间管理

1. **畦面覆盖**　夏秋气温炎热，可用稻草、青草、水丝草在畦面覆盖 3~5 cm 厚，可降低地温 3.5~6℃，减少水分蒸发，有利于植株生长发育。

2. **搭架、绑蔓**　瓜苗抽蔓时要及时用竹、木条搭 1.5 m 高的“人”字形架绑蔓，也可以用尼龙绳吊蔓。

3. **追肥、灌水**　夏秋黄瓜生长快、结果早，要求肥水充足，全生育期需追肥 3~4 次，每 667 m^2 每次追施稀粪水 500~1 000 kg 或氮磷钾复合肥 5~10 kg，同时可用磷酸二氢钾、绿旺一号等结合喷药进行叶面追肥。黄瓜根系入土浅，不能吸收土壤深层的水分，且黄瓜叶大而薄，蒸腾量大，若天旱少雨，应及时灌水抗旱：灌水宜下午进行，并结合追肥进行中耕培土和除草。

4. **植物生长调节剂处理**　在黄瓜幼苗长有二叶一心和三叶一心时，各用 40% 乙烯利水剂400倍液叶面喷洒1次，以增加植株雌花量，达到多结果提高产量的目的。

（五）采收

夏秋黄瓜从播种至收获需时45~60天，当瓜条长到一定长度，表面颜色转深具光泽时（优质的商品瓜在授粉后8~10天），应及时采收，以利上部开花坐瓜。

第四节　侵染性病害的识别与防治

一、霜霉病

（一）危害症状

黄瓜霜霉病俗称跑马干、黑毛，是黄瓜栽培中最常见的病害，其特点是来势凶猛、传播快、危害大，7~14天可使整个温室的黄瓜拉秧。该病主要危害叶片，幼苗发病叶片变黄，后全株枯死；成株发病多从下部叶片开始，感病后叶片初期呈现水渍状斑点，后出现不均匀的褪绿变黄，因受叶脉限制病斑呈现多角形，在潮湿时背面形成黑色霉层，后期病叶干枯易碎。严重时黄瓜植株一片枯黄，提前拉秧。

（二）发生规律

该病原菌为真菌属鞭毛菌亚门假霜霉菌属，为专性寄生菌，可常年寄生于寄主植物上，成为初侵染源，高温、高湿（20~26℃，空气相对湿度达85%上）有利于病害的发生及流行。

（三）防治措施

1. *农业防治*　选择抗病能力较强的品种作为种植对象，同时要选择地势较高、排水良好的地方作为种植地；实行地膜覆盖，以减少土壤中的水分蒸发量、降低空气相对湿度；浇水后要及时排除湿气，以防夜间出现叶面结露的现象；加强对温度的管理，上午一般可将棚室内的温度控制在28~32℃，同时可将空气相对湿度控制在60%~70%，除此之外每天不能过早地放风；实行轮作，以减少病原；增施有机肥，以调控营养生长与生殖生长的关系。

2. **药剂防治**

1）预防　70%丙森锌可湿性粉剂（安泰生）500~700倍液喷雾；40%烯酰吗啉悬浮剂（可林）600~800倍液喷雾；48%百菌清·嘧菌酯悬浮剂500~700倍液喷雾。

2）治疗　68.75%霜霉威盐酸盐·氟吡菌胺（银发利）悬浮剂800~1 000倍液喷雾；39%氰霜唑·百菌清悬浮剂500~700倍液喷雾；45%烯酰吗啉·吡唑醚菌酯悬浮剂1 000倍液喷雾；40%噁唑菌酮·霜脲氰（美优）水分散粒剂600~1 000倍液喷雾。注意交替用药，喷药时要求叶片正反面均要喷匀。

3）烟熏　设施内湿度大时，可用45%百菌清烟剂进行烟熏。

二、细菌性角斑病

（一）危害症状

该病主要危害叶片、茎蔓及瓜条。幼苗发病子叶上出现水渍状近圆形凹陷病斑，后变褐枯死。成株发病多从叶片开始，感病后叶片最初呈现水渍状小斑点，后变成淡黄褐色，翻过叶片见叶背面，因发病受叶脉限制病斑呈现多角形，这一点同霜霉病极为相似。但也有所区别，一是在潮湿时背面形成的不是黑色霉层，而是白色或乳白色菌脓；二是干燥时病叶中部易开裂形成穿孔，且发病速度较霜霉病慢。在茎蔓及瓜条上病斑初期出现水渍状凹陷病斑，严重时出现溃疡和裂口，并有菌脓溢出，干枯后呈乳白色，中部多生裂纹。在果实上病斑向内伸展到种子，可造成种子带菌。

（二）发生规律

该病原菌为假单胞杆菌属细菌，以种子或遗留土壤当中病残体为寄主成为初侵染源。在室温22~28℃，空气相对湿度达70%以上有利于病害的发生及流行。

（三）防治措施

1. **种子处理**　将种子在3.3%丙酸钙水溶液或酒石酸中浸泡20 min，或用50%乙酸铜溶液处理种子20 min，可以有效杀死种子表面的病原菌，且不影响种子的出芽率。还可以用0.5%次氯酸钠溶液浸泡种子20 min，或选用0.25%~0.50%次氯酸钙浸种1 h，可抑制种子表面的病原菌，且不影响种子的出芽率。也可用40%甲醛100倍液浸种30 min，用清水洗净药液后，再催芽播种。

2. **土壤处理**　育苗尽量选用新苗床，或在未种过瓜类蔬菜的地块，或用营养土育苗。旧苗床应做好消毒工作，播前将床土耙松，每平方米用40%甲醛30 mL加水3~4 kg浇到苗床上，随后用塑料膜覆盖 4~5 天，揭去塑料膜 15 天后再播种；还可在夏天高温季节进行闷棚，大棚中的土壤灌足水后覆盖聚乙烯膜，暴晒 28~42 天，可有效降低田间病原菌的数量。

3. **加强田间管理** 与非瓜类蔬菜轮作 2 年以上，选用抗病品种。从无病地或无病株上采种，培育无病壮苗。选择地势干燥、通风、排水良好，前茬未种过瓜类、茄果类蔬菜的地块进行栽培。露地采用高垄覆膜栽培，并及时排除积水，注意放风时间，采用滴灌的模式进行灌溉，可降低室内空气相对湿度，控制昼夜温差，有效减少病菌的繁殖和侵染。及时清除植株下部老叶、黄叶、病叶，拔除病株及其附近的植株，将病残体集中焚烧或深埋。避免在早晨叶片湿度大、露水多时进行整枝、打杈、果实采摘等农事操作，防止病原菌随操作人员或操作工具进行传播。

4. **生态防治** 通过控制白天和晚上棚内的温差来控制病害的发生，上午闭棚，温度提升到 28~34℃，但不超过 35℃；中午开始放风，温度降到 20~25℃，空气相对湿度降到 60%~70%，叶片上没有水滴；晚上闭棚，温度降到 11~12℃，若夜间温度达 13℃以上，即可整晚放风。在晴天早上浇水，浇水后立即闭棚，使棚温提高到 35~40℃，维持 1~2 h，然后放风降湿直到夜间。在大棚休闲期晾棚 14~42 天，使土壤干透，并持续 20 天，可有效降低病原菌的数量。

5. **生物防治** 发病前期或初期，可选用 3% 中生菌素可湿性粉剂 800~1 000 倍液、2% 宁南霉素水剂 260 倍液、2% 春雷霉素水剂 500 倍液、0.5% 氨基寡糖素水剂 600 倍液等喷雾防治，6~7 天喷 1 次，连喷 3~4 次。

病害发生初期，也可喷施 41% 乙蒜素乳油，每 667 m^2 喷有效剂量为 28.7~32.7 g，7~10 天喷药 1 次，共喷 3 次。乙蒜素对植物生长具有刺激作用，喷施后作物生长健壮。为防止病菌对乙蒜素产生抗药性，建议与保护性杀菌剂或作用机制不同的杀菌剂交替使用。

6. **药剂防治** 40% 甲基硫菌灵·噻唑锌悬浮剂 500~700 倍液喷雾；84% 王铜水分散粒剂 500~700 倍液喷雾；77% 氢氧化铜可湿性粉剂 500~600 倍液喷雾；3% 中生菌素可湿性粉剂 800~1 000 倍液喷雾。

三、灰霉病

（一）危害症状

该病主要危害开败的花及幼果，受害部位由先端腐烂并长出淡灰色的霉层，带菌的烂花、烂果掉到叶片及茎蔓上，将引起叶片形成边缘清晰的较大枯黄病斑，潮湿时着生出淡灰色的霉层；在茎蔓上则引起茎蔓的腐烂，严重时茎蔓折断整株死亡。

（二）发生规律

该病原菌为真菌属半知菌亚门灰葡萄孢菌，腐生性较强可在土壤当中的病残植株体上生存，成为初侵染源。该病原菌在高湿和室温 20~28℃时易发生及流行。在防治上应特别注意及时摘除病残花、果、叶，保持栽培床内无干枝枯叶。

（三）防治措施

1. **农业防治**　清除病残体，减少棚内初侵染源；苗期、瓜膨大前及时摘除病花、病瓜、病叶，带出大棚、温室外深埋，减少再侵染的病原；加强栽培管理，加强通风换气，浇水适量，注意保温，防止寒流侵袭；高温季节在大棚、温室内深翻灌水，保持大棚、温室清洁。

2. **药剂防治**　40% 嘧霉胺悬浮剂 800~1 000 倍液喷雾；50% 氟吡菌胺・嘧霉胺悬浮剂 800~1 000 倍液喷雾；50% 腐霉利可湿性粉剂 800~1 000 倍液喷雾；50% 啶酰菌胺水分散粒剂 800~1 500 倍液喷雾；25% 嘧环菌胺・咯菌腈悬浮剂 1 000 倍液喷雾。

四、炭疽病

（一）危害症状

植株的叶、茎、果均可感染受害。幼苗时多发生在子叶边缘，初期呈半圆形水渍状，渐由淡黄变成褐色，稍凹陷，潮湿时长出粉红色枯状物，病斑在茎基部则表现变褐、缢缩、倒伏。成株叶片上初期呈水渍状小点，后呈红褐色近圆形病斑，直径 1~2 cm，上着生许多小黑点，干燥时病斑开裂穿孔，潮湿时可渗出粉红色黏状物，严重时整叶干枯。茎及瓜条受害后，初期呈水渍状小斑点，后呈褐色凹陷斑，上面着生许多小黑点，高湿时可渗出粉红色黏状物。

（二）发生规律

该病原菌为真菌属半知菌亚门刺盘孢菌，腐生性较强，它可以以菌丝体和拟菌核的形式，随病残体在土壤中存活，也可在种皮上生存，并成为初侵染源，在空气相对湿度达 85% 以上，室内温度在 25℃左右时，有利于病害的发生及流行。

（三）防治措施

1. **合理选种**　炭疽病防治中，合理选种是基础防治措施，能有效预防炭疽病的发生。需根据种植当地的实际情况，比较黄瓜品种的优势与劣势，选出适合当地种植的品种。北方地区种植黄瓜时最好选种所需湿度小、长势强的黄瓜品种种子，可在根本上预防炭疽病在黄瓜种植地的发生与传播。

2. **药剂拌种** 按照当地气候、土质以及温度等挑选确定适合本地黄瓜生长的药剂，在黄瓜整个生长阶段对炭疽病起到预防效果，促进黄瓜健康生长。拌种时可用62.5%精甲·咯菌腈悬浮种衣剂，当所有种子与药剂搅拌均匀后，将种子捞出放置在通风处风干，之后进行黄瓜栽培。科学拌种能够杜绝炭疽病在地下产生细菌孢子，避免植株被炭疽病感染，保证黄瓜健康生长。

3. **土壤处理** 炭疽病致病原会隐藏在土壤中，种植前要全面处理土壤，利用适当的化学药剂消灭土壤中的致病原，同时还能增加土壤中的养分与矿物质含量。需根据当地种植情况挑选所用药剂，如果黄瓜种植地土质一般，可使用辛硫磷对土壤进行处理，使土壤与药剂混合均匀，然后均匀散播在种植地内，可全面预防大部分地下病害与虫害，提高黄瓜成活率，为黄瓜生长提供优良环境。

4. **后期管理** 后期管理主要是避免种植后因其他因素发生炭疽病。种植后，要定期观察黄瓜生长情况，尤其在黄瓜生长后期，需全面做好彻底预防。一般将病虫害消灭剂、细菌消灭剂以及肥料补充剂混合到一起，均匀喷洒到黄瓜种植地中，可对炭疽病起到一定防治效果。

5. **烟熏防治** 为对黄瓜起到切实保护作用，可通过烟熏方式防治炭疽病。当本地区黄瓜种植地中刚开始出现炭疽病时，可在每天傍晚使用百菌清烟熏剂对黄瓜种植地进行全面烟熏。平均每667 m^2地每次使用200 g百菌清烟熏剂，可将整个黄瓜种植地完全密封。每隔7天对黄瓜进行1次烟熏操作，防治效果较好。

6. **药剂防治** 75%戊唑醇·肟菌酯水分散粒剂1 500~2 000倍液喷雾；32.5%苯醚甲环唑·嘧菌酯800~1 000倍液喷雾；60%吡唑·代森联水分散粒剂800~1 000倍液喷雾；50%咪鲜胺锰盐可湿性粉剂1 000~1 500倍液喷雾。

五、白粉病

（一）危害症状

该病主要危害叶片，茎、果则较少危害。发病初期在叶片的正面或背面产生白色近圆形小粉斑，其后白色粉状物向四周扩展，边缘不明显，严重时整个叶片布满白粉。发病后期白色粉斑变为灰色，生出许多黑褐色小颗粒。

（二）发生规律

该病原菌为真菌属半知菌亚门单丝壳白粉菌，为专性寄生菌，可常年寄生于寄主植物上，成为初侵染源。该病原菌的发病适宜温度偏高，在20~25℃，而对空气相对湿度要求不严格，在空气相对湿度为25%条件下，病害照样发生及流行。

（三）防治措施

1. **选用抗病品种** 选用抗（耐）病品种：一般抗霜霉病的品种较抗白粉病，如津春3号、中农13号、津优2号等新品种。

2. **加强栽培管理** 采用基质营养盘育苗，培育壮苗、无菌苗。采用高垄覆膜栽培，种植多年或连作多年的温室采用无土基质栽培，可控防病害发生。应用膜下滴灌、膜下沟灌技术，避免大水漫灌。黄瓜定植后至生长前期适当少浇水，提高地温，控制湿度，促进根系生长；生长中后期适当增加浇水次数。阴天不浇水，晴天多放风。白粉病发生时，可在黄瓜行间浇小水，提高空气相对湿度，同时结合喷药，能控制病害。采用滴灌设施的温室黄瓜定植后至开花前每隔5~7天滴1次水，开花结果后每隔2~3天滴1次水，每667 m^2温室每次滴水量1.5~2.0 m^3；采用膜下沟灌的温室10~15天灌水1次，每次灌水量15~20 m^3。科学施肥，多施农家肥，氮、磷、钾肥配合使用。定植前每667 m^2温室施腐熟农家肥5~7 m^3、氮肥10~15 kg、磷酸二铵20 kg、钾肥10~15 kg。黄瓜开花结果期结合滴灌水开始追肥。以后每隔7~10天追肥1次，每667 m^2温室每次追氮肥3~4 kg。拉秧前15天停止追肥。

3. **药剂防治** 75%戊唑醇·肟菌酯水分散粒剂1 500~2 000倍液喷雾；25%吡唑醚菌酯悬浮剂1 000~1 500倍液喷雾；25%嘧菌酯悬浮剂800~1 000倍液喷雾；80%硫黄水分散粒剂300~500倍液喷雾；42%戊唑醇·百菌清悬浮剂1 000~1 500倍液喷雾。

六、疫病

（一）危害症状

该病对叶、茎、果均可造成危害。幼苗发病多从嫩尖生长点开始，发病初期呈暗绿色水渍状萎蔫，其后逐渐干枯呈秃尖状，不倒伏。成株发病叶、茎、果均可受害，但最易发病的部位是茎基部。在发病初期茎基部（靠近土壤的地方）呈暗绿色水渍状，后缢缩整个植株萎蔫，维管束不变色，潮湿时表面生出稀疏的白霉，迅速腐烂，散发出腥臭味，在其他嫩茎节部也表现同样症状。在叶片上初呈圆形或不规则形暗绿色水渍状大病斑，后迅速扩展，边缘不明显，干燥时呈青白色，易破碎，病斑发展到叶柄处，叶片下垂萎蔫。瓜条受害初呈暗绿色水渍状凹陷斑，湿度大时很快软腐，表面生出稀疏的白霉，迅速腐烂，散发出腥臭味。

（二）发生规律

该病原菌为真菌属鞭毛菌亚门疫霉菌，极易变异，小种较多，主要以菌丝体、卵孢子形式附着在植物病残体上，也可是种子带菌，成为初侵染源。高温、高湿（28~30℃，空气相对湿度达 80% 以上）有利于病害的发生及流行。

（三）防治措施

1. **选用抗、耐病品种** 黄瓜种子应从无病种瓜上采种，如种子带菌，播种前应对种子消毒，可采用甲醛 100 倍液浸种 30 min，洗净晾干后播种。

2. **合理轮作** 与非瓜类作物实行 4 年以上轮作。

3. **嫁接换根** 采用云南黑籽南瓜作砧木与黄瓜嫁接，可有效防治黄瓜疫病。嫁接苗于温室小拱棚内保湿培养，温度 16~28℃，空气相对湿度 95% 以上，7 天后揭去小拱棚，培育至三叶一心定植。嫁接苗的栽植密度比自根苗低 20%，培土不可埋过切口，栽前多施基肥，保持嫁接苗旺盛的长势。

4. **土壤消毒** 每 667 m^2 用 1 t 稻草或麦秸，切成 4~6 cm 长撒在地面，再均匀撒施石灰 50 kg，翻地 25~30 cm，铺膜、灌水，然后密闭温室或大棚 15~26 天，可杀死土壤中的病原菌及线虫等。

5. **加强田间管理** 提高黄瓜植株抗病能力，推广测土配方施肥，施用充分腐熟的优质厩肥，注意氮、磷、钾合理配施，避免偏施氮肥。生长中后期增施磷、钾肥及微肥以增强黄瓜的抗病能力。改善通风透光，及时开沟排水，降低田间温度，生长期间及时拔除病株，摘除病叶，收获后及时清除枯枝烂叶、根茬及杂草，以减少下茬蔬菜的侵染来源。

6. **药剂防治** 选用 60% 吡唑·代森联水分散粒剂 800~1 000 倍液喷雾；72.2% 霜霉威盐酸盐水剂 800~1 000 倍液喷雾。

七、枯萎病

（一）危害症状

枯萎病又称萎蔫病、蔓割病。一般经过嫁接育苗的黄瓜不易感染此病，该病多发生在自根黄瓜苗上。在黄瓜植株进入结瓜前期，个别植株的部分叶片表现中午萎蔫，似缺水状，早晚又恢复正常，以后萎蔫现象越来越严重，直至整株枯死，茎基部先呈水渍状，后缢缩逐渐干枯常纵裂。它不同于黄瓜疫病的是黄瓜茎的维管束变褐，潮湿时表面生出粉红色霉状物。幼苗受害表现整株萎蔫枯死，茎基部先呈水渍状，后缢缩形成猝倒，这一点也有别于黄瓜疫病。

（二）发生规律

该病原菌为真菌属半知菌亚门镰刀霉菌，为弱寄生强腐生菌，以厚垣孢子或菌核形式附着在土壤植物病残体上，或是以种子形式带菌，成为初侵染源。发病适宜温度20~25℃，空气相对湿度达90%以上，大水漫灌或排水不良有利于病害的发生及流行。

（三）防治措施

1. **选择抗病性黄瓜品种** 选择抗病性强、抵抗力强、高产的黄瓜品种。通过观察发现，中农7号、中农8号、山农1号、早丰2号、露地3号等都是常见的抗病性较强的品种，根据当地的地质条件、自然环境与气候变化等选择合适的黄瓜品种。

2. **做好种子消毒** 在播种黄瓜前，应及时对种子进行消毒处理，用60℃左右的水对种子进行浸泡，浸泡时间为10 min。此外，也可使用50%多菌灵可湿性粉剂进行拌种处理，根据种子的质量来确定用药量，标准为用药量是种子质量0.1%。

3. **土壤消毒** 在培育黄瓜秧苗时，应选择50%多菌灵可湿性粉剂与土壤按照1∶100的比例配制成药土，然后将药土施入床土之中，然后将黄瓜苗进行栽植。在黄瓜生长过程中，一旦发现患病植株，应将患病植株连根拔起，将其远离种植基地进行掩埋，还要在患病植株的周边灌注20%石灰乳，以达到对土壤消毒的效果，实现对菌源的合理化控制。

4. **加强栽培管理** 为保证黄瓜的健康生长，应准备好无菌的新土来进行育苗处理。在对秧苗进行定植时，不可对根部产生伤害，这样可缩短缓苗的时间，有利于增强抗病性。平整土地时，每667 m^2 可撒施经过腐熟的农家肥（羊粪）5 000 kg作为基肥，以达到理想的防病效果。

5. **药剂防治** 可选用2%春雷霉素可湿性粉剂150~300倍液喷雾、灌根；70%敌磺钠可溶性粉剂200~300倍液喷雾；3%甲霜灵·噁霉灵可湿性粉剂500~600倍液喷雾。

八、蔓枯病

（一）危害症状

该病主要危害叶片及茎蔓。叶面病斑近圆形，直径1~3 cm，有的病斑自叶缘向内发展呈半圆或“V”形，颜色淡褐或黄褐色，上面生出许多黑色小颗粒。病斑轮纹不明显，后期易破碎，茎蔓上多出现在节间部。病斑呈椭圆形或梭形，黄褐色，有时溢出琥珀色的胶状物，但维管束不变色，也不会全株枯死，这一点也有别于黄瓜枯萎病。

（二）发生规律

该病原菌为真菌属子囊菌亚门甜瓜球腔菌，以分生孢子器、子囊壳的形式附着在植物病残体上生存，成为初侵染源，高温、高湿（温度 23~28℃，空气相对湿度达 80% 以上）有利于病害的发生及流行。

（三）防治措施

1. **合理轮作** 实行与非瓜类作物 2~3 年的轮作倒茬。播种前及时清理田间残株落叶，铲除杂草，并配合喷施 50% 多菌灵可湿性粉剂加新高脂膜对土壤进行消毒处理，同时种植的田块应做好排水措施，防止田间积水引起病菌蔓延，有条件的播前深耕晒土。

2. **科学选种** 选择抗病品种，选用无病田和无病株留种。

3. **合理密植** 根据露地、保护地情况，确定适宜的栽植密度，并注意通风降湿增强植株抗性。

4. **植株调整** 搭架整蔓时，不需侧枝结果的要及时摘除，每次落蔓前要及时打掉下部老黄叶。雌花应疏掉一部分，以平衡营养生长与生殖生长。

5. **高温闷棚** 在病害开始发生时，可选择晴天早上浇水，浇完后闭棚，使棚内温度上升到 38~40℃，保持 1~2 h，然后逐渐放风排湿，对抑制病原菌侵染效果良好。

6. **药剂防治** 25% 嘧菌酯悬浮剂 800~1 000 倍液喷雾；32.5% 苯醚甲环唑·嘧菌酯悬浮剂 800~1 000 倍液喷雾；60% 吡唑·代森联水分散粒剂 800~1 000 倍液喷雾。

九、黑星病

（一）危害症状

该病在苗期及成株期均可发病，可危害叶片、茎及果实。幼苗受害在子叶上产生黄白色圆形小斑点，后逐渐腐烂。成株叶片初为褪绿的小斑点，以后扩展成圆形或近圆形病斑，直径为 2~5 mm，1~2 天后病斑干枯，呈黄白色，易穿孔，穿孔后边缘呈星纹状。茎蔓感病后初呈暗绿色水渍状椭圆形或长圆形病斑，后表面凹陷龟裂，上面着生煤烟状霉层，最后腐烂，引起整个植株萎蔫枯死；瓜条感病后，初呈暗绿色水渍状凹陷，表面密生煤烟状霉层，后期病斑变成疮痂状，常龟裂并伴有白色透明胶状物流出，后变成琥珀色块状物，干燥后脱落。

（二）发生规律

该病原菌为真菌属半知菌亚门瓜枝孢菌，可常年以菌丝体形式附着在植物病残体上生存，也可以分生孢子形式附着在种子表面或以菌丝潜伏在种皮内生存，并成为初侵染源。该病发病的适宜温度为20~22℃，空气相对湿度达90%以上，光照不足，植株郁闭，有利于病害的发生及流行。

（三）防治措施

1. *农业防治* 发病严重地块实行与非葫芦科作物轮作2~3年；及时清除田间病株、落果、病叶和病花，带到棚外集中销毁或深埋处理，不可随地乱扔；白天温度控制在28~30℃、夜间15℃，保持空气相对湿度低于90%；加强通风，降低棚内湿度，减少叶面结露，黄瓜定植至结瓜期控制浇水。

2. *药剂防治* 定植前大棚内用硫黄熏蒸消毒，每100 m³空间用硫黄0.25 kg、锯末0.5 kg，混匀后分几堆点燃，熏蒸一夜，可杀死棚内残留病菌。25%嘧菌酯悬浮剂800~1 000倍液喷雾。

第五节 生理性病害的识别与防治

一、徒长苗

（一）症状

特征为茎纤细，节间过长，叶薄而色淡，组织柔嫩，根系小，很少结瓜或易化瓜。

（二）发生原因

光照不足或温度过高，特别是夜温过高。氮肥多和水分充足也是徒长的重要条件。

（三）防治措施

增强光照、降低夜温、控制浇水、氮肥施肥量及次数。

二、僵化苗

（一）症状

主要表现苗矮、茎细、叶小而叶色深绿，根少且不易发新根，花芽分化不正常、不发棵，定植后易出现花打顶现象。

（二）发生原因

肥水供应不足、温度偏低或蹲苗时间过长。激素用量过大，也会出现类似现象。

（三）防治措施

加强增温和保温，保证一定的肥水条件，且要避免蹲苗时间过长，避免乱用激素或农药等。

三、烧根

（一）症状

根发育不良，根系不发达，侧根少，根尖枯黄甚至腐烂，根系颜色变淡褐色或褐色。地上部表现为植株脱水萎蔫，叶片黄化，轻者尚能恢复，但发育迟缓，重者导致植株和叶片变黄，最后枯死。

（二）发生原因

该现象是由于育苗床肥料过多或施未经充分腐熟的有机肥，土壤溶液浓度过高造成的。

（三）防治措施

不要一次施肥过多，施用腐熟的有机肥；追肥时要少量多次，且要及时浇水。发生烧根后，可适当增加浇水次数，以降低土壤溶液浓度。

四、沤根

（一）症状

根部不再生长新根或不定根，根皮呈黑褐色，进而根部腐烂，最终会导致植株萎蔫。黄瓜沤根严重时可造成田间植株成片干枯，从表面看，与缺素症状相似。沤根时间长，植株容易被茄病镰孢菌侵染发生根腐病，被腐霉菌侵染发生猝倒病或根腐病。

（二）发生原因

沤根是由于苗床湿度过大，土壤中氧气浓度较小，再加上地温较低造成的，致使地上部停止生长发育，叶色发黄，甚至秧苗死亡。

（三）防治措施

1. **施足农家肥** 蔬菜育苗，要增施农家肥，尤其是热性肥，既可培肥地力，培育壮苗，提高蔬菜幼苗抗病能力，又可提高地温，减轻病害发生。具体做法：在蔬菜育苗前，将充分腐熟的热性农家肥捣碎与床土混拌。必须用腐熟的热性农家肥，否则会造成烧根。

2. **保持适当温度** 床土配制要合理，播后至苗期应保证适宜的土温。如遇阴雨天，光照不足时，应采取增温保温措施。冬季及早春育苗最好在棚室内采用电热温床进行育苗，以有利于保温。

3. **及时降低湿度** 在大棚或温室等保护地育苗时，一般苗床不明显干旱（表土手握不散团）时不浇水，应尽量少浇水或不浇水；明显干旱时浇水量也不宜过大。苗床内做到宁干勿湿。如果苗床过干，可覆盖湿润细土，这样既可缓解幼苗对水分的需求，又能降低苗床内的空气相对湿度。如果床内湿度过大，可覆盖草木灰，或在气温较高的中午适当进行通风排湿。

4. **注意增加光照** 育苗前，要选择光照充足的地方建苗床。这样有利于幼苗健壮生长发育，增强其抗病能力，减轻蔬菜苗期沤根的发生或蔓延。

5. **适时通风** 在子叶展开后，选择晴暖天气揭开覆盖物通风，并向苗床内均匀撒施一层细干土，随后盖严覆盖物，这样做既可降低床土湿度，又有一定的增温作用。

五、闪苗及急性萎蔫

（一）症状

由于黄瓜苗长期处于阴雨寡照的天气中突遇阳光强烈的天气，容易出现光害，造成叶片白干，严重的中午茎叶萎蔫下垂，早晚恢复正常，最后植株萎蔫数日后死亡。

（二）发生原因

在正常的天气及管理情况下，秧苗的吸水、失水趋于一致（即代谢平衡），一旦突出异常情况，比如大风吹袭、强光照射或连续低温阴雨天后，棚内气温急速回升等，会使秧苗水分代谢失去平衡，失水过多，致使苗子萎蔫，如持续时间过长，叶片将不能复原，失绿干枯，甚至整株死亡。

（三）防治措施

在通风时，放风口应先小后大，且在通风口加以薄膜遮挡，避免外界冷风直接吹到秧苗上；对于强光照射引起的秧苗萎蔫，可采用短期遮光，直至适应后为止。对于连续低温后天气突然转晴，更要避免棚内升温过快。另外，还可叶面喷洒白糖水。

六、化瓜

（一）症状

化瓜是黄瓜在膨大时中途停止，黄化、萎蔫，最后呈干瘪状。在整个结瓜期都会出现这种症状。

（二）发生因原

低温、光照不足；密度过大、通透性差、植株郁闭、水肥管理跟不上、病虫害危害等均能造成化瓜；另外单性结实能力差的品种也易化瓜。

（三）防治措施

选用合适的品种，在黄瓜雌花开花前，叶面喷洒叶面肥可减少化瓜；加强肥水管理，合理控制温度，增强光照强度；降低定植密度，及时疏去下面老黄叶等。

七、畸形瓜

（一）弯瓜

1. **症状及原因** 主要是因为营养不良，植株瘦弱，如光照不足、温度管理不当，或结瓜前期水分正常，后期水分供应不足，或伤根、病虫害较重等引起的。此外，雌花或幼果被架材、卷须及茎蔓等遮阴或夹住等物理原因也可造成畸形果。

2. **防治措施** 加强温度、湿度及肥水管理，加强防治病虫害，及时摘除卷须等。

（二）大头瓜（即大肚子瓜）

1. **症状及原因** 当雌花授粉不充分，授粉的先端先膨大，另外营养不足或水分不均都会造成大头瓜。露地栽培的部分黄瓜品种，更易因蜜蜂等昆虫授粉后，而又养分不足而引起大头大脐的现象。

2. **防治措施** 同弯瓜的防治措施。

（三）小头瓜

1. **症状及原因** 小头瓜是指瓜条把子粗大，前端细，严重时呈三角形。一般认为单性结实性低的品种，受精时，遇到障碍易发生小头瓜，高温干燥条件下发生多。冬季温室栽培由于昆虫传粉差，发生多。植株生长势弱，蔓疯长时也容易发生。

2. **预防措施** 加强肥水管理，防止植株老化，增强叶片的同化功能。另外，种植单性结实性强的品种也是一种有效的预防途径。

（四）细腰瓜

1. **症状及原因** 细腰瓜是指在瓜的纵轴中央部分，一处或几处出现皱缩而变细。变细部分往往易折断，中间是空的，常变成褐色。在保护地环境下，由于高温、高湿的条件易使黄瓜植株长势过旺，以后植株又处在连续高温干燥的环境时，植株长势减弱，使正常生长的瓜生长受限，便会发生细腰瓜。另外，缺硼或硼向果实内运输受到障碍时也产生此类瓜。

2. **防治措施** 增施基肥（有机肥）和硼肥，加强肥水管理，并要考虑营养的平衡，不能仅施氮肥，而忽略施用磷、钾及其他元素肥料。

八、苦味瓜

1. **症状及原因** 由于生产中氮肥施用过量，或磷、钾不足，特别是氮肥突然过量很易出现苦味。此外，地温过低（低于13℃）或棚温度过高（高于30℃）且持续时间较长，均易出现苦味瓜。苦味还有遗传性，叶色深绿的苦味多。

2. **防治措施** 平衡施肥；选用无苦味的品种；加强温、湿度的管理，及时中耕松土，避免生理干旱现象发生。此外，喷洒生物制剂健植宝可有效预防苦味瓜的发生。

第六节　主要虫害的识别与防治

一、温室白粉虱

（一）危害症状

温室白粉虱俗称小白蛾，属同翅目粉虱科，主要危害冬春日光温室、塑料大棚等设施瓜类、茄果类、豆类等蔬菜。温室白粉虱食性极杂，成虫及若虫群居叶背吸食汁液，干扰和破坏叶片正常的光合作用、呼吸作用，使叶片褪绿、变黄、萎蔫，严重时全株枯死。同时，该虫还可分泌蜜露，诱发煤污病的发生，进而对黄瓜造成更大的危害。

（二）发生规律

该害虫成虫体长 1~1.5 mm，呈淡黄色，翅面覆盖白蜡粉。卵长约 0.2 mm，侧面看为椭圆形，卵柄从叶背气孔插入植物组织中，颜色从淡黄色变至褐色，再到黑色而孵化成若虫。若虫经过伪蛹阶段羽化成成虫。温室白粉虱的发育历程、成虫寿命、产卵数量等均与温度有密切的关系。成虫活动适宜温度为 25~30℃，当温度超过 40℃时，其活动能力显著下降。卵的发育起点温度为 7.2℃。在室温 25℃左右，成虫期 15~57 天，卵期 7 天，若虫期 8 天，伪蛹期 6 天。在 18~28℃的温度，温室白粉虱从卵到最后羽化成成虫的时间，随气温升高由 30 天左右缩短到 23 天。

（三）防治措施

1. **换茬轮作** 对于连续种植 2 年以上黄瓜的田块，可以进行 1~2 年的作物换茬轮作，可以换茬种植红薯、生姜等作物，或者种植水稻、莲藕等水植作物，更加能有效减少白粉虱的食料来源和田间累积的虫口基数。

2. **盖防虫网** 有条件的农户在黄瓜移栽定植后，可以给拱架套上防虫网，能有效阻止隔壁或临近田块作物上的白粉虱转移到自家黄瓜田块上进行危害，能有效减少白粉虱的食料来源。

3. **诱杀成虫** 白粉虱具有趋黄性，可以在温室内设置黄板诱杀成虫，用大小适宜的黄板，涂上黄漆后再在上面涂一层机油。一般每 667 m^2 设置 30~40 块即可，一般每隔 7~10 天要重涂一次，这样能有效地防治白粉虱的成虫，能抑制它的繁殖。

4. **熏烟或熏蒸法** 用锯末或苇秆、稻草等洒上敌敌畏，再加一块烧红的煤球熏烟，每 667 m^2 温室约需 80% 敌敌畏乳油 0.4~0.5 kg；也可每 667 m^2 温室用 80% 敌敌畏乳油 150 mL，水 14 kg，锯末 40 kg，拌匀撒入行间，关闭门窗，熏 1~1.5 h，温度控制在 30℃左右，防效很好。

5. **药剂防治** 22% 氟啶虫胺氰（特富力）悬浮剂 2 000~3 000 倍液喷雾；25% 噻虫嗪水分散粒剂 2 500~3 000 倍液喷雾；20% 吡蚜 · 吡丙醚悬浮剂 1 000~1 500 倍液喷雾。

二、瓜蚜

（一）危害症状

瓜蚜又名棉蚜，属同翅目蚜科。在黄淮地区年发生 10 余代，冬春日光温室、塑料大棚等保护设施为瓜蚜提供了很好的越冬繁殖场所，主要危害瓜类、茄果类、豆类等蔬菜。温室黄瓜瓜蚜，以成虫及若虫群居在嫩茎（生长点）、嫩叶背面吸食植株汁液，植株嫩茎（生长点）和嫩叶被害后，叶片卷缩，植株萎蔫，严重时全株枯死。

（二）发生规律

瓜蚜的形态特征因雌、雄和有翅、无翅而各不相同，较为复杂。一般体长 1.2~1.9 mm，颜色分为黄、浅深绿或黑色。若虫经过伪蛹阶段羽化成成虫。温室瓜蚜的消长与温、湿度密切相关。在室温 16~22℃，空气相对湿度低于 60% 的条件有利于生长繁殖。

（三）防治措施

1. **农业防治** 经常清除田间杂草，彻底清除瓜类、蔬菜残株病叶等。保护地可采取高温闷棚法，方法是在收获完毕后不急于拉秧，先用塑料膜将棚室密闭 3~5 天，消灭棚室中的虫源，避免向露地扩散，也可以避免下茬作物受到蚜虫危害。

2. **生物防治** 我国已记载的瓜蚜天敌就有 213 种，其中体内寄生的蚜茧蜂科、蚜小蜂科、跳小蜂科和金小蜂科共 26 种。捕食性天敌有瓢虫、草蛉、食蚜蝇、食蚜瘿蚊、食蚜螨、花蝽、猎蝽、姬蝽等。还有菌类，如蚜霉菌等。

3. **物理防治** 利用有翅蚜对黄色、橙黄色有较强的趋性，取一长方形硬纸板或纤维板，板的大小为 30 cm × 50 cm，先涂一层黄色广告色，晾干后，再涂一层黏性黄机油（加少许黄油）或 10 号机油，每公顷设置 30~45 块，当粘满蚜虫时，需及时再涂机油。利用银灰色对蚜虫有驱避作用，用银灰色薄膜代替普通地膜覆盖，而后定植或播种。隔一定距离挂 1 条 10 cm 宽的银膜，与畦平行。

4. **药剂防治** 70% 吡虫啉水分散粒剂 6 000~8 000 倍液喷雾；22% 氟啶虫胺氰悬浮剂 1 000~1 500 倍液喷雾；也可每 667 m^2 用异丙威烟雾剂（蚜虱一熏落）250~300 g 熏棚。

三、黄守瓜

（一）危害症状

黄守瓜又名瓜守、黄虫、黄萤，属壳翅目，叶甲科。在本地区年发生 1 代，冬春日光温室、塑料大棚等保护设施成为黄守瓜很好的越冬繁殖场所，主要危害葫芦科蔬菜，如黄瓜、西瓜、甜瓜等，也危害十字花科及茄科蔬菜。幼苗及定植前后，该虫以成虫取食嫩茎，造成生长点被破坏。另外，幼虫还可在土壤中咬食瓜根，造成全株枯死。

（二）发生规律

黄守瓜的成虫一般体长 9 mm，长椭圆形，体黄色，中后胸部及腹部为黑色，前胸背板有一波形横凹沟。在室温 25℃左右，空气相对湿度达 80% 以上，有利于黄守瓜生长繁殖。

空气相对湿度低于75%不利于该虫卵的孵化。

（三）防治措施

1. *改造产卵环境* 植株长至4~5片叶以前，可在植株周围撒施石灰粉、草木灰等不利于产卵的物质或撒入锯末、稻糠、谷糠等物，引诱成虫在远离幼根处产卵，以减轻幼根受害。

2. *消灭越冬虫源* 对低地周围的秋冬寄主和场所，在冬季要认真进行铲除杂草、清理落叶，铲平土缝等工作，尤其是背风向阳的地方更应彻底，使瓜地免受迁来的害虫危害。

3. *捕捉成虫* 清晨成虫活动力差，借此机会进行人工捉拿。同时，可利用其假死性用药水盆捕捉，也可取得良好的效果。

4. *药剂防治* 幼苗移栽施药在瓜类幼苗移栽前后，掌握成虫盛发期，喷90%敌百虫晶体1 000倍液2~3次。幼虫危害时，用90%敌百虫晶体1 500倍液点灌瓜根；2.5%溴氰菊酯乳油800~1 000倍液喷雾；15%氟铃脲水分散粒剂800~1 000倍液喷雾。

四、根结线虫

（一）危害症状

主要危害根部，根受害后发育不良，侧根多，并在根端部形成球形或圆锥形大小不等的瘤状物，有时串生，初为白色、质软，后变为褐色至暗褐色，表面有时龟裂。被害株地上部分发育不良，叶色黄，天旱时萎蔫枯死，易误认为是枯萎病株。

（二）发生规律

根结线虫以在土壤温度25~30℃、土壤持水量40%左右时发育最适宜。根结线虫以2龄幼虫或卵在土中越冬。通过雨水、灌溉水传播，从幼嫩根尖侵入，直至发育为成虫，成为内寄生线虫。在其取食的同时，分泌刺激物，刺激根细胞增大和增殖，形成根结或根瘤。初侵染源为病土、病苗及灌溉水，远距离移动和传播则依靠流水、风、带病的种子、病土搬运、农机具沾带的病残体以及人的各项农事操作。

（三）防治措施

1. *合理轮作* 可把病地改种葱、蒜、韭菜或粮食作物，轮作周期2~3年。

2. *无土育苗* 采用基质或水培育苗，保持菜园清洁，铲除病根。带出田外集中烧毁，同时注意消毒在病地用过的农具。

3. *高温防治* 根结线虫在55℃以上温度环境下，10 min即可死亡。利用这一特点保护地内黄瓜，收获拉秧后，将病残体尤其是病根，彻底清除干净，带出田外集中烧毁，深耕起垄，加盖地膜后封闭大棚 2 周，具有良好的防治效果。

4. *石灰氮土壤消毒* 在上茬作物采收结束后清洁棚室，每 667 m^2 均匀撒施玉米、稻草等秸秆（粉碎越细越好）500~1 000 kg、石灰氮 40~80 kg，用旋耕机将秸秆和石灰氮翻入土中（深 20~30 cm），混合均匀，整平筑畦；在土壤表面覆盖地膜，沟内灌水，直至棚内湿透并有积水，闷棚期间如土壤缺水可再灌 1 次；若大棚有破口应及时修补，利用日光照射使大棚内迅速升温（地表温度可达 70℃），持续 20 天以上；闷棚结束后，要揭膜通风 5~7 天，施入生物菌肥等肥料，浅耕翻、整地、做畦，准备定植。

5. *威百亩消毒* 在棚室休棚期先施入准备好的有机肥，耕翻土壤 2~3 遍，深度要达到 20~30 cm，整平土壤后按南北方向做畦，每间棚室做 1 条畦，畦宽同棚室宽度（一般 3 米左右），东西向覆盖白色透明地膜；先灌水至田间最大持水量的 80% 左右（每亩灌水量约 50 m^3），然后再随水冲施或滴灌威百亩，每 667 m^2 用量为 50 kg 左右，操作完成后密闭棚室进行土壤消毒；夏季高温晴好天气 20 天左右即可结束闷棚，然后将通风口打开进行通风，揭掉地膜，土壤湿度合适时耕翻土壤，晾晒土壤 7 天左右整地定植蔬菜幼苗即可。

6. *普通药剂消毒法* 如果棚室休棚时间较短，但仍需要进行土壤消毒，可以根据上茬蔬菜的发病情况，选择合适的药剂进行土壤消毒。如上茬根结线虫病较严重，可以使用 10% 噻唑膦水乳剂 2 kg；如上茬根腐病、枯萎病较为严重，可以选择 70% 甲基硫菌灵可湿性粉剂 1 kg+77% 硫酸铜钙（多宁）可湿性粉剂 0.5 kg，把选好的药剂均匀撒施到土壤表面，耕翻土壤混匀，再定植蔬菜幼苗。这种土壤消毒方法不受时间限制，可以随时进行。可以在冬季蔬菜换茬时选择使用普通药剂消毒法，而在夏季高温季节休棚时选择石灰氮、威百亩等土壤消毒方法。

7. *药剂防治* 黄瓜定植之前，用 10% 益舒丰颗粒剂对土壤进行处理，以开沟条施为最好，每 667 m^2 产量 1.5~2 kg；注意不能使黄瓜种子或根系直接接触药物；黄瓜生长期初显症状时用 1.8% 阿维菌素乳油 1 000~1 500 倍液灌根防治。

第七节　缺素症的识别与防治

一、缺氮

（一）主要症状

叶片小，上位叶更小；叶片从下向上逐渐顺序变黄；叶脉间黄化，叶脉凸出，后扩展至全叶；坐果少，果实膨大慢。

（二）发生原因

缺氮主要是前茬作物施入有机肥少，土壤含氮量低或降雨多氮被淋失；生产上沙土、沙壤土、阴离子交换少的土壤易缺氮。此外，收获量大，从土壤中吸收氮肥多，且追肥不及时易出现氮素缺乏症。

（三）防治措施

采用配方施肥技术科学施肥，施足氮肥，施基肥时多施腐熟好的有机肥增加土壤的保肥能力，防止氮素缺乏。低温条件下可施用硝态氮；如已发生缺氮症状时，可埋施腐熟好的人粪肥，施在植株两旁后覆土，浇水；也可每667 m^2 随水冲施聚碳尿素3~5 kg，或喷洒0.3%金聚碳叶面肥。

二、缺磷

（一）主要症状

整株矮小发僵，暗绿，老叶出现红褐色焦枯；生长初期叶片小、硬化向上挺、叶色浓绿；定植后即停止生长，果实成熟晚，下位叶枯死或脱落。

（二）发生原因

缺磷原因是有机肥施用量少，地温低也常影响黄瓜对磷的吸收，此外利用大田土育苗，施用磷肥不够或未施磷肥，也易出现磷素缺乏症。

（三）防治措施

基肥要施用足够的堆肥等有机质肥料。黄瓜对磷肥敏感，土壤中含磷量应在30 mg/100 g土以上，低于这个指标时，应在土壤中增施过磷酸钙，尤其苗期黄瓜苗特别需要磷，培养土每升要施用五氧化二磷1 000~1 500 mg，土壤中速效磷含量应达到40 mg/kg，应急时可在叶面喷洒0.2%~0.3%磷酸二氢钾2~3次。

三、缺钾

（一）主要症状

植株矮化，节间短，叶片小、呈青铜色，叶缘首先黄化然后是叶脉间，顺序明显，后期叶缘枯死叶片向外侧卷曲，主脉下陷，最终失绿，叶片枯死，黄瓜缺钾症的症状从基部向顶部发展，老叶受害重。

（二）发生原因

一是土壤缺钾；二是有机肥和钾肥施入量少，氮肥施用过多；三是地温低、日照不足、土壤湿度大影响了对钾的吸收能力。

（三）防治措施

须增施有机肥和钾素肥料，结合浇水每 667 m^2 冲施硫酸钾 10~15 kg，或根外喷施 0.4% 磷酸二氢钾，或 0.3% 硫酸钾，每 5~7 天喷施 1 次，连续喷施 3~4 次。

四、缺钙

（一）主要症状

上位叶稍小，向内侧或外侧卷曲，叶脉间黄化。幼叶长不大，在生长点附近的新叶叶尖黄化，进而叶缘黄化并向上卷曲呈匙形，从叶缘向内枯萎。在长时间持续低温、日照不足、骤晴、高温等不良生长条件下，叶片的中央部分凸起，边缘翻转向后，呈降落伞状，称为“降落伞叶”。

（二）发生原因

一是土壤中钙的绝对含量不够；二是土壤酸化；三是土壤中氮、钾、镁含量过多，影响钙的吸收；四是土壤干燥，土壤溶液浓度大，阻碍了对钙的吸收；五是空气相对湿度小，蒸发快，补水不足。

（三）防治措施

进行土壤诊断检测钙的含量，钙含量不足，可深施石灰肥料，使其分布在根层内以利吸收。同时避免一次施用大量钾肥和氮肥，多施腐熟良好的有机肥，改善土壤使钙处于易被吸收的状态。选择合适的时机进行灌溉，保证水分充足。可采取的应急对策是用 0.3%

氯化钙水溶液喷洒叶面，每周 2 次。

五、缺锌

（一）主要症状

叶片较小，扭曲或皱缩，从中位叶开始褪色叶脉两侧由绿色变为淡黄色或黄白色，叶脉比正常叶清晰。叶片边缘黄化、反卷、干枯，生长点附近的节间缩短，芽呈丛生状，生长受抑制，但新叶不黄化。

（二）发生原因

一是土壤缺锌；二是土壤磷素过高；三是土壤 pH 高，土壤中的锌呈不溶解状态，根系不能吸收利用；四是光照过强。

（三）防治措施

避免土壤呈碱性，施用石灰改良土壤时注意不要过量。如发现黄瓜表现缺锌症状，可以用 0.1%~0.2% 硫酸锌或氯化锌水溶液进行叶面喷施。在下茬定植以前每 667 m^2 施用硫酸锌 1.0~1.5 kg。

六、缺镁

（一）主要症状

中下部叶片叶脉间黄化，从叶内侧开始失绿，叶脉和叶缘有残留绿色，并在叶片边缘部位形成断断续续的绿环，生长发育后期叶片除叶脉、叶缘残留绿色外，其他部位全部黄白化，严重时叶片自下而上逐渐枯死。

（二）发生原因

一是土壤中缺镁；二是土壤黏重或排水不良，造成镁的吸收困难。

（三）防治措施

对于土壤缺镁可基肥施入镁石灰、水镁矾，缺镁时，可结合浇水每 667 m^2 冲施硫酸镁 2.2~3 kg；或用 0.4% 硫酸镁或 0.4% 氯化镁喷施植株，每 5~7 天喷施 1 次，连续喷施 2~3 次。发生积水时要积极排涝。

七、缺铁

（一）主要症状

植株新叶、腋芽开始变黄白，尤其是上位叶及生长点附近的叶片和新叶叶脉先黄化，逐渐失绿，但叶脉间不出现坏死斑。新生黄瓜皮色发黄。

（二）发生原因

一是土壤偏碱；二是因其他营养元素投入过量引起的铁吸收障碍，如施硼、磷、钙、氮过多，或钾不足，均易引起缺铁；三是土壤干燥或过湿，根的吸收机能下降，也会使铁的吸收受阻。

（三）防治措施

不要施用大量的石灰性肥料，防止土壤呈碱性；注意土壤水分管理，防止土壤过干、过湿；缺铁土壤每 667 m^2 施硫酸亚铁（黑矾）2~3 kg 作基肥；叶面喷雾可用硫酸亚铁或氯化亚铁 500 倍液，每 5 天喷 1 次，可使叶面复绿。

八、缺硼

（一）主要症状

生长点附近的节间明显短缩，上位叶外卷，叶缘呈褐色，叶脉有萎缩现象，果实表皮出现木质化或有污点，叶脉间不黄化。

（二）发生原因

在酸性沙壤土上，1 次施用过量石灰肥料易发生缺硼；土壤干燥时影响植株对硼的吸收，当土壤中施用有机肥数量少、土壤 pH 高、钾肥施用过多均影响对硼的吸收和利用，出现硼素缺乏症。

（三）防治措施

已知土壤缺硼，可以预先施用硼肥，防止土壤干燥；不可过多施用石灰肥料，多施堆肥，提高土壤肥力；田间已发作可以用 0.12%~0.25% 硼砂或硼酸水溶液喷洒叶面。

第二章

西葫芦优质高效栽培技术

本章介绍了西葫芦的生物学特性；栽培茬口与品种选择；优质高效栽培技术；侵染性病害的识别与防治；生理性病害的识别与防治；虫害的识别与防治；缺素症的识别与防治。

西葫芦原产于美洲，也叫美洲南瓜、角瓜。果实中含有较丰富的维生素 C 和葡萄糖，营养价值较高。在我国已有上百年的栽培历史。它的栽培比较简单，产量高，上市早，栽培面积逐年增加。随着保护地设施的发展，利用小拱棚、中棚进行早春栽培，解决了淡季蔬菜供应，改善了西葫芦生长发育条件，减少了病毒病和白粉病的危害，提高了产量和品质，经济效益比较可观。西葫芦是日光温室蔬菜栽培中很有发展前途的一种鲜细蔬菜。

第一节　生物学特性

一、形态特征

（一）根

西葫芦具有强大的根系，对土壤要求不严格，在不受损伤的情况下，主根可入土深达 2.5 m 以上。侧根有很强的分枝能力，横向分布可达 1.1~2.1 m，垂直分布在 15~20 cm。由于根系发达，吸收水、肥能力强，具有一定的耐干旱和耐瘠薄的能力，尤其是直播苗的能力更强。但西葫芦的根系再生能力较弱，受到损伤后恢复较慢。

（二）茎

西葫芦的茎 5 棱，多刺，深绿色或淡绿色，一般为空心，蔓生、半蔓生或矮生。主蔓有着很强的分枝能力，叶腋易生侧枝，栽培上宜在早期摘除。矮生品种蔓长 0.3~0.6 m，节间很短，叶丛生，适于密植。一般栽培方式下不伸蔓，但在日光温室搭架栽培的情况下，蔓长也可达近 1 m。蔓生西葫芦蔓长 1~4 m，节间较长。半蔓生类型，蔓长介于矮生类型和蔓生类型之间，蔓长 0.6~1 m，栽培不多。

（三）叶

西葫芦的子叶较大，对其早期生长有很大的作用。子叶受到损伤时，可导致植株生长缓慢，雌花和雄花的开放延后，并导致产量降低。西葫芦真叶肥大，叶互生，叶柄直立、中空、粗糙、多刺。叶面有较硬的刺毛，这是西葫芦具有较强抗旱能力的特征。叶片掌状 5 裂，叶色绿或浅绿，部分品种叶片表面近叶脉处有大小和多少不等的银白色斑块，这些斑块的多少因品种不同而异。

（四）花

西葫芦雌、雄同株异花。花单生在叶腋中，花冠鲜黄色，呈筒状。雌花子房下位，着生节位因品种不同而异。矮生的早熟品种第一雌花着生在第四至第八节上，也有些极早熟品种第一至第二节就有雌花发生。蔓生品种约于第十节着生第一雌花。但西葫芦的雌花、雄花着生均有很强的可塑性，花的性别主要决定于遗传基因，但环境条件也有一定的影响。另外，侧枝上的雌花，越是接近主茎基部的侧枝其第一雌花着生的节位越高；反之，越是靠近上部的侧枝其第一雌花发生得越早，一般在第一至第二节时就出现。

瓜的采收次数也对西葫芦雌、雄花的发生有着重要影响。多次采收时，雌花、雄花的数目发生都多，雄花与雌花的比值也越小，采收间隔时间越长，雄花和雌花的数目都减少，而且出现雄花明显多于雌花的现象。

西葫芦为虫媒异花授粉作物，雌花、雄花的寿命短，多在4~5时开放，当日中午便凋萎。雌花在开花当天10时以前接受花粉受精的能力最强，随着温度的升高，受粉受精能力减弱。在天气不良时，需进行人工辅助授粉或用生长素处理，以提高结果率。在冬、春茬温室和大棚栽培时，会出现雄花开放少而晚的现象。西葫芦单性结实能力差，冬季保护地栽培需采取人工授粉或进行生长素处理。

（五）果实

西葫芦果实的形状、大小和颜色，因品种的不同而有差异。果实多为长圆筒形，还有短圆筒形、圆形、灯泡形、木瓜形、碟形、心形（橡树果形）和葫芦形等。果面光滑，少数品种有浅棱，果皮绿色、浅绿色、白色或金黄色等，少数品种还带有深浅不同的绿色或橘黄色条纹。成熟果皮多数为橘黄色，也有白色、浅黄色、黑绿色、金黄（红）色等，无蜡粉。商品瓜的果皮颜色丰富多彩，可根据不同需要进行选择。

（六）种子

西葫芦种子为浅黄色，披针形，千粒重150~250 g，种子寿命为4~5年，少数品种10年还可发芽，但发芽率随着储藏年限的增长而减少。生产使用年限为2~3年。

二、生育周期

西葫芦的生长发育过程一般为100~140天，可以分为4个时期。

（一）发芽期

从播种或种子萌动到第一片真叶出现为发芽期。这一时期，只要满足其对水分、温度、光照的需求，5~6 天就可以完成。此时期所需的养分几乎来自种子储存的营养。当第一片真叶出现后，就有原来的异养阶段进入自养阶段。因此，育苗时要求营养土有较好的通透性和保水性。

（二）幼苗期

从第一片真叶出现到 4~5 片真叶展开为幼苗期。此期在环境条件适宜的情况下，大约需 30 天。这一时期，营养生长和生殖生长同时进行。西葫芦幼苗生长迅速，如果温、湿度调节不当，很容易发生徒长或老化。因此，在管理上应适当降低温度，特别是夜间温度要适当降低，适当地控制水分，防止徒长。同时，适当地缩短光照时间，可促进西葫芦雌花的形成，提早结瓜，增加产量。但在露地种植或者较高温度下育苗的，可以在一叶一心、三叶一心适当喷施增瓜灵，刺激雌花早形成以及提高雌花数量，进而提高产量。

（三）初花期

从第一雌花出现、开放，到第一个瓜坐住为初花期。这一时期仍然是营养生长和生殖生长同时进行的时期，花芽继续形成，花数不断增多，叶数不断增加，叶面积不断扩大。因此，在栽培上，要适当进行水分管理，控制温度，不用追肥，防止徒长，但不宜过分控制，同时要创造适宜条件，促进雌花形成，为多结瓜打下基础。

（四）结果期

从第一个瓜坐住到全株采收完毕为结果期。西葫芦生产以嫩瓜为产品，符合商品性嫩瓜的数量，决定西葫芦的产量及效益。结果期长，产量就高，而结果期的长短与环境条件、采收频率等有密切的关系。只有具备适宜的温、光、肥、气等条件，同时做好病虫害防治工作，才能延长采收期，获得高产高效益。因此，结果期要加强肥水管理，科学保果，合理整枝，协调生长与发育。

三、对环境条件的要求

（一）温度

西葫芦为喜温性蔬菜，为瓜类蔬菜中较耐寒而不耐高温的种类。生长期适宜温度为 20~25℃，15℃以下生长缓慢，8℃以下停止生长。30~35℃发芽最快，但易引起徒长。

种子发芽的适宜温度为25~30℃，最低温度为13℃，20℃以下发芽率低，低于12℃、高于35℃不能发芽。开花结果期要求在15℃以上，发育适宜温度为22~33℃。根系伸长的最低温度为6℃，但一般棚室温度应保持在12℃以上时才能正常生长。夜温8~10℃时受精果实可正常发育。

（二）光照

西葫芦对光照的要求比黄瓜高，大棚温室冬季光照弱，西葫芦开花较晚。属于短日照植物，苗期短日照有利于增加雌花数，降低雌花节位，节叶生长也正常。在结瓜期，晴天强光照，有利于坐瓜，不易化瓜，并能提高早期产量。

（三）水分

由于根系强大，吸收水分能力强，比较耐旱。但根系水平生长较多，叶片大，蒸腾作用强，连续干旱会引起叶片萎蔫，长势弱，容易出现花打顶和发生病害，因此对土壤湿度要求较高，但不宜过高。冬季生产时应注意控制水分，促根控秧，适当抑制茎叶生长，促进根系向深层发展，为丰产打下基础。特别是在结瓜期土壤应保持湿润，这样才能获得高产。高温干旱条件下易发生病毒病，但高温、高湿也易造成白粉病。

（四）土壤

对土壤要求不严格，沙土、壤土、黏土均可栽培，土层深厚的壤土易获高产。但是不耐盐碱，适宜的pH为5.5~6.8。对矿质营养的吸收能力以钾最多，氮次之，其次是钙和镁，磷最少。在有机质多而肥沃的沙质壤土种植更易获得高产、优质品。

（五）授粉

西葫芦为雌雄异花授粉作物，在棚室栽培条件下，须进行人工授粉。授粉时间应在每天9~10时进行。授粉时要采当天开放的雄花，去掉花冠，将雄花的花蕊往雌花的柱头上轻轻涂抹即可，1朵雄花可授5朵雌花。

（六）需肥量

生产1 000 kg商品瓜，需肥折合氮3.9~5.5 kg，五氧化二磷2.1~2.3 kg，氧化钾4~7.5 kg。

第二节　栽培茬口与品种选择

一、茬口安排

西葫芦喜冷凉气候，目前，黄淮流域西葫芦栽培以日光温室秋冬茬、越冬一大茬、冬春茬及塑料大棚春提、秋延后前效益最好。

（一）西葫芦日光温室秋冬茬栽培

秋冬茬 9 月上旬育苗，苗龄 15~20 天定植，10 月中下旬采收，春节后拉秧。宜选择适应性强、抗病毒、品质好的品种。

（二）西葫芦越冬一大茬栽培

越冬一大茬 10 月中下旬育苗，11 月中下旬定植，12 月中下旬开始上市，翌年 5 月中下旬拉秧。宜选择耐低温、耐弱光、抗白粉病、品质好的品种。元旦、春节上市也可选择一些金皮西葫芦、碟瓜等特色品种，配套礼品菜装箱销售，效益较好。

（三）西葫芦日光温室冬春茬栽培

冬春茬 12 月下旬育苗，翌年 1 月下旬定植，2 月中下旬开始采收，5 月中下旬拉秧。宜选择适应性强、耐低温、抗病、品质好的品种。

（四）西葫芦塑料大棚春提前栽培

西葫芦春提前栽培 2 月上中旬育苗，3 月中下旬定植，4 月中下旬开始上市，6 月上中旬拉秧。宜选择适应性强、抗白粉病、品质好的品种。

（五）西葫芦塑料大棚秋延后栽培

8 月中下旬育苗，9 月上中旬定植，10 月上中旬开始上市，11 月中下旬拉秧。宜选择抗病毒、耐高温、品质好的品种。

二、品种介绍

（一）珍玉 35

该品种瓜色嫩绿有光泽，果色亮绿、果形好、抗病毒能力强、丰产稳产。植株紧凑，较早熟，短蔓，叶片上有小银斑，缺刻较深，叶柄较短；幼果嫩绿有光泽，果形棒状圆润，果长 22 cm 左右，果棱小，果柄短，单果重 400~600 g。适宜春季大小拱棚、秋露地、秋大棚及高山区域越夏栽培。

（二）珍玉 358

熟性较早、膨瓜速度快、前期产量高的优秀西葫芦品种。正常气候和良好管理条件下，果色嫩绿有光泽，果条顺美，长 23 cm 左右，坐瓜能力强，产量高。多地春大棚及高海拔越夏种植，前期产量高，瓜形好，颜色好。适宜北方地区塑料大棚早春茬栽培及广州、广东、云南、贵州等南方区域秋冬季种植，也适宜西北区域越夏种植。

（三）珍玉 369

早熟西葫芦新品种。植株长势后期加强，正常气候和良好管理条件下，耐低温且较耐热，抗病毒病、白粉病能力强；瓜色翠绿有光泽，温度低时颜色更绿一些，果长 22 cm 左右，单果重 300~400 g，连续坐果能力强，膨瓜快，精品果率高。适宜华北早春拱棚、大棚及山西、宁夏等北方区域越夏露地栽培，也适于云南、广东等南方区域冬春季节栽培。

（四）珍玉 10 号

早熟，植株生长势均衡，耐热、耐寒性均好，且抗病毒病能力强的西葫芦品种。在较高的温度下仍能正常结瓜，连续结瓜能力突出，单果重 250~400 g，果实长棒状，幼瓜嫩绿有光泽，商品性好。

（五）珍玉黄金西葫芦

高档西葫芦新品种。果实长棒形，果皮金黄色，色泽艳丽美观，商品性好，细嫩无渣，口感风味佳，可生食作沙拉或炒食；该品种为短蔓矮生型，早熟，早期膨瓜快产量高，嫩瓜播后 40~45 天即可上市，单株结果可达 6~12 个，幼瓜单瓜重 300~400 g 可采收上市，大瓜 1 000 g 以上金黄色，仍可食用。每 667 m^2 产量 5 000 kg 以上。

（六）黑美丽

由荷兰引进的早熟品种。在低温弱光照条件下植株长势较强，主蔓第五至第七节结瓜，以后基本每节有瓜，坐瓜后生长迅速，宜采收嫩瓜，单瓜重 200 g 左右，瓜皮墨绿色，果实长棒状，上下粗细一致，品质好，丰产。适于冬春季保护地栽培和春露地早熟栽培。

（七）法拉利

由法国引进的品种。该品种果个大，长势旺，茎秆粗壮，耐低温耐弱光性好，带瓜能力强，膨瓜快，耐存放，皮光滑细腻，油亮翠绿，果长 26~28 cm，直径 6~8 cm，单瓜重 300~400 g。适宜北方地区日光温室越冬茬或塑料大棚早春茬栽培。

（八）翠玉

株型紧凑，定植后 35 天可采嫩果，瓜圆柱形，长 22~26 cm，直径 7~8 cm。嫩果色翠绿，瓜条顺直，光泽亮丽。一株 5~6 个果可同时生长，不会产生坠秧，根系发达，抗寒性强，抗病性好。适宜日光温室和大小拱棚栽培。

第三节　优质高效栽培技术

一、穴盘育苗技术

生产上西葫芦穴盘育苗有自根苗和嫁接苗之分。西葫芦日光温室秋冬茬、越冬一大茬及冬春茬采用嫁接苗栽培，耐低温能力显著增强，产量、效益显著提高；塑料大棚秋延后或春提前栽培一般选用自根苗栽培。

（一）培育自根苗

1. **壮苗标准**　夏秋育苗苗龄 20~25 天，冬春育苗苗龄 30~35 天，三叶一心，茎直径 0.5 cm，株高 10~15 cm，子叶完整，茎秆粗壮，叶片深绿，无病斑，节间短，根系将基质紧紧缠绕，形成完整根坨。

2. **育苗设施**　冬春育苗采用冬暖型日光温室，选用防尘无滴多功能农膜、保温被或草苫保温，外加防雨膜、电加热线加温，并加挂补光灯和热风炉；夏秋育苗采用“一膜一网”或“一膜二网”覆盖，起防风、防雨、防虫和降温作用。

3. **基质与穴盘的选择** 基质可选用商品基质，每袋 50 L；穴盘选用 50 孔穴盘。50 L 育苗基质可装 12~13 个 50 孔的穴盘。

4. **建苗床** 地畦床宽 115~120 cm（两个穴盘的长度），长度不限，整平拍实床面。床面上铺一层黑色塑料薄膜。

5. **基质预湿及装盘** 调节基质含水量为 60%~70%，即用手紧握基质，可成形但不形成水滴。堆置 2~3 h 使基质充分吸足水；将预湿好的基质装入穴盘中，用刮板从穴盘的一方刮向另一方，使每个孔穴都装满基质，装盘后各个孔穴应能清晰可见。

6. **浸种催芽** 用 55~60℃温水浸种，不断搅动，当水温降至 25~30℃时停止搅动，继续浸种 10~12 h 后取出种子搓去种皮上黏液，用清水冲洗 2~3 遍，用湿布包好，在 28℃条件下催芽，24~36 h 后种子上的胚根伸出 3 mm 以上时准备播种。

7. **播种** 将装满基质的穴盘按两个一排整齐排放在苗床上，根据穴盘的规格制作压穴“木钉板”，木钉圆柱形，直径 0.8~1 cm，高 0.6 cm。用“木钉板”在穴盘上压穴，穴深 1~1.5 cm。每穴播种一粒种子，播种深度 1~1.5 cm。播种后覆盖蛭石。播种后的育苗盘整齐排放在苗床上，盖一层白色地膜保湿，当种芽伸出时，及时揭去地膜。

8. **苗床管理**

1）**温度管理** 播种之后至齐苗，白天温度 25~28℃，夜间温度 15~18℃，齐苗后降低温度，白天温度 20~25℃，夜间温度 10~15℃。

2）**水分管理** 幼苗生长期，应始终保持基质湿润。喷水量和喷水次数视育苗季节和秧苗大小而定，原则上掌握在穴面基质未发白时补充水分，每次要喷匀喷透。成苗后，在起苗移栽前一天浇一次透水。

3）**光照管理** 尽可能增加光照强度和光照时数，夏秋育苗，出苗前棚膜上覆盖遮阳网以降温，出苗后晴天每天 15 时后和阴雨天要揭去遮阳网。冬春育苗，小棚上的草苫要早揭晚盖，在阴雨天也应该揭开，增加棚内光照。也可配以农用荧光灯、生物效应灯、弧光灯等补充光照。

（二）嫁（插）接苗培育

1. **成品苗标准** 砧木与接穗子叶完好，具有一叶一心，叶色正常、肥厚，无病斑，无虫害；砧木下胚轴长 4~6 cm，接穗茎粗壮，直径 0.35~0.4 cm，株高 10~15 cm；根坨成形，根系粗壮发达。苗龄 30~35 天。

2. **育苗设备** 补光灯、电热线、穴盘、平盘、嫁接用具、防虫网、黄板、喷淋系统、加温、降温及遮阳设备等。

3. *穴盘与基质*　砧木选择50孔的穴盘，接穗选择平盘。基质选择品牌大厂生产的商品基质。

4. *砧木及接穗*　砧木的选择应与接穗嫁接亲和力强、共生性好，抗西葫芦疫霉病、根腐病等病害，对接穗品质无不良影响，符合市场需求，如黑籽南瓜、壮士、共荣等；接穗品种选择符合市场需求，秋冬茬栽培选用植株长势强、产量高、品质好、耐热性强、抗病毒病的中熟或中晚熟蔓性品种。越冬茬栽培选用耐冷性强，低温条件下结瓜率高的中熟或早熟半蔓性类型品种。冬春茬和早春茬栽培宜选用苗期耐寒性特别强、生长速度快的极早熟或早熟矮生类型品种。

5. *育苗时间*　秋冬茬、越冬茬、冬春茬西葫芦的采收初盛期分别安排在市场上瓜类蔬菜价格较高的11月中旬、12月下旬和翌年2月上旬，则适宜播种期分别为9月下旬、11月上旬和12月中旬。

6. *育苗设施*　秋季育苗在有防虫网、遮阳网及防雨膜的塑料大棚内进行；冬季育苗在有加温、补光的日光温室内进行。

7. *用种量计算方法*　用种量（粒）= 所需成苗（株数）/ 种子出芽率（%）× 出苗率（%）× 幼苗利用率（%）× 嫁接成活率（%）× 成品苗率（%）。

8. *种子处理*

1）*浸种*　催芽前，砧木种子晾晒3~5 h，然后置入65℃的热水中浸烫，并不断搅拌待水温降至常温浸种10~12 h；接穗种子晾晒3~5 h后倒入55℃温水中，并不断搅拌，待水温降至常温后浸泡8~10 h。

2）*催芽*　在铺有地热线的温床上或催芽室内进行。浸种后的砧木种子摊放在装有湿沙的平盘内，覆盖一层湿沙，再用地膜包紧。催芽温度控制在30~32℃，50%的种子露白时停止加温待播。接穗种子播于装有消毒基质的平盘内，每盘播800粒，用洁净的细沙覆盖1~1.5 cm，覆盖地膜。催芽温度28~30℃。超过70%的种子露白时播种。

3）*播种*　冬春季砧木比接穗早播5~7天，夏秋季早播3~5天。砧木胚芽长1~3 mm、出芽率达到85%时播种。催好芽的砧木种子播在装有基质的50穴标准穴盘内，覆盖1~1.5 cm消毒蛭石，淋透水，覆盖地膜。接穗种子播于装有消毒基质的平盘内，每盘播3 000粒，用洁净的细沙覆盖1.5~2 cm，覆盖地膜。

4）*播种后管理*　砧木播种后白天保持苗床温度28~32℃，夜温20~18℃；50%~70%幼苗顶土时揭去地膜，白天22~25℃，夜间16~18℃。早春接穗苗盘放置在铺有地热线的温床上或催芽室内，保持温度28~30℃；70%幼苗顶土后撤掉地膜，逐渐降温，白天22~25℃，夜间16~18℃。

9. *插接法嫁接*

1）*砧木、接穗幼苗形态标准*　砧木苗第一片真叶露心，茎直径3~4 mm，苗龄7~15天；

接穗苗子叶变绿，茎直径 2.5~3 mm，苗龄 5~7 天。

2）嫁接前准备　嫁接前 1 天将砧木和接穗苗淋透水，叶面喷杀菌或杀虫剂。

3）嫁接　将砧木真叶和生长点剔除。用竹签紧贴任一子叶基部的内侧，向另一子叶基部的下方呈 30°~45° 斜插，深度 0.5~0.8 cm。取一接穗，将子叶下部 1 cm 楔形，刀口长 0.5~0.8 cm，然后从砧木上拔出竹签，迅速将接穗插入砧木的插孔中，嫁接完毕。

10. 嫁接苗管理

1）湿度管理　苗床盖薄膜保湿，所用薄膜应符合 GB 13735—2017 标准。嫁接后苗床空气相对湿度保持在 90%~95%。3 天后逐渐增加换气时间和换气量。7~10 天后，去掉薄膜，空气相对湿度保持 50%~60%。

2）温度管理　嫁接后，苗床温度白天保持 25~28℃，夜间 20~18℃，土温 25℃左右。6~7 天后温度保持白天 22~28℃，夜间 16~18℃。

3）光照管理　在棚膜上覆盖黑色遮阳网。晴天可全日遮光，2~3 天后逐渐增加见光时间，直至完全不遮阳。若遇久阴转晴天气要及时遮阳，连阴天需增加补光措施。

4）肥水管理　嫁接苗不再萎蔫后，视天气状况，5~7 天喷一遍肥水，可选用宝利丰、磷酸二氢钾、撒可富等肥料，浓度 0.02%~0.05%。结合肥水还可加入 O·S 施特灵、甲壳素等植物抗性诱导剂。

5）其他管理　注意及时剔除砧木长出的不定芽。嫁接苗定植前 3~5 天开始炼苗。主要措施有：降低温度、减少水分、增加光照时间和强度。温度控制：白天 15~22℃，夜间 8~12℃。定植前仔细喷施一遍保护性药剂。

二、日光温室西葫芦秋冬茬栽培技术

（一）品种选择

日光温室秋冬茬种植的西葫芦品种要求耐弱光、耐低温，适应性强；节间短、侧芽少、叶片中等大，适合密植。雌花较多、节位较低、易坐瓜、早熟丰产、品质佳，瓜皮浅绿、瓜条长筒形。例如翠玉、珍玉黄金、西胡芦、法拉利、珍玉 10 号等品种。

（二）茬口安排

秋冬茬 9 月上旬育苗或直播，10 月上旬定植或定苗，11 月开始采收，春节后拉秧。

（三）育苗

培育壮苗是实现早熟丰产的关键技术之一。育苗可用穴盘或者营养钵育苗。

1. 苗床准备　在大棚或者温室内摆放营养钵或穴盘，营养钵里的营养土，可用肥沃园田土7份，腐熟圈肥3份，混合过筛。1 m^3 营养土加腐熟捣细的鸡粪20 kg、过磷酸钙2 kg、草木灰100 kg（或氮磷钾复合肥3 kg）、50%多菌灵可湿性粉剂80 g，充分混合均匀制成。穴盘育苗要用市面上销售的基质。

2. **播种期** 秋冬茬西葫芦播种期为9月上中旬。

3. **浸种、催芽** 每亩需种子250~300 g。播种前将西葫芦种子在阳光下暴晒3~4 h并精选。在容器中放入55~60℃的温水，将种子投入水中后不断搅拌15 min，待水温降至30℃时停止搅拌，浸泡3~4 h。浸种后将种子从水中取出，摊开，晾10 min，再用洁净湿布包好，置于28~30℃下催芽，经1~2天可出芽。

4. **播种** 75%以上种子露白时即可播种。播种时先在营养钵或穴盘中灌透水，水渗下后，每个营养钵或穴盘中播有芽的种子1粒。播完后覆土1.5 cm左右。再在覆土上喷洒50%辛硫磷乳油800倍液，防治地下害虫。

（四）苗床管理

播种后，搭小拱棚，出土前控制苗床温度，白天28~30℃，夜间16~20℃，促进出苗。幼苗出土后，去掉小拱棚上的膜，以防幼苗徒长。第一片真叶展开、第二片真叶露心时，苗床温度白天20~25℃，夜间10~15℃。苗期干旱可浇小水，一般不追肥，但在叶片发黄时可进行叶面追肥。定植前7天，逐渐加大通风量，苗床温度白天控制在20℃左右，夜间10℃左右，以降温炼苗。

（五）定植

1. **整地、施肥、做垄** 秋冬茬西葫芦的生长期相对较长，经越冬，供应元旦、春节两个重要的传统节日，植株一定要生长旺盛，以达丰产目的，应施足基肥，每667 m^2 施用腐熟圈肥5 000 kg、鸡粪1 500 kg、磷酸二铵50 kg，硫酸钾40 kg。整地前先把圈肥和磷酸二铵均匀地撒于地面，耙耱平整后，在做畦前按畦宽把鸡粪和硫酸钾均匀撒入，于9月20日前后扣好棚膜。每667 m^2 用45%百菌清烟剂1 kg熏棚；后严密封闭大棚进行高温闷棚消毒10天左右。种植方式有两种：一种是育苗移栽，垄宽140 cm，垄面80 cm，在中间开10 cm的小沟，垄沟50 cm，双行栽培，每667 m^2 定植1 000~1 100株，覆120 cm的地膜；另一种方式是直播，畦宽110 cm，畦面70 cm，畦沟40 cm，每667 m^2 播1 050~1 100株，覆90 cm的地膜。株距40~50 cm，垄高15~20 cm。

2. **温室消毒** 起垄后密闭温室，长50 m×宽8 m的棚每棚用硫黄1 kg、敌敌畏250 mL混入锯末5~8 kg，分三点熏棚24 h。长50 m×宽8 m的棚每棚用50%辛硫磷乳油500 mL。将药加入施肥罐充分溶解后，通过滴灌进行土壤消毒。灌水1~3 m^3。不采用滴灌时可在定植后给苗坨浇灌药液。按每100 kg水中加入50%辛硫磷乳油50 mL、敌克松 100 g 配制药液，每穴浇药液 0.5~1 kg。

3. **定植** 营养钵育苗的，应按穴距打孔，放苗；穴盘育苗的，用手铲在畦面按株距挖穴栽苗。两种育苗方式，无论采用哪种，栽苗的高度均以不埋没子叶为准，栽后立即浇水；采用催大芽直播，种子芽长 1.5~2 cm、侧根出现时再播种，胚根向下、子叶向上，覆土 1.5~2 cm 后覆地膜，膜周围用土压好。

（六）定植后管理

1. **温度调控** 缓苗期不通风，以提高室温，促使早生根，早缓苗。管理措施：白天棚温应保持 25~30℃，夜间 16~20℃，晴天中午棚温超过 30℃时，用天窗少量通风。缓苗后要降低温度，尤其夜间温度，以防幼苗徒长，促进植株根系生长，有利于雌花分花和早坐瓜。白天棚温控制在 20~25℃，夜间 10~12℃。结瓜后，已进入严冬，白天温度控制在 20~26℃，夜间 16~18℃，最低不低于 10℃，阴天夜间最低温度不得低于 8℃，短时不能低于 6℃，昼夜温差要保持在 8℃以上。白天要充分利用阳光增温，要晚揭早盖草苫，揭苫后及时清扫棚膜上的碎草、尘土，增加透光率。在后立柱张挂镀铝反光幕以增加棚内后部的光照及温度。此期，根据天气情况，在晴天中午时，适当通风，以通风时气温不下降或略降，关闭天窗后温度会很快回升为度。

2. **肥水管理** 定植后原则不浇水，缓苗后，进行中耕 2~3 次，以达促根壮秧目的。当根瓜有 10 cm 左右长时浇第一次水，每 667 m^2 随水追硫酸钾 20 kg 或氮磷钾复合肥 25 kg。12 月至翌年 1 月上旬以喷施叶面肥为主，1 月中旬浇第二次水，水量不宜过大，以后每 15~20 天浇一水，均采用膜下暗浇。每次浇水，均可追肥，以钾肥为主，少施氮肥，用冲施肥较合适，浇水以晴天 11 时开始至 14 时结束，浇水时要将天窗打开，风口不能太大，不要在阴雪天前浇水。浇水后的 3~5 天，在棚温上升到 28℃时开窗通风排湿。

3. **植株调整** 吊蔓。植株有 8~10 片叶时应进行吊蔓与绑蔓。落蔓。当瓜秧的高度离棚室顶部 30 cm 左右时，要进行落蔓，首先将下部老叶、黄叶、病叶打掉，打时叶柄留长些，以免严冬季节低温高湿，伤口溃烂后延伸至主蔓，而折倒，影响产量。

4. **人工授粉或激素处理** 西葫芦属异花授粉作物，深秋严冬温度低，雄花少，昆虫很少或无昆虫，影响授粉，造成落花或化瓜。因此，必须进行人工授粉或激素处理。每天 9~11 时以 30 mg/kg 的防落素，掺加 50~100 mL/kg 的赤霉素，再掺加 0.15% 的速克灵或扑海因药液蘸花心和瓜柄，促进坐瓜。人工授粉的方法是在晴天 9~11 时，摘下当日开放的雄花，去掉花冠，在雌花柱头上轻轻涂抹；也可将人工授粉和激素处理相结合，其效果会更好。激素处理时，内加红色素，作为标记，以防遗漏或重复处理。

5.CO_2 **施肥** 可进行 CO_2 施肥，以满足光合作用的需要。常用碳酸氢铵加硫酸反应法，碳酸氢铵的用量，深冬季节 3~5 g/m^2，2 月中下旬后 5~7 g/m^2，使室内 CO_2 的浓度达到 1%

左右。

（七）采收

西葫芦果实的采收应根据嫩瓜大小、单株坐瓜数及植株生长势而定，根瓜的采收时期应在开花后 10~14 天、单瓜重有 250 g 左右时采收较合适、次期的植株在主蔓上有 2~3 个幼瓜和 1~2 朵正在开放的雌花、开放的雌花前有 2~4 片展开叶，植株生长势中等；对茎粗叶大营养生长过旺的群体，单株坐瓜又少时，可适当晚收 2~3 天，以达坠秧防徒长的目的；对植株长势弱、单株坐瓜又多的群体应提早收瓜，促进营养生长，防止化瓜，同时要疏去生长慢、发黄、弱小的幼瓜，以达植株营养生长和生殖生长的平衡。

西葫芦的采收应在清晨进行。采收后大小应分级销售，分级预冷后装入塑料薄膜的包装箱或竹筐内。西葫芦果皮脆嫩，在收或装筐过程中都应轻拿轻放，防止挤伤、压伤、碰伤。在采收当天没有销售时，储藏温度以 8~12℃为宜。

三、日光温室西葫芦冬春茬栽培

（一）栽培季节及品种选择

冬春茬 12 月下旬育苗，翌年 1 月下旬定植，翌年 2 月中下开始采收，翌年 5 月中下旬拉秧。

选用根系发达、抗寒性强、抗病毒能力强、耐低温（气温 5℃时能正常结瓜）、瓜形美观、坐果率高、产量高的品种，如珍玉 10 号、黑美丽、翠玉等。每 667 m^2 需种子 225~300 g。

（二）浸种催芽

选饱满的种子用 55~60℃的热水烫种 10 min，并不断搅拌到水温 30℃时浸种 4 h 后，搓洗干净种子表面的黏液，取出沥干后用湿布包好，放置在 25~30℃的条件下进行催芽，在催芽的过程中每天用温水冲洗 1 次湿布，1~2 天后当芽长 5 mm 时待播。

（三）苗床建造

温室育苗的营养土是用近几年未种植过葫芦科蔬菜的肥沃园土与充分腐熟的厩肥以 6∶4 的比例混合均匀后过筛形成的。苗床规格为畦宽 150~200 cm、深 15 cm，在苗床内铺盖配制的营养土 10 cm。

（四）播种

播种要选择在晴天进行，先将苗床浇透水，然后按照株行距 10 cm × 10 cm 点播，种子要平放，播完后覆土厚 2~3 cm，最后再盖上地膜以保持土壤湿润。

（五）苗床管理

1. **温度管理** 出齐苗的适宜温度白天 25~30℃、夜间 16~18℃，3~4 天即可顺利出齐苗；齐苗后的温度白天 18~24℃、夜间 10~12℃；低温炼苗可在定植前 5~7 天进行，温度白天 16~18℃、夜间 6~8℃；定植前 2~3 天，白天温度也可降至 6~8℃。

2. **水分管理** 待苗出土后揭膜，一般不需再浇水，可再覆厚 0.5~1.0 cm 的细土 2~3 次。若叶色较深、苗生长慢，可选择晴天上午适当给植株喷水，并及时松土、通风，以防幼苗徒长，当幼苗 3~4 片真叶、株高 12 cm 时可定植。

（六）整地

可在定植前 7 天扣棚，但是要在棚室的放风处设置防虫网纱，以防蚜虫和白粉虱进入。选择前茬为非葫芦科蔬菜的地块作为定植地，结合整地每 667 m^2 施腐熟鸡粪 2 000 kg、过磷酸钙 100 kg、钾肥 15~20 kg，精细整地，整平做垄，使垄面宽 10 cm、底宽 20 cm、高 10~15 cm，大垄距为 100 cm、小垄距为 40 cm，每垄定植 1 行，即按大行距 120 cm、小行距 60 cm 定植。

（七）定植

10 月中旬，选晴天上午于垄上按 45~50 cm 株距挖穴坐水栽苗，每 667 m^2 栽苗 1 000~1 100 株。

（八）缓苗期至抽蔓期管理

1. **温度管理** 定植后闭棚保温促缓苗，缓苗后棚内温度超过 25℃时进行放风，下午降至 20℃时关闭放风口。夜间温度前半夜维持在 13~15℃，后半夜 10~11℃，最低 8℃，以促进根系发育，控制地上部徒长。

2. **水肥管理** 浇足定植水后浇 1 次缓苗水，水量不宜过大。当根瓜坐住后（开始膨大生长）再开始浇催瓜水。

3. **吊蔓缠蔓** 植株 8~9 片叶开始吊蔓。尼龙绳上端固定在铁丝上，下端固定在植株根茎附近，将西葫芦的茎缠绕在尼龙绳上，使其直立生长。同时，摘除侧枝、卷须。

（九）结果期管理

1. **温度管理** 瓜坐住后，日温维持在 25~28℃，夜温 15~18℃。低温弱光期间采用低温管理，日温保持在 23~25℃，夜温 10~12℃。地温保持在 12℃以上，短时间低于 12℃

植株不致受害。当外界最低温度稳定在12℃时，加大昼夜温差，增加营养积累。

2. **光照调节** 增光补光。适当稀植、及时整枝吊蔓、后墙张挂反光幕及经常擦拭棚膜等。

3. **水肥管理** 当根瓜长至10 cm，选晴天上午浇1次水，并每667 m^2随水追施硫酸钾15 kg，始瓜期每10~15天膜下暗灌1次水。盛果期要加强水肥管理，之后可每7天选择晴天浇1次水，但是如果连续阴天要酌情浇水。追肥可结合浇水进行，每浇2次水就追肥1次，每667 m^2每次追施腐熟的人粪尿，或复合肥15~20 kg。每次采收前2~3天浇水，采收后3~4天不浇水，以利于控秧促瓜。

4. **蘸花保果** 西葫芦从开花到采收时间短，仅需10天左右，且温室栽培对昆虫授粉不利，因此，要及时蘸花。人工授粉宜于8~10时雌花开放时进行，摘取开放的雄花，去掉花瓣，将雄蕊花粉轻轻涂抹在开放的雌花柱头上，雄花很少不能满足需要时可用毛笔蘸4~6 g/L保果宁抹雌花柱头和瓜柄。采收后期，尽量采用人工授粉，不用生长调节剂处理，以减少化学物质在蔬菜产品中的残留。

5. **植株整理** 随着下部果实的采收和新蔓的生长，逐步摘除下部老叶病叶，若果实过多，可疏除部分幼果。

（十）适时采收

雌花开放后10~15天，单果重250~300 g时采收。采收宜在早晨进行，采后逐个用软纸包好装箱。

四、日光温室西葫芦越冬一大茬栽培

（一）选用优良品种

应选择产量高、品质好、保鲜期长、抗逆和抗病能力强的品种。

（二）茬口安排

10月中下旬育苗，11月中下旬定植，12月中下旬开始上市，翌年5月中下旬拉秧。

（三）定植前准备

1. **整地施肥** 每667 m^2撒施腐熟饼肥150 kg，生物有机肥300 kg，磷酸二铵30 kg，硫酸钾20 kg作基肥，犁地并耙耱平整；起垄前把0.3%噻虫嗪颗粒剂4~5 kg、磷酸二铵20 kg、硫酸钾20 kg均匀撒施于地面。

2. **起垄、铺滴灌管、覆盖地膜** 大行距100 cm，小行距60 cm，垄高15~20 cm。起垄后铺滴灌管，每畦2根，然后覆盖宽1.5 m、厚0.01 mm的国标地膜。

3. **张挂防虫网及遮阳网** 定植前在放风口及进出口张挂60目的防虫网，前坡张挂遮阳率40%~60%的遮阳网。

4. **药剂蘸根** 定植前先用富氧根生物制剂配成1 000倍水溶液蘸根。可将穴盘直接浸入配制水溶液中1~2 min，注意不要把瓜苗整株浸入水中，使植株充分吸足水分，不仅利于成活，还可有效减轻茎腐病的发生和危害。

（四）栽培管理

1. **三角形定植** 定植时，相邻两个窄行要三角形定植，先挖定植穴，株距50 cm，把蘸根后的西葫芦穴盘苗放入定植穴后封80%土，然后浇水500 mL，水下渗后再二次封土，封土的厚度与护根育苗的基质持平即可。定植结束后，每行铺设一根滴灌管。叶面喷施25%噻虫嗪水分散粒剂3 000倍液，可有效预防蚜虫、白粉虱的危害，减轻病毒病的发生。

2. **温度管理** 定植后5天内白天保持28~30℃，夜间13~15℃，促进缓苗。缓苗后，及时锄划，促进根系发育，然后盖地膜，白天保持22~24℃，夜间10~12℃。

西葫芦生长发育适宜温度为18~25℃，开花结果期适宜温度为22~25℃。上午要适时揭苫，揭苫过早会引起温室内气温急剧下降；过晚则光照不足，不利于升温并影响光合作用的进行。当白天气温上升到25~28℃时，要及时通风降温；当气温下降到18~20℃时，要关闭通风口；傍晚气温降到13~15℃时，要及时盖草苫，温室内最低气温要维持在8℃。结瓜后期随着外界气温的升高适当加大放风量，延长放风时间。

3. **肥水管理** 定植后至根瓜坐住前一般不浇水。当60%~70%根瓜长至150 g左右时，浇催瓜水，水量不要太大，随水每667 m^2追施氮磷钾复合肥10~20 kg。结瓜盛期，可浇2次水追1次肥，但随天气变冷，要逐渐延长浇水时间，低温寡照时可10~15天浇一水。浇水一定要选择晴天上午进行，浇水时和浇水后要注意通风排湿。每667 m^2追冲施肥20~30 kg。结瓜后期随着外界气温的升高，逐渐加大浇水施肥量。

4. **光照调控** 冬季保护地内光照时间短，光照强度弱，尽量早揭晚盖草苫，延长光照时间；经常清洁塑料薄膜，增加透光强度。

5. **植株调整** 瓜秧6~7片叶时对蔓生西葫芦要注意及时吊蔓，在每行西葫芦的大棚顶部，利用大棚的结构材料，沿南北向扯上细铁丝，然后在细铁丝上拴上细塑料绳，下垂至瓜苗，在瓜苗的茎基部系扣固定，以后随瓜蔓生长，把瓜蔓绑在吊绳上即可。当瓜蔓长度接近棚顶时，随着下部瓜的采收要及时落蔓，并摘除下部老叶，以利防病和透气。此外，大棚西葫芦多用主蔓结瓜方式，因而要及时除去侧芽，以保证主蔓的生长。

6. **摘叶打杈** 晴天及时摘除病、老、黄、残叶，以减少养分消耗，并利于通风透光；除去侧芽，以保持主蔓的优势地位；掐掉卷须，保证养分有效利用。

坐瓜前及时打杈，基部杈子全部摘去。结瓜后期及时摘除下部病老黄叶。

7. **保花保果** 可使用西葫芦免点花坐果灵，有保花保瓜的效果，还可以拉长瓜条顺直度。晴天的 15~18 时叶面喷施。喷头在植株顶部 0.5 m 以上均匀移动，只喷叶子正面即可。

（五）适时采收

当根瓜长至 300 g 左右及时采收，病瓜和畸形瓜要及早去掉，使第二、第三瓜迅速膨大。除根瓜早采收外，其他各瓜原则上也不宜超过 500 g，否则很容易引起茎蔓早衰，缩短结瓜期。

五、大棚西葫芦秋延后栽培

（一）选用优良品种

秋延后西葫芦宜选用早熟、抗病、耐湿、耐阴和耐低温性较强的丰产品种，如珍玉 35、珍玉 10 号等。

（二）适期播种、嫁接、培育壮苗

1. **播种期** 秋延后西葫芦一般 8 月底至 9 月初播种。由于秋延后栽培温度渐低，光照差，易早衰，宜采用嫁接法栽培。一般采用靠接法，西葫芦播种 2~3 天后，再播种黑籽南瓜。

2. **浸种催芽** 南瓜、西葫芦种的浸种催芽方法相同。先用清水漂去成熟度较差的种子，再把种子倒入 55℃ 的水中，不断搅拌，当水温降至 30℃ 时，再浸泡 4~6 h，用清水冲洗干净，沥去明水，用纱布包好，放在 25~30℃ 环境中催芽。

3. **苗床准备** 8 月底阴雨天多，苗床应选择地势高、能浇能排、疏松、肥沃的土壤。近年来未种过瓜类蔬菜的地块，提前 10 天施入熟化鸡粪 10 kg/m^2，并用多菌灵（按说明用药）进行土壤灭菌，翻整好后，做成 1.2 m 宽的畦子。

4. **播种** 按 5~8 cm 株行距播西葫芦种子，覆土 3 cm，3 天后用同样方法播黑籽南瓜种子。播后为防止畦面干燥及雨水冲淋而影响出苗，插小拱棚覆盖薄膜，但温度要控制在 25~28℃，高于 28℃ 要及时放风。待出苗 70% 后，可以撤去薄膜，防止苗徒长。

5. **嫁接与管理** 西葫芦第一片子叶微展为嫁接适期。采用靠接法：挖出砧木苗子，剔除砧木生长点，在砧木子叶下 0.5~1 cm 处用刀片呈 45° 向下削一刀，深达胚轴的 2/5~1/2 处，长约 1 cm。然后取接穗（西葫芦）在子叶下 1.5 cm 处，用刀片呈 45° 向上削切，深达胚轴的 1/2~2/3，长度与砧木相等，将砧木和接穗的接口相吻合，夹上嫁接夹，栽到做好的苗床上，边栽边浇水，并同时插拱棚覆膜，盖上草苫，遮阴 3~4 天，逐渐撤去草帘，10 天后切断西葫芦接口下的胚根，伤口愈合后，加大通风量炼苗，苗子三叶一心到四叶一心为定植适期。

（三）定植

1. **施肥、整地、做畦** 选择近年来未种过瓜类蔬菜、土壤肥沃疏松的地块，建造大棚，每 667 m^2 施入腐熟鸡粪 4 000~5 000 kg，磷酸二氢铵 25 kg，氮磷钾复合肥 15 kg，尿素 15 kg，深翻 15 cm，耙碎，做成高 15~20 cm、宽 70 cm 的垄，垄顶中间做 8~12 cm 深的浇水沟。

2. **定植** 暗水定植，每垄 2 行，株距 60 cm，每 667 m^2 栽植 900~1 000 株。

（四）田间管理

1. **温度** 定植后温度维持在 25~30℃，以利缓苗，超过 30℃时及时放风，缓苗后温度控制在 20~25℃，防止秧苗徒长。随着外界温度逐渐降低，气温在 12~15℃时，夜间要加盖草苫，但要早揭晚盖延长光照时间，第一雌花开放前，温度维持在 22~25℃，根瓜坐住后，温度控制在 22~28℃，以促进果实生长发育。中后期往往有寒流并伴随雨雪，要注意保温，温度不低于 8℃，不透明覆盖物要早揭早盖，并减少通风。

2. **水分** 定植缓苗后浇一次缓苗水，第一雌花开放结果前控制浇水；如果十分干旱，可浇跑马水，防止秧苗疯长。第一瓜坐住后可浇大水。前期要及时通风排湿，中后期虽然气温低，晴天中午也要放风排湿。

3. **肥料** 定植缓苗后，根据苗子长相施 1 次肥，每 667 m^2 施 10~15 kg 磷酸二氢铵。采收根瓜后，如缺肥，可结合浇水施磷酸二氢铵 10 kg。中后期浇肥会增加棚内温度，造成病害流行，可选晴天中午，隔 5~7 天喷 0.2% 磷酸二氢钾和 0.2% 尿素混合液 2~3 次。通风量减少的时候，可揭去不透明覆盖物，进行 CO_2 施肥。

4. **生长调节剂使用及植株调整**

1）生长调节剂使用 由于大棚内光照差，植株长势弱，湿度大，易化瓜，8~10 时雌花开放时用 15~30 mg / kg 的 2, 4-D 涂花柄及花柱，以利坐瓜。

2）植株调整 第一瓜收获后，吊蔓并及时抹去侧蔓，如果侧蔓已着嫩瓜，可打去顶芽保留 2~3 片叶，随着下部叶片的老化，及时疏老叶。

（五）收获

当第一瓜达到 300 g 时，及时收获，以防坠秧，造成秧蔓早衰和其他雌花脱落。

六、大棚西葫芦春提前栽培技术

（一）选择品种

一般选种早熟品种，如珍玉 358、珍玉 369、法拉利等。

（二）适时播种

大棚春提前西葫芦一般在 2 月中下旬播种育苗。多在温室中进行，采用营养钵育苗。用 55℃温汤浸种，将种子放入 55℃温水中不停地搅拌，直到水温降至 30℃左右时，浸种 4~6 h，捞出后沥干水分，在 28~30℃条件下催芽 48 h 即可出芽、播种。

播种后至幼苗出齐前应保持日温 28~32℃，夜温不低于 20℃，争取 3~4 天出齐。幼苗出土后应注意通风，适当降低温度，白天控制在 20~25℃、夜间 12~16℃，防止幼苗徒长。定植前 1 周左右适当降低温度，白天控制在 15~20℃、夜间 5~8℃，进行幼苗锻炼，提高幼苗抗性。

当幼苗长到 3~4 叶，株高 10~12 cm，苗龄约 30 天时即可定植。

（三）定植

当大棚内的最低气温为 8℃、地温稳定在 10~12℃以上时定植才比较安全。一般黄淮地区于 3 月中下旬定植比较安全，即当地晚霜结束前 35~40 天。

定植前 10~15 天应扣棚烤地，提高地温。结合整地每 667 m^2 施优质腐熟农家肥 5 000 kg、过磷酸钙 50 kg、磷酸钾复合肥 40 kg，按照大行距 70~80 cm、小行距 50 cm 起垄，垄高 15~20 cm，地膜覆盖栽培。

定植应选在晴天上午进行，在定植垄上按 50~60 cm 穴距开穴，穴中浇水，待水渗下后放入苗坨，用湿土封穴并把膜口封严。

（四）栽后管理

1. **浇水中耕**　在分株浇完稳苗水后，再分株浇 1~2 次水。缓苗后顺沟浇 1 次水，然后中耕 2~3 次，中耕期间，若不是过分干旱，不进行浇水施肥，以防徒长。开始结瓜后每周浇水 1 次，2 周追肥 1 次。

2. **温度控制**　定植后封闭棚室，尽量提高温度，以促进缓苗。晴天白天保持 25~28℃，夜间温度保持 15~18℃。天气转暖后，如棚内温度过高，应及时放风降温，防止高温烧苗。当外界日平均气温在 20℃、最低温度不低于 15℃时，可以揭除棚膜。

3. **保花保果**　植株在棚内开花期间应坚持人工授粉，以进一步提高坐瓜率。

4. **防病** 植株在棚内生长前期，容易出现以细菌性病害为主的多种病害，发病后可用可杀得、噻森铜、代森锰锌等喷药防治。

（五）采收

适时采收，不仅可以提高后期产量，也可提高经济效益，避免坠秧。

第四节 侵染性病害的识别与防治

一、病毒病

（一）危害症状

西葫芦患病可导致叶片尤其是嫩叶皱缩、黄化、小叶等，果实畸形，茎秆产生褐色条斑，植株长势受抑，产量减少。有的新生叶沿叶脉出现浓绿色隆起皱纹，严重时植株死亡。果实受病毒危害后，果实表面出现花斑或凹凸不平的瘤状物，呈畸形。

（二）发生规律

危害西葫芦的病毒有多种类型，主要有黄瓜花叶病毒（CMV）、甜瓜花叶病毒（MMV）、西瓜花叶病毒（WMV）等多种病毒。病毒主要在杂草上存活越冬，通过蚜虫和管理操作的汁液摩擦传毒，所以在高温干旱及蚜虫大发生时较重。露地育苗易发病，苗期管理粗放，缺水，地温高，西葫芦苗生长不良，晚定植，苗大均加重发病，水肥不足，光照强，杂草多的地块病重。矮生西葫芦较感病，蔓生西葫芦抗病性强。

（三）防治措施

1. **品种选择** 西葫芦不同品种间对病毒病的耐病力有一定的差异，花叶西葫芦、银青西葫芦、早青一代、阿太一代等品种较耐病毒病。

2. **种子消毒** 为消灭种子携带病毒，可用10%磷酸三钠溶液浸种20~30 min，或用1%高锰酸钾溶液浸种30 min，用清水冲洗干净后再催芽播种。

3. **实行轮作** 西葫芦应实行3~5年轮作，以减少土壤中病毒的积累。

4. **培育壮苗** 严把定植关，育苗须加强温度管理，严防幼苗疯长，培育壮苗，提高幼苗的抗逆性，移栽时，凡感染病毒的苗子一律淘汰，以免定植成为病毒病的传染源，秋季栽培时为避免定植时伤根传染病毒病，可进行直播。

5. **消灭蚜虫** 蚜虫是传染病毒病的重要媒介，病毒病的发生及其严重程度与蚜虫的发生量有密切关系，及早防治蚜虫是防治病毒病的关键措施之一。

6. **减少接触传毒** 病毒病可通过植物伤口传毒，因此在栽培上应当加大行距，实行吊秧栽培，尽可能减少农事操作造成的伤口。农事操作应遵循先健株后病株的原则。对早熟西葫芦不需打杈，避免造成伤口传毒。

7. **加强肥水管理** 西葫芦秧苗早衰极易感染病毒病，在栽培中必须加强肥水管理，避免缺水脱肥。在高温季节可适当多浇水，降低地温，有条件的地方可采取遮阳降温防止秧苗早衰，抗病能力减弱。

8. **药剂防治** 及时防治蚜虫、粉虱，防治病毒病的传播；病毒病发病初期可选用 2% 香菇多糖水剂 300~500 倍液喷雾；40% 吗胍·辛菌胺水剂 1 000~1 500 倍液喷雾；5% 氨基寡糖水剂 600~800 倍液喷雾。

二、白粉病

（一）危害症状

西葫芦白粉病是一种真菌性病害，分布广泛，各地均有发生，春、秋两季发生普遍，发病率 30%~70%，对产量有明显的影响，一般减产 10%~20%，严重时可减产 50% 以上。叶片发病初期，产生白色粉状小圆斑，后逐渐扩大为不规则的白粉状霉斑（即病菌的分生孢子），病斑可连接成片，受害部分叶片逐渐发黄，后期病斑上产生许多黄褐色小粒点（即病菌的子囊壳）。发生严重时，病叶变为褐色而枯死，白粉状霉转变为灰白色。

（二）发生规律

西葫芦白粉病病原属子囊菌亚门真菌。病菌以闭囊壳随病残体越冬，或在保护地瓜类作物周而复始地侵染。病菌通过叶片表皮侵入，借气流或雨水等传播。低湿可萌发，高湿萌发率明显提高。雨后干燥，或少雨但田间湿度大，白粉病流行速度加快。较高的湿度有利于孢子萌发和侵入。高温干燥有利于分生孢子繁殖和病情扩展。高温干旱与高湿交替出现，有利于发病。

（三）防治措施

1. **苗期预防** 用百菌清、多菌灵或甲基硫菌灵 7~10 天轮换喷施 1 次，多种病害均防，效果佳。

2. **通风透光** 适时将植株下部的老叶、黄叶、病叶摘除，增加其通风透光性，可大大降低白粉病的发病概率，同时提高开花坐果率。控制棚内湿度，早放风，晚排风，排出棚内湿气。

3. **药剂防治** 发病初期及时喷药防治，可选用10%戊菌唑悬浮剂1 500倍液喷雾；25%粉唑醇悬浮剂1 000~1 500倍液喷雾；75%戊唑醇·肟菌酯水分散粒剂2 000~3 000倍液喷雾；37%苯醚甲环唑水分散粒剂1 500倍液喷雾；32.5%苯甲·嘧菌酯悬浮剂1 000~1 500倍液喷雾。

三、灰霉病

(一)危害症状

该病主要危害花和果实，被害花和果实初期呈水渍状，后逐渐软化，患病部位表面长满灰绿色霉状物。最终导致花和果实腐烂。后期患病部有时还长出黑色菌核。

(二)发生规律

西葫芦灰霉病病原菌为灰葡萄孢，属半知菌亚门真菌。病原菌以菌核、分生孢子、菌丝在土壤内及病残体上越冬。分生孢子借气流、浇水、农事操作传播，多从伤口、薄壁组织，尤其易从开败的花、老叶叶缘侵入。高湿、较低温度、光照不足、植株长势弱时，易发病。连作地、前茬病重、土壤病菌多，地势低洼积水、排水不良，土质黏重，土壤偏酸，氮肥施用过多，栽培过密，不通风透光，种子带菌，育苗用的营养土带菌，有机肥没有充分腐熟、带菌，早春多雨、气候温暖、空气相对湿度大，秋季多雨、多雾、重露、寒流来早时，易发病。大棚栽培往往为了保温而不放风排湿，引起湿度过大，易发病。感病生育盛期为开花期和挂果期。感病流行期为3~5月和10~12月。

(三)防治措施

1. **加强田间管理** 将病残体清理干净，保持田间卫生，防治病菌扩散，控制温度。

2. **膜下暗灌或滴灌** 夜间棚内空气相对湿度应小于80%。当空气相对湿度大时，应采取措施降湿。

3. **通风透光** 生产后期要及时清理老叶，增加通风透光，使植株生长健壮，增加抗病能力。

4. **药剂防治** 可选用40%嘧霉胺悬浮剂300~500倍液喷雾；50%氟吡菌胺·嘧霉胺悬浮剂300~500倍液喷雾；50%腐霉利可湿性粉剂300~500倍液喷雾；50%啶酰菌胺水分散粒剂800~1 000倍液喷雾；25%嘧环菌胺·咯菌腈悬浮剂1 000倍液喷雾。

四、霜霉病

（一）危害症状

西葫芦霜霉病在苗期、成株期均可发生，主要危害叶片。发病初期叶背面出现水浸状绿色斑点。病斑扩展迅速，由于受叶脉限制，呈多角形，1~2 天后病斑颜色变黄褐色至褐色，湿度大时，病斑背面出现灰黑色霉层。病重时病斑布满叶片，故使叶缘卷缩干枯，最后叶片枯黄而死。

（二）发生规律

该病病原菌为古巴假霜霉，属鞭毛菌亚门真菌。病菌以菌丝体、卵孢子随病残体在壤中越冬，病菌可来自温室种植的瓜类，通过气流、雨水和昆虫传播，由气孔或直接穿透表皮侵入叶片。病菌喜温湿条件，萌发和侵入需叶片有水滴存在。发病适宜温度为 15~22℃，低于 15℃或高于 28℃不利于发病。多雨、多露水、多雾和昼夜温差大发病较重。保护地栽培湿度大、种植过密、通风透光不良时，较易发病。

（三）防治措施

1. **选种抗病品种**　选用无毒种子或播种前对种子进行消毒处理，即从无病株上采种，播种前用 0.1% 多菌灵可湿性粉剂浸种 60 min，后用水洗净。

2. **及时排水和垫瓜**　多雨季节，要注意雨后及时排水，控制浇水；如果地面湿度过大，要把瓜垫起来，以免与地面直接接触。

3. **设施栽培烟雾剂熏蒸**　在苗期和生长前期，发现中心病株时要及时用药防治。保护地栽培，应当尽量用烟剂熏蒸或粉尘法防治，每 667 m^2 用 45% 百菌清烟剂 250 g，分别均匀放在垄沟内，然后将棚密闭，点燃烟熏。

4. **药剂防治**　可选用 68.75% 霜霉威盐酸盐 · 氟吡菌胺 600~800 倍液喷雾；40% 噁唑菌酮 · 霜脲氰 600~800 倍液喷雾。

五、软腐病

（一）危害症状

西葫芦软腐病主要危害西葫芦的根颈部及果实。根颈部受害，髓组织溃烂。湿度大时，溃烂处流出灰褐色黏稠状物，轻碰病株即倒折。果实受害，幼瓜染病，病部先呈褐色水浸状，后迅速软化腐烂如泥。

（二）发生规律

该病病原菌为胡萝卜软腐欧氏杆菌，属胡萝卜软腐亚种，菌体短杆状。病菌随病残体在土壤中越冬。翌年春天，借雨水、灌溉水及昆虫传播，由伤口侵入。病菌侵入后分泌果胶酶溶解中胶层，导致细胞分崩离析，致细胞内水分外溢，引起腐烂。阴雨天、露水未落干时整枝打杈，虫伤多发病重。连作地、前茬病重、土壤存菌多、地势低洼积水、排水不良、土质黏重、土壤偏酸、氮肥施用过多、植株生长过嫩、虫伤多，易发病。栽培过密、株间通风透光差，种子带菌，育苗用的营养土带菌，有机肥没有充分腐熟、带菌，高温、高湿、多雨、大水漫灌，虫害发生严重，易发病。

（三）防治措施

1. **嫁接换根**　采用黑籽南瓜作砧木进行嫁接栽培，可使植株根系强大，耐低温能力提高，抗病性增强。

2. **合理轮作**　在重病区或田块，宜与葱蒜类蔬菜及水稻实行轮作。难于实行轮作的地块，每 667 m^2 施石灰粉 50~70 kg，深翻晒土或灌水浸田一段时间后再整地。

3. **深耕晒垡**　及时腾地，夏季深翻地，争取长时间晒垡，促进病残体分解，杀死部分致病原。

4. **高畦栽培，膜下滴灌**　西葫芦建议采取高畦地膜覆盖栽植。施用充分腐熟的堆肥，雨后及时排水。有条件的地方采取膜下滴灌，禁止大水漫灌，注意通风透光。

5. **加大行距缩小株距**　在西葫芦结瓜初期，要防止湿气滞留。加大行距，缩小株距，这样有利于田间操作，避免人为造成植株伤害。同时整枝打杈应选择晴天的中午进行。

6. **及时拔除病株**　发现病株要及时摘除，并撒石灰或淋灌病穴。

7. **药剂防治**　可选用 40% 甲基硫菌灵 · 噻唑锌悬浮剂 200~300 倍液喷雾；84% 王铜水分散粒剂 200~300 倍液喷雾；77% 氢氧化铜可湿性粉剂 200~300 倍液喷雾；30% 噻唑锌悬浮剂 600~800 倍液喷雾；3% 中生菌素可湿性粉剂 800~1 000 倍液喷雾。

六、绵疫病

（一）危害症状

该病主要危害果实，有时危害叶、茎及其他部位。果实上的病斑椭圆形，水浸状，暗绿色。干燥条件下，病斑稍凹陷，扩展不快，仅皮下果肉变褐腐烂，表面生白霉。湿度大、气温高时，病斑迅速扩展，整个果实变褐色，软腐，表面布满白色霉层，产生病瓜烂在田间。叶上先出现暗绿色，圆形、不规则形水浸状病斑，湿度大时软腐似开水煮过状。

（二）发生规律

西葫芦绵疫病是一种真菌性病害。病菌在病株残体上和土壤中越冬，经雨水飞溅或灌溉水传到茎基部或近地面果实上，引起发病。病菌借雨水传播，进行再侵染。气温25~30℃，空气相对湿度高于85%时发病重。雨季或大雨后天气突然转晴，气温急剧上升，病害易流行。易积水的菜地，定植过密，通风透光不良，发病重。

（三）防治措施

1. *农业防治* 选用抗病品种，当前生产中较抗绵疫病的品种主要有早青1代、阿太1代等早熟品种。施用充分腐熟的有机肥。采用高畦栽培，避免大水漫灌，大雨后及时排水，必要时可用干草把瓜垫起。应尽量避免与黄瓜等作物连作，以免相互传染；实行2~3年以上轮作可有效预防绵疫病的发生。

2. *药剂防治* 可选用60%吡唑·代森联水分散粒剂500~700倍液喷雾；72.2%霜霉威盐酸盐水剂500~700倍液喷雾；40%噁唑菌酮·霜脲氰水分散粒剂800~1 000倍液喷雾。

七、黑星病

（一）危害症状

该病主要危害叶片、茎及果实，幼叶初现水渍状污点，后扩大为褐色或墨色斑，易穿孔；茎上现椭圆形或纵长凹陷黑斑，中部呈龟裂；幼果初生暗褐色凹陷斑，后发育受阻呈畸形果；果病斑多疮痂状，有的龟裂或烂成孔洞，病部分泌出半透明胶质物，后变琥珀块状。湿度大时，各病部表面密生煤色霉层。这种病可以称得上是西葫芦毁灭性病害，危害广泛，难以铲除，严重影响产量和质量，减产可达50%以上，直至绝产。

（二）发生规律

西葫芦黑星病是在西葫芦种植期容易发作的一种真菌性病害，病原菌为瓜疮痂枝孢霉菌，属半知菌亚门真菌。主要以菌丝体或分生孢子从随病残体遗落土中，或以菌丝体潜伏种皮内及分生孢子黏附种子表面越冬。靠分生孢子进行初侵染和再侵染，借气流、雨水溅射传播，多从气孔侵入致病。气温20℃左右，空气相对湿度90%以上，或植株郁闭多湿的生态环境易发病。

（三）防治措施

1. *农业防治* 有条件地实行与水生作物轮作，或夏季把病田灌水浸泡半个月，或收获后及时深翻，深度要求达到 20 cm，将菌核埋入深层，抑制子囊盘出土。同时采用配方施肥技术，增强寄主抗病力。

2. *物理防治* 播前用 10% 盐水漂种 2~3 次，清除菌核，或塑料棚采用紫外线塑料膜，可抑制子囊盘及子囊孢子形成。也可采用高畦覆盖地膜抑制子囊盘出土释放子囊孢子，减少菌源。

3. *生态防治* 棚室上午以闷棚提温为主，下午及时放风排湿，发病后可适当提高夜温以减少结露，早春日均温控制在 29℃，空气相对湿度低于 65% 可减少发病，防止浇水过量，土壤湿度大时，适当延长浇水间隔期。

4. *种子和土壤消毒* 定植前用 40% 五氯硝基苯配成药土耙入土中，每 667 m^2 用药 1 kg 对细土 20 kg 拌匀；种子用 50℃温水浸种 10 min，即可杀死菌核。

5. *药剂防治* 选用 75% 戊唑醇·肟菌酯水分散粒剂 2 000~3 000 倍液喷雾；25% 嘧菌酯悬浮剂 300~500 倍液喷雾；40% 氟硅唑乳油 2 000~3 000 倍液喷雾。

八、枯萎病

（一）危害症状

幼苗染病，子叶变黄、萎蔫或全株枯萎，茎基部或茎部变褐缢缩或呈立枯状。成株开花结果后陆续发病，被害株最初表现为部分叶片中午萎蔫下垂，似缺水状，但萎蔫叶早晚恢复，以后萎蔫叶片不断增多，逐渐遍及全株，最后整株枯死。果实染病，多发生在雨季近成熟的果实上，从果实伤口处先发病，以后逐渐向瓜心蔓延，病果肉开始为黄色，以后变为紫红色，腐烂。

（二）发生规律

病原菌为尖镰孢菌黄瓜专化型，属半知菌亚门真菌。病菌随病残体留在土壤中越冬，可在土中可存活 5~10 年，成为初侵染源。病菌从根部侵入，地上部重复侵染主要靠灌溉水。土温在 8~34℃时病菌均可生长。当土温在 24~28℃、土壤含水量大、空气相对湿度高时，发病最快。土温低、潜育期长、空气相对湿度在 90% 以上，易发病。病菌发育和侵染适宜温度为 24~25℃，最高 34℃，最低 4℃。土温 15℃潜育期 15 天，20℃潜育期 9~10 天，25~30℃潜育期 4~6 天，适宜 pH 4.5~6。秧苗老化、连作地、有机肥不腐熟、土壤过分干旱、排水不良、土壤偏酸，是发病的主要条件。

（三）防治措施

1. *农业防治* 播种前进行粒选，挑选无虫蛀、无霉变、无机械损伤的饱满种子。选用5~8年没种过瓜类作物的土壤配制苗床营养土来育苗。种植的大田最好与非瓜类作物实行5~6年的轮作。有条件的地区进行与水稻隔1年的轮作。在重茬地、发病重的地块，结合播前整地，每667 m^2施入生石灰30~50 kg，改变土壤pH。种植地要平整，不能积水。定植前，要深翻土地，施足腐熟的有机肥。定植后，要合理浇水，促使植株根系发育。结瓜后，要及时追肥，防早衰。采用嫁接防病，选用云南黑籽南瓜作砧木，山东小白皮西葫芦、早青1代西葫芦作接穗。病原耐热上限为34~36℃，重病地块在种植前覆盖地膜，暴晒3~5天后，翻表土再晒3~5天表层土壤，可杀死土壤中病原菌。

2. *药剂防治* 可选用2%春雷霉素可湿性粉剂150~300倍液喷雾、灌根；70%敌磺钠可溶性粉剂500倍液灌根；3%甲霜灵·噁霉灵可溶性粉剂500~600倍液喷雾。

九、蔓枯病

（一）危害症状

西葫芦蔓枯病在田间主要发生在茎蔓上，致蔓枯死。但也能危害幼苗，茎部及果实。近地面的茎，初染病时，仅病斑与健全组织交界处呈水浸状，病情扩展时，组织坏死或流胶，在病部出现许多黑色小粒点，严重时整株死亡。叶片染病，呈水浸状黄化坏死，严重时整叶枯死。果实染病，产生黑色凹陷斑，龟裂或致果实腐败。

（二）发生规律

西葫芦蔓枯病是一种真菌性病害，病原菌为瓜类黑腐小球壳菌，属子囊菌亚门。该病主要以分生孢子器或子囊壳随病残体存在于干土中或架材上，条件适宜时靠灌溉水、雨水、露水传播蔓延，从伤口、自然孔口侵入，种子也可带菌，引起发病。当温度18~25℃，空气相对湿度在80%以上，土壤持水量过大时发病严重。特别是开始采瓜，下部老叶造成大伤口后，大棚内通风不良时更易发病。该病主要危害茎蔓和叶片，果实也可受害。

（三）防治措施

1. *农业防治* 发病田与非瓜类作物进行轮作。选用抗病品种，选留无病种子，采用无病种子。播种前，用55℃恒温水浸种15 min。采用覆盖地膜栽培。种植后至结瓜期控制浇水十分重要。保护地栽培，尤其要注意温、湿度管理，采用放风排湿、控制灌水等措施降低棚内空气相对湿度，减少叶面结露，要求白天控温在28~30℃，夜间15℃，空气相对湿度低于90%。

2. *药剂防治* 可选用25%嘧菌酯悬浮剂300~500倍液喷雾；60%吡唑·代森联水分散粒剂600~800倍液喷雾。

十、细菌性叶枯病

（一）危害症状

主要危害叶片，有时也危害叶柄和幼茎。幼叶染病，病斑出现在叶面现黄化区，但不明显，叶背面出现水渍状小点，后病斑变为黄色至黄褐色，圆形或近圆形，直径1~2 mm，病斑中间半透明，病斑四周具黄色晕圈，菌脓不明显或很少，有时侵染叶缘，导致坏死。苗期生长点染病，可造成幼苗死亡，扩展速度快。幼茎染病，茎基部有的裂开，棚室经常可见但危害不重。

（二）发生规律

西葫芦细菌性叶枯病病原菌为油菜黄单胞菌黄瓜叶斑病致病变种，是细菌性病害。病原菌主要靠种子带菌远距离传播。田间发病后，通过浇水灌溉和人工操作传染蔓延。空气相对湿度大时该病蔓延快、发病重。

（三）防治措施

1. *农业防治* 与非瓜类作物实行2年以上轮作，及时清除病叶。保护地要降低棚内空气相对湿度，加大放风，尽量防止结露过多或时间过长。

2. *种子消毒* 在70℃恒温条件下，灭菌72 h；或用50℃温水浸种20 min，捞出晾干后催芽播种。用次氯酸钙300倍液浸种30~60 min；或用40%甲醛150倍液浸种1.5 h，用清水冲洗干净后催芽播种。

3. *药剂防治* 可选用40%甲基硫菌灵·噻唑锌悬浮剂300~400倍液喷雾；84%王铜水分散粒剂300~400倍液喷雾；77%氢氧化铜可湿性粉剂300~500倍液喷雾；30%噻唑锌悬浮剂600~800倍液喷雾；3%中生菌素可湿性粉剂600~800倍液喷雾。

十一、果腐病

（一）危害症状

该病常发生在棚室或露地，主要危害果实。幼果或成长果实初病部变褐，呈湿润腐烂状，中后期病部长出白色略带粉红色的致密霉层，后病果腐烂，汁液从病部流出。

（二）发生规律

西葫芦果腐病是真菌性病害，病原菌为茄病镰孢，属半知菌亚门真菌。病菌在土壤中越冬，病菌经雨水飞溅或灌溉水传到近地面果实上引发病害。早春低温高湿条件下发病重。连作地、排水不良、定植过密、通风差、施用未腐熟有机肥的地块发病较重。菜农为了大棚保温而减少放风，导致棚内空气湿度过大，为病原菌的繁殖创造了有利条件。另外，果实与地面土壤接触也是发病的一个重要原因。病菌孢子在土壤中越冬，当果实与地面接触时，土壤表层的病菌通过疏果等伤口侵染果实，从而引起腐烂，这也是此病连续多年发生的原因。

（三）防治措施

1. *农业防治*　采用高畦覆膜栽培。施用腐熟有机肥，采用配方施肥技术，减少化肥施用量，提高抗病能力，及时拔除病株深埋或烧毁。避免果实与地面接触。

2. *药剂防治*　可选用75%戊唑醇·肟菌酯水分散粒剂2 000~3 000倍液喷雾；25%吡唑醚菌酯悬浮剂1 000~1 500倍液喷雾；25%嘧菌酯悬浮剂300~500倍液喷雾；42%戊唑醇·百菌清悬浮剂1 000~1 500倍液喷雾。

十二、疫病

（一）危害症状

此病主要危害嫩茎、嫩叶和果实。幼苗染病，多始于嫩尖，产生水渍状病斑，病情发展较快，萎蔫枯死，但不倒伏。茎蔓染病，多在近地面茎基部开始，初期呈暗绿色水渍状斑，随后病部缢缩，全株萎蔫而死亡。叶片染病，初始产生暗绿色水渍状斑点，随后扩展成不规则的大斑；潮湿时全叶腐烂，并产生白色霉层，干燥时整张叶片变青白色枯死。瓜条染病，初始出现水渍状浅绿褐色小斑，以后软化腐烂，迅速向各方向扩展，在病部产生白色霉层（即病菌孢囊梗和游动孢子囊），最终导致病瓜局部或全部腐烂。

（二）发生规律

西葫芦疫病属于真菌性病害，有害的病菌在土壤中越冬，在第二年的适宜温度时感染西葫芦发病。田间25~30℃，空气相对湿度高于85%发病重。一般雨季、大雨后天气突然转晴，气温急剧上升，病害易流行。土壤湿度在95%以上，持续4~6 h，病菌即完成侵染，2~3天就可完成一代。易积水的菜地，定植过密，通风透光不良，发病重。防治西葫芦疫病通常采用以预防为主、治疗为辅的措施进行防治。

（三）防治措施

1. *农业防治* 实行非瓜类作物轮作3年以上，采用地膜覆盖栽培，深沟高畦种植，施用充分腐熟有机肥。选择地势高燥、排水良好的田块，注意控制浇水次数，雨后及时排水。加强通风换气，发现中心病株，及时拔除并销毁。

2. *种子处理* 可用64%杀毒矾可湿性粉剂800倍液浸种30 min后催芽。

3. *药剂防治* 发病初期选用30%醚菌酯水剂500倍液喷雾，每隔3天用药1次，连续防治3~4次。

第五节 生理性病害的识别与防治

一、西葫芦化瓜

（一）化瓜的识别

西葫芦化瓜是指西葫芦雌花开放后3~4天，幼果先端褪绿变黄，变细变软，果实不膨大或膨大很少，表面失去光泽，先端萎缩，最终烂掉或脱落的现象，往往造成大幅度减产。

（二）化瓜原因

1. *授粉不良* 西葫芦为虫媒花，异花授粉。棚室内缺少昆虫活动，加上湿度较大，影响花粉发育，致使雌花授粉不良，子房内不能形成更多的生长素，在养分向雌花供应不足的情况下，子房发育受阻，不能结实而化瓜。

2. *光照不足* 在西葫芦开花结果期，遇到连续阴天，造成光照不足，使植株光合能力降低，光合产物减少，加之昼夜温差小，养分的消耗多于制造，使植株生长发育不良，雌花和幼瓜因供给的养分极少或得不到养分而黄化脱落。

3. *温度偏高（低）* 温度过高或过低，以及剧烈变化都会引起化瓜。温度过高，白天超过35℃，夜间高于20℃，造成光合作用下降，呼吸作用增强，有机养料向茎叶内大量输送，秧蔓徒长，营养分配紊乱失调，不易坐瓜。温度过低，地温低于12℃，细胞的生理活动降低，使养分和水分的吸收受阻，导致营养不良而引起化瓜。

4. *种植密度过大* 种植密度过大也是引起化瓜的因素之一。种植密度大，导致根系间争夺土壤中的养分，同时，地上部茎叶间也因争夺空间而互相遮挡，造成郁闭，致使棚室内透光、透气性降低，光合效率下降，养分消耗增加，影响生殖生长，化瓜率提高。

5. CO_2 气体浓度偏低　CO_2 是蔬菜进行光合作用制造营养物质的原料之一。在棚室密闭的情况下，室内的 CO_2 浓度常降低到 70~135 mL/m^3，表现出 CO_2 严重不足，使植株的光合作用受到影响。植株体内的营养物质积累减少，生长衰弱，雌花发育不良，造成化瓜。

6. 氮肥过量　在西葫芦生长期间，尤其是开花结果期，如氮肥施用过多，极易引起营养生长过旺，使生殖生长受到抑制，茎叶的生长消耗大量养分，供给花、果的养分相对减少，幼瓜由于营养不足而脱落。

（三）预防措施

1. 合理密植　根据所用品种的特性，注意做到合理密植，以不互相遮光，有利于通风为原则。一般栽植密度每 667 m^2 应控制在 900~1 000 株。实行宽窄行栽培，大行距 120 cm，小行距 80 cm，株距 60~70 cm。

2. 控制温度　在西葫芦开花结果期，棚室内的温度白天控制在 23~28℃，超过 30℃ 时开风口适当通风。夜间保持在 12~17℃，最低温度要达 11℃，使西葫芦处于适宜的环境中，保证幼瓜的正常生长发育。

3. 增加光照　西葫芦弱光下结实率较低，因此要特别注意改善光照条件。结果期在保持室内适宜温度的情况下，每天应早揭晚盖草苫，尽量使其多见光，保证充足的光照时间。经常清除棚膜表面的灰尘，增加透光率。如遇到连续阴天，可采用点燃沼气灯、在后墙内侧张挂反光幕等措施来增加光照，改善其生存环境条件。

4. 加强肥水管理　西葫芦的肥水管理应根据植株长势和天气情况进行。浇水一般应选在晴天的上午进行，要小水勤浇，避免大水漫灌。浇水后加强放风措施，以降低室内空气相对湿度，有利于防病促长。结合浇水，顺水冲肥，每 667 m^2 每次追施磷酸二铵 20 kg，硫酸钾 10 kg，一般隔一水追一次肥，注意做到氮、磷、钾肥配合使用，促苗健壮防徒长，提高结瓜率。

5. 激素保果　每天的 7~9 时，采用 0.002 5%~0.003% 的 2，4-D 与 0.008%~0.01% 的赤霉素混合液，涂抹在当天开放的雌花柱头基部与花瓣基部之间，能够有效地促进果实快速膨大，诱导养分集中供应，防止化瓜。

6. 叶面喷肥　在每次采瓜后，叶面喷 1 次三得利高效生物液肥 700 倍液，可改善植株的营养状况，有利保证植株不脱肥和生长健壮，起到增产防化瓜的双重作用。

7. 补施气肥　在棚室内东西方向每隔 7 m 放一塑料桶，每只桶内放入 1 100 g 1∶4 的稀硫酸，然后称取 350 g 碳酸氢铵用纸包好，用木棍挑着放入稀硫酸中。每天施放时间宜在日出 30 min 后开始进行，施时密闭棚室，2 h 后通风。

二、蜂腰瓜症状

（一）蜂腰瓜的识别

瓜条中部多处缢缩，状如蜂腰，又如系了多条腰带。将蜂腰瓜纵切开，常会发现变细部分果肉已龟裂，果实变脆。

（二）发生原因

雌花受粉不完全，或受精后植株干物质合成量少，营养物质分配不均匀而造成蜂腰瓜。高温干燥、低温多湿，植株生长势弱均易出现蜂腰瓜。缺硼也会导致蜂腰瓜。也有人认为，缺钾或生育波动时也易出现蜂腰瓜。

（三）防治措施

减少化肥施用量，增施有机肥。实践证明，有机肥充足的情况下，西葫芦会表现出良好的丰产性，化肥的肥效会发挥得更好。进入结果期，要做好温度、湿度、光照和水分的管理工作，要避免温度过高或过低，不要大水漫灌，要小水勤浇，不要一次施肥过多，要少量多次。瓜越大，吸收的营养就越多，因此要及时采瓜，以保持植株旺盛的长势。

四、大肚瓜

（一）大肚瓜的识别

果实基部生长基本正常，中部或顶部异常膨大。

（二）产生原因

西葫芦雌花未能充分受精，只在瓜的先端形成种子，从而吸收较多的营养物质到先端，导致先端果肉组织特别肥大，最终形成大肚瓜。供水不均，生长前期缺水，而后期大量供水，极易产生大肚瓜。植株缺钾而氮肥又供应过量，也易产生大肚瓜。

（三）预防措施

人工辅助授粉时，操作要精细、周到，使西葫芦雌花充分受精。保证均衡供水，保持土壤湿润。增施硝酸钾、草木灰等速效钾肥，或叶面喷施 0.3% 磷酸二氢钾溶液，提高植株的含钾水平。

五、棱角瓜

（一）棱角瓜的识别

从外表上看，果面有纵向棱沟，不圆滑，除有棱部分外，其他部分凹陷。剖开后可见果实中空，果肉龟裂。

（二）产生原因

浇水量过大，遇到灾害性天气时根系受损，吸收水分、养分的能力降低，造成棱角瓜的发生。结果期和生长后期肥水供给不足，碳水化合物积累少，植株供给果实发育的养分不足。

（三）预防措施

结果盛期，及时追足肥、浇足水，满足西葫芦生长的需要，防止植株早衰。低温季节浇水量不宜过大，浇水应在晴天上午进行。

六、尖嘴瓜

（一）尖嘴瓜的识别

瓜条未长成商品瓜。瓜的顶端膨大受到限制，形成后部粗而顶部较细的尖嘴瓜。

（二）产生原因

瓜条膨大时肥水供应不足，或根系受伤，不能正常吸收养分、水分；土壤盐分过高、湿度过大，抑制了根系的吸收能力；茎叶密度过大，通风透光不良；植株生长后期衰弱，或感染病害，造成西葫芦花不能正常受精，易形成尖嘴瓜。

（三）预防措施

加强水肥管理，多施有机肥料，提高土壤的供水、供肥能力，防止植株早衰。做好病虫害防治工作，防止植株遭受病虫危害。改大水漫灌为小水勤浇。加强温度管理，避免温度过高或过低。

第六节　主要虫害的识别与防治

一、蚜虫

（一）危害症状

蚜虫成虫或若虫聚集在西葫芦的叶背、嫩茎和生长点上，以刺吸式口器吸食汁液，分泌蜜露，致使被害叶片卷缩、褪绿、发黄，瓜苗萎蔫，甚至枯死。也可缩短结瓜期，造成减产。蚜虫作为传毒媒介，可携带并传播多种病毒病，给西葫芦的生产造成严重损害。

（二）发生规律

蚜虫一年可发生 20~30 代，在每年的 5~6 月和 9~10 月有两个发生高峰期。繁殖的适宜温度为 16~22℃。干旱年份发生较为严重。蚜虫以成虫或若虫的形式在棚室内越冬并多代繁殖。

（三）防治措施

1. *农业防治*　清除田间杂草，彻底清除瓜类、蔬菜残株病叶等。保护地可采取高温闷棚法，方法是在收获完毕后不急于拉秧，先用塑料膜将棚室密闭 3~5 天，消灭棚室中的虫源，避免向露地扩散，也可以避免下茬受到蚜虫危害。

2. *生物防治*　我国已记载的瓜蚜天敌有 213 种，其中体内寄生的蚜茧蜂科、蚜小蜂科、跳小蜂科和金小蜂科共 26 种。捕食性天敌有瓢虫、草蛉、食蚜蝇、食蚜瘿蚊、食蚜螨、花蝽、猎蝽、姬蝽等。还有菌类，如蚜霉菌等。

3. *物理防治*　利用有翅蚜对黄色、橙黄色有较强的趋性。取一长方形硬纸板或纤维板，板的大小为 30 cm × 50 cm，先涂一层黄色，晾干后，再涂一层黏性黄机油（加少许黄油）或 10 号机油，每公顷设置 30~45 块，当粘满蚜虫时，需及时再涂黏性黄机油。利用银灰色对蚜虫有驱避作用，用银灰色薄膜代替普通地膜覆盖，而后定植或播种。隔一定距离挂一条 10 cm 宽的银膜，与畦平行。

4. *药剂防治*　一是起垄前每 667 m^2 撒施 0.3% 噻虫嗪颗粒剂 4~5 kg；二是棚室内初发现蚜虫时，每 667 m^2 可用 22% 敌敌畏烟剂 300~350 g，分放 4~5 处，暗火点燃后密闭棚室 3 h，进行熏蒸；三是选用 10% 氟啶虫酰胺水分散粒剂 1 000~2 000 倍液、10% 溴氰虫酰胺水分散油悬浮剂 1 000~1 500 倍液、10% 吡虫啉可湿性粉剂 2 000 倍、25% 噻虫嗪水分散粒剂 3 000 倍液、3% 啶虫脒乳油微乳剂 1 000 倍液、10% 氯噻啉可湿性粉剂 3 000 倍液进行喷雾防治。每 667 m^2 应用异丙威烟雾剂 250~300 g 熏棚。

二、蓟马

(一)危害症状

瓜蓟马以成虫、若虫吸食心叶、嫩芽、嫩梢、幼瓜的汁液，使被害株心叶不能正常展开，生长点萎缩，或新叶展开时出现条状斑点，茸毛变黑而出现丛生现象。植株生长缓慢，节间变短。幼瓜受害时质地变硬，茸毛变黑，出现畸形，易脱落。成瓜受害后瓜皮粗糙，有黄褐色斑纹或瓜皮长满锈皮，使瓜的外观品质受损、商品性下降。田间受害叶可由主脉两边白色斑纹识别。危害幼果，则是群集于果实与叶片附近吸食，造成白色或褐色条斑，严重时可导致果实扭曲畸形。

(二)发生规律

成虫对蓝色和植株的嫩绿部位有趋性，爬行敏捷、善跳怕强光，当阳光强烈时则隐蔽于植株的生长点及幼瓜的茸毛内，迁飞都在晚间和上午。初孵若虫有群集性。一、二龄若虫多数在植株上部嫩叶或幼瓜的毛丛中活动和取食，较耐高温，每年的 5~9 月是危害高发期。

(三)防治措施

1. **农业防治** 早春清除田间杂草和枯枝残叶，集中烧毁或深埋，消灭越冬成虫和若虫。加强肥水管理，促使植株生长健壮，减轻危害。

2. **物理防治** 利用蓟马趋蓝色的习性，在田间设置蓝色粘板，诱杀成虫，粘板高度与作物持平。

3. **药剂防治** 一是叶面应喷施 5% 双氧威 · 啶虫脒可湿性粉剂 1 500 倍液或 25% 噻虫嗪水分散粒剂 750 倍液，7~10 天喷施 1 次，连喷 2 次，宜在傍晚用药；二是每 667 m^2 应用异丙威烟雾剂 250~300 g 熏棚。

三、螨虫

(一)危害症状

螨虫发生初期在棚室中呈点片状发生，危害叶、茎及果实，以成、幼虫群居在叶背上刺吸汁液，被害叶片表面出现黄白色斑点，严重时会使整株叶片枯黄。幼叶先出现水浸状污点，后扩大为褐色或墨色斑，易穿孔。茎上现椭圆形凹陷黑色病斑，中部易龟裂。幼果出现暗绿色凹陷斑，后发育受阻呈畸形果。果实病斑多疮痂状，有的龟裂或烂成孔洞，病部分泌出半透明胶质物，后变成琥珀色块状。湿度大时病部表现密生煤色霉层。

（二）发生规律

一般从植株下部叶片向上蔓延。当高温、干燥时虫口增长极快，整株或整块地叶可呈火烧状。

（三）防治措施

1. **农业防治**　首先，要及时清除温室及其周围的杂草和枯枝落叶，喷施护树将军杀菌消毒，减少病菌。其次，在西葫芦生长期适时喷施壮瓜蒂灵能使瓜蒂增粗，强化营养定向输送量，促进瓜体快速发育，瓜形漂亮，汁多味美；生长周期不落花、不落瓜、无裂瓜、无畸形瓜。

2. **药剂防治**　一是叶面喷施 1.8% 阿维菌素乳油 750 倍液或 24% 螺螨酯悬浮剂 400~500 倍液 +5.6% 阿维·哒螨灵微乳剂 1 500 倍液，7~10 天喷施 1 次，连喷 2 次；二是每 667 m^2 用异丙威烟雾剂 250~300 g 熏棚。

四、斑潜蝇

（一）危害症状

斑潜蝇又叫蔬菜斑潜蝇、蛇形斑潜蝇、甘蓝斑潜蝇等，以幼虫危害蔬菜为主。雌成虫刺伤叶片取食和产卵，幼虫在蔬菜叶片内取食叶肉，使叶片布满不规则蛇形白色虫道。受害后叶片逐渐萎蔫，上下表皮分离、枯落，最后全株死亡。鉴定美洲斑潜蝇：幼虫蛀食叶肉形成虫道，虫道不规则蛇形盘绕，不超过主脉；黑色虫粪交替排列在虫道的两侧。

（二）发生规律

斑潜蝇的雌虫把卵产在部分伤孔表皮下，卵的孵化期为 2~5 天，幼虫期 4~7 天，末龄幼虫咬破叶表皮在叶外或土表下化蛹，蛹经 7~14 天羽化为成虫，夏季 2~4 周完成 1 世代，冬季 6~8 周完成 1 世代。

（三）防治措施

1. **清洁田园**　在早春杂草萌发之际，喷洒除草剂灭除田间的杂草。西葫芦收获后，应及时清除田间的残枝败叶及杂草，深埋或烧掉。在大棚内和发生世代较少的地方，定期清除有虫叶、有虫株，并集中处理。

2. **生物防治** 美洲斑潜蝇天敌有潜蝇茧蜂、绿姬小蜂等。利用天敌可减轻危害。

3. **药剂防治** 叶面应喷施 8.8% 阿维·氯氰可湿性粉剂 1 500 倍液 +1.8% 阿维菌素乳油 750 倍液，7~10 天喷施 1 次，连喷 2 次。

五、地蛆

（一）危害症状

地蛆是危害瓜类、豆类、葱、蒜类等多种蔬菜的主要地下害虫。种蛆常群集危害瓜苗表土下幼茎，即所谓下胚轴部分，使已发芽种子不能正常出土；或从幼苗根部钻入，顺幼茎向上危害，使下胚轴中空、腐烂，地上部凋萎死亡，引起严重缺苗。育苗时种蛆危害常引起苗床幼苗成片死亡。

（二）发生规律

地蛆体长 6~8 mm，呈现白色略带黄色。腹部末端有 7 对肉质凸起，状如粪蛆。它主要是蛀食根茎引起烂种，或从幼苗根茎部向上串食，造成危害而引起瓜苗枯萎倒伏死亡。尤其是在高温多湿的地块最易发生。地蛆每年发生 3~4 代，以老熟幼虫在土壤中化蛹越冬。第二年随着气温升高，成虫大量出现。晴天极为活跃，以 9~15 时最多。成虫喜欢在瓜苗附近未腐熟的土肥和饼肥上产卵，卵期为 10 天左右。幼虫蛀食植株茎部，使得输导组织遭受破坏，逐渐腐烂枯死。

（二）防治措施

1. **农业防治** 采用高垄栽培技术，以便排水，防治土壤过于潮湿；施用腐熟的有机肥。在堆积发酵期间，要用泥土严封，防治成虫产卵。采用定点观察，做好预期预报工作，及时防治。

2. **诱杀** 在苗期用炒香的麦麸和 90% 敌百虫 30 倍液混合均匀，在瓜田诱杀。

3. **药剂防治** 用 75% 吡蚜·呋虫胺水分散颗粒剂 2 000 倍液灌根，每棵灌药液 100~150 mL。

六、白粉虱

（一）危害症状

西葫芦白粉虱属同翅目粉虱科，是一种多食性刺吸害虫。以其幼虫、成虫的针状口器吸食西葫芦植株的汁液，造成叶片失绿、萎蔫，甚至植株死亡，同时成虫和幼虫还能排出大量蜜露，引起煤污病，污染叶片和瓜条，影响光合作用，降低产品品质，并传播病毒病。

（二）发生规律

春季发生于温室茬口，时间在4月中旬至5月下旬；秋季，发生于温室、冷棚、露地等所有设施，时间在7月底至9月下旬，温室会一直发生到11月底；温室里每年可发生10多代。每代发育时间随温度升高而缩短，18℃时需31.5天一代，24℃时需24.7天，27℃时需22.8天。24℃时各虫态发育历期为：卵期7天，1龄期5天，2龄期2天，3龄期3天，伪蛹期8天；棚室平均气温19℃时，完成一代需30天左右，每雌虫的产卵数为3 000~4 000粒，一代后种群数量可增长140~150倍，繁殖数量呈指数增长，在农业害虫中是罕见的。4个虫态同时分布，最上部的嫩叶，以成虫和初产的淡黄色卵为最多；稍下部的叶片多为黑色卵；再下部多为初龄若虫；再下为中老龄若虫；最下部则以蛹为多。

（三）防治措施

1. **农业防治** 加强栽培管理，以培育出“无虫苗”为主要措施。

2. **生物防治** 可人工繁殖释放丽蚜小蜂，当温室西葫芦上白粉虱成虫在5头／株以下时，按15头／株的量释放丽蚜小蜂成蜂，每隔2周1次，共3次。寄生蜂可在温室内建立种群并能有效地控制白粉虱危害。

3. **物理防治** 黄色对白粉虱成虫有强烈诱集作用，在温室内设置黄板（1 m × 0.17 m），每667 m^2设30~45块诱杀成虫效果显著。黄板设置于行间与植株高度相平，黏油（一般使用10号机油加少许黄油调匀）7~10天重涂1次，要防止油滴在作物上造成烧伤。

4. **药剂防治** 一是叶面喷施5%双氧威·啶虫脒乳油1 500倍液+65%噻嗪酮可湿性粉剂1 500倍液或10%烯啶虫胺水剂500倍液+65%噻嗪酮可湿性粉剂1 500倍液，7~10天喷施1次，连喷2次；二是每667 m^2用异丙威烟雾剂250~300 g熏棚。

七、蛞蝓（软体动物）

（一）危害症状

蛞蝓是比昆虫低级的无脊椎动物，蛞蝓俗称“鼻涕虫”“软蜗牛”，与蜗牛相似，但无外壳，体表更柔软，喜潮湿，低湿地发生多，昼伏夜出。初孵幼体取食叶肉，稍大后用齿舌刮食叶、茎等，造成孔洞、缺刻或断苗，阴雨天昼夜危害。

（二）发生规律

蛞蝓一年繁殖 2~5 代。雌雄同体，异体受精或同体受精繁殖，产卵量 400 多粒，卵堆产在潮湿的土内。蛞蝓夜间活动，白天潜伏。气温 11.5~18.5℃，土壤含水量 20%~30% 对其有利。气温高于 25℃，即迁移至土缝或土块下停止活动。

（三）防治措施

1. *农业防治* 及时清除田边杂草，及时中耕，排出积水，可减轻危害。秋冬翻地可消灭越冬蛞蝓，地膜覆盖可抑制蛞蝓活动和发生。在田间堆积树叶、杂草、菜叶，夜间诱集害虫，白天可人工捕杀。在田边、沟边撒生石灰带或茶枯粉，可防止蛞蝓进入危害。

2. *药剂防治* 可每 667 m^2 用 6% 四聚乙醛（密达、灭蜗灵）颗粒剂 465~665 g 混干沙土 10~15 kg，均匀撒施在蛞蝓经常出没处；还可每 667 m^2 用 2% 甲硫威（灭旱螺）颗粒剂 330~400 g、45% 三苯乙酸锡颗粒剂 40~80 g，宜在傍晚施药。

第七节　缺素症的识别与防治

一、缺氮

（一）症状

西葫芦缺氮植株生长缓慢，呈矮化状，叶片小而薄，黄化均匀，不表现斑点状。从下部老叶开始黄化，逐渐向上部叶发展。化瓜现象严重，畸形瓜增多。

（二）发病原因

一是土壤中氮素含量低。二是底施大量未腐熟的农业有机废弃物（如玉米秸秆）或有机肥，碳素多，其分解过程中夺取土壤中氮。三是西葫芦产量高，果实收获量大，从土壤中吸收氮素多而追施氮肥不及时。

（三）预防措施

根据土壤肥力状况和目标产量确定施氮量，每 667 m^2 产 7 500~10 000 kg 西葫芦施 27.5~33 kg 纯氮，50% 作基肥，50% 作追肥，分多次追施。发生缺氮症状时，可叶面喷施 1%~2% 尿素水溶液 2 次，每次间隔 7~10 天，每 667 m^2 喷施 30~45 kg。

二、氮过量

（一）症状

西葫芦缺氮过量叶片肥大而浓绿，中下部叶片卷曲，叶柄微下垂，叶脉间凹凸不平，植株徒长。受害严重时，叶片边缘出现不规则黄化斑，部分叶肉组织坏死。受害特别严重的叶片及叶柄萎蔫，植株数日内枯萎死亡。

（二）防治措施

1. **实行测土施肥** 根据土壤养分含量和西葫芦生长需求，对氮、磷、钾和其他微量元素实行合理搭配科学施用，不可盲目施用氮肥。在有机质含量达到 2.5% 以上的土壤中，要避免每 667 m^2 一次性施入超过 4 000 kg 的腐熟鸡粪。

2. **施用腐熟的农家肥** 土壤养分含量较高时，应以施用腐熟的农家肥为主，配合施用氮素化肥。

3. **对症施肥** 发现西葫芦缺钾、缺镁症状，应先分析原因，若因氮素过量引起缺素症，应以解决氮过量为主，配合施用所缺肥料。

4. **其他** 若发现氮素过量，在地温高时可加大灌水缓解，喷施适量助壮素，延长光照时间，注意防治蚜虫、霜霉病等病虫害。

三、缺磷

（一）症状

西葫芦缺磷症状没有缺氮明显，但是缺磷时也能观察到一些症状。缺磷生长缓慢，幼叶暗绿色，平展，缺乏光泽，叶色深；严重缺磷时老叶过早脱落；坐果率下降，果实秕籽率高，千粒重下降。

（二）发生原因

土壤中含磷量低，施用堆肥等有机质肥料和磷肥少，使用缓效性磷，作用发挥慢，易出现缺磷症；低温低，光照不足，过湿，碱性土壤，施氮肥过多等阻碍对磷的吸收。

（三）防治措施

根据目标产量和土壤速效磷含量水平确定磷肥用量，每 667 m^2 产 7 500~10 000 kg 西葫芦施 15.5~19 kg 磷肥（P_2O_5），90% 作基肥，10% 作追肥，分多次追施。缺磷症状时，及时追施水溶性磷肥，生长后期可叶面喷施 0.2%~0.5% 的磷酸二氢钾水溶液 2~3 次，每次间隔 7~10 天，每 667 m^2 喷施 45~60 kg。

四、缺钾

（一）症状

西葫芦植株生长缓慢，节间变短，叶片变小，由青铜色逐渐向黄绿色转变，叶片卷曲，严重时叶片呈烧焦状干枯。主脉下陷，叶缘干枯。果实的中部和顶部膨大受阻，形成细腰瓜或尖嘴瓜。

（二）发病原因

一是土壤中含钾量低，施用有机肥和钾肥不足，易出现缺钾症；二是地温低，光照不足，施氮肥过多等条件下阻碍植株对钾的吸收。

（三）防治措施

根据目标产量和土壤速效钾含量水平确定钾肥用量，每 667 m^2 产西葫芦 7 500~10 000 kg，施 35~42.5 kg 钾肥（K_2O），50% 作基肥，50% 作追肥，分多次追施。出现缺钾症状时，每 667 m^2 追施硫酸钾 8~10 kg，生长后期可用 0.2%~0.3% 磷酸二氢钾或硫酸钾水溶液进行叶面喷施 2~3 次，每次间隔 7~10 天。

五、缺钙

（一）症状

新生叶变小，也可向上卷曲；成熟叶片向叶背面卷曲，叶形呈蘑菇状或降落伞状；叶脉间黄化，主脉尚可保持绿色；有时上位叶叶缘镶金边，叶片出现白色斑点；植株矮化，节间短，顶部节间短且明显，幼叶有时枯死；严重缺钙时，叶柄变脆，易脱落。

（二）发病原因

盛果期，遇到不良天气，特别是在冬春栽培中，经常遇到的寒流等天气，造成地温下降，根系吸收功能下降，就会影响钙的吸收；根毛老化，吸收能力下降；植物生长调节剂使用不当；钙的吸收与硼的供应有密切关系，缺硼会阻碍对钙素的吸收；当施用钾肥过多时会出现缺钙情况；空气相对湿度低，连续高温时容易发生缺钙。

（三）防治措施

缺钙地块，每 667 m^2 施用 75 kg 石灰。出现缺钙症状时，可叶面喷施 0.5% 氯化钙水溶液 2~3 次，每次间隔 7~10 天，每 667 m^2 喷施 30~45 kg。

六、缺硼

（一）危害症状

生长点附近的节间显著缩短，有时出现木质化。上部叶向外侧卷曲，叶缘部分变褐色。上部叶叶脉有萎缩现象，叶脉间不黄化。从发生症状的叶片的部位来确定，缺硼症状多发生在上部叶，叶脉间不出现黄化，植株生长点附近的叶片萎缩、枯死。其症状与缺钙类似，但缺钙叶脉间黄化，而缺硼叶脉间不黄化。

（二）发病原因

酸性的沙壤土一次施用过量的碱性肥料，易发生缺硼。土壤干燥影响植株对硼的吸收，易发生缺硼。土壤有机肥施用量少的田块也易发生缺硼。施用过多的钾肥，影响了植株对硼的吸收，易发生缺硼。

（三）防治措施

缺硼地块，每 667 m^2 施用硼砂 0.5 kg 作基肥。出现缺素症状时，用 0.01%~0.05%

硼砂溶液或硼酸水溶液叶面喷施，喷施 2~3 次，每次间隔 7~10 天，每 667 m^2 喷施 45~60 kg。

七、缺镁

（一）症状

西葫芦植株下部叶叶脉间由绿渐渐变黄，最后除叶脉、叶缘残留绿色外，叶脉间全部黄白化。由下部老叶逐渐向幼叶发展，最后全株黄化。有时表现为在叶脉间出现较大的凹陷斑，最后斑点坏死，叶片萎缩。

（二）发病原因

一是土壤含镁量低；二是土壤中钾、氮含量过多，阻碍植株对镁的吸收，尤其是日光温室等保护地栽培反应更明显；三是坐瓜多，镁肥用量多。

（三）防治措施

缺镁地块，镁肥可用作基肥或追肥，每 667 m^2 施用 15 kg 硫酸镁或 10 kg 氧化镁。出现缺镁症状时，叶面喷施 0.1%~0.2% 硫酸镁水溶液 2~3 次，每次间隔 7~10 天，每 667 m^2 喷施 30~45 kg。

八、缺锌

（一）症状

中部叶片开始褪绿，褪绿叶片与健康叶片比较，叶脉清晰可见。随着叶脉间逐渐褪色，叶缘由黄化转变为褐色，叶缘枯死，叶片向外侧稍微卷曲。嫩叶生长不正常，芽呈丛生状。缺锌最敏感部位是老叶。

（二）发病原因

光照过强易发生缺锌。若吸收磷过多，植株即使吸收了锌，也表现缺锌症状。碱性土壤中锌的有效性低，不易被西葫芦吸收利用。

（三）防治措施

缺锌地块，每 667 m^2 施用 1~2 kg 硫酸锌作基肥。出现缺锌症状时，每 667 m^2 追施 1 kg 硫酸锌，或用 0.2%~0.3% 硫酸锌水溶液叶面喷施 2~3 次，每次间隔 7~10 天，每 667 m^2 喷施

30~45 kg。

九、缺硫

（一）症状

整个植株生长几乎没有异常，但中上部叶的叶色淡、黄化，叶脉失绿，叶片不出现卷缩、叶缘枯死、缺刻小等现象。植株在一般情况下下部叶生长是正常的。缺硫最敏感部位是新叶、嫩叶。

（二）发生原因

一是土壤有机质含量低，质地粗的土壤，硫含量较低，并且在浇水多的土壤，水的渗漏硫流失较多，从而导致土壤发生缺硫现象。二是蔬菜连年重茬种植，所需硫被植株吸收后，土壤中硫得不到有效及时补充，导致土壤中硫逐年降低。三是施肥不当，大量施用高浓度氮肥与磷肥，含硫肥料施得少或不施，有机肥与含硫农药施用偏少，导致土壤中硫含量逐年减少。

（三）防治措施

缺硫地块，可增施过磷酸钙、硫酸钾、硫酸锌等含硫肥料。出现缺硫症状，可追施水溶性含硫肥料，或用 0.5% 硫酸钾水溶液叶面喷施 2~3 次，每次间隔 7~10 天，每 667 m^2 喷施 30~45 kg。

十、缺铁

（一）症状

植株新叶、腋芽开始变黄白，尤其是上位叶及生长点附近的叶片和新叶叶脉先黄化，逐渐失绿，但叶脉间不出现坏死斑。缺铁最敏感部位是新叶。

（二）发生原因

因铁和叶绿素合成有关，如施硼、磷、钙、氮过多，或钾不足，均易引起缺铁。磷肥施用过量，碱性土壤，土壤中铀、锰过量，土壤过干、过湿，温度低，易发生缺铁。

（三）防治措施

缺铁地块，每 667 m^2 施用 1.5 kg~3 kg 硫酸亚铁作基肥。出现缺铁症状，叶面喷施 0.2%~0.5% 硫酸亚铁或 0.5% 氨基酸铁水溶液，连喷 2~3 次，每次间隔 7~10 天，每 667 m^2 喷施 30~45 kg。

十一、缺铜

（一）症状

植株矮小，节间变短，全株呈丛生枝，初期幼叶变小，老叶脉间失绿；严重时，叶片呈褐色，叶片枯萎，幼叶失绿、萎蔫。缺铜最敏感部位是新叶。

（二）发生原因

土壤中的铜很难移动，黏土和有机质对铜有很强的吸附作用。因此，在黏重和富含有机质的土壤上，很容易发生缺铜现象。

（三）防治措施

缺铜地块，每 667 m^2 施用 1~2 kg 硫酸铜作基肥。出现缺铜症状，可叶面喷施 0.1%~0.2% 硫酸铜水溶液 1~2 次，每次间隔 7~10 天，每 667 m^2 喷施 30~45 kg。

十二、缺钼

（一）症状

植株生长势差，幼叶褪绿，叶缘和叶脉间的叶肉呈黄色斑状，叶缘向内部卷曲，叶尖萎缩，常造成植株开花不结果。缺钼最敏感部位是新叶。

（二）发生原因

沙质土、酸性土、连作地块容易缺钼；土壤中施入含硫的肥料，过量施入含硫酸根的肥料会影响西葫芦根系对钼元素的吸收。

（三）防治措施

缺钼地块，每 667 m^2 施用 10~15g 钼酸铵或钼酸钠作基肥。出现缺钼症状时，叶面喷施 0.05%~0.1% 钼酸铵或钼酸钠溶液 1~2 次，每次间隔 7~10 天，每 667 m^2 喷施 30~45 kg。

十三、缺素症易发生地块判断

日光温室、大棚等设施西葫芦栽培宜对缺素易发生地块进行预判，有针对性进行预防。

- 前茬未施有机肥的地块，易引发缺氮。
- 石灰性土壤或苗期遇低温地块，易诱发缺磷。
- 高产田偏施氮、秸秆不还田地块易诱发缺钾。
- 土壤酸度过低或矿质土壤，pH 5.5 以下，钾、镁含量过高地块易发生缺钙。
- 酸性沙土且一次性浇水量过大或土壤中的钾浓度显著高于镁的地块，易引起缺镁。
- 有机质少、沙土类质地、肥力差地块，易引起缺硫。
- 碱性土壤或施用石灰过多的酸性土壤，易出现缺硼。
- 石灰性土壤且 pH 大于 7 或常年磷肥施用量过高地块，易诱发缺锌。
- 石灰性土壤且通气良好条件下易诱发缺铁，施用硝态氮肥易加重铁的缺乏。
- 石灰性土壤、pH 大于 7 的地块，易导致缺锰。
- 碱性土壤、有机质含量低地块易诱发缺铜，过量施用氮肥、磷肥易加重铜的缺乏。
- 大量施用磷肥、含硫肥料地块，易引发缺钼。

第三章

南瓜优质高效栽培技术

本章介绍了南瓜的生物学特性；栽培茬口与品种选择；优质高效栽培技术；侵染性病害的识别与防治；生理性病害的识别与防治；虫害的识别与防治；缺素症的识别与防治。

南瓜也叫作倭瓜、番瓜、番南瓜，是葫芦科南瓜属的一年生蔓生双子叶草本植物。南瓜在我国南北各地都有种植，是一种常见的果类蔬菜。南瓜味道甜美、营养丰富，是较受欢迎的蔬菜之一。南瓜原产于南美洲，已有 9 000 年的栽培史，哥伦布将其带回欧洲，以后被引种到日本、印度尼西亚、菲律宾等地。明代传入我国，南瓜传入我国有多条路径，但以广东、福建、浙江为最早。到了清代中后期，我国南方南瓜沿大运河向北移栽，人们开始意识到此瓜应自南来，“南瓜”之称开始流行。

第一节　生物学特性

一、形态特征

（一）根系

南瓜的根系生长迅速，在瓜类中是最强大的。南瓜种子发芽长出直根后，以每日生长 2.5 cm 的速度扎入土中，一般直根深 60 cm 左右，最深可达 2 m 左右，直根分生出许多一次、二次、三次和四次侧根。一次侧根有 20 余条，一般长 50 cm 左右，最长可达 140 cm。由一次侧根再分生出侧根，侧根每天可伸长 6 cm，形成强大的根群。南瓜根群主要分布在 10~40 cm 的耕层中，在根系发育最旺盛时可占 10 m^3 的土壤体积。因其根系强大，所以吸水和吸肥的能力都较强，而对土壤要求则不甚严格。但南瓜的根系不耐移栽，在干旱地区栽培以直播为宜；早熟栽培育苗时，苗龄不宜过大，以免移栽时伤根、断根而妨碍幼苗生长。

（二）茎蔓

南瓜茎蔓的横断面呈五角形。主茎长达数米，节处生根，粗壮，有棱沟，被短硬毛，卷须分 3~4 杈。茎常节部生根，伸长达 2~5 m，密被白色短刚毛。

（三）叶片

叶片宽卵形或卵圆形，质稍柔软，单叶互生，两面密被茸毛，沿边缘及叶面上常有白斑，边缘有不规则的锯齿。有 5 角或 5 浅裂，稀钝，长 12~25 cm，宽 20~30 cm，侧裂片较小，中间裂片较大，上面密被黄白色刚毛和茸毛，常有白斑，叶脉隆起，各裂片的中脉常延伸至顶端，成一小尖头，背面色较淡，毛更明显，边缘有小而密的细齿，顶端稍钝。叶柄粗壮，长 8~19 cm，被短刚毛；卷须稍粗壮，被短刚毛和茸毛。

（四）花

南瓜花单生，雌雄同株异花。花萼筒钟形，长 5~6 mm；裂片条形，长 1~1.5 cm，被柔毛，上部扩大成叶状。花冠黄色，钟状，长 8 cm，直径 6 cm，5 中裂，裂片边缘反卷，具皱褶，先端急尖。雄蕊花丝腺体状，长 5~8 mm；花药靠合，长 15 mm；药室折曲。雌蕊单生；子房 1 室，花柱短，柱头 3 个，膨大，顶端 2 裂。

（五）果实

南瓜果实呈扁球形、壶形、圆柱形等，表面有纵沟和隆起，光滑或有瘤状凸起。果梗粗壮，有棱和槽，长 5~7 cm，瓜蒂扩大呈喇叭状；瓠果形状多样，因品种而异，表面常有数条纵沟或无。

（六）种子

南瓜种子一般为长卵形或长圆形，灰白色，边缘薄，长 10~15 mm，宽 7~10 mm。种子含南瓜籽氨基酸，有清热祛湿、驱虫的功效。

二、生长发育周期

南瓜的生长发育期分为发芽期、幼苗期、抽蔓期及开花坐果期 4 个时期。

（一）发芽期

从种子萌动至子叶展开，第一片真叶显露为发芽期。在正常条件下，从播种至子叶展开需 4~5 天，从子叶展开至第一片真叶显露需 3~4 天。发芽期需 7~10 天，此期所需的营养绝大部分为种子自身储藏的。

（二）幼苗期

自第一片真叶显露至具有 5 片真叶，但还未抽出卷须，此期主侧根生长迅速，每天可增加 4~5 cm。此期真叶陆续展开，茎节开始伸长，早熟品种可出现雄花蕾，有的出现雌花蕾和分枝。这一时期植株直立生长，在 25℃左右的温度条件下，所需生长日期为 25~30 天；如果温度低于 20℃，则生长减缓，需要 40 天以上的时间。此时期要注意生长环境温度的管理，过低，生长缓慢；过高，易形成徒长苗。白天温度一般以保持在 25~28℃，夜间温度 15℃为最好。由于南瓜叶片宽大，蒸腾作用很强，故定植时不宜采用大苗移栽。

（三）抽蔓期

从第五片真叶展开至第一朵雌花开放，需 10~15 天。此期茎叶生长加快，植株由直立生长转向匍匐性生长，卷须和侧蔓抽出，雌、雄花陆续开放，进入营养生长旺盛的时期，茎节上的腋芽迅速活动，侧蔓开始出现，此时，花芽也迅速分化。这一时期要根据品种特性，注意调整营养生长与生殖生长的关系，同时注意压蔓、整枝和侧枝的清理，创造有利于不定根生长的条件，促进不定根的发育。

（四）开花坐果期

从第一朵雌花开放至果实成熟，此期茎叶生长与开花坐果同时进行，到种瓜生理成熟需 40~50 天。一般情况下，早熟品种在主蔓第五至第十叶节出现第一朵雌花，晚熟品种则推迟到第二十四至第三十叶节。通常，在第一朵雌花出现后，每隔数节或连续几节都能出现雌花。不论品种熟性早晚，第一朵雌花结成的瓜小，种子亦少，特别是早熟品种尤为明显。另外，不同南瓜品种从开花到果实成熟所需天数基本接近，为 40~50 天。

三、南瓜适宜生长的环境条件

（一）温度

中国南瓜和印度南瓜均属于喜温蔬菜，需要温暖的气候，可耐较高的温度，不耐低温霜冻，但对温度的适应性有所不同。中国南瓜耐热力较强，适应温度较高，一般为 18~32℃。印度南瓜稍喜冷凉，耐热、耐寒力均介于中国南瓜和西葫芦之间，适应温度为 15~29℃。两种南瓜在温度 35℃以上时花器发育异常，40℃以上时即停止生长，另外，温度超过 35℃时，雄花易变为两性花。不同生育阶段需要的适宜温度也不同，发芽期适宜温度为 25~30℃，适宜温度下萌芽出土最快，10℃以下或 40℃以上时不能发芽。幼苗期温度白天应控制在 23~25℃，夜间 13~15℃，地温以 18~20℃为宜。这有利于提高秧苗质量和促进花芽分化。营养生长期适宜温度为 20~25℃，开花坐果盛期适宜温度为 25~27℃，低于 15℃果实发育缓慢，高于 35℃花器官不能正常发育，同时会出现落花、落果或果实发育停滞等现象。根系生长的最低温度为 6℃，根毛生长的适宜温度为 28~32℃。因此，要在各个阶段注意控制好温度，为其生长发育、优质高产提供良好的条件。

（二）光照

南瓜属于短日照作物，对日照强度的要求较高。在营养生长和生殖生长阶段都需要充足的光照，光饱和点 45 000 lx，光补偿点 1 500 lx。雌花出现的早晚与幼苗时期日照的长短及温度的高低有密切关系。低温、短日照环境能促进雌花分化早，数量增多。

南瓜在光照充足的条件下生长良好，果实生长发育快且品质好；反之，在阴雨多、光照弱的条件下，植株生长不良，叶色淡、叶片薄、节间加长，落花、落果严重。如将夏播的南瓜，在育苗期进行不同的遮光试验，缩短光照时间，每天仅给 8 h 的光照，处理 15 天的前期产量比对照高 60.2%，总产量高 53%；处理 30 天的产量分别比对照高 116.9% 和 110.8%。由于南瓜的叶片肥大，蒸腾作用强，过强的光照对其生长不利，容易引起日灼萎蔫，因此在高温季节栽培南瓜时，应适当增大种植密度，或适当套种高秆作物，以利于减轻直射光对南瓜造成的不良影响。但也应注意，由于南瓜叶片肥大，互相遮阴严重，田间消光系数较高，易影响光合产物的生产，所以种植密度也不能太大。

（三）水分

南瓜原产于热带干旱草原地带，具有发达的根系，吸收力强，且根的渗透压较高，所以抗旱力很强。南瓜生长期需要较干燥的气候环境条件，但是，由于植株茎叶繁茂，生长迅速，蒸腾量大，其蒸腾速率为 500 g/（m^{-2}·h），故需水量也大，需保持一定的土壤湿度。南瓜根系发达，具有一定的耐旱能力，对土壤水分要求不很严格，但不耐涝。在第一朵雌花坐果前，土壤湿度过大，易造成徒长，落花、落果。开花期空气相对湿度过大，常不能正常授粉，易造成落花。但过度干旱，则易发生萎蔫现象，持续时间较长时，还易形成畸形果，甚至停止生长。

（四）土壤与营养

南瓜根系发达，吸收土壤营养能力强。所以，对土壤要求不很严格，即使在贫瘠的土壤上也能生长，并获得一定的产量。在肥沃的土壤上栽培南瓜，往往茎叶过分繁茂，常常引起落花、落果，产量反而不高。因此，在土壤肥力充足时，要适当密植，加强管理，进行摘顶、整枝，以充分利用肥力，提高单位面积产量。通常南瓜栽培以排水良好、肥沃疏松的中性或微酸性（pH 5.5~6.7）壤土为最适宜。

南瓜是吸肥量最多的蔬菜作物之一。一般情况下，南瓜所需的氮、磷、钾三要素比例为 3∶2∶6，以钾为最多，氮次之。即每生产 1 000 kg 南瓜需氮 3~5 kg、磷 1.3~2 kg、钾 5~7 kg、钙 2~3 kg 和镁 0.7~1.3 kg。南瓜种类、品种多，栽培条件各不相同，对矿物质营养的吸收也有较大的差别，印度南瓜吸收能力要比中国南瓜强。在南瓜生长前期氮肥过多，容易引起茎叶徒长，第一朵雌花不易坐瓜，反之过晚施用氮肥，则易影响果实的膨大。南瓜苗期对营养元素的吸收比较缓慢，甩蔓以后吸收量明显增加，在第一个瓜坐稳之后，是需肥量最大的时期，营养充足可促进茎叶和果实同步生长，有利于获得高产。南瓜对厩肥和堆肥等有机肥料反应良好，可作为基肥适当增施。

（五）气体

空气的成分、流动速度和湿度对南瓜的生育有重要影响。南瓜的光合作用需要大量CO_2。但空气中CO_2的含量仅为0.03%，1 m^3空气中仅含CO_2 0.589 g。所以在正常温度、湿度及光照强度条件下，在一定限度内增加空气中CO_2的浓度（不超过0.2%），可以提高南瓜的光照强度。故生产上施用CO_2有一定的增产效果。南瓜光合作用CO_2的饱和浓度一般为0.1%，在高温、高湿、强光环境中，CO_2的饱和度则高达1%左右。通常空气中CO_2浓度提高到0.1%时，南瓜可增产10%~20%；CO_2浓度提高到0.63%时，可增产50%。同时，南瓜光合作用强度，受叶片的生理活性和光、热、水、CO_2等综合因子所支配。如果在植株衰弱时或在低温、弱光环境中单独提高CO_2浓度，则难以达到增产效果。

大气中氧的平均含量约为20.97%，土壤中氧的含量随各种土壤理化性状不同而有所差异。通常状况下，浅层土壤中氧的含量要比深层土壤高，由于南瓜根系发达，呼吸作用旺盛，所以在土质疏松、富含有机质的土壤中栽培最为适宜。

另外，氨气、二氧化硫等有害气体积累到一定程度时，会破坏叶片的结构，影响其生理功能，因此，在施用易挥发有害气体的肥料（如速效氮肥）时，应注意及时覆土，减少有害气体的挥发量，防止叶片受损。

第二节　栽培茬口与品种选择

一、栽培茬口

南瓜属短日照作物，栽培品种类型有枕头瓜、盒瓜、牛腿瓜、蜜本南瓜、贝贝南瓜等。目前，黄淮流域南瓜栽培方式主要有露地栽培、间作套种和设施栽培，其中，露地栽培面积较大，塑料大棚多层覆盖春提前、塑料大棚秋延后栽培效益较好。

（一）南瓜“一茬多收”早春保护地栽培

早春拱棚多层覆盖保护地栽培，2月上旬定植，第一茬瓜于4月下旬开始收获，第二茬瓜于5月下旬收获，第三茬瓜6月下旬采收。

（二）南瓜塑料大棚春提前栽培

1 月上中旬播种，2 月下旬定植，4 月上旬至 7 月上旬采收，宜选择适应性强，耐低温、品质好的品种。

（三）南瓜露地栽培

4 月下旬，选冷尾暖头的晴天，当苗 2~3 片真叶时即可移栽。矮生品种畦宽约 1.5 m，株距约 0.6 m，双行种植。长蔓品种畦宽 2~2.5 m，株距 0.6~0.7 m，爬地栽培单行植，搭架栽培双行植。宜选择适应性强、抗病毒、品质好的品种。

（四）小麦南瓜玉米间作套种栽培

小麦播种时每隔 3.5~4.0 m 预留 80~100 cm 空白区，每空白区种 1 行，南瓜株距 60~80 cm，每 667 m^2 留苗 180~200 株。麦收后在 2 行南瓜的中间麦茬地及时播种 2 行玉米，玉米品种选择大穗高产抗病品种，小行距 50 cm，株距 25 cm。宜选择适应性强、抗病毒、品质好的品种。

二、品种介绍

（一）品种选择

选择适宜的南瓜品种首先要考虑市场的需要。不同的地区、不同的市场及消费群体对品种的要求不同。

1. **选择南瓜品种要考虑市场需求**　这就对供应的品种提出了具体的要求，如是中国南瓜还是印度南瓜，品质要求是甜糯还是清爽，果形是长形、扁圆形还是高圆形，皮色是黄色、绿色、红色还是其他颜色，是鲜食还是加工，等等。

2. **南瓜品种要适合本地气候特点**　选择适宜的品种要考虑该所选品种对当地气候条件及病虫害情况的适应能力。不同的品种对气候条件的适应能力及对病虫害的抵抗能力是有很大差异的，因此，在栽培时一定要选择适应能力强、抗病虫害能力好的品种。当要选择在当地没有种植过的品种时，一定要注意先进行引种试验，即进行小面积试种，如果表现较好，再进行较大面积的示范，最后才能正式引入该品种进行大面积生产栽培。

（二）品种介绍

1. **蜜本南瓜**　早熟杂交种，果实底部膨大，瓜身稍长，近似木瓜形，老熟果黄色，有浅黄色花斑。果肉细密甜糯。全生育期 95 天，单果重约 2 kg，对病毒病有较强抗性。适宜春季大小拱棚、秋露地、秋大棚及秋延后栽培。

2. **黄狼南瓜** 生长势强，分枝多，蔓粗，节间长。叶心脏形，深绿色。第一雌花着生于第十五至第十六节，以后雌花间隔 1~3 节出现。瓜形为长棒槌形，纵径 45 cm 左右，横径 15 cm 左右，顶端膨大，种子少，果面平滑，瓜皮橙红色，成熟后有白粉。肉厚，肉质细致，味甜，品质极佳，耐储藏。生长期 100~120 天。单瓜重约 1.5 kg。每 667 m^2 产量 1 000~1 300 kg。适于长江中下游地区种植。

3. **大磨盘南瓜** 北京市优良地方品种，第一雌花着生于主蔓第八至第十节。嫩果皮色墨绿，完全成熟后变为红褐色，有浅黄色条纹，被蜡粉。果肉橙黄色，含水分少，味甜质糯。耐热，不耐涝，抗病性弱。

4. **小磨盘南瓜** 早熟品种，第一雌花着生于主蔓第八至第十节。果实呈扁圆形，状似小磨盘。嫩果皮色青绿，完全成熟后变为棕红色，果实有 10 条纵棱。果肉味甜质面，单果重 2 kg 左右。瓜小，呈扁圆形，似磨盘，故得名。果肉甘而且面，品质好。适宜春季大小拱棚、秋露地、秋大棚及秋延后栽培。

5. **牛腿南瓜** 大果型晚熟种，全生育期 110~120 天。果实长筒形，先端膨大。棚架栽培，瓜条顺直；爬地栽培，果实弯曲。单瓜重可达 20 kg。果肉较粗，但肉质较面，除先端膨大部分有种子腔外，通体实心，耐储，耐运。地爬栽培时由于瓜蔓较长，结果部位较远，应有较大的延畦，延畦宽度约 3 m。适宜于黄淮流域露地栽培。

6. **蛇南瓜** 大果型，中熟种，全生育期约 100 天。果实长蛇形，果实先端（花痕部）不膨大，但种子仍在先端较小的种腔内，因此种子较少。除果实先端外，果实通体实心。一般宜行棚架栽培，以使瓜条顺直。肉质致密而甜糯，粉质，品质极佳。适宜于华南、华北种植。

7. **甘栗王** 早熟杂交一代，单瓜重 2 kg 左右，果实扁圆形，果皮深绿色，果实整齐一致，商品率高。肉厚 3.2 cm，肉质致密，粉质高，风味口感好。耐低温弱光，抗热，抗病毒病，适应性广。每 667 m^2 产量一般 2 000 kg。适宜于华南、华北地区种植。

8. **红栗王** 早熟杂交一代，生长势较强，茎蔓粗壮，叶色绿，果皮深绿色，果实整齐一致，商品率高。肉厚 3.0~3.2 cm，肉质致密，粉质高。耐低温弱光，抗病毒病，适应性广。每 667 m^2 产量 1 800~2 000 kg。适宜于华南、华北地区种植。

9. **砍瓜** 葫芦科南瓜，属于中国南瓜的一个变种。其生长特性和种植技术，与普通南瓜基本相同，对自然环境、土壤要求不高，春夏季均可种植，每棵瓜秧能结 2~4 个瓜，每个瓜长 0.9~1.7 m，重 6~9 kg。瓜的生理成熟期为 20~26 天。砍瓜根系发达，对土壤的适应性广。

10. **东升** 叶片颜色深绿，分枝中等，第一雌花着生于主蔓第七至第八节。嫩果圆形皮色黄，完全成熟后变为橙红色扁圆果，有浅黄色条纹。果肉金黄色，纤维少，肉质细密甜糯。单果重 1.2 kg 左右。适宜于华南、华北地区种植。

11. **一品** 果实扁圆形，果皮黑绿色，有灰绿色斑纹。果肉黄色，质粉味甜。单果重 1 kg 左右。适宜于华南、华北地区及黄淮海流域种植。

12. **早生赤栗** 植株生长势强，连续坐果性好。果实扁圆形，果皮金红色，有浅黄色条纹。果肉橘黄，质粉味甜。全生育期 80 天左右，单果重约 1.5 kg。适宜于黄淮海流域种植。

13. **北京甜栗** 植株生长势强，连续坐果性好。果实扁圆形，果皮深绿色，有浅色斑纹。果肉黄色，质细粉糯，口味香甜，品质极佳。全生育期 80 天左右，单果重约 1.5 kg。适宜于黄淮海流域种植。

14. **锦栗** 果实墨绿色，扁圆形，有浅色斑。果肉橙黄色，肉质细密甜粉。单果重 1.5 kg 左右。适宜于华南、华北地区种植。

15. **红栗** 果实橙红色扁圆形。果肉味甜质粉。单果重 2 kg 左右。适宜于华南、华北地区种植。

16. **绿贝贝** 极早熟迷你南瓜品种，长势稳健，易坐瓜。单瓜重 300~500 g，一株可结瓜 3~5 个，产量高。瓜深绿色。肉厚，深黄色，口感甘甜、细面，品质佳。

17. **甜滋红贝贝一号** 红皮贝贝南瓜品种。早熟，生长期 85~90 天。花后 45~50 天老熟瓜成熟。长势稳健，易坐瓜，产量高。每株结瓜 8~10 个，单瓜重约 350 g。果皮橘红色，果面光滑亮泽，扁圆形，果形周正；瓜肉橘黄色，甘甜粉糯，口味佳，商品性好。

第三节 优质高效栽培技术

一、育苗技术

因南瓜根系发达，抗性较强，生产上南瓜育苗均为自根苗，南瓜设施栽培和露地栽培一般采取营养钵育苗和基质穴盘育苗两种方法。

（一）营养钵育苗

1. **播种时间** 播种期根据当年、当地的具体情况而定，基本原则是使幼苗出土时躲过终霜，播催芽种植。长江流域一般在 2~4 月。早播用温床或冷床育苗，3 月中下旬以后，可催芽后直播。华南地区 2~9 月均可播种。主要分 2~3 月的春播和 8~9 月的秋播。具体做法：

将种子用55~60℃热水浸种15 min，杀死种皮表面细菌，然后倒入凉水冷却至30℃，再浸泡4~6 h,取出后用湿纱布或毛巾包好放在25~30℃条件下催芽到0.3 cm左右就可播种。可按50 cm株距刨埯，刨一垄空一垄，使株行距为50 cm×120 cm，利于通风透光及防病。先在埯内浇水，水渗后每埯平放2粒种子，种芽朝下，覆盖2~3 cm细土，有条件的可覆盖地膜，实际上种植南瓜行距大，用膜不多，每667 m^2仅投入10余元。但覆膜时，必须打碎坷垃，使地膜紧贴垄面，四周绷紧，压入土中，否则地膜作用会降低。苗期一般不需要浇水，当瓜苗长到3片真叶时，要选择植株健壮，子叶完整的大苗，每埯留一株，其余从地面剪断。

南瓜露地栽培以春植为主，1~2月播种育苗；秋植可在8~9月直播，但病毒病发生严重，风险较大。

2. **消毒与催芽** 种子先经温汤浸种或药剂消毒后，放于28~30℃条件下催芽，大部分种子芽长0.2~0.5 cm时即可播种，也可于大部分种子露白后就进行播种。

3. **播种** 在播种前将营养钵（袋）或营养块充分浇透，待水渗下后将发芽的种子轻轻放入营养钵（袋或土方）中，每钵1~2粒，播完种后在种子上面均匀地撒上一层营养土盖住种子，覆土厚度1.5~2 cm。

4. **苗期管理** 播种完毕后，插上竹竿拱架，盖好薄膜，膜的四周用土块压严盖实，以利保温保湿，防鼠；夜间加盖草帘保温，以利于迅速出苗。同时清理好苗床四周的排水沟。中国南瓜的苗龄一般在25~30天。出苗前要加强保温保湿，密封苗床，夜间需加盖草帘保温，白天应尽量争取光照，使白天的苗床温度保持在25~30℃，夜间保持在12~15℃。种子发芽势强的，一般3天以后即可出苗。出苗后要及时通风，以降低床内湿度，防止徒长出现高脚苗和病害的发生。苗床温度白天保持在20~25℃，夜间在10℃左右。如果是在露地搭小拱棚育苗，当遇到雨天时，要盖好薄膜，但两头须打开通气。

苗期一般不需浇水，发现营养钵或营养块表土发白、泥土变硬、幼苗有凋萎现象时，应酌情浇水。浇水应选择晴天15时之前进行。尽量不要浇清水，可配0.1%甲基硫菌灵溶液进行，可采用喷壶等进行喷洒，切忌多次浇水。中国南瓜在春季育苗期间外界气温逐渐升高，一般不会有大的霜冻和冻害发生。但是，如有寒潮突袭，还是应小心防冻。白天中午苗床的温度可能超过适宜的温度界限范围时，可揭开塑料薄膜放风，放风口要由小到大，阴雨天少放风。风大天冷时要躲避风向开放风口，或者边开边关，以换风透气为主，避免冷空气直接吹入，影响瓜苗生长。随着气温不断提高和幼苗的生长，秧苗也应加强锻炼，夜间无霜冻的，苗床可以不盖草席，避免浇水过多，以免引起幼苗徒长。

采用营养土进行育苗的，当瓜苗长出2~3片真叶时，可进行囤苗。方法是：在囤苗前一天浇透水，掌握土坨不散也不过湿为宜，翌日用花铲或薄片刀将土坨以幼苗为中心切成7~9 cm见方的土块，切后按苗距10~12 cm排列好，并用细土将苗坨之间的空隙填满。

如果遇阴雨天被淋湿而散，要继续盖好塑料薄膜，一般囤苗后 7~10 天即可定植。定植前苗床集中喷 1 次杀菌剂和杀虫剂，防止蚜虫等扩散入大田。

（二）南瓜基质穴盘育苗

1. **育苗前准备**

1）育苗设施　冬春季育苗要在塑料大棚或连栋温室内进行，棚室内外覆盖一膜一网。在床面上铺一层厚塑料膜，或在棚内设置育苗床架。

2）穴盘　选用 54 cm × 28 cm、32 孔（4 × 8）的穴盘。使用旧穴盘时，应对穴盘进行清理、冲洗、晾晒及消毒。

3）基质　自配育苗有机基质：可采用草炭、蛭石与珍珠岩以 3∶1∶1 比例混合，1 m^3 基质加入适量复合肥，加入 50% 多菌灵可湿性粉剂 150 g 或 70% 甲基硫菌灵可湿性粉剂 150 g 搅拌消毒。配制好的基质持水量应在 65% 左右，达到手握成团、松手即散的状态。商品基质：从基质生产厂家购买的穴盘育苗基质。

2. **装盘与播种**

1）装盘　将准备好的基质倒入穴盘中，用木板条从穴盘的一方刮向另一方，使每个孔穴中都装满基质，将 4~5 个穴盘垂直码放起来，顶上放 1 个空盘，手稍用力均匀地向下按压，再将穴盘整齐摆放到育苗床上，使基质装盘后各个穴格界限清晰可见。

2）播种　将种子放入 50~60℃温水中，不断搅拌种子 20 min，水温降到室温停止搅拌，然后在水中浸泡 8~10 h，漂去秕粒，用清水冲洗干净后滤去水分，即可催芽，催芽温度控制在 25℃左右。

当催芽种子 70% 以上露白即可播种。在每个穴孔的中央压下 0.5~1 cm，把种子平放入穴孔，每穴 1 粒，后用细小的基质覆盖种子。将穴盘排放到苗床或床架上，喷水至穴盘底部渗出水，然后再穴盘上覆盖一层地膜，同时外面加盖小拱棚。

3. **苗床管理**

1）温度管理　在播种后出苗前，密封大棚以提高棚内的温度，促进种子尽快出齐苗。当有 60% 的种子子叶出土，应及时揭去浮面的地膜，同时打开大棚两端的门和两侧的塑料薄膜，把大棚的温度降到 25~30℃。待出齐苗后，尽量将温度控制在白天 25℃左右，夜间 15~18℃。如果苗出土时有“戴帽”情况，可在早上湿度较大、种壳较软时及时人工脱除。

2）光照管理　连续低温阴雨雪天，可通过反光幕、增设白炽光灯等方法补充光照。

3）水分管理　早春季节天气阴晴不定，温度、湿度相差都很大。在天气晴朗、温度较高时，要注意及时补水，一般基质表面发白时就需要补水，每天视情况淋水 1~2 次。而在寒潮入侵、阴雨绵绵的时候，即应严格控制水分，视情况少淋或不淋。如逢久雨初晴，棚内气温升高快，地温相对较低时，幼苗易发生生理性缺水，叶片凋萎，此时应采用叶面喷雾补充水分，并适当遮阴，揭膜通风降温，缓解萎蔫，促使幼苗恢复正常生长。

4）病虫害防治　主要病虫害有猝倒病、立枯病、蚜虫。

（1）物理防治　黄板诱杀蚜虫。田间悬挂黄色粘虫板或黄色板条（25 cm × 40 cm），其上涂 1 层机油，每 667 m^2 悬挂 30~40 块。中小棚覆盖银灰色地膜驱避蚜虫。

（2）化学防治　猝倒病可选用 50% 多菌灵可湿性粉剂 500 倍液喷雾；立枯病可选用 10% 立枯灵水悬浮剂 500 倍液喷雾；蚜虫可选用 2.5% 溴氰菊酯乳油 2 000~3 000 倍液喷雾；10% 吡虫啉可湿性粉剂 2 000~3 000 倍液喷雾。

4. 炼苗和移栽　在二叶一心后要注意及时进行通风透光，降低棚内温度和湿度。在定植前 7~10 天逐渐降低苗床温度，逐渐打开大棚四周薄膜，注意炼苗时不要过度。经炼苗后的秧苗应及时移植到大田。南瓜壮苗标准：株高 21~23 cm，茎直径 1 cm 左右，真叶 4~5 片，叶柄与茎呈 45°，苗龄 25~30 天。

二、南瓜"一茬多收"早春保护地栽培技术

贝贝南瓜被称为南瓜育种的划时代品种，是南瓜育种的革命。它的特点是品质好、小型、强粉质、甜度高，β 胡萝卜素含量是普通南瓜的 3 倍以上。随着当今家庭的小型化，以及人们的饮食习惯对餐饮的要求不断提高，迷你南瓜作为特色产品受到消费者的一致好评。又由于其具有早熟、耐寒、抗性强、易栽培等优点深受广大种植户的青睐。

早春拱棚多层覆盖保护地栽培，2 月上旬定植，第一茬瓜于 4 月下旬收获，第二茬于 5 月下旬收获，双蔓整枝（前两茬）单株结瓜数达 16 个，每 667 m^2 产量 4 000~4 500 kg；延至第三茬采收（6 月中下旬）单株结瓜数达 22 个，每 667 m^2 产量可达 5 000 kg，经济效益达 1.5 万 ~2.0 万元。

（一）大棚结构及多层覆盖

棚型骨架材料为水泥柱和竹竿。大棚跨度多数为 7~8 m，长度因地块而异。边柱和棚间柱均采用厚 5~8 cm、宽 12~15 cm 水泥柱。边柱间隔 1.5 m 一根，距地面高度 1.3 m 左右，棚内中间立柱离地面高度 2.2 m 左右，柱间距 3 m。边柱与中间柱之间用竹竿连接形成拱形。拱棚建好后覆盖厚度为 0.06~0.07 mm 的薄膜作为顶膜，在棚内距离棚顶膜下方 30 cm 处覆盖第二层厚度为 0.002~0.004 mm 的薄膜作为二膜。为了提高保温性能，在栽培畦上设置小拱棚覆盖薄膜，地面覆盖地膜，形成多层覆盖。

（二）播种育苗

1. **品种选择** 选用低温弱光环境条件下连续坐瓜能力强，果实扁圆形，果脐小，果皮墨绿色，带浅绿色条纹，果肉浓黄色，肉质粉质，口味香甜，单果重 350~500 g，整齐一致，可长时间储藏且果皮不易褪色的抗病、优质、高产品种。

2. **种子处理** 先用 60℃热水浸泡种子并不断搅拌 10 min，使其受热均匀，水温降至 30℃时浸种 6~8 h，搓洗种子表面黏液后，再用 1% 高锰酸钾溶液浸泡 15 min 或 10% 磷酸三钠溶液浸泡 20 min，沥水后用清水冲洗晾干表面水分，用洁净湿布包好。

3. **催芽** 将浸泡好的种子置于 25~30℃条件下催芽，催芽的种子每天翻动 1 次，使种子堆的内部与外部的温度基本保持一致；翻动种子时要检查水分状况，发现种子过干时要及时喷水，经过 48 h 后，当 75% 种子破嘴露根后，而且种子露白，芽长 0.3~0.8 cm 时即可播种。

4. **适期播种** 黄淮流域早春拱棚覆盖栽培于 1 月上旬播种。育苗时用 10.5 cm 的制钵，在制钵上浇足底水，水渗后在其上打孔，将出芽的南瓜种子放入其中，注意要放平种子，然后覆盖 1 cm 左右的细潮土，然后盖一层地膜保湿保温，待有一半以上的苗子出土后，撤掉地膜。播种后至出苗前白天保持苗床温度 25~30℃，夜间 15~20℃；出苗后白天保持苗床温度 20~25℃，夜间 15℃左右，以利于其花芽分化。当植株长至 3 片叶时即可定植。

5. **壮苗标准** 苗龄 25~30 天，具有三叶一心，叶色浓绿，根系发达，无病虫，苗高 20 cm 左右。苗期注意预防猝倒病，可在子叶展开后，浇施哈茨木霉菌可湿性粉剂 500 倍液进行预防。

（三）定植

1. **整地施肥** 贝贝南瓜具有强大的根系，对土壤条件的要求不高，土壤 pH 5.0~7.5 均可种植。在通透性较好的壤土地和沙壤土地上，种出的贝贝南瓜品质较好。需要在黏土地上种植时，应于冬前深翻冻垡，改善土壤结构，增加土壤含水量。

南瓜吸肥性强，需肥量大，要重施基肥。定植前每 667 m^2 施入腐熟有机肥 1~2 m^3、氮磷钾三元素复合肥（15：15：15）50 kg、生物菌有机肥 100~200 kg，均匀撒施地面，深翻耙细后做成畦宽 1.5 m 的平畦。

2. **定植** 2 月上旬定植。要选择晴天的下午定植，并保证定植后 3~5 天内为晴天。采用平畦栽培，如果是单蔓整枝，用吊蔓立体栽培，株距 50 cm，行距 100 cm，每 667 m^2 定植 800~1 000 株；如果是双蔓整枝，行距 150 cm，定植时一定要采取三角定植，利于后期的通风透光。株距 70 cm，每 667 m^2 定植 600 株左右，栽植不宜过深，以土刚刚覆上为准。南瓜根系再生能力稍差，定植时应尽量保护根系不受损伤。

（四）田间管理

1. *温度管理* 缓苗期间白天温度 25~32℃，夜间的温度 20℃左右，最低温度不低于 10℃。缓苗后降低温度，白天温度 25℃左右，夜间 12~15℃。结瓜期白天温度 28℃左右，夜间 15℃以上。

2. *肥水管理* 定植每株要浇定植水，促进缓苗，结瓜前不再浇水，坐果期控制水分，坐果结束后肥、水大量促进，坐果后 25~30 天，再次控制水分，促进糖分积累。子蔓上瓜坐住后进行追肥。每 667 m^2 追施高钾型水溶肥 15~20 kg，以后每采收一次瓜追肥浇水一次。南瓜生长期长，产量高消耗养分多，除施足基肥外，还应分期追肥。其追肥原则是：生长前期勤施薄施，结果期重施；氮、磷、钾肥配合使用。苗期以氮肥为主，但不可过多，防止徒长，影响坐果。蔓生长到 1 m 时，开始追肥。使用滴灌带施肥效果较好。第一个果着生后，如果长势弱、叶小、叶色淡，则易发白粉病，应追肥壮苗。在坐果期侧枝比较小，则果实膨大速度慢，会造成生理性落果。结果后重施一次肥料，以促进果实肥大。

3. *整枝吊蔓* 根据贝贝南瓜的特性，一般可以采用单蔓整枝、双蔓整枝、三蔓整枝，其中单、双蔓整枝最好。当植株长至 4~5 片真叶时对主蔓摘心，当子蔓长到 10~15 cm 时，选留两条生长势相当，等长的子蔓作为结瓜蔓，使其平行生长以利坐瓜均匀和果形整齐，同时其余子蔓、孙蔓全部摘除。双蔓整枝也可除主蔓外再选留一条健壮的侧枝，其他侧枝全部打掉。

为最大限度地利用空间、光照，有利于提高产量，当子蔓上的幼瓜长至“花生米粒”大小时进行吊蔓。吊蔓前，最好先进行盘蔓，即把瓜苗的龙头引上吊蔓线，将多余的瓜蔓在植株根部附近盘一圈，让第一个瓜（或雌花）刚刚好离地即可。盘蔓有助于抑制植株旺长，也可以延缓瓜苗过早生长到吊蔓线顶部。贝贝南瓜叶片生长比较旺盛，需要及时摘除植株底部的老叶，避免消耗过多养分，同时减少病虫害发生。当瓜蔓伸长后，每株贝贝南瓜准备一个生长钩，钩上缠着细尼龙绳，用生长钩将绳子的上端挂在横线上，绳子下端用一根小木棍插入瓜秧基部的地下。随着瓜蔓的伸长，定期将瓜蔓缠绕到吊绳上。吊蔓时第一个瓜与地面的高度应保持在 30~40 cm。

4. *促进雌花发育* 当子蔓长至 4 片真叶，蔓长约 30 cm 时，喷施增瓜灵。用药前 1~2 天必须浇水 1 次，施用方法是：每 667 m^2 用 3~4 袋增瓜灵（每袋 15g），对水 15 kg 喷洒植株叶面，喷至叶面湿润为止，不能多喷或少喷，1 天 1 遍，连喷 3~4 天以促进雌花发育。

5. *保花保果* 为保障有效坐瓜，需进行人工辅助授粉和激素处理。南瓜雌花一般于凌晨开放，在 4~6 时受精结实率较高，所以人工授粉宜在 9 时前结束。花粉的活力温度一定要保持在 13℃以上，大棚内温度如不到 13℃，需要提前一天采雄花，放于可密闭容器内的潮湿毛巾上，使其保持 13℃以上，隔日使用（露地栽培遇到连续的阴雨天需要人工授粉。授粉后卡住雌花花瓣防止雨水进入）。

目前激素处理主要采用以下 3 种方法：

1）*涂抹坐瓜灵* 在雌花开放的当天，用毛笔蘸取 20~30 mg/kg 的坐瓜灵溶液均匀涂抹幼瓜两侧。此方法费工费时。

2）*点花蕊* 用毛笔蘸取 20~30 mg/kg 的坐瓜灵溶液直接点在当天开放的雌花花蕊上，点花时注意柱头上面用药均匀，以免出现畸形瓜现象。

3）*喷花蕊* 用手持型小型喷雾器对准雌花花蕊喷施坐瓜灵，每袋 15 mL 对水 15 kg，喷施过程中，一定要对花正面喷，注意不要把药液溅到果或茎叶上，以免植株发生药害或造成畸形瓜。

以上 3 种方法各有优缺点，种植户可依据劳动力强度及使用习惯灵活掌握。授粉成功的标志：花瓣下垂，子房膨大；子房颜色淡绿色、有光泽。

6. **疏果留果** 贝贝南瓜结瓜习性好，往往很低节位就出现雌花，为保证高产，一般 10 片叶以下的雌花都要去掉。当子蔓长至 16~18 片真叶时会出现连续坐果现象，如果连续坐果太多，可去掉子蔓下部和上部的果实，仅保留中间 4 个果为宜。如果每节都坐果，会导致后面的坐果困难且果大小不均匀。在最后一个果实的上方预留 1~2 片叶摘心并留侧枝一条，以备二茬瓜用。

7. **控秧** 喷施完增瓜灵以后，当植株长至 16~18 片叶，瓜纽可见时，用烯唑醇类植物生长调节剂对植株长势进行调控，防止徒长。春季栽培控旺激素喷施一次即可。

（五）二、三茬瓜管理

第一茬瓜采收完毕后，即可留二茬瓜，此时要及时落下第一茬坐瓜的子蔓并打掉下部的老叶，让二茬瓜蔓有一个适宜的高度以利坐瓜，以蔓离地面 40~50 cm 为宜。用毛笔蘸取 20~30 mg/kg 的坐瓜灵溶液直接点在当天开放的雌花花蕊上进行保花保果，点花时注意柱头上面用药均匀，以免出现畸形瓜现象。二茬瓜的管理与头茬瓜相同。二茬瓜坐住后，每隔 7~10 天追肥浇水 1 次，每 667 m^2 追施大量元素水溶肥 5~7 kg，保持畦面湿润。二茬瓜采收后立即落蔓，每蔓留 3~4 个瓜后留 2 片叶摘心。此时气温升高，覆盖物多已撤出，可以采用自然授粉的方式保持坐果。三茬瓜坐住后，每隔 7 天左右追肥浇水 1 次，每 667 m^2 追施大量元素水溶肥 7~10 kg，保障肥水供应充足，以防植株早衰。

（六）采收

一般坐果后 40 天左右可以收获。果实长到其应有的大小，果皮色从绿色向浓绿色转变且光泽度减少，瓜槽条纹由淡绿光泽的转成墨绿色无光泽，果肉变为橙色，果柄开始木质化，其木质化部位从绿色逐渐变成白色并逐渐裂开，就将近成熟。从第一果开始适时进行收获。采摘时要使用前面刀口凹下去的剪刀，这样更方便采收且不易伤瓜。市场出货规格要统一，贴上统一标签可提高价值。

三、大棚南瓜春提前栽培

（一）定植前准备

1. **整地、施肥** 为创造有机质丰富、疏松、通透性良好的土壤环境，应重视优质有机肥的施用。在定植前 10~15 天，每 667 m^2 需施入腐熟的优质圈肥 6 000~7 500 kg，氮磷钾含量各 15% 的硫酸钾型复合肥 20~30 kg，施肥后深翻耙平。为了提高棚内温度应在定植前 15 天扣膜。

2. **做畦** 大棚栽培南瓜，为增加株数，节约土地使用面积，必须采用立架栽培、单蔓或双蔓整枝的方法。所以，建议基肥采用普施的方法。在棚室中种植南瓜，宜采用宽垄栽植。垄宽 2~2.2 m，大垄双行，每小垄行宽 50 cm，两小垄行间的窄行宽 30~40 cm（作为膜下灌溉沟），双行总宽为 1.3~1.4 m。大垄之间的小行距为 70~80 cm（作为农事操作走廊）。在大垄双行上覆盖地膜，进行膜下灌溉或膜下铺设滴灌带进行滴灌。

（二）定植

1. **定植标准** 棚内 10 cm 深的土壤温度连续 5 天稳定在 8℃以上时即可选择晴天进行定植，豫南地区在 3 月上旬即可定植。定植前 7~10 天应该加大育苗棚通风量进行炼苗：苗龄基本达到 3~5 片真叶为定植适期；棚内种植应加盖地膜，地膜覆盖栽培可较不扣地膜栽培的提前 4~5 天定植。

2. **定植方式和定植密度** 选择无风晴天上午定植，先打洞后放苗，定植方式为每一垄都定植双行，三角种植法，小行距 70 cm，株距 60 cm，大行距 2 m，定植后采用 1 m 长小竹片搭小拱棚，进行第二层覆盖，可提早收获 7~10 天，同时也有利于提高温度和保持湿度，促进缓苗。每 667 m^2 定植 800~1 000 株。

（三）栽培管理

1. **温度管理** 前期外界温度偏低，在管理上以保温为主，尽量减少通风，适当晚通风早覆盖。为降低棚内空气相对湿度，要采用地膜覆盖，膜下灌水或采用滴灌措施。随天气转暖，可晚盖早揭草苫或通风口，同时加大通风量。南瓜喜冷凉和较低的空气相对湿度，在每次浇水后，应视天气状况加大通风量，以排除棚内的湿气。

2. **肥水管理** 小水勤浇，前控后促，当植株缓苗后，加强根部培土，不缺水时尽量不再浇水，但如果气温偏高或土壤底水不足，幼苗生长缓慢，中午叶片出现打蔫现象，可结合浇水追肥次，每 667 m^2 追施尿素 10~15 kg。当第一个瓜长到拳头大小时，每 667 m^2 追施磷酸二铵 20 kg 或氮磷钾复合肥 25 kg，或追施膨化鸡粪 20~30 kg。第三次追肥可于第一个商品瓜采收，第二个瓜开始坐瓜时，追施腐熟人粪尿 1 000 kg 或复合肥 25 kg。以后再根据植株生长势及结瓜情况进行分次追肥。在果实膨大期还可进行叶面追肥，喷施 0.1% 尿素加 0.3% 磷酸二氢钾。

3. **植株调整** 在保护设施条件下，宜采用单蔓整枝或假单蔓整枝法。单蔓整枝是只留主蔓，将其余侧枝全部去除，并将主蔓引导并缠到绳上。根瓜分化时外界环境条件较为恶劣，所以根瓜发育受阻，常常出现畸形瓜和小瓜，除非极早熟栽培一般不留，待第二、第三花开放时（结瓜节位在 12 节以上），及时留瓜。当第一个瓜采收后，下部叶片开始发黄，可打掉老叶，坐秧盘蔓，使主蔓爬到架顶，保证植株功能叶获得最好的生育条件。假单蔓整枝的方法是：第一个瓜坐住后，保留瓜上 3~4 片叶后摘心，并保留 1 个侧枝，待侧枝果坐住后瓜前留 3~4 片叶再行摘心，以后仍需坐秧盘蔓。

4. **人工授粉** 南瓜开花、坐果的适宜温度为 25℃左右，低温与高温均易造成化瓜。如遇连雨天，更是不易坐瓜，棚内栽培缺少昆虫，必须进行人工辅助授粉，促进坐瓜，授粉的时间以 7~11 时为宜。没有雄花时，雌花开放后需用 40 mg / kg 的 2, 4-D 加 1% 速克灵可湿性粉剂溶液涂抹果柄或柱头。结瓜后根据植株的长势决定留瓜的多少，一般每株留瓜 1~2 个，肥水条件充足的一株可留 2~3 个。

（四）采收

南瓜多以采收老熟瓜为主，老熟瓜糖分高，淀粉高，外观漂亮，耐运输、耐储藏。开花后 40 天瓜柄龟裂木质化时即可采收。按平均每株采收 2 个南瓜，单瓜重 1.5~2.0 kg 计算，每 667 m^2 产量为 1 800~2 000 kg。南瓜由于管理比较省工，适应性强，栽培的风险度很低，再加上南瓜还可以储藏一段时间，如果采收上市季节价格偏低，可适当储藏一些，等价格回升之后再陆续上市，收益相当可观，因此，大棚栽培南瓜也是春季比较好的茬口安排。

四、南瓜露地栽培

（一）选地及整地

应该选择地势较高，排水良好，土质疏松及透气性好的地块，最好是沙壤土和轻壤土，低洼易涝的地块不宜种植南瓜。土壤应稍偏酸性（pH 5.5~6.8），忌与葫芦科及茄科作物迎茬，以免土传病害严重发生。整地要精细，整地之前，每 667 m^2 施优质腐熟的农家肥 3 000~5 000 kg，磷酸二铵 20 kg，生物菌肥 100 kg。

（二）适时移栽

当苗2~3片真叶时即可移栽。矮生品种畦宽约1.5 m，株距约0.6 m，双行种植。长蔓品种畦宽2~2.5 m，株距0.6~0.7 m，爬地栽培单行植，搭架栽培双行植。结合整地开沟，种植沟每667 m^2施腐熟有机肥约2 000 kg，磷肥20 kg，复合肥15 kg。选冷尾暖头的晴天进行移栽。秋植病毒病发生严重，可适当密植，伸蔓前定苗，以保全苗。

（三）查苗补苗保全苗

在定植后进入缓苗期时，要加强查苗、补苗工作，一经发现死苗缺株，必须及时补上。对那些生长不良、叶片萎蔫发黄、缓苗困难的苗，必须及时拔除，补栽新苗。补苗时要注意挖大土坨，尽量少伤根系，补栽后要及时浇水，以保证成活。

（四）肥水管理

缓苗后，如果苗势较弱，叶色淡而发黄，可结合浇水进行追肥。如果肥力足而土壤干旱，也可只浇水而不追肥。在南瓜定植后到伸蔓前的阶段，如果墒情好，尽量不要灌水，应抓紧中耕，提高地温，促进根系发育，以利于壮秧。在开花坐果前，主要防止茎、叶徒长和生长过旺，以免影响开花坐果。当植株进入生长中期，坐住1~2个幼瓜时，应在封行前重施追肥，以供应充足的养分，一般每667 m^2追施1∶2的沼液1 000~1 500 kg。其方法是在根的周围开一环形沟，或用土做一环形圈，然后施入堆肥，再盖上泥土。这次追肥对促进南瓜果实的迅速膨大和多结瓜有重要意义，必须及时进行。这个时期如果无雨，应及时浇水，并结合追施化肥，每次每667 m^2施用硫酸铵10~15 kg或尿素7~10 kg，或复合肥15~20 kg。在果实开始收获时追施化肥，可以防止植株早衰，增加后期产量。如果不收嫩瓜，而是采收老瓜，后期一般不必追肥，根据土壤干湿状况浇1~2次水即可。在多雨季节，要注意及时排涝。施肥量应按南瓜植株的发育情况和土壤肥力情况来决定，如瓜蔓的生长点部位粗壮上翘、叶色深绿时，不宜施肥，否则会引起徒长、化瓜。如果叶色淡绿或叶片发黄，则应及时追肥。南瓜喜有机肥，在施用化肥时要力求氮、磷、钾配合施用。试验表明，在一定的氮、钾肥基础上，增施磷肥可提高南瓜的坐果数，并可促进果实的发育和产量的提高。

（五）杂草防除

1. **中耕除草**　南瓜定植的株行距较大，每667 m^2种植的株数较少，宽大的行间，杂草容易发生。所以，从定植到伸蔓封行前，要进行中耕除草。第一次中耕除草是在浇过缓苗水后，在适耕期进行。中耕深度为3~5 cm。根系附近浅一些，离根系远的地方深一些，以不松动根系为好。第二次中耕除草，应在瓜秧开始倒蔓、向前爬时进行，这次中耕可适当地向瓜秧根部培土，使之形成小高垄，这样有利于雨季到来时排水。随着瓜秧倒蔓，植株生长越来越旺，逐渐盖满地面，此时，就不宜再中耕。一般中耕 3~4 次。

2. **药剂除草** 在杂草未出土前进行芽前封闭，比较理想的除草剂有 33% 二甲戊乐灵乳油，每 667 m^2 用量 100 g，对水 60 kg。如果在播种前杂草已经出土，则可用 41% 春多多（草甘膦）将杂草连根杀死后再播种，每 667 m^2 用量 200~300 mL，对水 30~40 kg 喷在杂草茎叶部，一般 6~7 天见效。该药剂对土壤不产生残留，对当季移栽作物或下茬播种作物不会造成任何不良影响。为提高除草剂的防草和灭草效果，喷洒时应该注意几个问题，要喷匀，不漏喷，尤其芽前除草，应该倒退着喷，防止脚印破坏药膜，降低效果；干旱时应先浇水或雨后喷，这样除草效果更好，灭生性的除草剂天旱时应加大用量。

（六）整枝和压蔓

1. **整枝** 整枝方式有单蔓整枝、多蔓整枝，也可不拘形式地进行整枝。单蔓整枝，是将侧枝全部摘除，只留主蔓结瓜。一般早熟品种，特别是密植栽培的南瓜，多采用单蔓整枝。在留足一定数目的瓜后，进行摘心，以促进瓜的发育。一般中晚熟品种多采用多蔓式整枝，其方法是在主蔓 5~7 节时摘心，而在主蔓基部留 2~3 个粗壮的侧蔓，把其他的侧蔓摘除。不拘形式的整枝方法，就是对生长过旺或徒长的植株，适当地摘除一部分侧枝、弱枝，叶片过密处适当打叶，可防止植株徒长，改善植株通风透光条件。

长蔓品种通常单株留 2~3 条蔓，可在 5~6 片真叶时打顶，选留 2~3 条健壮和大小均匀的子蔓，或留主蔓，再选留 1~2 条健壮的子蔓，其余侧蔓均须摘除。生长过程及时摘掉老叶、病叶。

2. **压蔓** 压蔓具有固定叶蔓的作用。在瓜秧倒蔓后，如果不压蔓就有可能四处伸长，风一吹常乱成一团，影响正常的光合作用和田间管理。通过压蔓操作可使瓜秧向着预定的方位伸展，同时可生出不定根，辅助主根吸收养分和水分，满足植株开花结果的需要。压蔓前要先进行理蔓，使瓜蔓均匀地分布于地面，当蔓伸长到 0.6 m 左右时进行第一次压蔓。当进入开花结瓜期，在已经有 1~2 个瓜时，可以选择个大、形状好、无伤害的瓜留下来，同时摘去其余的瓜和侧蔓，并打顶摘心。打顶时要注意在瓜后留 2~3 片叶子，以便集中养分，加快果实膨大。

（七）人工授粉

南瓜是雌雄异花授粉的植物，依靠蜜蜂、蝴蝶等昆虫媒介传播花粉而受精结果。人工授粉的具体做法是：一般南瓜花在凌晨开放，4~6 时授粉最好，所以人工授粉要选择晴天 8 时前进行。可采摘几朵开放旺盛的雄花，用蓬松的毛笔蘸取雄花花粉轻轻涂抹在开放雌花的柱头上。授粉以后，顺手摘片瓜叶覆盖，勿使雨水浸入，以提高授粉的效果。采用混合花粉授粉，有利于提高坐果率和果实质量。如果阴雨天，则可把翌日欲开的雌花、雄花用发夹或细保险丝束住花冠，待翌日雨停时，将花冠打开授粉，然后再用叶片覆盖授过粉的雌花。

（八）保花保果

南瓜开花期遇高温或多雨，易发生授粉不良，不易坐果，应当进行人工辅助授粉，以提高坐果率。人工授粉宜在早上进行，采摘刚开放的雄花，除去花冠，把花粉轻涂抹在雌花柱头上。分枝果前留 2 叶打顶，每蔓选留一个正常果，去掉多余的和畸形果。早春种植的结瓜前期温度低，雌花多，雄花少而花粉不足，不利授粉受精，易落花落果，可在雌花开放时用 20~30 mg/kg 的防落素涂抹雌花柱头，促进坐果。通常每株有 3~5 个瓜正常生长即可（大型瓜留 1~2 个，微型瓜可适当增加，视植株长势而定），过多的幼瓜或雌花要疏去，并对茎蔓进行适当打顶，以免养分供应不足。

五、小麦南瓜玉米间作套种栽培技术

（一）品种选择

小麦选择适宜黄淮麦区的半冬性或弱春性中早熟品种；南瓜选择优质、高产、抗逆性强的蜜本南瓜。

（二）套种模式

小麦播种时每隔 3.5~4.0 m 预留 80~100 cm 空白区，每空白区种 1 行，南瓜株距 60~80 cm，每 667 m^2 留苗 180~200 株。

（三）整地施基肥

直播或移栽前 7~10 天撒施或穴施基肥，每 667 m^2 施用有机肥 200 kg 和硫酸钾复合肥 50 kg。肥料撒施后深翻约 30 cm，土肥混匀；肥料穴施要离定植穴 10 cm 以上。施肥后整平土地，做成宽 0.4~0.6 m、高 20~25 cm 的畦，铺设滴灌设备，覆盖地膜。

（四）适时定植

南瓜苗龄在 25 天左右开始移栽，选择茎秆粗壮、节间短、根系发达、无病虫害壮苗，按每畦 1 行，株距 60~80 cm 挖穴，深度以钵苗的土面与畦面平齐为宜，先栽苗再浇足水，后用土封严定植孔。定植后 5 天内及时查苗补缺。

（五）共生期管理

共生期在25~35天，小麦可根据生长需要喷施1~2次叶面肥，如有病虫危害可在喷施叶面肥时加药剂兼治。小麦进入蜡熟末期应及时收割。

（六）麦收后及时播种玉米

麦收后在两行南瓜的中间麦茬地及时播种2行玉米，玉米品种选择大穗高产抗病品种，小行距50 cm，株距25 cm，每667 m^2播种玉米3 000穴，亩产玉米400 kg以上，同时，夏季玉米可以起到为南瓜遮阳降温的作用，南瓜的瓜蔓伸长到间作的玉米行间，有利于南瓜蔓的固定和坐瓜。

（七）麦收后的南瓜管理

1. **植株调整** 选择晴天进行双蔓整枝，主蔓5~6节摘心，选留2条健壮子蔓，多余子蔓及时摘除，蔓长0.4~0.5 m时开始压蔓，以后每隔5节压蔓1次。幼果膨大后子蔓摘心，并及时摘除多余侧蔓，适当摘除结果部位以下老叶。在遇连续阴雨天或植株出现旺长势头时及时用烯效唑化控，防止徒长落果。

2. **肥水管理** 在蜜本南瓜开花前保持土壤湿润，开花坐果期适当控制浇水，果实膨大期保持水分充足，果实膨大后期停止浇水。在蜜本南瓜开花结果期，每667 m^2追施氮磷钾复合肥10~15 kg；在中后期进行叶面喷施磷酸二氢钾等叶面肥1~2次。

3. **授粉留果** 遇连续阴雨天气须人工辅助授粉；选留子蔓2~6节坐瓜，每株留瓜2~4个，多余花朵及果实全部摘除。

（八）收获与储藏

如果是采摘嫩瓜，就是在花后的10~15天；老熟瓜在雌花授粉后40天果实成熟，成熟标志是果柄木质化，且向外凸出，此时可采收，放在阴凉通风处保存，果柄应留2~3 cm，不宜过长。一般采摘嫩瓜赶早上市，第二批老熟后采收，放于通风处，可储藏3个月左右上市。

第四节　侵染性病害的识别与防治

一、白粉病

（一）危害症状

该病由瓜类单丝壳菌和三孢白粉菌侵染引起，主要危害南瓜叶、叶柄及嫩茎。病部初形成白色小粉点，后扩大成大斑并连片，使叶片干枯，但不脱落，后期白粉斑成灰白色，上散生许多小黑点（闭囊壳）。

（二）发生规律

该病原菌为真菌属半知菌亚门单丝壳白粉菌，为专性寄生菌，可常年寄生于寄主植物上，成为初侵染源。该病原菌的发病适宜温度偏高，在 20~25℃，而对空气相对湿度要求不严格，在空气相对湿度为 25% 左右时，病害照样发生及流行。

（三）防治措施

1. **选用抗病良种**　目前种植较多的日本夷香南瓜、锦栗南瓜有一定的抗病性，但要做好提纯复壮工作，选用无病种苗。

2. **种子消毒**　播前先在阳光下晒种 1~2 天，以杀灭表皮杂菌，提高发芽势；用 50~55℃温水搅拌浸种 30 min，温度降低到 30℃继续浸种 8~10 h，再放入 1% 高锰酸钾溶液消毒 20~30 min，冲净后在 28~30℃下催芽 48~72 h，露白时播种。

3. **加强管理，合理施肥**　最好与禾本科作物实行 2~3 年轮作。每 667 m^2 施腐熟农家肥 5 000~7 000 kg，氮磷钾复合肥 20 kg，硫酸钾 15 kg，尿素 5 kg。伸蔓期一般不追肥，果实膨大期每 667 m^2 追施硫酸钾复合肥 20 kg，并保持土壤湿润，雨后及时清沟排水。及时摘除基部病、老黄叶，并深埋或集中烧毁。加强田间通风透光，增强植株抗逆性。

4. **叶面喷保护膜**　发病前或发病初期，用 99.1% 敌死虫乳油 300~500 倍液喷在叶片上，使其形成一层保护膜，每 5~7 天喷 1 次，连续喷 2~3 次。

5 **适时用药防治**　4 月下旬至 7 月适时用药防治，病害发生前可选用 53.8% 可杀得 2 000 型 1 000 倍液。发病初期可选用 10% 苯醚甲环唑悬浮剂 1 500 倍液，或 40% 氟硅唑乳油 8 000 倍液，也可采用碳酸氢钠（小苏打）600 倍液防治，在个别叶片有 1~2 个病斑时开始喷雾，3~4 天喷 1 次，连续喷 4~6 次。

二、灰霉病

（一）症状识别

雌花受害后，花瓣呈水浸状腐烂，继而向幼瓜发展，引起腐烂，不久干缩脱落。叶上产生大圆形或不规则形病斑，中央褐色，有轮纹，表面有灰色粉状霉。茎上很少发病，茎节偶尔发病时，病部灰白色，上有霉层着生，严重病斑可环绕 1 圈，上部萎蔫。

（二）发生规律

病菌以分生孢子或菌核在病残体上、土壤中或地表越冬越夏。由菌丝体或分生孢子侵入寄主。分生孢子借气流、浇水和农事操作传播。病菌产生分生孢子的最低温度为 4℃，适宜温度为 10~22℃，24℃以上不利于病害发展，30℃以上高温抑制病害发展。病菌孢子萌发和侵染在空气相对湿度 94%~100% 对病害发生最适宜，植株表面有水滴或水膜最有利于病害发生。

（三）防治措施

1. **农业防治** 加强田间管理，及时清除病残体。病害刚发生时，将病花、病茎、病叶摘除，带出田外深埋，减少菌源。

2. **药剂防治** 可用 1∶0.5∶200 波尔多液，或 50% 腐霉利可湿性粉剂 1 500 倍液喷雾，隔 8 天喷 1 次，连喷 2~3 次，也可用 3% 农抗 120 水剂 150 倍液喷雾，隔 5~6 天喷 1 次，连喷 3 次。

三、疫病

（一）危害症状

主要危害南瓜茎蔓基部、叶片、果实等生长点。感病部位初呈暗绿色水浸状，以后很快萎蔫，缢缩，生长点受害，干枯呈秃尖状（无头苗）。茎基部受害，病部以上蔓、叶萎蔫死亡。叶片上病斑呈圆形暗绿水浸状，病健交界不明显，干燥时易破裂。嫩瓜感病部位缢缩凹陷。在高温条件下，病部均可生稀疏的白霉，后期病瓜腐烂，有腥臭味。

（二）发生规律

该病在温度 25~30℃、空气相对湿度高于 85% 时发病重。大雨过后，田间积水不能及时排出易诱发此病。连作、排水不良、浇水过多、施用未腐熟栏肥、通风透光差的田块发病重。

（三）防治措施

1. **栽培防病** 实行轮作，施足腐熟的有机肥料，深耕高畦定植，雨后及时排水，清除病残体于田外深埋；培育无病壮苗。

2. **药剂防治** 发病初期，先拔出中心病株，再用90%乙膦铝800倍液+高锰酸钾1 000倍液或75%敌克松原粉1 000倍液喷雾，隔7天喷1次，连喷2~3次，视病情用药，最好几种药剂交替使用。

四、炭疽病

（一）危害症状

主要危害叶片，也侵染叶柄、茎蔓和果实，叶片上生黄褐色、圆形、水浸状斑点，后期中央色浅，外围有一层黄晕，病斑上具小黑点及橙红色胶质物。高湿时，叶背呈水浸状。发生严重时，病斑连片，叶片枯焦，叶柄、蔓和嫩瓜上病斑长圆形，稍凹陷，黄褐色，后期表皮开裂。

（二）发生规律

炭疽病病菌以菌丝体或拟菌核随病残体在土壤中越冬，或黏附在种子表面越冬，防治难度大。病菌也可以在保护地温室、大棚内的旧架材上腐生生活，成为初侵染源。病菌的分生孢子通过雨水、灌溉水、昆虫及农事活动传播，黏附在种子表面或潜伏在种子内的菌丝体，可直接侵入子叶，引起幼苗发病。

温、湿度是炭疽病发生的重要条件，在10~30℃均可发病，适宜温度为22~27℃。在适宜的温度条件下，空气相对湿度在87%~95%，病菌的潜育期只需3天，湿度越大，潜育期越短，发病越重；相反湿度越小，发病则越轻；空气相对湿度小于54%时，病菌受到明显抑制。另外，雨水偏多、地势低洼、排水不良，或偏施氮肥、浇水过多、通风不良、连作重茬发病严重。

（三）防治措施

1. **种子消毒** 可用50%福美双可湿性粉剂，按种子重量的0.3%拌种，或用种子重量0.5%~1%的50%多菌灵可湿性粉剂拌种。

2. **药剂防治** 可选用75%百菌清可湿性粉剂500倍液喷雾，每7~10天喷1次，连喷2~3次，也可用70%代森锰锌可湿性粉剂800倍液，80%大生M-45可湿性粉剂600~800倍液或80%炭疽福美可湿性粉剂800~1 000倍液喷雾。

五、病毒病

（一）症状识别

该病由多种病毒侵染引起的，病毒主要有黄瓜花叶病毒、甜瓜花叶病毒、西瓜花叶病毒和烟草环斑病毒等。典型症状是叶片上有深绿或浅绿相间的斑驳，重病株茎蔓粗短，叶变小、畸形，呈鸡爪状，不结瓜或少瓜，瓜面有许多瘤状凸起或呈畸形瓜，后期病叶枯黄至死亡，靠蚜虫及汁液摩擦传毒。

1. **花叶型** 典型症状是叶片和瓜果不规则形褪绿或现浓绿与淡绿相间斑驳，植株叶片受侵害后先产生淡黄色不明显的斑驳，后期呈现浓淡不均浅黄绿镶嵌状花叶，叶片会变小，叶缘向叶背卷曲变硬发脆。老叶常有角形坏死斑，簇生小叶。瓜果表面上形成褪绿斑纹或凸起。危害严重时病叶和病瓜畸形皱缩，叶脉明，植株生长缓慢或矮化，结小瓜。

2. **黄化型** 植株上部新生叶颜色逐渐变成浅黄色，受害叶片的叶脉呈绿色，叶肉变黄绿色至淡黄色，有时在发病初期叶脉间出现水渍状小斑点，后期病叶变硬并向叶背面卷曲。植株上黄下绿，植株逐渐矮化并伴有落叶现象。

3. **皱缩型** 新生叶沿着叶脉呈现浓绿色隆起皱斑或沿着叶脉坏死。典型症状是叶片增厚、叶面皱缩，有时变成蕨叶、裂叶，甚至叶片变小。有的植株枝杈顶端生长点部位的幼嫩叶片变褐坏死成顶枯。有的植株节间变短，枝叶丛生呈丛簇状。发病瓜果上出现黄绿相间花斑，或瓜果畸形，或果面出现凹凸不平瘤状物，容易脱落，严重的会逐渐枯死。

4. **绿斑型** 在新生叶上先出现黄色小斑点，后变为浅黄色或暗绿色斑纹。在暗绿色病部会隆起呈瘤状，后期叶脉透化，叶片变小，斑驳扭曲，有时病叶在白天会萎蔫，植株表现矮化。在瓜果表面上产生浓绿色花斑纹或产生瘤状物，变成畸形瓜。少数情况下在叶片和果实上现红褐色或深褐色不规则形病斑，呈斑驳坏死，随后叶片迅速黄化脱落。

（二）发生规律

气温在24~28℃时，植株染病也不显症状；当温度高于30℃时，染病植株才表现受害症状。高温干旱有利于蚜虫迁飞和繁殖，易诱发此病流行。土质黏性重，板结，土壤瘠薄，施肥不足，或施用未腐熟有机肥，偏施氮肥，缺磷、钾肥，植株长势弱或徒长，田间杂草多，以及连作地发病重。

（三）防治措施

1. *农业防治* 选用抗病品种，培育无病壮苗，科学施肥，适时定植。

2. *灭蚜防病* 参照本章蚜虫的识别与防治部分。

3. *药剂防治* 发病初期，用抗毒剂1号水剂200~300倍液，或1.5%植病灵乳油1 000倍液，或20%病毒A可湿性粉剂500倍液，隔10天防治1次，视病情连喷2~3次。喷雾与灌根相结合效果更佳。

六、霜霉病

（一）危害症状

主要危害叶片、茎蔓和花梗，叶片受害，初在叶片背面形成水浸状小点，以后病斑逐渐扩大，因受叶脉限制呈多角形。潮湿时，病斑上生紫黑色霉层，叶正面病斑初黄色，边缘不明显，后变黄褐色，严重时病斑连片，叶片卷缩、干枯，仅留心叶。

（二）发生规律

此病由真菌鞭毛菌亚门古巴假霜霉菌侵染所致。病菌以在土壤或病株残体上的孢子囊及潜伏在种子内的菌丝体越冬或越夏。以孢子囊随风雨进行传播，从寄主叶片表皮直接侵入，引起初次侵染，以后随气流和雨水进行多次再侵染。

病菌喜温暖高湿的环境条件。适宜发病温度为10~30℃，空气相对湿度90%以上容易发生流行。叶面有水滴或水膜病菌容易侵入和萌发。当温度在20℃左右，空气相对湿度80%左右，持续6~24 h，则该病开始发生蔓延。春季多雨、多雾、多露，且温度上升到20~25℃，霜霉病可迅速发生流行。

（三）防治措施

1. *农业防治* 选用抗病品种，施足基肥，培育无病壮苗，定期追肥，及时摘除病叶带出田外深埋。

2. *药剂防治* 病叶率达1%~2%，及时使用90%乙膦铝800铝液+高锰酸钾1 000倍液，或60%杀毒矾M 8600倍液进行喷雾，隔6~8天喷1次，交替使用上述药剂，连喷3~4次。

第五节　生理性病害的识别与防治

一、化瓜

（一）症状识别

化瓜是南瓜的一种生理性病害，指南瓜开花后不能正常坐果，导致南瓜落瓜落蕾。

（二）发生原因

1. **花期气温不适**　不适的温度条件会严重影响南瓜授粉结实。在气温超过 32℃时，随着温度升高，南瓜花器发育不正常，花粉粒机能不断下降，如遇到 40℃高温时，花粉粒的萌发和花粉管的伸长显著下降，花粉粒寿命短，引起受精障碍，由此导致落瓜。当子房发育及开花期温度低于 15℃时，形成的果实多为畸形，空心，种子量少。

2. **花期多阴雨**　南瓜开花期遇阴雨天气影响正常授粉，引起落瓜落蕾，尤其是阴雨天持续时间长更难坐瓜。主要原因是雨天多，子房及花器的发育受到影响，加之雨水极易冲去雌花柱头上的花粉或使花粉破裂失去发芽能力，难以完成授粉过程。另外，连续阴雨天光照少，影响养分运输，营养不足引起落蕾。

3. **营养生长和生殖生长失调**　南瓜整枝和留蔓不合理，种植密度过大，蔓叶郁蔽，通风透光差，营养生长过旺，或者植株长势弱，授粉受精不良，也是造成化瓜的原因。

4. **肥水管理不当**　管理不当会使植株营养失调，茎叶发生徒长，造成化瓜。尤其是氮肥用量过大，磷、钾肥不足时，很容易使植株徒长，并易得炭疽病，降低坐瓜率。

（三）防治措施

1. **适期早播**　使花期避开高温多雨的汛期。

2. **合理密植**　增加通风透光量，定植密度应与整枝留蔓方式相结合。

3. **人工授粉**　南瓜为雌雄异花授粉植物，依靠昆虫传粉才能结瓜。为提高南瓜坐瓜率，需进行人工辅助授粉。授粉时，用雄花花蕊在雌花柱头上轻轻涂抹，使花药均匀分布在雌花柱头上，授粉后及时扎口或套袋。一般每朵雄花授粉三四朵雌花。

4. **合理施肥与浇水**　种植南瓜应控制氮素化肥用量，增施有机肥和磷、钾肥，减少浇水次数，授粉期间不追肥、不浇水，控制营养生长。幼瓜坐住后，结合浇水追一次膨瓜肥，促进果实膨大。现雌摘尖，及时抹杈，促进幼瓜生长。

5. **瓜前压蔓**　为促进坐瓜，在瓜前一节轻轻把茎捏扁，削弱先端优势，使养分集中供应幼瓜。

6. **根际盘蔓控制徒长**　当发现瓜田植株生长过旺，在雌花出现前，结合打杈将茎蔓轻轻拉回盘绕在根周围，这样既控制了茎蔓徒长，又增加了通风透光量，同时便于人工授粉等农事操作。

二、裂瓜

（一）症状识别

南瓜裂瓜时会在瓜面上产生纵向、横向或斜向裂口，裂口深浅、宽窄不一，严重裂瓜裂口可深达瓜瓤，露出内部的种子，裂果创面会随着时间推移而木栓化。轻微裂口者仅仅一条小缝，但是如果幼果裂果后，果实还在继续生长，那么裂口也会随着果实生长而逐渐加深、加大。

（二）发生原因

主要是因为长期干旱或者是因为预防病害而过度控水，再突降大雨或浇大水时，果肉细胞大量吸水膨胀。但是果皮细胞老化，不能和果肉细胞同步生长，从而造成果皮开裂。另外幼果在农事活动时产生的伤口或者机械伤口，在果实膨大时会以伤口为中心开裂。在开花时钙物质不足，花器缺钙时，也会导致幼果开裂。

（三）防治措施

要选择地势平坦、土质疏松肥沃、保水保肥力强的地块种植，种植前精细整地，施足腐熟的有机肥，注意氮、磷、钾肥的搭配使用。在开花前喷洒钙肥，能预防植株缺钙，在生长期合理浇水，避免土壤干旱或者过湿，尤其是要注意久旱后突然降雨或者浇大水。在棚室种植时要注意避免高温或者低温，以温度保持 18~25℃为宜，农事操作时一定要预防机械损伤。

三、落花落果

（一）发生原因

南瓜的早熟种类，雌花先开，无雄花授粉，就会出现雌、雄花期不遇，导致无法正常授粉；开花较早，温度较低，雌花发育不良，花粉管生长缓慢，授粉不良；氮肥施用过多或者接连阴雨天，造成南瓜贪青体重，茎叶比果实生长旺盛，开花结果期营养保证，导致落花落果；南瓜是异花授粉植物，在花期如果遇接连阴雨天气，无法正常授粉，导致落花落果；栽培密度过多，导致田间郁闭，通透性较差，也是造成落花落果的原因之一。

（二）防治措施

1. **调节营养与生殖生长** 营养生长过旺，当主蔓伸长至12节后，仍无雌花时，此时要通过削弱顶端优势，促使它由营养生长向生殖生长转化。方法有许多，换头是方法之一，主蔓不结果实，在主蔓向前数部位生有子蔓的叶节前剪掉主蔓，子蔓靠根越近越好，改主蔓结瓜为子蔓结瓜；或者进行一次较深的中耕，断一步根。

2. **疏花疏果** 可适当地疏掉一部分的花和果。

3. **人工授粉** 人工授粉易在8~10时进行，这时花粉已经成熟，将生长强健的雄花摘除，去掉花瓣，将花药轻轻地在雌花柱上涂抹，这时柱头上分泌黏液，将雄花花粉黏住，完成授粉。而一朵雄花可接连授粉2~3朵雌花，授粉后要用叶片罩上防止雨水把花粉冲掉。

4. **合理密植** 为了防止田间郁闭，要合理密植。一般每667 m^2 栽培800~1 200株为宜，早熟种类可适当密植，而晚熟种类可适当稀植，这样有利于提高通风透光，提高坐果率，同时还可防治病害发生。

四、畸形瓜

（一）畸形瓜的主要类型及产生原因

1. **大肚瓜** 南瓜虽然已经授粉，但是果实受精不完全，即有一部分胚珠未受精。因此，仅在果实先端形成种子，由于种子发育过程中会吸收较多的养分，所以果实先端的果肉组织优先发育而形成大肚瓜。养分不足，供水不均，植株长势衰弱时极易形成大肚瓜。缺钾也容易形成。

2. **蜂腰瓜** 授粉不完全，或受精后植株干物质合成量少，营养物质分配不均造成蜂腰瓜。在高温干燥期生长势减弱，或缺硼、缺钾。

3. **尖嘴瓜** 养分供应不足，在瓜发育前期温度高，或根系受到损伤，或水肥不足，造成养分、水分吸收受阻。化肥使用过量，土壤含盐量高导致土壤容易浓度高，抑制根系对养分吸收。灌水过多，土壤湿度过大，根呼吸作用受到抑制，导致吸收能力下降。植株已经老化，摘叶过多或叶片受到病虫害危害，茎叶过密，通风透光不良，在肥料、土壤水分不足等情况下，也易发生尖嘴瓜。

4. **棱角瓜** 是植株供瓜条发育的营养不足，或授粉遇到高温受精不良造成的。土壤养分不足，生长后期脱肥，植株早衰，植株老化造成。

（二）防治措施

通过增施农家肥，控制化肥一次性用量，在开花结果期保证水肥均匀充足供应，增施磷、钾肥。避免温度过高过低，不大水漫灌，要小水勤浇，肥料少量多次，防止植株早衰。

第六节 主要虫害的识别与防治

一、瓜蚜

（一）危害与识别

瓜蚜以成、若虫在叶背和嫩茎上吸食汁液。叶片受害后卷缩，老叶受害，提前枯落，缩短结瓜期造成减产。瓜蚜年发生 20~30 代，以卵在越冬寄主或以成蚜在温室内蔬菜上越冬或继续繁殖。5 月产生有翅蚜迁入瓜地。6 月虫口密度最大，危害最重。

（二）防治措施

防治蚜虫，每 667 m^2 用 10% 蚜虱净可湿性粉剂 1 500~2 000 倍液喷雾。

二、红叶螨

（一）危害与识别

红叶螨又名红蜘蛛，5 月上中旬迁入南瓜田，先点片发生而后扩散全田。高温低湿的 6~7 月危害重，尤其干旱年份易于大发生。但温度 30℃以上和空气相对湿度超过 70% 时不利其繁殖，暴雨有抑制作用。

（二）防治措施

红叶螨可用15%扫螨净乳油3 000~4 000倍液或73%克螨特乳油1 500~2 000倍液喷雾防治。

三、东方蝼蛄

（一）危害与识别

以成虫和幼虫在土壤中咬噬种子和幼根及嫩茎，使幼苗生长不良或死亡，造成缺苗断垄现象，直接影响到南瓜的产量，它是南瓜苗期的一种主要的地下害虫。

（二）防治措施

1. **毒饵诱杀** 用90%晶体敌百虫拌炒香的豆饼5 kg，混拌均匀，在傍晚每隔3~4 m挖1个碗大的浅坑，放入适量毒饵然后覆土。

2. **药液灌根** 用50%辛硫磷乳油1 500倍液灌根，每株用药液250 g。

四、地老虎

（一）危害与识别

地老虎俗称“截虫”，以幼虫危害，咬断地上不靠近地表的瓜类等寄主植物的茎部，被害处端口整齐，幼苗则整株死亡，造成缺苗断垄，严重时需毁种重播，严重影响南瓜的产量。

（二）防治措施

早春清除田内外杂草，防止地老虎成虫产卵是关键的一环。如发现1~2龄幼虫，应喷药除草。定植前，地老虎仅以田中杂草为食，可选择地老虎喜食的灰菜、刺儿菜等杂草堆放诱集幼虫或人工捕捉或拌入药剂毒杀。地老虎1~3龄幼虫抗药性差且暴露在寄主植物或地面上，是药剂防治的适期，喷洒50%辛硫磷乳油800倍液防治。

五、鼠害

（一）危害与识别

鼠害对籽用南瓜危害较大。春天咬噬播种的种子和幼苗；夏季糟蹋植株和幼瓜；秋季掏食大瓜中的籽粒；冬季在库房盗食瓜籽。

（二）防治措施

1. **药物灭鼠法**　又称化学灭鼠法，把各类灭鼠药剂投放在瓜田四周、鼠洞口和过道处进行灭鼠。

2. **生态灭鼠法**　通过采取各种措施破坏害鼠的生存和生活条件，使之繁殖和生长受到限制，提高死亡率，达到控制鼠害的目的。

3. **生物灭鼠法**　利用鼠害的天敌或鼠类病原物使其致病致死的防治方法。

4. **器械灭鼠法**　利用各种捕鼠器具直接捕杀。

第七节　缺素症的识别与防治

一、缺氮

（一）症状

叶片变小，新叶呈浅绿色，芽数较少，自下而上逐渐变黄；先是叶脉变黄，再是叶缘变黄，最后扩展到整片叶变黄；花落后，果实膨大缓慢。

（二）发生原因

主要原因是有机肥施用过少，土壤含氮量降低或氮素元素淋溶。土壤本身含氮量低、有机质含量低、有机肥施用量低，导致土壤氮素供应不足。土壤硬化，可溶性盐含量高，南瓜根系活力弱，吸氮量减少，也容易出现缺氮症状，一般在沙质壤土交换少的情况下，缺氮容易发生。种植前，大量施用未成熟作物秸秆或含碳量较高的有机肥，分解后会捕获土壤中的氮。而且收获量大，不及时补充土壤中的氮素，导致土壤中氮素含量降低，如果不及时追肥，容易出现缺氮症状。

（三）防治措施

根据氮、磷、钾三种元素和微肥的需要，采用发酵菌堆肥或完全成熟的新鲜有机肥，采用配方施肥技术，防止氮的缺乏。硝酸盐氮可在低温条件下施用，当田间出现缺氮症状时，应立即掩埋和施用全分解的人粪尿，并深施全分解堆肥。也可采用水肥一体化技术，施入高氮水溶肥。

二、缺磷

（一）症状

南瓜缺磷症状没有缺氮明显，但是缺磷时也能观察到一些症状。缺磷生长缓慢，幼叶暗绿色，平展，缺乏光泽，叶色深；严重缺磷时老叶过早脱落；坐果率下降，果实秕籽率高，千粒重下降。

磷过多，植株呼吸增强，叶片厚而密集，植株矮小；植株易早衰，并且水溶性磷酸盐与锌、铁、镁、锰等元素形成溶解性小的化合物，妨碍吸收，引起这些元素缺素而失绿。

（二）发生原因

土壤中含磷量低，施用堆肥等有机质肥料和磷肥少，使用缓效性磷，作用发挥慢，易出现缺磷症；地温低，日照不足，过湿，碱性土壤，施氮肥过多等阻碍南瓜对磷的吸收。

（三）防治措施

施用堆肥等有机质肥料作基肥，施用水溶性磷肥作种肥，提倡磷肥秋季早施，坐瓜后叶面喷施 0.3% 磷酸二氢钾和 0.2% 尿素混合液。

三、缺钾

（一）症状

植株生长缓慢，节间短，叶片小，呈青铜色逐渐成黄绿色，叶片卷曲，严重时叶片呈烧焦状干枯。主脉下陷，叶缘干枯。当绿叶叶缘出现浅黄色时，老叶叶片均黄化，叶缘焦枯，严重阻碍生长。果实的中部和顶部膨大受阻。

（二）发生原因

土壤中含钾量低，施用堆肥等有机质肥料和钾肥少，易出现缺钾症；地温低，日照不足，过湿，施氮肥过多等阻碍作物对钾的吸收。

（三）防治措施

施用钾肥；施用堆肥等有机质肥料作基肥；生长期每 667 m^2 用硫酸钾 3~4.5 kg 作追肥，一次追施；坐瓜后叶面喷施 0.3% 磷酸二氢钾和 1% 草木灰浸出液。

四、缺镁

（一）症状

南瓜缺镁易发生在生长中后期，因此，常被误认为是自然衰老现象。但两者是有区别的，自然衰老的叶片黄化均匀，叶脉叶肉同步褪绿，常呈枯萎状，缺少新鲜感；而缺镁叶片保持鲜活时期较长，叶脉不褪绿。在有条件的地方，可以分析土壤有效镁的含量，一般以有效镁（MgO）含量小于 100 mg/L 为诊断指标，植株叶片全镁的诊断指标为 0.2%~0.3%，低于这个含量为缺镁。

（二）发生原因

1. **土壤供镁不足**　土壤供镁不足是造成蔬菜缺镁的主要原因。中国东南部温暖多雨，淋溶比较强烈，一般为缺镁症易发区域，特别是轻质土壤更甚。影响土壤有效镁含量高低的因素主要有以下几个方面：其一，土壤的风化程度。不同的土壤由于成土母质和风化程度不同，其含镁量不尽相同，红壤风化程度高，矿物分解比较彻底，一般含镁很少，只有 0.06%~0.30%；紫色土土壤风化程度低，含镁可高达 3%。一般土壤全镁量与有效镁有较好的相关性，全镁高的土壤有效镁也比较高。其二，土壤质地。土壤沙性强，镁容易被淋洗，土壤中有效态镁低，往往不能满足作物生长的需要。一般不同质地有效镁由低到高的顺序是：沙土、沙壤土、壤土、黏土。质地较粗的缺镁土壤主要分布在河谷、丘陵地区，其蔬菜基地也应更加关注。其三，土壤酸碱性。土壤有效镁与酸碱性密切关系，土壤有效镁随土壤酸性增加（pH 下降）而降低。酸性较强的土壤往往供镁不足，主要原因是酸促使有效镁淋失。

2. **气候条件**　气候条件对缺镁的影响主要有两个方面：一是多雨；二是干旱和强光。多雨导致镁的流失，这种影响是大区域性的。干旱、强光诱发缺镁是一种小区域影响。干旱减少了南瓜对镁的吸收，夏季强光会加重缺镁症。

3. **施肥不当**　当南瓜过量施用钾肥和铵态氮肥时会诱发缺镁，因为过量的钾、铵离子破坏了养分平衡，抑制了植株对镁的吸收。南瓜普遍地偏施氮肥，也是目前南瓜缺镁较多的原因之一。

（三）防治措施

1. **施用镁肥**　对于土壤供镁不足造成的缺镁可施镁肥补充，一般用硫酸镁等镁盐，每 667 m^2 用量 2~4 kg。对一些酸性土壤最好用镁石灰（白云石烧制的石灰）50~100 kg，既供给镁，又改良土壤酸性。许多化肥都含有较高的镁，可根据当地的土壤条件和施肥状况因地制宜加以选择。据一些资料报道，磷肥和镁肥配合施用有助于镁的吸收。对于根系吸收障碍而引起的缺镁，应采用叶面补镁来矫治。一般可用1%~2%的硫酸镁溶液，在症状严重之前喷洒，每隔5~7天喷1次，连喷3~5次。也可喷施硝酸镁等镁肥。

2. **控制氮钾肥的用量** 对含镁最低的土壤，要防止过量氮肥和钾肥对镁吸收的影响。尤其是大棚蔬菜往往施肥过多，又无淋洗作用，导致根层养分积累，抑制了南瓜对镁的吸收。因此，大棚内施氮钾，最好采用少量分次施用。

五、缺铁

（一）症状

植物的新叶和腋芽开始变黄和白色，特别是上部叶和生长点附近的叶片，新叶的脉先变黄，然后逐渐失去绿色；叶尖坏死，发育成整个叶片变黄或白，叶尖失去绿色，呈小棕色斑点，组织易坏死，颜色不鲜艳。

（二）发生原因

在碱性土壤中，过量施用磷肥导致缺铁；低温、过于干燥或过于湿润的土壤不利于植物根系活动，因此表现出缺铁症状。此外，土壤中过量的铜、锰等元素会影响铁的吸收利用，导致缺铁。

（三）防治措施

土壤的pH应保持在6~6.5，当土壤pH低于5时可以施用石灰，但不要过量，以免土壤变成碱性；土壤水分不要太干或太湿；或用0.3%硫酸亚铁溶液叶面喷施。

六、缺锌

（一）症状

叶的生长小而丛生，斑点先出现在主脉两侧，主茎节间缩短，叶小而密，分枝过多，植株矮小，叶从中部开始凋谢，叶缘由黄色逐渐变为褐色，叶缘枯死，叶片呈现卷曲。

（二）发生原因

光照过强或吸收磷过多易发生缺锌症状，如果土壤的pH过高，即使土壤中有足够的锌，也不易溶解或吸收。

（三）防治措施

土壤中不要过量施用磷，而要有选择地施用酸性肥料来降低土壤的 pH，每 667 m^2 施用 1.5 kg 左右硫酸锌，也可喷洒 0.2% 硫酸锌溶液。

七、缺钙

（一）症状

南瓜植株矮小，根系发育不良，幼叶卷曲，幼叶主脉间出现黄化，幼叶顶烧，凹陷呈杯状，后期杯状凸起似“瓜状”，脉间出现各种枯萎斑点叶缘发黄坏死。

（二）发生原因

土壤过酸、过碱，氢、铝、钠离子含量高。土壤紧实、黏重，根系吸收能力下降，容易缺钙。

（三）防治措施

注意氮、磷、钾的配合使用肥，杂交制种田和商品生产田及时灌水、中耕松土，提高土壤通透性。缺钙时也可喷施 2% 氯化钙溶液 1~2 次。

八、缺锰

（一）症状

南瓜叶肉缺绿变黄，叶脉仍为绿色；老叶脉间枯黄导致叶缘枯萎。

（二）发生原因

北方碱性土壤含锰低；南方酸性土壤较多，过量使用石灰改良土壤易缺锰；土壤疏松，缺乏有机质。

（三）防治措施

增施有机肥，每 667 m^2 用硫酸锰 1.0~2.0 kg，或喷施 0.1% 硫酸锰溶液 1~2 次。

九、缺硼

（一）症状

上部叶片小，黄化且易脆、僵硬、畸形，叶缘呈锯齿状凸起，并有枯黄斑，网脉凸出。在侧面看，新生叶片叶柄从顶部出现规则的裂缝，最终呈 S 形。雄花花冠易脱落，坐果率低，果实开裂。

（二）发生原因

土壤过碱，南方土壤硼的淋失；土壤缺乏有机质。

（三）防治措施

增施有机肥，杂交制种田和商品生产田每 667 m^2 施用硼砂 0.4~1.0 kg，或喷施 0.2% 硼酸溶液 1~2 次。

第四章

冬瓜优质高效栽培技术

本章介绍了冬瓜的生物学特性；栽培茬口与品种选择；优质高效栽培技术；侵染性病害的识别与防治；生理性病害的识别与防治；主要虫害的识别与防治；缺素症的识别与防治。

冬瓜又名白瓜、水芝、枕瓜等，葫芦科冬瓜属的一个栽培种，我国各地普遍栽培，而以南方栽培较多。嫩果及老熟果均可食用，嫩梢也可菜用。耐储藏运输，供应期长，为我国夏秋季重要蔬菜，对于调节蔬菜淡季供应有重要作用。每 100 g 果实含水分 95~97 g，以及多种维生素和矿物质。盛暑季节食用，清热化痰、除烦止渴、利尿消肿；果皮与种子具清凉、滋润、降温解热功效。还可加工成蜜饯冬瓜、冬瓜干、脱水冬瓜和冬瓜汁等。

第一节　生物学特性

一、形态特征

（一）根

冬瓜根系入土较深，一般菜地中种植冬瓜，入土深度可达 0.7~1 m，横向扩展 1.7~2.0 m。冬瓜下胚轴和茎节着地处能生不定根，不定根有固定茎蔓、吸收养分的作用。

（二）茎

冬瓜茎蔓生，呈五角形，绿色，表面生有刺毛。一般蔓生长 50~60 节，总长度可达 6~7 m。茎分枝能力强，每节都发生腋芽，第六至第七叶片以后的节间开始生长卷须及花器，卷须先端分成两杈。冬瓜侧蔓生长旺盛，侧蔓也生有卷须、花器官等。

（三）叶

冬瓜叶片肥大，绿色、掌状，有 5~7 个浅裂。叶脉网状，叶柄粗长。叶片的正反两面及叶柄均着生茸毛。

（四）花

冬瓜是雌、雄异花同株。雌、雄花均 5 瓣花瓣和 5 片萼片。花瓣黄色，萼片绿色。雌花的雌蕊浅黄色，花柱短，柱头 3 裂。子房下位，雌花开放时子房已具有该品种冬瓜形状，雄花有 3 枚雄蕊，花丝长。第一雌花节位因品种和栽培条件而异。早熟品种雌花始花节位在 8~12 节，中晚熟品种雌花始花节位在 15~20 节。

（五）果实

冬瓜果实有圆形、方圆形、短圆柱形和长圆柱形。果实大小因品种而异，小型冬瓜果实不足 1 kg，大型果实重达十几千克，甚至几十千克。嫩瓜和老熟瓜均可食用，但多以老熟瓜食用。冬瓜果实生长速度极快，从开花时几克重的子房发育成几十千克果实，需 40~50 天。

（六）种子

冬瓜种子扁椭圆形，种脐一端稍尖。种皮光滑或边缘有凸起。

二、冬瓜对环境条件的要求

（一）温度

冬瓜耐热性强，怕寒冷，不耐霜冻。生长发育的适宜温度为 25~30℃，成株可忍耐 40℃左右的高温，在高湿的环境下，短时间内可以安全度过 50℃的高温。成株对低温的忍耐能力较差，其临界温度为 15℃，长期低于 15℃，则叶绿素形成受阻，同化作用降低，影响开花授粉，不易坐果或果实发育缓慢。如果遇上光照弱，则出现黄萎化瓜，冬瓜幼苗忍耐低温的能力较强，早春经过低温锻炼的幼苗，可忍耐短时间的 3~5℃的低温。冬瓜果实对高温烈日的适应能力因品种不同而异，一般晚熟大型有蜡粉的品种，适应能力较强，无蜡粉的青皮冬瓜适应能力较弱。

冬瓜植株在不同的生育期对环境温度的要求不同，种子发芽期适宜的温度为 30~35℃，25℃时发芽时间延长，且发芽不整齐。幼苗期以 25~28℃为宜。长期低于 25℃则幼苗生长缓慢，叶色黄绿；长期高于 28℃则叶色黄绿，叶肉薄，上胚轴伸展过长，茎秆纤弱，表现为徒长，抗性减弱，易感染病害。在茎叶生长和开花结果期，以 25~30℃为宜。长期高于适宜温度范围，容易引起植株早衰，萌发侧枝，抗性减弱，易发生病虫害。

（二）光照

冬瓜属于短日照植物，但冬瓜对光照长短的适应性较广，对日照要求不太严格，在其他环境条件适宜时，一年四季都可以开花结果，特别是小果型的早熟品种，在光照条件很差的保护地栽培，也能正常开花结果。

冬瓜在正常的栽培条件下，每天有 10~12 h 的光照才能满足需要。植株旺盛生长和开花结果时，要求每天 12~14 h 的光照和 25℃的温度，才能达到光合作用效率最高。光照弱，光照时数少，特别连续阴雨低温天气，对冬瓜茎叶生长和开花结果都很不利，造成茎蔓变细，叶色变黄绿，叶肉薄，果实增长缓慢，容易感染病害，影响产量和质量。在日照过高的条件下，果实又容易发生日灼病和生理障碍，从而影响产品质量。幼苗在低温短日照条件下，可使雌花和雄花发生的节位降低。早熟栽培时可利用此特性，促进早开雌花。

（三）水分

冬瓜是喜水怕涝耐旱的蔬菜。果实膨大期需要消耗大量水分。冬瓜的根系发达，吸收能力很强，根系周围和土壤深层的水分均能吸收，所以又有较强的耐旱能力。冬瓜植株根深叶茂，根系代谢旺盛，需氧量大，所以忌土壤积水而缺氧。如果田间积水 4 h 以上，就有可能发生植株死亡现象。所以在栽培冬瓜时，要选择地势高燥，旱能浇，涝能排，雨后不积水的地块种植冬瓜。

冬瓜要求适宜的土壤湿度为 60%~80%，适宜的空气相对湿度为 50%~60%。冬瓜在不同的生育时期，需水量是不同的，一般植株生长量大时，需水量更大，特别是在定果以后，果实不断增大增重，需水量最大。当空气相对湿度过小时，容易引起蚜虫危害和病毒病，但在植株开花结果时，空气相对湿度偏低时，却有利于花药开裂、授粉和坐果。

（四）土壤与营养

冬瓜对土壤要求不太严格，适应性广，但又喜肥。冬瓜在沙土、黏土、壤土、稻田土中都能生长，但以肥沃疏松，透水透气性良好的沙壤土生长最理想。

冬瓜有一定的耐酸耐碱能力，适宜种植于 pH 为 5.5~7.6 的土壤中。冬瓜植株对氮、磷、钾元素的要求比较严格，每生产 1 000 kg 的冬瓜果实，需要氮 1.3~2.8 kg，五氧化二磷 0.6~1.2 kg，氧化钾 1.5~3 kg，三者之间的比例约为 1：0.4：1.1。

三、冬瓜的生长发育规律

冬瓜的生长发育可分为发芽期、幼苗期、抽蔓期和开花结果期。

（一）发芽期

冬瓜在适宜的温度和湿度条件下，从发芽到 2 片叶子展开为止。这一时期主要是促进冬瓜快速发芽出土，其营养主要来自种子内储藏的营养物质。

（二）幼苗期

冬瓜幼苗期需要 30~50 天，温床育苗约需 30 天，冷床育苗约 50 天，主要是培养壮苗。冬瓜在幼苗期除营养生长，根系生长外，有的品种还要进行花芽分化。当雌花分化时，如果环境条件不宜，遇到阴雨天，光照弱，日照时间短，叶片变黄绿，雌花分化迟，节位高，即使已分化的雌花也会质量差，花弱、花少，严重影响产量。所以在育苗时要加强通光透光管理，增加光照，延长光照时间，提高光合效率。

（三）抽蔓期

冬瓜抽蔓期较长，需要10~40天，长短因品种而异，早熟品种抽蔓期短，晚熟品种抽蔓期长。此期的冬瓜植株对氮肥的需求最多，否则会出现叶小而薄，叶黄株弱，果小蕾少，甚至化瓜等现象。所以一定要注意调节生殖生长和营养生长的矛盾。

（四）开花结果期

此期的冬瓜连续开花和坐果，果实又在不断地生长发育，需要吸收大量的磷、钾肥，管理上应加强肥水管理、摘心等工作。

第二节　栽培茬口与品种选择

一、栽培茬口

（一）栽种时间

冬瓜的茬口安排，各地因气候、栽培习惯的不同，生产时节及茬口安排差别较大。多将冬瓜生产安排在无霜的春末夏初栽培，秋季收成，冬瓜的旺盛生长结瓜期置于高温的夏季。

1. **早熟冬瓜**　在3月上旬播种，在4月底至5月上旬定植，收成期在6月下旬至7月底，接茬作物为秋萝卜类。

2. **中熟冬瓜**　在3月下旬播种，在5月中下旬定植，收成期在7月下旬至8月上旬，接茬作物为秋茬叶菜类。

3. **晚熟冬瓜**　在4月下旬至5月中旬播种，在5月下旬至6月中旬定植，收成期在8月中旬至10月上旬，接茬作物为越冬茬根菜类。

（二）栽种方式

1. **爬地冬瓜**　爬地冬瓜是我国冬瓜栽种最古老的一种栽培方式。冬瓜植株终生爬地生长，株行距较大，管理比较粗放，茎蔓听任生长或结瓜前摘除侧蔓，结瓜后任意生长，冬瓜果实着地生长。这种栽培方式的优点是省材料，生产成本低；缺陷是不便于间作套种，对土地、光能等自然资源应用率低，果实大小不匀，商品性较差，单位面积产量低。

2. 棚架冬瓜　多用竹、木搭棚，棚架高 1~2 m，植株上棚架以前摘除侧蔓，上棚架后茎蔓任意生长，冬瓜果实基本上是吊着生长。这种栽培方式的优点是通风透光比爬地冬瓜好，冬瓜的坐果好，果实大小均匀，商品性较好，单位面积产量较高。缺点是搭棚所需竹、木材料多，生产成本高，影响经济效益，在竹、木材料较少地区不适宜采用。同时因为这种栽培方式根本上仍是应用平面面积，不利于密植，间作套种也只能在瓜蔓上棚后进行，空间应用较差。

3. 支架冬瓜　各地根据支架来源难易创造了多种架形，主要有单根支架、人字形架、三脚架、四脚架、篱架等。架的形式虽多种多样，但都应结合植株调整，较好地应用空间，提高坐果率并使果实大小均匀，使商品性、产量和品质得以提高。同时也有利于间作套种，增加复种次数，架材用量比棚架冬瓜少。这种栽培方式现在应用较为普遍，经济效益较好。

二、品种介绍

（一）春早 1 号

属极早熟一代杂交小型冬瓜品种。耐寒、抗病、肉质佳，皮青绿色，略有浅色梅花状斑点。第一雌花在主蔓的 6~10 节位。瓜圆柱形，一般长 20~30 cm，直径 10~15 cm，单瓜重 1.5~2.5 kg。每 667 m^2 产量在 5 000 kg 以上，是春季早熟栽培以及日光温室反季节栽培的最佳品种，适合全国种植。长江中下游地区春季大棚加小棚早熟栽培，于 1 月至 2 月中旬播种，电加温育苗，苗龄 35 天左右。露地栽培亦可直播。搭架整蔓栽培时，每 667 m^2 栽 1 500~2 000 株。

（二）一串铃 4 号

属小型早熟冬瓜新品种。高桩型，单瓜重 1.5~2.5 kg。第一雌花一般出现在 6~9 节位，每隔 2~4 片叶出现一朵雌花。苗龄 35~40 天，从定植到开始收嫩瓜需 40~55 天。适于各类保护地及露地早熟栽培。春露地 3 月上中旬育苗，4 月下旬露地定植。

（三）黑将军

早中熟，生长势强。第一雌花着生于主蔓第十六节。瓜长圆柱形，长 50~80 cm，肉厚 8 cm 左右，单瓜重 10~20 kg。瓜皮墨绿色，肉厚致密，味甜，品质好，耐储运，每 667 m^2 产量 4 000~5 000 kg。人字形架栽培，适当密植，春、秋季均可播种。

（四）早青冬瓜

早熟，果实呈炮弹形，长 60 cm 左右，横径 18 cm 左右，单瓜重 10 kg。皮色青绿色，具茸毛，有光泽，肉厚致密，心室小，耐储运，抗病性强，每 667 m^2 产量 6 000 kg。湖南省于 3 月播种，4 月定植。

（五）粉杂 2 号

早熟，果实呈圆筒形，绿色，成熟时瓜面被有白色蜡粉。若采摘嫩瓜，一般可坐 2 个瓜，第一个瓜控制在坐瓜后 25~28 天，单瓜重 4~6 kg 时采收。如采摘老熟瓜，宜选主蔓第三或第四朵雌花坐瓜，控制在坐瓜后 45~50 天，单瓜重 10 kg 以上时采收。该品种耐肥，抗逆性强，前期生长快，坐瓜率高，品质好。长江中下游 3 月初采用温室加热苗床育苗，大棚假植，3 月底至 4 月初定植。若采用小拱棚育苗、地膜覆盖栽培，则于 3 月上旬播种。

（六）穗小 1 号

属小型冬瓜品种。生长势强，抗病性、抗逆性强。早熟，第一雌花出现在 7~9 节。结果力强，瓜皮墨绿色略带白花点，瓜短圆柱形，头尾均匀，外观好。瓜长 28.6 cm，横径 17.5 cm，肉厚 4 cm，单瓜重 2.5~4 kg，质感粉、甜，每 667 m^2 产量在 4 000 kg 以上。栽培技术同一般冬瓜品种，但应特别注意主侧蔓整理及留瓜技术。

（七）铁柱 168

植株生长旺盛，叶色深绿，果实炮弹形，瓜形瘦长，皮墨绿色，单瓜重 15~20 kg，横径约 20 cm，瓜长 80 cm 左右，或无棱沟，肉厚，肉质致密，空腔小，田间表现抗枯萎病，中抗疫病。耐储运，中晚熟，播种至收获 145 天左右。爬地栽培建议 200 株，搭架栽培建议种植 550~600 株，高产栽培每 667 m^2 产量在 8 000 kg 以上。

（八）铁心 333

该品种生长植株旺盛，叶色深绿，果实炮弹形，瓜形较瘦长，皮墨绿色，一般单果重 15 kg 左右，横径 22 cm 左右，瓜长 70~90 cm，浅棱沟，或无棱沟，肉厚，肉质致密，空腔小，耐储运。田间表现抗枯萎病、疫病。

（九）铁钻 010

植株生长旺盛，抗病性、抗逆性强。果实圆柱似炮弹形，肉质致密，皮墨绿色，表皮光滑，瓜形较长。果长可达 80~90 cm，横径约 23 cm，最大单瓜可达 30 kg 以上。爬地栽培建议

200 株，搭架栽培建议种植 550~600 株，高产栽培每 667 m^2 产量在 6 000~10 000 kg。

（十）香芋冬瓜

香芋冬瓜又叫芋头味冬瓜，是新一代引进品种，扁球形，翠绿色，肉厚、肉质绵软细腻，煮熟后可散发出自然的芋香，风味怡人。播种到始收期约为 80 天，成熟后稍有蜡粉。适收果重 1.5~2.0 kg，成熟期果重可达 2.5~4.0 kg，属于中小型冬瓜。本品种耐高温，可在热带及亚热带地区种植，同时储运性佳。适合于露地爬地和棚架（平棚）栽培，每 667 m^2 定植 300 株，每 667 m^2 产量在 1 500 kg 以上，售价高，品质优，市场上售价比日本小冬瓜高出几倍。

第三节　优质高效栽培技术

一、自根育苗

（一）浸种催芽

冬瓜常出现发芽率不高，发芽势不强，发芽不整齐或沤种等问题，究其原因是种子后熟不好，成熟度不高。要克服这一不足，通常需要将采收后的新鲜种子进行长期（4 个月以上）埋藏，但这又不是一般栽培者通过自己的努力可以去解决的。另外，对于边缘有棱的种子，用 2% 硝酸钾浸种 6 天，可加速后熟，提高发芽率和发芽势。但从实际操作来看，吸水不足，催芽温度不够，或氧气不足等，也是种子发芽率不高的直接原因。所以，搞好浸种催芽是进行冬瓜生产的第一关。

1. *浸种*　浸种时间的长短与水温有直接关系，在 55℃的温水中浸种，保持该温度 15 min，随后水温保持 30~40℃时，浸种 6~8 h 即可。达到种子发芽初始需要的基本含水量，大约为种子干重的 1.3 倍左右，即 1 kg 干种子吃水后达到 2.3 kg 左右（并没有达到饱和），此时剖视种子时可见到 2 个子叶已分离。

将浸泡好的种子反复搓洗，用清水冲洗净种子上的黏液，稍晾或用干布擦拭后即可用干净的湿布包好进行催芽。

2. *催芽*　冬瓜种子发芽需要高温条件，一般在温度 30~35℃时发芽最快，发芽率也最高；温度 25℃时，发芽时间长，发芽也不整齐；温度低于 15℃不发芽，甚至烂种。催芽期间，每天须翻动 2~3 次，以使种子受热均匀，排出 CO_2，透入更多的氧气。还可用温水冲洗1次种子，控水稍晾或擦拭干种子表面的水分再继续催芽。

冬季和早春冬瓜育苗时容易遇到低温或连阴天，为了使播后的种子尽快出苗，一般宜采用贴大芽的播种方法。贴大芽播种时芽长要达到种子长度的1.5倍左右。为了保证催出的芽子又长又直，不出现弯曲，在催芽过程中，不应过多地翻动和改变芽子原始的状态。

冬瓜种子发芽很难做到整齐一致，所以，须将先达到催芽长度的种子挑拣出来，放到温度较低的地方暂时保存，待与后来拣出的种子一起播种，这样同期播种易于管理。剩下不发芽的种子抛弃不用。

（二）苗床准备

冬瓜最好采取护根育苗，在进行护根育苗时可以一次播种育成苗，即将催好芽的种子直接播种到营养钵或纸袋里，不再分苗。但这样做常不易使苗子整齐一致，不如撒播育成苗后再分苗到营养钵或纸袋里。

1. **修建苗床** 育苗时冬瓜比黄瓜要求更高的空气相对湿度和土壤温度，在不加温的日光温室里如果遇到连阴天，一般就会导致育苗失败。因此，为日光温室冬春茬栽培和大棚春提早栽培培育苗时，宜在温室或大暖窖内再建造具有加温条件的电热温床或火道温床。为塑料小棚、地膜覆盖和露地春茬栽培育苗时，也要采用具有保湿性能良好或具有一定加温条件的日光温室、大暖窖、温床或阳畦等。

2. **营养钵或穴盘** 冬瓜苗的容器可采用塑料营养钵，也可用自己糊制的纸袋。穴盘育苗时选用50孔或72孔穴盘。

3. **营养土的配制** 冬瓜的育苗时间一般相当于黄瓜或比黄瓜育苗时间还要长，为此用于冬瓜育苗的营养土要严格加以配制。

配制营养土的原料一般分主料和辅料。主料有2种：一种是近些年没有种植过瓜类和茄果类作物的菜园土或豆地表土；另一种是充分腐熟的骡马驴粪或菌糠等。辅料是充分腐熟的禽粪或大粪干、氮素和磷素化肥及钾肥等。一般1 m^3 营养土需加入禽粪15 kg，硝酸铵和过磷酸钙各1 kg；或用15 kg磷酸二铵代替上述2种肥料，另加入草木灰30 kg；或用1 kg硫酸钾代替草木灰。用1 kg磷酸二氢钾代替过磷酸钙和硫酸钾也可以。上述主、辅料要过筛后充分混匀。将配制好的营养土装入营养钵或纸袋内，装实后使其达到八成满，而后摆到苗床。播前浇水使其润透为度。

4. **育苗基质** 使用商品基质，质量符合国家有关规定，或按草炭、蛭石、珍珠岩3∶1∶1自行配制。

（三）播种

种子胚根长0.3~0.5 cm时即可播种。播种时，每穴播1粒，种子平放，胚根朝下，盖基质或蛭石 2 cm，喷（灌）水至穴盘下有水渗出。播种后，将穴盘整齐摆放至苗床上，覆盖地膜，搭建小拱棚。

（四）播后管理

1. **温度管理** 温度是决定出苗快慢的关键。播种后要严格封闭苗床，设法提高温度，白天 28~32℃，夜间 18~20℃；地温白天夜间都要保持 20~22℃，以保证尽快出苗。

大部分苗出土后，要适当降低温度，白天 22~25℃，夜间 16~18℃。从第一片真叶展开到定植前 7~10 天，要促进苗子生长，须适当提高温度，白天 28~30℃，夜间不低于 20℃。

定植前 7~10 天炼苗，以使其能适应定植后的环境条件，温度宜低些，白天 18~22℃，夜间 10~14℃，到临近定植的前 2~3 天还可以给予 4~6℃的低温锻炼。

由于床内各处温度差别较大，苗子长得大小不一，应及时调换一下苗钵的位置，使苗子长得比较整齐。

2. **水分管理** 灌足底水的基础上，在出苗后还要根据苗子的颜色和天气情况及时补充水分。在整个苗子的管理过程中，要掌握“控温不控水”的原则，即在满足苗子对水分要求的基础上，通过控制温度，特别是夜温来掌握苗子的生长速度和长相。在用营养钵育苗的情况下，由于苗坨隔绝了与土壤底墒的联系，钵内极容易缺水，必须特别注意。

撒播需要分苗时，宜在第一片真叶刚展开时进行。

3. **叶面施肥** 2 片真叶时叶面喷施 1~2 次磷酸二氢钾或芸薹素。用 200 倍的肥宝喷布叶面（以叶背面为主）或灌根，有极其明显的促进生长和壮苗的作用。

4. **苗病防治和生长调节剂的应用** 发生猝倒病时，可喷用 72.2% 普力克水剂 400 倍液防治。苗期用 5 毫克 / 升的萘乙酸灌根，可以诱发新根的发生；3~4 叶期用 200~300 毫克 / 升的乙烯利在温度低的时候均匀喷布叶面，有促进雌花发生和较好的增产效果。

（五）苗龄和壮苗标准

冬瓜根系木栓化早，再生能力差，苗龄不宜太长，否则栽后不易生根缓苗。在有加温的温床，适宜的日历苗龄为 35~45 天，没有加温条件的日历苗龄还要长。其生理苗龄为三叶一心或四叶一心。

壮苗的标准：3~4 片真叶，叶片青绿，肥厚，2 片子叶健壮完好，下胚轴短粗，根系发达颜色白，整株无病虫害。

二、嫁接育苗

（一）育苗设施设备

1. **育苗设施** 准备温室或大棚、催芽箱、苗床、育苗盘、防虫网、操作台等，配套加温、补光、通风、灌溉等系统。

2. **基质穴盘** 选择瓜类育苗专用基质，应符合《蔬菜育苗基质》（NY/T 2118—2012）的规定。砧木育苗选择 50 孔或 72 孔穴盘，接穗育苗选择平盘。

3. **选择砧木** 选用嫁接亲和力强、抗逆性强、对接穗果实品质无不良影响的南瓜品种。

4. **品种选择** 选择优质、高产、符合市场需求的品种。早春保护地栽培要求耐低温弱光、易坐果，低温膨果快，抗病；露地栽培要求抗高温、抗病毒、易坐果。

（二）种子处理

阳光下晒种 6~8 h；用 3 倍于种子体积的 55℃左右热水烫种 15~20 min。砧木种子用 25~30℃清水浸种 4~5 h、接穗种子浸种 8~10 h，洗净种壳表面黏液，沥干表面水分，用干净的湿纱布等包裹在 25~28℃下催芽，60% 的种子露白即可播种。发芽困难的黑皮冬瓜种子先用温汤浸种 6 h 后，再用赤霉素 1 000 mg/L 浸种 2 h，然后催芽。

（三）播种

1. **播期** 根据栽培季节，提前 30~40 天育苗；黑皮冬瓜较砧木提前播种 4~5 天播种，粉皮、青皮冬瓜与砧木同期播种。

2. **播种方法** 穴盘装满基质后，用专用机械或器具打孔，孔眼直径 1.5~2.0 cm、深 1.0~1.5 cm，砧木每穴播种 1 粒，覆盖基质；平盘装基质厚 5~6 cm，刮平后用水淋透基质，接穗种子按 1 000~1 200 粒 /m^2 播种，覆盖基质厚 1.0~1.5 cm。播种后的育苗盘放入催芽室或置于育苗床上，育苗床覆盖农用地膜。

（四）嫁接前管理

1. **温度** 出苗前，接穗白天温度 30~35℃，夜间 18~20℃；砧木白天温度 28~30℃，夜间 15~18 ℃。出苗后，接穗白天温度 25~28 ℃，夜间 15~18 ℃；砧木白天温度 20~25℃，夜间 13~18℃。

2. **湿度** 出苗前催芽室内空气相对湿度为 80%~90%。出苗后，空气相对湿度保持在 50%~70%，基质表面发白时补充水分，每次均匀浇透。冬春季宜在中午浇水；阴雨天、弱光、空气相对湿度大时不宜浇水。

3. **光照** 种子50%出苗后及时揭除农用地膜。晴天早掀晚盖覆盖物、阴雨天采取补光措施。

（五）嫁接

1. **嫁接适期** 接穗为第一片真叶显露至开始展开，砧木为第一片真叶展开至第二片真叶显露。

2. **嫁接前处理** 嫁接前2~3天，将砧木、接穗浇透水。

3. **嫁接场地要求及器具消毒** 嫁接场所适当遮光、避风，温度控制在20~25℃；嫁接工作台、嫁接刀具及工作人员双手用75%乙醇消毒。

4. **嫁接方法** 采用贴接法嫁接。用刀片从砧木一片子叶基部向另一片子叶基部下方斜切，切除另一片子叶和真叶及生长点，斜面与胚轴夹角30°~45°，斜切面长0.4~0.5 cm。将接穗从苗盘中拔出，用刀片在接穗2片子叶下方0.5~1.0 cm处向下斜切、切除接穗根部，斜面与胚轴夹角30°~45°，斜切面长0.4~0.5 cm，斜面方向与2片子叶贴合时的平面方向一致。将接穗斜面与砧木斜面对齐、贴合，然后用嫁接夹固定。

（六）嫁接后管理

1. **温度** 嫁接后3~4天，白天25~30℃，夜间20~25℃；第4天起，白天25~28℃，夜间18~20℃；嫁接苗成活后，白天20~25℃，夜间15~18℃。

2. **光照** 嫁接后在小拱棚上盖遮阳网，1~3天晴天全日遮光，以后逐渐增加见光时间，直至完全不遮阳。

3. **湿度** 嫁接后将穴盘摆入苗床，扣塑料小拱棚；密闭3~4天，保持90%~95%空气相对湿度；第4天起，于早晨和傍晚逐渐增加苗床通风量，嫁接苗叶片失水、叶色暗淡时及时盖上农膜。反复多次，直至嫁接苗成活。

4. **肥水** 嫁接苗成活后，视天气状况和苗情追施肥水，肥料选用磷酸二氢钾、复合肥等，浓度0.1%~0.3%。

5. **其他管理** 嫁接苗成活后及时摘除砧木侧芽；定植前3~5天开始炼苗。

（七）壮苗标准

子叶完整，茎秆粗壮，嫁接处愈合良好，具有3~4片真叶，苗高15 cm左右，叶色浓绿，根系完好，无病虫害。

三、架冬瓜栽培技术

架冬瓜是指在普通露地冬瓜栽培的基础上，采用竹竿、木棒、钢管等材料搭篱架，使冬瓜枝蔓离开地面在篱架上生长结瓜。

（一）茬口安排

1. **春播**　3 月下旬至 4 月上旬小拱棚育苗，4 月下旬至 5 月中旬定植，7 月中旬至 8 月中旬收获。

2. **夏播**　5 月上中旬露地育苗，6 月上中旬定植，8 月中旬至 9 月底收获。

（二）穴盘育苗

1. **品种选择**　选用果形大、肉厚、髓心小、抗病性强、丰产性好的青皮或黑皮品种。

2. **苗床准备**　选择开阔通风、地势高、向阳、排水良好、靠近种植大田的地方作苗床，长 15~20 m，宽 1.5 m，埂高 10~15 cm。

3. **基质的配制**　使用商品基质，质量符合国家有关规定，或按草炭、蛭石、珍珠岩 3∶1∶1 自行配制。

4. **穴盘**　选用 32 孔或 50 孔穴盘。

5. **装盘**　将搅拌好的基质装入穴盘内，刮去多余基质，使基质与穴面齐平。压穴，穴孔深 2 cm。

6. **种子催芽**　没有包衣的种子，播种前晒种 2 h，然后用 55 ℃温汤浸种，搅拌 15 min，捞出沥干水分，用棉布包裹，在 30~32℃保湿通气的条件下催芽 36~48 h，每天冲洗 1~2 次。

包衣种子可不用催芽，干籽直播。

7. **播种**　种子胚根长 0.3~0.5 cm 时即可播种。播种时，每穴播 1 粒，种子平放，胚根朝下，盖基质或蛭石 2 cm，喷（灌）水至穴盘下有水渗出。播种后，将穴盘整齐摆放至苗床上，覆盖地膜，搭建小拱棚。

（三）整地定植

1. **整地做畦**　定植前，每 667 m^2 施腐熟有机肥 4 000 kg，NEM 菌肥 100 kg，氮、磷、钾复合肥（15∶15∶15）50 kg，深耕细耙，整平。畦宽 1.8~2.0 m。畦面宽 1.3 m，高 0.5 m，沟宽 0.5~0.8 m。春栽覆盖白色地膜，夏栽覆盖黑色地膜。

2. **定植密度**　行距 0.9~1.0 m，株距 1 m，每 667 m^2 种植 700 株左右。

3. **药剂蘸根** 用富氧根生物制剂配成 1 000 倍液或碧护 2g ＋ 70% 甲基硫菌灵可湿性粉剂 30g ＋水 15 kg 的水溶液蘸根，将穴盘直接浸入水溶液中 1~2 min，使植株充分吸足水分。

4. **定植方法** 按照预定的株行距挖定植穴后，将结冬瓜穴盘苗放入定植穴中，育苗基质顶部与畦面基本持平，封土至定植穴 80% 时浇水 250~300 mL，水下渗后再覆土且与畦面在一个平面，定植后及时滴灌，并检查滴灌带是否畅通或漏水，冬季及早春栽培覆盖地膜，并用土封严定植孔。

（四）肥水一体化管理

1. **追肥** 采用配方施肥和水肥一体化技术，以有机肥为主，配合使用复合肥。在定植成活后施催苗肥，每 667 m^2 随水冲施尿素 20 kg。果重约 5 kg 时，每 667 m^2 冲施水溶肥氮、磷、钾（20：20：20）5 kg，或氮磷钾复合肥 20 kg。果重约 10 kg 时，每 667 m^2 冲施水溶肥氮、磷、钾（12：8：40）5 kg，在收获前 20 天停止追肥。在生长中后期，喷施叶面肥 3~4 次。

2. **浇水** 定植时浇足定植水，成活后浇一次缓苗水。抽蔓期，保持土壤湿润。开花至坐果期，不浇水或少浇水。果坐稳后及时浇水。果实膨大期，保持土壤湿润。果实收获前 10~15 天应停止或减少灌水。

（五）植株管理

1. **搭架引蔓** 采用人字形架，上横一条龙骨，高度 1.0~1.2 m。进入抽蔓期后，在垄面引蔓打圈，植株长至 15~16 片叶时引蔓上架，引蔓的同时应绑蔓，摘除全部侧蔓。

2. **人工辅助授粉** 8~9 时，摘取当天早晨开放的雄花，将花粉涂在当天的雌花花蕊上，使柱头粘有黄色粉即可，每朵雄花可授粉 1~2 朵雌花。如遇雨天，授粉后采用透光袋，剪角套花，雨过天晴即除袋。

3. **留瓜** 在主蔓第十八节位至第二十五节位上留瓜。初次授粉留 1~2 个幼瓜，等幼瓜长到 200 g 左右选留果形正、瓜柄粗的幼瓜，其余摘除。

4. **吊瓜和盖草护瓜** 当幼瓜长至 1 kg 左右时用绳子套住瓜柄，缚在棚架上，吊挂后在果蒂处用草把或报纸盖住。

5. **打顶** 留瓜后保留瓜上 8~10 节打顶，及时摘除侧蔓。

（六）采收

开花后 35~45 天，果实停止生长，果毛脱落，叶片开始枯黄，瓜皮茸毛渐稀，果皮变硬，皮色由浅变深时采收。采收在晴天早晨露水干后，带一小段茎一片叶剪下。

四、地膜覆盖栽培

（一）品种选择

选择抗病、优质、高产、商品性好、适合市场需求的品种。小型品种有早春1号等。大型品种有早青冬瓜、粉杂2号等。

（二）栽培季节

一般3月上旬育苗，4月中旬定植。春季提前塑料小拱棚栽培，可于2月上旬采用塑料大棚内套小拱棚播种育苗，3月中旬定植。

（三）培育壮苗

1. *催芽播种* 播前将种子晾晒2~3 h，然后进行消毒处理。可采用温汤浸种法，将种子放入种子量5~6倍的55℃热水中，不断搅拌，维持水温15℃。浸种后进行催芽处理，将消毒之后的种子包好置于恒温箱中，温度保持在30~35℃，催芽5~7天，大部分种子露白时即可播种。冬瓜大田栽培每667 m^2 用种量200 g。每营养钵1粒，播后覆盖过筛的细土1 cm，夜间加盖小拱棚并盖上草苫。

2. *苗期管理* 从播种至齐苗，日温28~32℃，夜温18~20℃，短时间最低夜温应不低于15℃；齐苗至第一片真叶展开，日温25~28℃，夜温15~18℃，短时间低温应不低于13℃；第一片真叶至第三真叶展开，日温28~30℃，夜温13~15℃，短时间最低夜温不低于11℃；定植前5~7天进行炼苗，小拱棚夜间不盖，日温22~25℃，夜温10~15℃，短时间最低夜温应不低于8℃。早春幼苗在底水浇足的前提下不需要再浇水。

（四）科学定植

当苗龄达到30~40天、幼苗有3~4片真叶时即可定植。定植前选择排灌良好的沙壤土田块，结合整地每667 m^2 施用充分腐熟的有机肥3 000~5 000 kg、尿素35 kg、过磷酸钙50 kg、硫酸钾50 kg。将整平的地浇透水，待表土不发黏时即可起垄做畦。做畦高度10~15 cm、宽40~45 cm，小型品种沟宽60 cm，大型品种沟宽150 cm。大型品种每667 m^2 种植300~400株，小型品种每667 m^2 种植800~1 000株。

（五）田间管理

1. *温度管理* 定植后管理重点是促进缓苗，小拱棚内气温白天保持在28~30℃，夜间保持在13~15℃。缓苗后，可选晴天逐渐放风，开花坐果期白天保持在25~28℃，夜间保持在 15~18℃。当外界最低气温达到 15℃以上时便可去掉小拱棚。

2. **肥水管理** 缓苗后浇缓苗水，松土除草，控水蹲苗。当第一个瓜坐住膨大时结束蹲苗，浇催瓜水，结合浇水追施催瓜肥，用硫酸钾复合肥 150 kg/hm^2。当冬瓜果实进入旺盛生长期后，根据墒情沟浇 2~3 次，浇水时防止大水漫灌，采收前 7 天停止浇水。

3. **植株调整**

1）摘心整枝 当瓜坐住后，要随时全部摘除瓜前面的侧枝，保留 2~3 蔓。小型品种蔓长到 15~18 片叶时摘心，大型品种 20~25 片叶时摘心，及时摘除侧枝。瓜迅速膨大后，在最后 1 个瓜前方留数片叶后摘心。一般早熟品种瓜前留 10~15 片叶摘心。

2）引蔓、压蔓 当茎蔓伸长到 60~70 cm 时，按需要的方向挖 1 个半圆形 5~7 cm 深的沟，把茎节和叶柄顺着盘入沟内，盖土压紧，使茎前端的 2~3 片叶露出地面。

4. **疏花疏果及定瓜** 小型品种选留 5~6 朵雌花，瓜坐住后，在 10 叶节以后留 3~4 个发育快、柄粗、子房肥大、果形周正的果实；大型品种选留 4~5 朵雌花，瓜坐住后，在 13 叶节以后留 1~2 个，其余全部摘除。

5. **翻瓜和垫瓜** 爬地栽培因果实是贴地面生长，上下受光不均匀，易造成果实发育和色泽不对称。栽培中要进行翻瓜，使果实各部分受光均匀，发育匀称，皮色一致，以提高品质。翻瓜时，每次轻轻翻动约 1/4，注意不要扭伤或扭断茎叶，可每隔 5~8 天翻 1 次。翻瓜宜在晴天中午或下午进行。爬地栽培时，果实贴地生长还易受虫害和病菌的侵染，若再遇到高温高湿，则极易造成果实腐烂，因此，生产中应用草垫、平整的石块或木片等物体将果实垫起，让瓜与地面隔离。

（六）适时采收

小型冬瓜以采收嫩瓜为主，果实生长到 1~2 kg 时即可采收，大型冬瓜至完全成熟时再采收。

五、塑料大棚春提前冬瓜栽培

（一）选择合适品种

大棚冬瓜栽培宜选择早熟、抗逆、丰产品种。一般早熟品种大多具有节间短，第一朵雌花着生部位低，结果早的特点。冬瓜喜光耐热，花期当温度低于 15℃时，容易造成授粉不良，坐果困难。因此，选择抗寒性强的品种是关键。

（二）培育壮苗

1. **适期播种** 豫南地区塑料大棚多层覆盖春提前冬瓜栽培定植时间为 2 月下旬，日光温室设施育苗播种时间为 12 月下旬。冬瓜种子因皮厚、吸水慢，在播种前要进行开水烫种和温水浸种才能催芽。方法是：将冬瓜种子用干净纱布包好，迅速浸入沸水中，顷刻取出，重复 3~5 次，用冷水冲凉，投入 55℃左右的水中搅拌冷却，浸 24 h，捞出洗净后放在 30~33℃的环境中催芽，48 h 就可发芽，再将发芽的种子插在事先准备好的苗床或营养钵中。

2. **苗期管理** 冬瓜幼苗生长要求有较高温度，棚内温度白天要控制在 25~30℃，夜间控制在 13~16℃，才适合其生长。要经常浇水，保持土壤见干见湿状态，对促进幼苗稳长、健长十分重要。苗期一般不需施肥，若因基肥不足而出现黄苗现象时，可叶面喷施 1.5% 尿素溶液。要注意抓好苗期蚜虫的防治工作。当苗龄达到 40~50 天、长到 4~5 片真叶时，即可移栽。

（三）整地定植

1. **整地施肥** 为防止土传病害发生，应选择前作为非瓜类作物茬口，土壤要求疏松、肥沃，排灌便利。定植前深耕细耙，每 667 m^2 施腐熟有机肥 4 000~5 000 kg，过磷酸钙 50 kg，硫酸钾 15 kg。

2. **定植** 按行距 100 cm 或 85 cm 开等距离定植沟，分别按株距 25 cm 或 30 cm 在沟内摆苗浇水，再封成宽 30 cm、高 15 cm 半高垄式，每 667m^2 定植 2 500 株，定植后浇水、覆地膜、搭小拱棚，闭棚升温 3~5 天。

（四）定植后管理

1. **温度** 苗期白天温度控制在 25~28℃，夜间控制在 13~16℃；花期白天控制在 30~33℃，夜间不得低于 15℃。否则，会影响授粉坐果。

2. **肥水** 定植后，用稀薄粪水浇施 2~3 次，促其快长。伸蔓期浇 1 次透水；坐果期，当果实长到拳头大小时，追施坐果肥 1 次，每亩施尿素 15 kg，可随水膜下渗灌。

3. **搭架** 搭架在开始伸蔓时进行。架式有平架、篱架、拱架 3 种。大棚内搭架大多采用“门”字形平架。架材可就地取材，木棍、竹竿等均可，架高 65~80 cm，架面用竹竿绑牢，一般 1 垄 1 架。

4. **绑蔓** 定植 25~30 天即可理蔓上架，上架后按每 20~30 cm 用绳绑蔓 1 次，结合绑蔓去掉侧枝、卷须和多余的雌花。

5. **授粉** 早熟冬瓜因果小，每株可留果 2~3 个，以增加产量。一般第一瓜多发育不良，大多选留第二瓜及以上的瓜。为提高坐果率，可采用人工授粉。花期可用100 mg/kg的2,4-D防止落花落果，大瓜应实行吊瓜。

（五）适时采收

大棚冬瓜可适当早摘。4月中下旬，当果毛脱落、皮色变老、皮质开始变硬时，连果柄一起采下，然后及时施肥、浇水、理蔓、授粉、一般每株还可结1个二次果。

六、天地膜覆盖栽培

（一）选用良种，培育壮苗

选择高产、优质、抗病、较早熟（第一朵雌花着生在9~13节），耐储运，肉厚4~5 cm，市场适销的青皮或粉皮冬瓜品种，于2月上中旬用大棚套小棚加电热线等保护设施，进行营养钵育苗。冬瓜种皮厚，不易发芽，播前需浸种催芽。浸种前晒种1~2天，再置于52℃的温水中浸种30 min，而后用凉水浸泡24 h，洗净后用湿布包好置于25~30℃温水中催芽。种子发芽后选择冷尾暖头抢晴播种。播前5~7天用营养土（用7份菜园土加3份灰杂肥配制）制钵，苗床浇足底水，每钵播种1~2粒。播后盖过筛营养土1.5~2.0 cm，而后覆盖地膜，闭棚增温保湿。出苗前保持日温25~30℃、夜温15~18℃，经过7天左右即可出苗。出苗后及时揭去地膜，并撒些干细土，以利于幼苗生长。齐苗后，晴天中午适当通风降温，苗期尽量少浇水，可喷洒0.1%~0.2%磷酸二氢钾溶液2~3次，促进幼苗生长。连续雨雪寡照天气应用白炽灯补光，并注意喷洒多菌灵、甲基硫菌灵、百菌清、铜氨合剂等药剂，或者撒药土，防止倒苗。定植前5~7天适当炼苗。定植前1~2天全苗床喷1次50%多菌灵可湿性粉剂800倍液加75%百菌清可湿性粉剂800倍液，并浇施5%水粪，做到带药、带肥定植，苗龄40~45天，秧苗单株有4~5片真叶，叶色嫩绿，无病虫害。

（二）合理密植，双膜覆盖

早春冬瓜宜选择避风向阳、排灌畅通、土壤肥沃深厚、保水保肥能力强的沙壤土或黏壤土栽培。定植前7~10天施足基肥，翻挖土壤20~30 cm，耧碎土块，依据地膜规格做成不同宽度的畦面；每667 m^2用48%氟乐灵100~125 mL，对水40 kg均匀喷洒畦面，并随即混土1~3 cm，防除杂草；然后在畦面中间铺超薄地膜，搭好棚架，扣棚增温保湿。3月下旬至4月上旬选晴天定植，每667 m^2定植600穴。定植后随即浇施薄水粪，用细土盖严定植穴周围地膜（以免膜内热气蓄积伤苗），闭棚7天增温保湿，白天棚温保持25~30℃，夜间不低于15℃。缓苗后当晴天棚温在25℃以上时，适当通风换气；当外界气温夜间稳定在 15℃以上时，昼夜通风。4 月下旬撤去天膜，但地膜应保持一盖到底。

（三）肥水巧运筹

双膜栽培冬瓜应一次性施足基肥，即结合整地，每 667 m^2 施优质农家肥 3 000~5 000 kg，饼肥 100 kg，氮磷钾复合肥 40~50 kg，以沟施或穴效果为佳。缓苗后至坐果前，因苗制宜追施肥水 1~2 次，每次每 667 m^2 施 1 000~1 500 kg 薄水粪，促进生长。在雌花盛开前后，要避免因肥水过大而诱发落花及化瓜。单瓜重 1.0~1.5 kg 时，根据长势，追施腐熟人畜肥 1 500 kg 加尿素 10 kg。每批冬瓜收后，结合浇水，穴施尿素 15~20 kg。坐果后遇高温干旱天气，应选择早晚浇水抗旱；遇连绵阴雨，则要及时清沟理墒，排涝降渍。

（四）打杈压蔓，人工授粉

双膜栽培冬瓜，坐果前应摘除全部侧蔓或选留 1~2 条强壮侧蔓，利用主蔓和部分侧蔓结瓜。当主蔓长至 65~70 cm 时，应划破地膜用泥土压瓜蔓 2~3 个叶节，埋土深度 5~7 cm，促发不定根，增强吸收肥水能力。冬瓜为异花授粉作物，在第一雌花开放期间，因棚内空气流动量小、昆虫少，容易授粉不良，导致化瓜，应适时人工授粉，以提高早期坐果率。方法是将采集的雄花放在花柱头上轻轻抹一下，或者直接将雄花罩在雌花上。

（五）适时采收

双膜覆盖栽培冬瓜，于 5 月底至 6 月中旬始收，8 月中下旬拉秧。通常第一批冬瓜于雌花开放后 25 天左右、单瓜重 3.5~4.0 kg 即可采收上市，这样有利于以后多结瓜，结大瓜。

七、小麦玉米冬瓜间作套种栽培

（一）品种选择

小麦选用半冬性高产品种；玉米选择抗病、高产品种；冬瓜选用早青冬瓜或粉杂 2 号冬瓜等优质、高产等市场畅销品种。

（二）田间配置

带宽 2.2 m 种 7 行小麦，预留行 80~100 cm 种 2 行玉米和 1 行冬瓜，翌年于 5 月上旬在空行中间套种 1 行冬瓜，采用地膜覆盖，株距 0.8~1.0 m，行距 2.4~2.6 m，一般每 667 m^2 种植 260~280 株。麦收后立即在冬瓜两边播种玉米，一般每穴播双株或多株玉米，每 667 m^2 种植 1 800~2 000 株。

（三）适期播种育苗

冬瓜于 3 月下旬至 4 月初育苗，苗床一般选择在田间或地头，排灌方便、背风向阳、地势平坦的地方，每 667 m^2 大田需苗床 1.2 m^2。可用育苗盘，用基质育苗或用书报纸制钵，制钵前将充分腐熟的家禽粪 10 kg/m^2、复合肥 0.3 kg/m^2、噻虫胺 2.5 g/m^2、多菌灵 0.1 kg/m^2 与苗床土混拌均匀备用。3 月中下旬开始制钵，一般制营养钵 350~400 个 /667 m^2。苗期管理要掌握好温湿度变化，注意通风炼苗，严防立枯病和猝倒病的发生，勤观察苗情，出苗后及时用 50% 甲霜噁霉灵可湿性粉剂 800~1 000 倍液或用 80% 乙蒜素 1 000 倍液喷雾防治，不重喷，以防烧苗。移栽前 5~7 天昼夜揭膜炼苗。5 月中旬待冬瓜苗达 3~4 片真叶、苗龄 35~40 天时，选择晴好天气将冬瓜苗破膜带水移栽到小麦预留行内。要求选用厚 0.01 mm、宽 80 cm 的地膜覆盖，并注意拉紧、压实、盖严。移栽时钵体不露出地面；玉米根据土壤墒情在（6 月 5 日前后）麦收后及时扒穴点播。

（四）科学施肥

播种小麦前整地时一定要施足基肥，一般每 667 m^2 施生物有机肥 120 kg 或饼肥 120 kg。每 667 m^2 用噻虫胺 1.5 kg 防治地下害虫，每 667 m^2 氮磷钾复合肥 50 kg 或小麦专用肥 50 kg，深耕、细耙、整平；冬瓜移栽后 15~20 天，施硫酸钾复合肥 25 kg/m^2。小麦应在返青拔节期追肥，一般根据小麦长势每 667 m^2 施尿素 8~10 kg，小麦孕穗至灌浆期，结合小麦“一喷三防”每 667 m^2 用 98% 磷酸二氢钾 200 g，对水 50 kg 进行叶面喷洒；冬瓜生长后期如缺肥应及时追肥，一般每 667 m^2 用硝硫基硫酸钾速效复合肥 25 kg 追施，结合防治病虫害，叶面喷施磷酸二氢钾或其他叶面肥；玉米在大喇叭口期每 667 m^2 施玉米专用肥 50 kg、尿素 40 kg，开沟施入。

（五）冬瓜整枝

小麦收割时，麦茬高度需在 20 cm 以上，留高茬，让冬瓜蔓顺一边搭在麦茬上整枝。一是幼瓜不接地生长，可防止下雨泥水闷瓜；二是利于光照，一般每株留果 3~5 个，冬瓜成熟后及时摘除，利于下茬冬瓜生长。

（六）适时早收

豫南地区小麦一般在 6 月 1 日前后成熟，于蜡黄后期及时收获，以减少小麦与冬瓜共生期；小麦收获后不进行灭茬，经太阳暴晒和降雨自然灭茬；小麦收获时瓜蔓一般长至 20~60 cm，特别是机械收割小麦时更要注意保护瓜蔓，小麦收后要及时理蔓和整枝。冬瓜前期适时早收，一般作为蔬菜出售，并利于下茬冬瓜生长，下茬晚收让果实充分膨大，延迟采收储藏，待价格高时出售。玉米采取晚收措施，以利提高产量。10 月 5 日前后要及时拉秧腾茬，保证下茬小麦整地播种。

第四节　侵染性病害的识别与防治

冬瓜对病虫的抗性一般较强，但也有一些病虫害对其会造成危害，如疫病、枯萎病、炭疽病、蔓枯病、花叶病毒病和猝倒病等。

一、疫病

（一）症状

主要危害果实，叶和茎蔓也受害。瓜受害是先在靠近地面的部位发生淡土黄色水浸状病斑，病斑稍凹陷，迅速扩大，潮湿时表面密生白色绵状霉，进而病瓜腐烂发臭。叶上的病斑黄褐色，潮湿时长出白露并腐烂。茎上病斑开始为暗绿色，后扩大变软呈湿腐状，其上茎叶枯萎。

（二）发病原因

属于真菌病害，病原菌在土壤、病株残体上越冬，种子也能带菌。初发病多是由于灌水、水滴飞溅和空气传播而蔓延。温室内大水漫灌常会导致本病的发生和蔓延。高温高湿是冬瓜疫病发生的必要条件，6~9 月危害最严重。因此，地下水位高、连雨闷热、黏重土壤、低洼易涝、无架栽培等都易发病且病症严重。

（三）防治措施

1. *农业防治*　尽量不搞连作，连作时要做好土壤消毒；实行高垄栽培，及时垫瓜避免直接接触地面；严防大水漫灌和土壤过干后突然浇大水。

2. *药剂防治*　发现病株及时喷药杀灭和对健株加以保护，60% 吡唑・代森联水分散粒剂 600~800 倍液喷雾；70% 丙森锌可湿性粉剂 300~400 倍液喷雾；52.5% 噁唑菌酮・霜脲氰水分散粒剂 1 500~2 000 倍液喷雾。

二、枯萎病

（一）症状

枯萎病又称蔓割病、萎蔫病，从幼苗到成株均可发病。苗期发病时，病叶及叶柄变黑，收缩，幼茎基部一侧变褐缢缩、萎蔫猝倒；成株发病时，初期茎基部出现水浸褐色病斑，很快扩至全株。叶缘变黄枯死，有的叶片呈皱缩状，最后全株枯死。撕开根茎病部，可见维管束已变黄褐到黑褐色。

（二）发病原因

枯萎病的病菌从根部伤口或根尖侵入，在根、茎的维管束内生长发育，堵塞维管束，阻止水分和无机盐运输，还分泌毒素而引起植株萎蔫。种子、土壤和肥料带菌，病菌可在土中存活5年左右。病菌在8~34℃均能生长，发病适宜温度为24~28℃。酸性土壤发病较重，重茬地也较重。

（三）防治措施

1. **种子消毒**　一是将绝对干燥的种子在70~75℃烘箱中处理7天；二是用40%甲醛150倍液浸泡1.5 h，捞出后冲洗干净，再在冷水中浸2~3 h，而后催芽，防效可达100%。

2. **药剂防治**　60%吡唑·代森联水分散粒剂600~700倍液喷雾；5%氨基寡糖素水剂500~700倍液喷雾；25%咪鲜胺乳油1 500~2 000倍液喷雾。

3. **药土（糊）防治**　药土配制方法是：70%甲基硫菌灵可湿性粉剂（或50%多菌灵可湿性粉剂，或50%苯来特可湿性粉剂）0.5 kg，对细土50~60 kg，撒于定植穴（沟）里，或围到病株根颈部。90%敌克松可湿性粉剂10 g，加面粉10 g，调成糊涂于患处，对已发病植株有治愈效果。

三、炭疽病

（一）症状

可危害叶片、茎蔓、瓜条。成株叶片受害，初为红褐色圆形小斑，然后扩大为直径4~18 mm的圆形或近圆形褐色病斑，边缘色深，中间色稍浅，病斑外有黄色晕环，有时病部干枯开裂或破碎。潮湿时病斑呈粉红色黏稠物。

（二）发病原因

病原菌为真菌，在土壤病残体内或种子上越冬。病原菌借助风、雨、棚膜滴水和昆虫传播。发病与温、湿度关系密切，其中湿度大是发病的主要因素。

（三）防治措施

25% 嘧菌酯悬浮剂 800~1 600 倍液喷雾；25% 吡唑醚菌酯悬浮剂 1 500~2 000 倍液喷雾；32.5% 苯甲・嘧菌酯悬浮剂 800~1 000 倍液喷雾；75% 戊唑醇・肟菌酯水分散粒剂 2 000~3 000 倍液喷雾；37% 苯醚甲环唑水分散粒剂 1 500~2 000 倍液喷雾。

四、花叶病毒病

（一）症状

主要危害叶片，发病初期，幼叶首先呈现黄绿相间的花斑，严重时叶片皱缩，向后卷曲，叶片变小，质地发硬发脆，节间缩短，下部叶逐渐黄化枯死，轻病株可结瓜，但畸形；重病株不能结瓜。

（二）发病原因

病毒引起的病害，病毒可在种子、多年生杂草、保护地中越冬，靠蚜虫、田间操作和汁液接触传播，在高温、干旱、日照强的条件下发病严重。此外，在杂草多、附近有发病作物、气温高、缺水、缺肥、管理粗放、蚜虫多时发病严重。

（三）防治措施

定植后喷施 7.5% 克毒灵水剂 500 倍液；20% 病毒宁可溶性粉剂 500 倍液；8% 宁南霉素水剂 500 倍液；20% 毒克星可湿性粉剂 500 倍液；6.5% 菌毒清水剂 600 倍液等。连续用 3~4 次，收获前 7 天停止用药。

五、猝倒病

（一）症状

刚出土的幼苗，地上部并无明显病状，幼苗突然倒地青枯死亡。发病往往从棚水滴落成的点片开始，随之迅速扩展，如同“鬼剃头”一样。拔取病苗可见近地表的茎部呈水烫样发黄、变软、萎缩呈线状，湿度大时可见到病部有白色絮状物发生。发病严重时，种子尚未出土即已腐烂。

(二)发病原因

床土湿度大，特别是在经常有棚膜水滴落的地方往往首先形成发病中心，由此向外蔓延。猝倒病应与连阴骤晴或雪后骤晴闪死苗的情况相区别。

(三)防治措施

1. **床土消毒** 用五代合剂或五福合剂等进行常规的苗床消毒。

2. **喷药防治** 苗期喷药预防和治疗病害应注意三点：一是应喷用不产生药害的农药；二是喷用的农药尽量选用具有兼治 2 种或 2 种以上病害的农药；三是喷药应严格控制配药浓度和用量，以防产生药害。药害一旦形成，挽救十分困难。适于苗期防治猝倒病又可兼治其他苗病的农药主要有：75% 百菌清可湿性粉剂 1 000 倍液喷雾，可防治猝倒病，兼治灰霉病和疫病；70% 敌克松可湿性粉剂 1 000 倍液喷雾，可防治猝倒病，兼治枯萎病等；64% 杀毒矾可湿性粉剂 400 倍液喷雾，可防治猝倒病，兼治霜霉病和疫病。铜氨制剂（2 份硫酸铜加 11 份碳酸氢氨，分别磨成细粉充分拌匀，装入塑料袋扎紧密封 24 小时后即成铜氨制剂）400 倍液喷雾，防治猝倒病效果好。

第五节　生理性病害识别与防治

一、裂果

(一)症状

1. **放射状裂果** 以果蒂为中心向果肩部延伸，呈放射状深裂。
2. **环状裂果** 呈环状开裂。
3. **条状裂果** 在果顶部位呈不规则的条状裂口。

此外在一个果实上也有环状或放射状混合型裂果，还有右侧面裂果或裂皮现象。

(二)发病原因

冬瓜裂果系生理病害，夏季高温、烈日、干旱、暴雨、浇水不均等不利条件是引起冬瓜裂果主要原因，特别是遇有阵雨和暴雨，引起根系生理机能障碍，且妨碍对硼素正常吸收或运转，经3~6天，即产生裂果。

在果实发育过程中，前期由于土壤或空气干旱，果实内的水分，由叶面大量蒸发散失，表皮生长受抑，这时遇有突然降雨或灌水过量，果皮生长赶不上果肉组织膨大产生膨压，致果面发生裂口，由于水分过多，裂口会增大和加深。

因此，生产上在果实膨大期，遇有干湿变幅大，是冬瓜裂果的主要原因。此外，烈日直射果面，果面温度升高或果实成熟过度、果皮老化也可发生冬瓜裂果。

（三）防治措施

选择抗裂品种；在多雨地区或多雨季节，采用深沟高畦或起垄及搭架栽培法；为冬瓜增施有机肥，增加土壤透水性和保水力，使土壤供水均匀，根系发达，枝繁叶茂，及时整枝使果实发育正常，可减少裂果；冬瓜果实顶端和贴地部位果皮厚壁细胞层较少，栽培中可翻转促进果实发育；必要时可在果实膨大期喷洒0.1%的硫酸铜或硫酸锌溶液，提高其抗热和抗裂能力；在花瓣脱落后喷洒赤霉素溶液，每隔7天喷1次，连喷2~3次，也可防治裂果；适时采收，减少裂果数量。

二、沤根

（一）症状

主要危害幼苗根部或根茎部。发生沤根时，根部不发新根或不定根，根皮发锈后腐烂，致地上部萎蔫，且容易拔起，地上部叶缘枯焦。严重时，成片干枯，似缺素症。

（二）发病原因

冬瓜沤根的发生主要是地温低于12℃，且持续时间较长，再加上浇水过量或遇连阴雨天气，苗床温度和地温过低，瓜苗出现萎蔫，萎蔫持续时间一长，就会发生沤根。沤根后地上部子叶或真叶呈黄绿色或乳黄色，叶缘开始枯焦，严重的整叶皱缩枯焦，生长极为缓慢。在子叶期出现沤根，子叶即枯焦；在某片真叶期发生沤根，这片真叶就会枯焦，因此从地上部瓜苗表现可以判断发生沤根的时间及原因。长期处于5~6℃低温，尤其是夜间的低温，致生长点停止生长，老叶边缘逐渐变褐，致瓜苗干枯而死。

（三）防治措施

1. *农业防治*　选用耐病冬瓜品种；种植冬瓜畦面要平，严防大水漫灌；加强冬瓜育苗期的地温管理，避免苗床地温过低或过湿，正确掌握放风时间及通风量大小；冬瓜采用电热线育苗，控制苗床温度在16℃左右，一般不宜低于12℃，使幼苗茁壮生长；在发生轻微沤根后，要及时松土，提高地温，待新根长出后，再转入正常管理。必要时可喷增根剂。

2. **化学防治** 在冬瓜沤根发生沤根后及时喷洒50%根腐灵可湿性粉剂800倍液或50%立枯净可湿性粉剂800倍液可促进根系生长，隔5~7天喷1次，共喷2~3次。

三、冬瓜日灼

（一）症状

向阳面果实的果皮呈黄白色或黄褐色，形状不规则，斑面略皱缩，后期呈皮革状，病部略向下陷，果实仍坚硬不腐烂。

（二）发病原因

一是通常土壤缺水或天气过度干热，或雨后暴热，或不耐热的品种，易诱发日灼病。二是田间果实缺少叶片覆盖，太阳光直接照射在果面上而引起。

（三）防治措施

1. **农业防治** 选择抗病冬瓜品种；管理好肥水，适时适度浇灌水，以满足果实发育所需，防止土壤过旱；结合管理，用生长旺盛的主蔓叶片或稻草遮阳护瓜；适时适度喷施叶面营养剂有助于提高植株抗逆性，防止或减少果实日灼；可以选择玉米与冬瓜套种的办法为冬瓜遮挡阳光。

2. **化学防治** 可适时适度喷施叶面营养剂加新高脂膜800倍液，有助于提高植株抗逆性，并在冬瓜开花前、幼果期、膨大期喷施壮瓜蒂灵，能使瓜蒂增粗，强化营养定向输送量，促进瓜体快速发育，瓜形漂亮，汁多味美，防止或减少果实日灼。

四、冬瓜畸形

（一）发病原因

冬瓜生产过程中出现果实畸形主要有以下原因：

1. **生理原因** 在花芽分化期或雌花发育期经受低温，易形成畸形花而发育成畸形果；开花坐果期遇到高温、干旱，花粉发芽率降低，致使授粉不良，果实膨大期肥水不足或偏施氮肥，土壤中氮、磷、钾失衡；留瓜节位过低或过高，影响同化物质对果实的供应；人工授粉技术失误，进行偏斜授粉；病虫危害，特别是病毒病危害等，均可导致畸形果形成。

2. **物理因素** 一方面，雌花或幼果被过度遮蔽或多雨季节，也会造成畸形果；另一方面，由于架材、藤蔓或其他硬物的挤压，冬瓜果实形状会产生变形。

（二）防治措施

根据实际情况的分析，对照实际的种植过程进行改进。同时在植株开花期，每隔约15天喷1次0.04 mg/L浓度的芸薹素内酯稀释液，加入含锌、硼、镁、钙等营养元素的叶面肥，如腐殖酸康宝、农夫康等，以提高植株的抗病及其他抗逆能力，提高花粉的活力等，对减少畸形瓜有好处。在花期和坐果初期应梳理藤蔓，适当增加光照，及时进行人工辅助授粉。当小型或中型冬瓜的幼瓜长到1 kg左右时开始吊瓜，从瓜柄处将瓜吊在架材上，减轻瓜蔓的压力，同时进行疏果，之后及时喷药防病。

五、低温冻害

（一）发病原因

低温是冬瓜受冻的重要因素，尤其是寒流侵袭或突然降温或降雨，会出现上述症状。低温时，根细胞原生质流动缓慢，细胞渗透压降低，造成水分供求不平衡，植株受到冻害。

（二）防治措施

冬瓜喜温耐热，生长适宜温度为25~28℃，10℃以下易受冻害。幼苗期温度偏低，有利于雌花花芽分化；温度过高，易发生第一雌花“跳节”现象。开花结果期温度过低（低于15℃）或过高（高于40℃）时，开花、授粉不良，易影响坐瓜和瓜的发育。在保护地高温高湿环境下，冬瓜可以忍耐短时间50℃高温。早春经过低温锻炼的幼苗，可忍耐短时间2~3℃的低温。

选用耐低温品种；进行低温锻炼，冬瓜对低温忍耐力的提高是生理适应的过程，原生质胶体黏性提高，酶活性增强向耐寒方向发展，因此育苗期定植前进行低温锻炼十分重要；选择晴天定植，霜冻前浇小水；采用植物上盖报纸或地膜；棚室四周围草帘；熏烟或临时补温；每667m^2喷洒植物抗寒剂200 mL，或27%高脂膜乳剂100倍液。

冻后解救措施：冻后缓慢升温，日出后用报纸或草苫遮光，使冬瓜生理机能慢慢恢复，不可操之过急。

六、冬瓜化瓜

（一）症状

长到一定大小的冬瓜幼瓜，朽住不长，逐渐变黄萎缩，最后干枯或脱落，称为化瓜。

（二）发病原因

一是大棚种植或露地种植的冬瓜，遇到早春气温低、大棚后期温度过高，造成花粉发育不良。当温度高时，花粉也不易散出，雌花受精受阻，不能形成瓜胎，也就不能合成足够的生长素，从而造成化瓜。二是肥水跟不上，或氮肥施用过多，造成植株徒长，植株的营养生长和生殖生长不平衡时。三是人工授粉未能跟上，错过了最佳的授粉时机，也会造成化瓜。四是土壤中缺氮、缺磷时也易造成化瓜。

（三）防治措施

一是采用配方施肥技术，保证氮、磷供给均衡，但也不宜过多，防止徒长发生。适时摘除侧枝，注意摘除难以坐住的瓜。弱株尽量早采收，徒长株适当晚采收。二是在开花期的每天 9 时前后摘取雄花，去掉花瓣，把花药上的花粉涂抹到雌花柱头上，防止化瓜效果好。三是采用化学药剂涂（喷）花，每天 9 时左右，用毛笔蘸 15 mg/kg 的 2，4-D 涂雌花基部或使用 15 mg/kg 的赤霉素喷幼瓜。

第六节　主要虫害识别与防治

一、美洲斑潜蝇

美洲斑潜蝇原产于南美洲，20 世纪 90 年代初传入我国，是一种寄主植物非常广泛，尤其对瓜类和茄果类蔬菜危害严重的害虫。一般受害叶面可达 10%~50%，致使叶片干枯，严重的毁种绝收。

（一）形态、习性及发育条件

1. **形态** 成虫体黑色，头部及中胸小盾片、中胸侧板黄色，具金属闪光，体长2~2.5 mm，翅展3~3.5 mm。蛹体长2.5~3.5 mm，直径1.5~2 mm，初为黄色到橙黄色，逐渐变为深黄到褐色。幼虫白色，老熟后变为黄色到橙黄色，体长3~4 mm，直径1~1.5 mm。

2. **习性** 成虫活动、交配、产卵和取食都在白天进行，8~10时为其活动高峰期。雌虫多产卵于充分展开叶片表皮下的海绵组织内。常用产卵器刺探适宜的产卵部位而使叶片形成许多针尖样小白点。

成虫产卵对寄生植物有很强的选择性，如来源于黄瓜地和番茄地的成虫均对豆科的豇豆、矮生菜豆，瓜果类的黄瓜、丝瓜、西葫芦有很强的偏食性。成虫对黄色有很强的趋性，可以利用它的这一习性进行预报和诱杀。

3. **发育** 该虫幼虫和蛹的发育与温度呈正相关，在温度为15~31℃，幼虫至蛹的发育历时为12~43天。该虫的发育起点温度较高，卵、幼虫和蛹的发育温度是13~14℃。同时，忍受低温的能力较差，在我国北方露地条件下不能越冬，并且在平均气温低于13℃时不能发育。因此，温室的发展是造成本虫在北方发展蔓延的先决条件。

（二）危害症状

幼虫孵化后即在表皮下的海绵组织危害。幼虫分为3个龄期，随着龄期和虫体的增长，取食钻蛀的隧道逐渐加粗，幼虫的粪便排泄在隧道之中，从而形成黑色间断性的线条。幼虫老熟后钻出叶正面，并向叶缘爬行，翻滚落地，入土化蛹。

（三）发生时期和防治适期

1. **温室** 冬季，在冬用型日光温室和加温温室里可以繁殖，但发育速度较慢，在平均气温18℃条件下，完成一个世代需要40天。因此，温室防治该虫的关键时期是栽培作物从露地转到温室后直到初冬；年后防治的关键时期是3~4月。

2. **大棚** 防治和温室一样，主要是秋延晚从露地转到大棚里的一茬作物。如果在冬季进行2周以上的低温冻地处理，一般棚内不会有虫源，如果有虫源要看是否出现危害症状，如有则其防治的关键是4~5月，特别是揭膜大放风以后，更需注意用药防治。

3. **小棚、地膜覆盖和露地** 一般是在温度16~18℃时始见虫道，但危害不重，一般到日平均温度20℃发生严重，需要突击用药防治。

（四）防治措施

1. **复配药剂** 2.0% 阿维菌素乳油 4 000 倍液，或 50% 潜克（灭蝇胺）可湿性粉剂 3 500 倍液，或 5% 尼索朗（噻螨酮）乳油 2 000 倍液。

甲维盐 + 虫螨腈 + 嘉美金点 1 000 倍液，甲维盐 + 虱螨脲 + 嘉美金点 1 000 倍液交替喷施防治。

2. **烟熏药剂** 每 667 m^2 用 10% 异丙威烟雾 250~300 g，密闭棚室 4 h 后通风。

3. **单剂轮用** 0.2% 阿维菌素乳油 1 500 倍液或 25% 灭幼脲三号悬浮剂 1 000 倍液 + 嘉美金点 1 000 倍液，交替使用，每 7 天喷 1 次，连喷 3 次；20% 吡虫啉可溶性液剂 4 000~5 000 倍液，每 7~9 天喷 1 次，连喷 2~3 次。

二、冬瓜二十八星瓢虫

（一）形态特征

成虫体均呈半球形，红褐色，全体密生黄褐色细毛，每一鞘翅上有 14 个黑斑。卵炮弹形，初产淡黄色，后变黄褐色。幼虫老熟幼虫淡黄色，纺锤形，背面隆起，体背各节生有整齐的枝刺，前胸及腹部第八至第九节各有枝刺 4 根，其余各节为 6 根。蛹淡黄色，椭圆形，尾端包着末龄幼虫的蜕皮，背面有淡黑色斑纹。

（二）危害症状

成虫和幼虫舔食叶肉，残留上表皮呈网状，严重时全叶食尽；舔食瓜果表面，受害部位变硬，带有苦味，影响产量和质量。

（三）发生规律

成虫产卵期很长，卵多产在叶背，常 20~30 粒直立成块。第一代幼虫发生极不整齐。成、幼虫都有取食卵的习性，成虫有假死性，并可分泌黄色黏液。幼虫共 4 龄，老熟幼虫在叶背或茎上化蛹。夏季高温时，成虫多藏在遮阳处停止取食，生育力下降，且幼虫死亡率很高。一般在 6 月下旬至 8 月中旬是第一、第二代幼虫的危害盛期，从 9 月中旬至 10 月上旬第二代成虫迁移越冬。东北地区越冬代成虫出蛰较晚，而进入越冬稍早。

（四）防治措施

2.5% 溴氰菊酯乳油 3 000 倍液，或 40% 菊马乳油 3 000 倍液，或 20% 甲维盐乳油 3 000~4 000 倍液，喷雾防治。

三、斜纹夜蛾

（一）形态特征

成虫体长 14~20 mm；头、胸、腹均深褐色；胸部背面有白色丛毛，腹部前数节背面中央有暗褐色丛毛；前翅灰褐色，斑纹复杂；内横线及外横线灰白色，波浪形，中间有白色条纹；环状纹与肾状纹间自前缘向后缘外方有 3 条白色斜线；后翅白色，无斑纹；前后翅常有水红色至紫红色闪光。卵扁半球形，直径 0.4~0.5 mm，黄白至浅绿色，孵化前紫黑色。卵粒集结成 3~4 层卵块，外覆灰黄色疏松茸毛。老熟幼虫体长 35~47 mm，头部黑褐色，胴部土黄色、青黄色、灰褐色或暗绿色，背线、亚背线及气门下线均为灰黄色及橙黄色；从中胸至第九腹节在亚背线内侧有三角形黑斑 1 对，其中以第一、第七、第八腹节的最大。胸足近黑色，腹足暗褐色。蛹长 15~20 mm，赭红色。腹部背面第四至第七节近前缘处各有一个小刻点。臀棘短，有一对强大而弯曲的刺，刺的基部分开。

（二）危害症状

卵多产于叶背叶脉分杈处，块产，上面覆有灰黄色鳞毛。初孵幼虫群集危害，取食叶肉，残留上表皮如纱窗状，3 龄后分散危害，咬食叶片呈缺刻，暴食时把植株吃成光秆。

（三）发生规律

该虫发生世代数在我国由北向南逐步增加，黄淮流域每年 4~5 代，8~9 月是危害盛期；世代重叠。成虫昼伏夜出，趋光性、趋化性强。老龄幼虫昼伏夜出取食，并具有假死性；食料不足或不适时，幼虫常群迁附近田块危害；老熟幼虫多入土做室化蛹。

（四）防治措施

幼虫初孵盛期用 2.5% 高效氯氟氰菊酯乳油 5 000 倍液，或 2.5% 灭幼脲悬浮剂 1 000 倍液，或 21% 灭杀毙乳油 6 000~8 000 倍液，2~3 次，隔 7~10 天喷 1 次，交替喷施。

四、蝼蛄

（一）形态特征

体狭长，头小，圆锥形。复眼小而突出，单眼 2 个。前胸背板椭圆形，背面隆起如盾，两侧向下伸展，几乎把前足基节包起。前足退化为粗短结构，基节特短宽，腿节略弯，片状，胫节很短，三角形，具强端刺，便于开掘。内侧有 1 裂缝为听器。前翅短，雄虫能鸣，发音器不完善，仅以对角线脉和斜脉为界，形成长三角形室；端网区小，雌虫产卵器退化。

（二）危害症状

以成虫和幼虫在土壤中咬噬种子、幼根和嫩茎，使幼苗生长不良，甚至死苗，造成缺苗断垄，为冬瓜苗期的一种重要地下害虫。

（三）发生规律

一般于夜间活动，但气温适宜时，白天也可活动。土壤湿度为22%~27%时，华北蝼蛄危害最重。土壤干旱时活动少，危害轻。成虫有趋光性。夏、秋两季当气温在18~22℃，风速小于1.5 m/s时，夜晚可用灯光诱到大量蝼蛄。蝼蛄能倒退疾走，在穴内尤其如此。成虫和若虫均善游泳，母虫有护卵哺幼习性。若虫至4龄期方可独立活动。蝼蛄的发生与环境有密切关系，常栖息于平原、轻盐碱地以及沿河、临海、近湖等低湿地带，特别是沙壤土和多腐殖质的地区。

（四）防治措施

一是毒饵诱杀，用90%敌百虫晶体500 g对水15 L，溶解后拌入40~50 kg麦麸或豆饼中，堆闷片刻制成毒饵，傍晚每667 m^2烟田撒施2~2.5 kg诱杀防治；二是选用50%辛硫磷乳油1 000~2 000倍液，或25%吡虫啉可湿性粉剂1 000~2 000倍液，喷雾防治。

五、蛴螬

（一）形态特征

体肥大，体形弯曲呈C形，多为白色，少数为黄白色。头部褐色，上颚显著，腹部肿胀。体壁较柔软多皱，体表疏生细毛。头大而圆，多为黄褐色，生有左右对称的刚毛，刚毛数量的多少常为分种的特征，如华北大黑鳃金龟的幼虫为3对，黄褐丽金龟幼虫为5对。蛴螬具胸足3对，一般后足较长。腹部10节，第十节称为臀节，臀节上生有刺毛，其数目的多少和排列方式也是分种的重要特征。

（二）危害症状

幼虫危害各种蔬菜苗根，使蔬菜幼苗致死，造成缺苗断垄。

（三）发生规律

有假死和趋光性，并对未腐熟的粪肥有趋性。白天藏在土中，20~21时进行取食等活动。蛴螬始终在地下活动，与土壤温、湿度关系密切。当 10 cm 土温达 5℃时开始上升土表，13~18℃时活动最盛，23℃以上则往深土中移动，至秋季土温下降到其活动适宜范围时，再移向土壤上层。因此蛴螬对果园苗圃、幼苗及其他作物的危害主要是春、秋两季最重。土壤潮湿活动加强，尤其是连续阴雨天气，春、秋季在表土层活动，夏季时多在清晨和夜间到表土层。

（四）防治措施

一是土壤处理，每 667 m^2 用噻虫胺颗粒剂 1.5~2.0 kg 顺垄条施或混入有机肥结合整地施入；二是 50% 辛硫磷乳油 1 000~2 000 倍液，或 25% 吡虫啉可湿性粉剂 1 000~2 000 倍液，喷雾防治。

六、地老虎

（一）形态特征

1. **成虫（蛾）** 小地老虎较大，体长 16~32 mm、翅展 42~55 mm；黄地老虎较小，体长 14~19 mm、翅展 32~43 mm。小地老虎的体色较暗、呈暗褐色；黄地老虎的体色较鲜，呈黄褐色，前翅上的主要特征是有肾形斑、环形斑和棒状斑。

2. **幼虫** 小地老虎较长，为 41~50 mm；黄地老虎较短，为 33~43 mm。小地老虎体表的粒瘤多而明显，黄地老虎不大明显。

3. **蛹** 小地老虎蛹较长，为 18~24 mm；黄地老虎蛹较短，为 15~20 mm。

4. **卵** 半球形或呈馒头形，有纵的和横的线纹，初产时是乳白色，孵化前是暗灰色。

（二）危害症状

幼虫啃食幼苗近地面茎基部，后期可将其咬断，致冬瓜苗或冬瓜株死亡，造成缺苗断垄，严重时毁种。

（三）发生规律

成虫白天栖息于杂草、土堆等荫蔽处，夜间进行交配、产卵和吸食。卵散产于叶背、土块、草棒上，每头雌虫一生产卵 800~1 000 粒。幼虫主要危害作物幼苗，1 头幼虫可危害 5~10 株幼苗，夜间危害，白天栖于幼苗附近土表下面。幼虫有假死性。

（四）防治措施

一是糖醋液诱杀，糖 6 份、醋 3 份、白酒 1 份、水 10 份、90% 敌百虫 1 份调匀诱杀。

二是50%辛硫磷乳油1 000~2 000倍液，或25%吡虫啉可湿性粉剂1 000~2 000倍液，喷雾防治。

第七节　缺素症的识别与防治

一、缺氮

（一）症状

叶片均匀黄化，黄化先由下部老叶开始，逐渐向上扩展，幼叶生长缓慢，花小，化瓜严重。果实短小，畸形瓜增多，严重缺氮时，整株黄化，不易坐果。

（二）发生原因

一是土壤有机质含量低，有机肥施用量低；二是土壤供氮不足或在改良土壤时施用稻草过多；三是土壤板结，可溶盐含量高的条件下，根系活力减弱吸氮量减少，也易出现缺氮症状。

（三）预防措施

一是通过土壤化验，配方施肥；二是推广水肥一体化技术，定植后坐瓜前追施平衡肥；三是叶面喷施，补充氮肥不足。

二、缺磷

（一）症状

磷的作用是促进幼苗生长和花芽分化。瓜类蔬菜生育前期缺磷茎叶细小，叶色深绿无光泽，叶柄呈现紫色，根系发育不良，生长慢，植株矮小，生育延缓。

（二）发生原因

一是施用磷肥不够或未施磷，易出现磷素缺乏症；二是土壤碱性，含石灰质多，施用磷肥易被以无效态固定，使土壤中能够被植物所吸收利用的有效态磷含量很低不能满足植物正常生长所需；三是偏施氮肥、土壤板结的地块和低温干旱或潮湿的气候也会加重作物缺磷。

（三）预防措施

第一，田间避免偏施氮肥，增施磷肥用作基肥，可施平衡型复合肥 + 有机肥作基肥，秋季施基肥时，加入一定量的过磷酸钙，提高土壤中磷的含量；第二，施肥时注意施用于植株根部，注意保证土壤适宜的含水量；第三，出现缺磷症状时注意追施水溶性磷肥，或用磷酸二氢钾或用过磷酸钙叶面喷施，隔 7~10 天喷 1 次，喷 2~3 次。

三、缺钾

（一）症状

生长缓慢，节间短，叶片小，叶片呈青铜色，而边缘变成黄绿色，叶片黄化，严重的叶缘呈灼焦状干枯。主脉凹陷，后期叶脉间失绿且向叶片中部扩展，失绿症状先从植株下部老叶片出现，逐渐向上部新叶扩展。果实中部、顶部膨大伸长受阻，较正常果实短且细，形成粗尾瓜、尖嘴瓜或大肚瓜等畸形果。

（二）发生原因

主要是有机质含量低，有机肥施用量不足或土温低和铵态氮施用量过大。

（三）预防措施

配方施肥，增施有机肥，以增加钾肥蓄积，此外，土壤中有硝酸态氮存在时，有利于冬瓜对钾的吸收，但在土壤中以铵态氮存在时，则吸收被抑制，引发缺钾，为此土壤中要增施腐殖质，使其形成团粒结构，利于硝酸化菌把铵态氮变成硝酸态氮，使氮钾协调，以利冬瓜吸收。应急时叶面喷洒 0.3% 磷酸二氢钾溶液。

四、缺镁

（一）症状

抑制冬瓜根系生长，降低冬瓜产量，影响果实外观品质。

（二）发生原因

一是由于华南地处亚热带，高强度的降雨造成土壤镁淋洗，使土壤中的有效镁浓度较低；二是当地生产农户的不平衡施肥导致吸收时元素间发生拮抗，如 NH^{4+}、K^{+} 等离子与

Mg^{2+} 产生竞争，容易造成植株缺镁；三是冬瓜自身对镁元素的需求量大，尤其是在果实膨大期，果实的快速生长导致植株在短期内对镁的需求量剧增，是冬瓜镁营养临界期。

（三）预防措施

在沙土或沙壤土上要适当施用镁肥，提倡施用含镁石灰（白云石），这是一种含镁和钙的土壤改良剂，尤其是在酸化土壤上每 667 m^2 施用 20~30 kg，既能中和土壤酸性，又能补充土壤中钙和镁的不足，应急时也可叶面喷洒 1.3% 硫酸镁溶液。

五、缺钙

（一）症状

钙参与根尖、茎尖生长点的分化过程，可以增强作物的抗逆能力，防止作物早衰，提高作物品质。有助于减少植物中的硝酸盐，中和有机酸，还会对植物代谢过程中产生的有机酸产生解毒作用。缺钙在生长点发生较普遍，危害也较重。生长中后期缺钙，会加速乙烯的产生，促进作物的衰老，严重影响产量和果实耐储运性。对维持果实硬度、增强果实的耐储藏性具有间接的重要作用，缺钙会降低植物细胞壁的硬度，给真菌病害的入侵提供了方便，就会导致裂果。

（二）发生原因

一是菜地里长期没有通过施基肥来补充钙元素，导致土里的钙含量低，引起缺钙；二是部分菜地化肥使用量加大，有机肥又很少用，就会引起土壤酸化、盐渍化，从而影响根系对钙的吸收和利用；三是在高温干旱环境下，不及时浇水，会导致土壤里的盐溶液浓度增高，从而抑制根系对钙的吸收和传导，引起缺钙；四是过量施用氮、钾肥，或者含有较多可溶性钾钠、镁等的肥料，会降低根系吸收钙的能力。

（三）预防措施

1. **在苗子定植期**　根系发育和扩展的最佳时期一般是在苗子定植下去以后，这时就要注意补充钙肥，因为它可以促进根系的发育、花芽的分化，提高植株的健壮力。

2. **在开花结果初期**　在开花结果盛期时，作物对养分的需求很迫切，如果缺钙，再补难度就有点大。所以就要注意在开花结果初期就开始补钙肥，以冲施为主，用量与苗期使用的相同；到了膨果期，还要注意在叶面上喷雾补充钙肥。

叶面喷钙肥注意事项：一是先配好钙肥溶液，再加上二次稀释的农药；二是一般的钙肥不能与含磷的叶面肥一起用。

六、缺铁

（一）症状

铁是细胞色素、血红素、铁氧还蛋白及多种酶的重要组分，在植物体内起传递电子的作用，是叶绿素合成中必不可少的物质。在植物体内不易移动，缺铁时首先表现在幼叶上，脉间失绿，严重时整个幼叶呈黄白色。

（二）发生原因

缺铁常在高 pH 土壤中发生。pH 每升高一个单位，铁的活性下降 1 000 倍，石灰性土壤上易缺铁。通气好的情况下土壤 pH 升高，降低了铁的溶解度。

（三）预防措施

硫酸亚铁与 10~20 倍的腐熟有机肥作基肥混施效果较好，也可叶面喷施 0.2%~0.5% 硫酸亚铁溶液。

七、缺硼

（一）症状

缺硼一般会表现以下症状：生长点萎缩、枯死，枯顶，幼叶畸形、扭曲；茎和叶柄粗短、龟裂、硬化；植株矮缩；肉质根茎内部发生水浸状，横裂成空洞；果实发育不良，畸形果，果肉、果皮木栓化坏死，果皮出现裂痕。缺硼引起生长点萎缩和坏死与缺钙十分相似，但缺硼时生长点呈干死状，而缺钙时生长点则呈腐死状；缺硼的叶片往往变得厚而脆，而缺钙的叶片则呈弯钩状而不易伸展；缺硼结花器官和结实的影响比缺钙严重得多。

（二）发生原因

土壤过干，土壤中硼被固定，降低了水溶性硼的有效性，直接阻止硼的吸收和运转；土壤水分过多，硼素淋失，也会降低硼的有效含量，影响蔬菜作物对硼的吸收。加上长期以来有机肥使用锐减，氮、磷、钾肥使用比例失调，土壤养分平衡状况恶化，导致蔬菜作物缺硼症状日趋普遍。

（三）预防措施

1. **增施有机肥**　有机肥料一般含硼 20~30 mg/kg，施入土壤后分解释放，能提高土壤的供硼水平，改善土壤的结构和理化性状，增强土壤的保水保肥能力，提高土壤硼的有效性。腐熟的有机肥宜作基肥，每 667 m^2 施用 8 000 kg 左右。

2. **平衡氮、磷、钾肥** 在合理增施有机肥的基础上，控制氮肥，特别是铵态氮过多，不仅导致冬瓜体内氮和硼的比例失调，还会抑制冬瓜对土壤中硼的吸收；稳施磷肥，宜基施、集中施；增施钾肥，70% 用作基肥。

3. **科学施用硼肥** 硼肥作基肥可与磷肥、有机肥等混合施用，既能提高施用硼肥的均匀性，又可增加施硼效果。硼肥全作基肥时，每 667 m^2 用量以 0.5 kg 为宜。硼肥作叶面肥时，一般每 667 m^2 用 0.1% 硼砂溶液 50 kg 进行叶片正反两面均匀喷雾。

4. **适量灌溉** 旱时要及时适量灌溉，防止土壤干裂，促进硼的吸收。不可一次灌水过多，排水时引起土壤水溶性硼淋失，导致土壤缺硼。

第五章

苦瓜优质高效栽培技术

本章介绍了苦瓜的生物学特性；栽培茬口与品种选择；优质高效栽培技术；侵染性病害的识别与防治；生理性病害的识别与防治；主要虫害的识别与防治；缺素症的识别与防治。

苦瓜又名癞瓜、凉瓜、癞葡萄、君子菜、红姑娘、锦荔枝等，属葫芦科苦瓜属的一年生蔓生植物。苦瓜原产于印度东部热带地区，我国的明代即有苦瓜的栽培记载。苦瓜营养丰富、味苦性寒、清热消暑、减肥养血、滋肝补肾、降糖降脂，具有较高的药用价值。随着经济的快速发展、人民生活质量的提高，苦瓜由南方蔬菜迅速发展到北方市场。

第一节　生物学特性

一、形态特征

（一）根

苦瓜的根系比较发达，侧根较多，主要分布在 30~50 cm 的耕作层内，根群分布可达 2.5~3 m，横向分布可达 1~1.3 m。根系喜欢潮湿，但又忌雨涝，所以栽培上应加强防旱除涝。

（二）茎

苦瓜的茎蔓有主蔓和多级侧蔓组成，茎蔓节间有卷须，可攀缘生长。茎浓绿色有 5 棱，茎蔓分枝能力很强，每个叶腋间都能发生侧枝而形成子蔓、孙蔓。茎节上着生叶片，卷须、花芽、侧枝。

（三）叶

苦瓜的初生真叶对生，绿色、盾形。从第三片真叶开始为互生，掌状浅裂或深裂，叶面光滑、深绿色，叶背浅绿色，一般具 5 条明显的放射状叶脉，叶柄呈黄绿色，有沟，较长。

（四）花

苦瓜的花为雌雄同株异花，单性虫媒花，目前栽培的品种雄花多，雌花少；一般在主蔓上第十至第十八节着生第一朵雌花，此后间隔 3~7 叶节又着生雌花。苦瓜的雌花子房下位，花瓣 5 瓣，呈黄色，雌花柱头 5~6 裂。雄花鲜黄色，花瓣 5 片，雄蕊 5 枚，花药 5 个，花柄细长，柄上有一绿色苞叶。

（五）果实

苦瓜的果实为浆果，果实表面有许多不规则的瘤状凸起，果形多数为纺锤形、长圆锥形和短圆锥形。嫩果多为浓绿、浅绿或灰白色，成熟果为黄红色，果实达到成熟后，顶部极易开裂，露出血红的瓜瓤。瓜瓤内包着种子，一般每瓜有 20~50 粒种子。

（六）种子

苦瓜的种子较大，千粒重为 150~200 g，种子扁平，呈龟甲状，表面有花纹，白色或棕褐色，种皮坚硬，较厚，吸水发芽困难，播种后出土时间较长。种子在常温下储藏，种子寿命为 3~5 年。

二、生长发育周期

（一）发芽期

从种子萌动到第一片真叶显露为发芽期，一般需 7~10 天。苦瓜种子发芽适宜温度为 30~35℃，胚根伸出并与种子平面垂直，长 3 mm 时为适播期，发芽期幼芽生长主要依靠种子储藏的养分，出土后靠子叶光合作用所产生的营养物质生长。

（二）幼苗期

苦瓜从第一片真叶显露至第五片真叶展开，并开始抽出卷须为幼苗期，一般需 15 天左右。此期地下根生长旺盛，地上部腋芽开始活动，花芽开始现成，是苗体形成的关键时期。株高约 15 cm，4~5 片真叶，叶色浓绿。

（三）抽蔓期

苦瓜开始抽出卷须至植株现蕾为抽蔓期，一般需 7~10 天，此期植株地上、地下部同时迅速生长，瓜苗由直立生长状态，转变为匍匐生长，进入旺盛生长阶段。

（四）开花结果期

植株现蕾至生长结束的时期。其中现蕾至初花约 15 天，开花到采收 12~15 天。结果期长短受栽培条件的影响很大。此期的特点是营养生长和生殖生长同时并进，是苦瓜一生中营养面积最大、需肥水最多的时期。

三、对环境条件的要求

（一）温度

苦瓜喜温耐热，不耐寒，遇霜即死。苦瓜发芽适宜温度为 30~35℃，苗期至抽蔓期生长适宜温度为20~25℃，开花结果期适宜温度为25~30℃，但苗期适当的低温（15℃）和短日照（短于12 h），能促进苦瓜花芽分化，增加雌花数量，提早开花结果。

苦瓜种子发芽需要较高（30~35℃）的温度，低于20℃以下，发芽缓慢，低于13℃以下基本上不发芽。生长期适宜温度为25℃，低于10℃以下则生长不良，5℃以下植株显著受冻害。在15~30℃时，温度较高，越有利于苦瓜的生长发育，使苦瓜结果早，果实膨大快，瓜体顺直，产量和商品率高，品质也好，15℃以下和30℃以上对苦瓜植株生长和结果都不利。

（二）光照

苦瓜属于短日照植物，喜强光，不耐弱光，对日照长度要求不太严格。在光照强度达到100 000 lx的炎热夏季，苦瓜依然能良好生长。但在阴雨寡照的情况下生长发育受阻，会因光照不足而造成落花落果，而苗期光照不足会降低抗低温能力和易引起徒长。一般早熟品种满足13 h的光照，晚熟品种满足12 h的光照，历经30天后即可通过短日照阶段进行开花结果。

（三）水分

苦瓜根系发达，具有较强的吸水能力，性喜湿润，但不耐涝。降雨或浇水过多出现积水形成土壤缺氧，苦瓜易出现沤根、萎蔫，严重时植株枯死。同样，苦瓜若出现干旱，会影响植株生长和果实发育，造成畸形果多，商品性差，干旱严重时会造成植株死亡。

（四）土壤与营养

苦瓜适应性广，对土壤条件要求不严格，但其根怕水渍，宜选择排水性能好的沙质壤土栽培。苦瓜生长期长，单株生长量大，持续结果期长，因此要求土壤有机质含量高，保肥保水能力较强，需肥量较大。如果生长后期肥水不足，则植株易出现早衰、结果少、果实小、品质下降。

第二节 栽培茬口与品种选择

一、栽培茬口

（一）早春茬

早春茬可在日光温室或棚室中栽培。由于早春茬苦瓜育苗时间在低温弱光期，苗龄时间长，一般要有55~60天。根据各地区和栽培结构情况，确定定植期后，提前育苗时间即可，如黄淮流域，日光温室早春苦瓜可以在12月上中旬育苗，在翌年2月中旬定植。大拱棚在1月上中旬育苗，在3月中旬定植。早春茬品种选用播种至坐瓜初期耐低温性较强的早熟和较早熟品种。

早春茬从定植后气候条件逐渐适应苦瓜生长，虽然生育期不如越冬茬长，但是在各种条件比较优越的情况下，产量高峰来得早，4~5月可大量上市，此时苦瓜市场缺口大，价格一般较高，经济效益也比较好。

（二）越夏延秋茬

此茬口一般在2月中下旬播种，3月下旬至4月下旬定植，多数情况下该茬苦瓜会和其他先植作物套作（如冬春茬黄瓜），苦瓜从苗期到开始收获商品瓜，正处于温室内先植作物的持续结果期。当6~7月苦瓜进入主侧蔓旺盛快长、枝叶繁茂、持续结瓜盛期时，与其相配共生的先植作物已结束供果，拉秧倒茬，以使苦瓜能于持续结瓜期处于纯作的良好条件下吊蔓栽培，实现优质高产。越夏延秋茬苦瓜从播种至持续结瓜盛期均处于高温季节。因此，这一茬苦瓜应选用耐热性较强、耐低温性较差的晚中熟品种。

（三）秋冬茬

秋冬茬苦瓜一般在7月下旬育苗，8月中旬定植，10月上旬开始结果，上市时间主要集中在11~12月。进入12月以后，气温开始下降时，植株开始老化，结果数量下降，果实长得慢，可推迟采收，果实在植株上吊储，集中在元旦上市，价格比较好。秋冬茬苦瓜的播种至坐瓜初期正处于高温季节，而持续结瓜盛期，是处在秋末至冬春的低温和寒冷期。因此，这一茬苦瓜应选用苗期至坐瓜初期耐热性较强、耐低温性较差的晚中熟和晚熟品种。

（四）越冬茬

该茬苦瓜一般在9月中旬育苗，10月上旬嫁接，10月下旬定植在日光温室内，12月上旬开始上市，一直可供应到翌年7月下旬以后。这一茬生育时间长，上市季节市场缺口大，价格高，一般每667 m^2 产量可达4 000 kg以上。

（五）冬春茬

冬春茬苦瓜的播种至坐瓜初期是处在低温和严寒的冬春季节，而持续结瓜期却处在温暖和高温的晚春至早秋季节。就温室、大棚的温度调节而言，在持续结瓜盛期的温度管理上，易达到苦瓜所要求的温度；而在播种至坐瓜初期的温度管理上，要达到苦瓜所需求的适宜温度，难度就比较大。为了尽可能减少低温对苦瓜播种至坐瓜初期这个生育阶段的不良影响，除尽可能采用升温快和保温性能好的冬暖大棚栽培冬春茬苦瓜外，还应特别注意选用播种至坐瓜初期耐低温性较强的早熟和较早熟品种。

二、品种介绍

（一）汕新122

该品种植株早熟，长势旺，叶片细，分枝力中等。第十三节左右开始结瓜，挂瓜多。瓜长28~32 cm，横径7 cm以上，长圆筒形，头尾匀称，长短瘤相间，单瓜重500~1 000 g，翠绿色有光泽，长势旺，采摘时间长，不耐寒，高产优质，厚肉，适宜长途运输。

（二）白美人

该品种植株分枝性强，中熟，综合抗病力强、耐热、耐肥，有高产、稳产的特性，瓜长45 cm左右，白色晶莹剔透，瓜表皮有瘤状凸起，成熟时有光泽，非常精美。最大单瓜达2 kg，质脆，微苦，果实长圆筒形，商品性好。耐低温弱光性好，适合全国各地栽培。

（三）雪玉早

该品种生长势强，主蔓6~9节着生第一雌花，坐果能力强，瓜长圆筒形，果皮白色，单瓜重0.4 kg，每667 m^2 产量3 500 kg，特别适合早熟栽培。

（四）月华

该品种植株结果力强，果大，腰身丰满，瓜长26 cm，横径8.5 cm，单瓜重0.6~0.7 kg。

肉厚，皮色特白美，遮光后更为洁白，因此有白玉苦瓜之称。

（五）雪玉二号

该品种生长势特旺，果实圆筒形，果皮呈亮白色，果长 28 cm，横径 7.6 cm，果肉厚 1.2 cm。单果重 0.5 kg，肉质脆，微苦，每 667 m^2 产量 4 000 kg。耐储运，货架期长，宜长季节丰产栽培，是大型蔬菜基地种植的理想品种。

（六）雪玉三号

该品种生长势强，耐热性特好，果实圆筒形，果皮乳白色。果长 26 cm，横径 7.5 cm，肉厚 1.3 cm，微苦，单果重 0.4 kg，每 667 m^2 产量 4 500 kg 左右。耐储运，货架期长。

（七）碧翠二号

该品种植株生长势强，主蔓第一雌花节位 16 节左右，瓜长圆筒形，皮色浅绿，属滑皮类型。肉厚 1.1 cm，单果重 0.4 kg，苦味清淡，每 667 m^2 产量 3 500 kg 左右。特别适宜于早春低温条件下提早上市栽培。

（八）碧翠三号

该品种耐弱光、耐热性均强，坐果性能特好，果实长圆筒形，果皮深绿色，果肉绿色瘤状凸起明显。果长 30 cm，横径 7.2 cm，肉厚 1.2 cm，单果重 0.4 kg。肉质脆嫩，微苦且具清香,品质特佳,每 667 m^2 产量 3 500 kg 以上。适宜春季早熟栽培,也适合秋延后栽培。

（九）翠妃

该品种植株生长强健，早熟结果多，果色翠绿亮丽，果长约 30 cm，横径 6.5 cm，单果重 0.6 kg。肉厚，果面平滑。

（十）鄂苦瓜 2 号

该品种植株蔓生，无限生长型，生长势强。叶片中等大小，主蔓绿色，第一雌花节位 11 节左右。瓜皮翠绿色，瓜顶锐尖，瓜瘤条粒相间，瓜形长圆锥形，纵径 37 cm 左右，横径 6 cm 左右，瓜肉厚 1 cm 左右，肉质脆嫩，苦味中等，单瓜重 500 g 左右。

（十一）绿玉

该品种植株早熟，分枝能力强，连续坐果性好，采收期长、产量高、抗病性强。瓜条亮绿顺直、短纵瘤与圆瘤状相间。果长 34 cm 左右，横径约 6 cm，肉厚，单果重约 700 g。

商品性佳，耐储运，品质脆嫩，苦味适中，栽培适应性广，是苦瓜种植基地首选品种。

（十二）新翠

该品种植株生长势强，分枝力旺盛。主蔓第一雌花着生于第九至第十三节，商品瓜蒂较平、棒状，尾部稍尖，从开花到商品瓜成熟 14~16 天，瓜长 28~34 cm，横径 6.0 cm，肉厚 1.1 cm。瓜皮为淡绿色、尖瘤，单瓜重 400 g 左右。肉质脆嫩，苦味中等，口感好。经福建省农科院中心实验室品质检测，维生素 C 含量 36.8 mg/100 g 鲜重，粗蛋白质含量 1.09%，水分含量 93.5%。

（十三）桂农科一号

该品种早熟，连续结瓜能力强，第一雌花节位 8~12 节，气温在 25℃以上时从定植到采收 30~35 天；商品瓜皮油绿色，瓜形圆棒形，肩平蒂圆，大直瘤，长约 30.0 cm，横径 8.0 cm，肉厚 1.3 cm，平均单瓜重 390 g，最大单瓜重 820 g；味甘微苦；耐冷凉性好，在气温为 12~23℃条件下，能正常开花结果，果实能正常发育膨大。中抗白粉病和枯萎病。

第三节　优质高效栽培技术

一、嫁接育苗

（一）苦瓜嫁接育苗的好处

1. **防病**　主要预防土传病害。大棚栽培苦瓜土传病害日益严重，苦瓜枯萎病更是普遍发生，常给苦瓜生产带来毁灭性损失。苦瓜枯萎病一般发病率为 10%~50%，严重影响产量和收益，农民种植积极性受挫。用抗病的砧木根系替换栽培苦瓜的根系，使栽培苦瓜不接触土壤，从而达到防病的目的。

2. **提高土壤肥水利用率**　嫁接苦瓜能够利用苦瓜砧木根系发达、吸收能力强的特点，提高土壤肥水的利用率，提高肥效，降低施肥量。

3. **增强苦瓜的耐弱光照、低温能力**　苦瓜棚室反季节栽培主要矛盾有两个：一是光照弱，不利于苦瓜的生长；另一个是土壤温度低，不能适应苦瓜对土壤温度的要求。根据黄瓜越冬茬和冬春茬栽培嫁接换根可提高抗寒能力的启发，寿光市蔬菜办公室进行苦瓜嫁接换根栽培试验，获得理想的效果。砧木采用黑籽南瓜，嫁接后根系明显提高了抗低温能力。

自根苗12℃地温条件下根系停止生长，有沤根现象。嫁接后，根系在地温8℃时仍能缓慢生长，降到6℃地温时，根系停止生长，降到1℃地温时，才有沤根现象。植株的抗寒能力也明显增加，冬春季结果多，瓜的生长速度快，经济效益提高30%以上。

4. **提高产量** 嫁接苦瓜的结果期比较长，产量高，增产比较明显，特别是低温季节增产效果更显著。

（二）嫁接育苗对砧木的要求

苦瓜嫁接栽培技术主要应用于大棚苦瓜防病栽培，要求所用嫁接砧木不仅抗病性能好，而且还能提高苦瓜果实的品质。具体要求如下：

1. **高抗苦瓜土传病害** 要求所用砧木对苦瓜枯萎病等高抗，并且抗病性稳定，不因栽培时期以及环境条件变化而发生改变。

2. **极耐低温弱光** 苦瓜与其嫁接，就是利用它的根系，满足苦瓜能在10℃左右低温条件下正常生长，达到提早上市、提高产量和增加效益的目的。

3. **与苦瓜的嫁接亲和力和共生力强且稳定** 要求与苦瓜嫁接后，嫁接苗成活率不低于80%，并且嫁接苗定植后，生长稳定，不出现中途夭折现象。

4. **不改变瓜的形状和品质** 要求所用砧木品种与苦瓜嫁接后不改变瓜的形状和颜色，不出现畸形瓜。

（三）常用的砧木品种

1. **黑籽南瓜** 根系强大，茎圆形，分枝性强。苦瓜嫁接通常选用黑籽南瓜作砧木，其原因有三：一是南瓜根系发达，入土深，吸收范围广，耐肥水，耐旱能力强，可延长采收期增加产量；二是南瓜对枯萎病有免疫作用；三是南瓜根抵抗低温能力强，苦瓜根系在温度10℃时停止生长，而南瓜根系在8℃时还可以生长根毛。由于南瓜嫁接苗比自根苗素质高，生长旺盛，抗逆性强，前期产量和总产量均比自根苗显著增产。

2. **双依丝瓜** 台湾农友种苗公司培育。双依丝瓜不但亲和性良好，而且抗根结线虫能力强，苦瓜嫁接后生育强盛，结果早且多。双依丝瓜专作嫁接根砧之用，不可食用。

（四）嫁接育苗

1. **砧木的培育** 由于黑籽南瓜的种壳较厚不易浸泡，所以常采用温汤浸种，然后置于28~30℃催芽。也可从种子的胚根外壳一侧用指甲掐掉，使裸仁尖露出为宜。经过去壳的种子不需浸泡，可直接干播。黑籽南瓜当年采种发芽率低，为了提高发芽率，种子需经过半年至1年的后熟，或用10~50 mg/kg的赤霉素浸种12 h，可以提高发芽率。播种的方法根据嫁接方式确定，如采用插接法，则把南瓜、丝瓜直接播于营养钵中，一钵一粒。如采用靠接法，则把南瓜、丝瓜播于育苗盘内，方便以后起苗嫁接，嫁接的砧木要求下胚轴长一点，以 5 cm 为宜，以防止定植时因接合处离地太近或接近土壤，易感染病菌，丧失嫁接的意义。

2. **接穗苗的培育** 采用靠接法嫁接，苦瓜应比南瓜、丝瓜砧木早播 3~5 天。如采用插接法，则要求接穗小一些，一般苦瓜比南瓜、丝瓜砧木晚播 2~3 天，苦瓜按正常种子处理后，播于育苗盘中备用。

3. **嫁接条件** 嫁接场地器材要求清洁卫生，气温在 26~30℃，空气相对湿度 90% 左右，避风操作。

4. **嫁接方法** 苦瓜嫁接的方法有靠接、插接、劈接。生产上常采用靠接和插接。

1）靠接 当南瓜、丝瓜砧木子叶展平，第一片真叶露心，苦瓜子叶平展，第一片真叶显露，此时为最佳嫁接时期。嫁接时将南瓜、丝瓜砧木和苦瓜苗小心挖出，用刀片除去南瓜、丝瓜砧木的真叶和生长点，在子叶的茎基部距生长点 1 cm 处，由上而下斜切长 0.5~0.6 cm 的切口，然后将苦瓜苗的下胚轴距生长点 1.0 cm 处，由下向上切一个 30°~40° 的切口，再将苦瓜苗插入砧木的切口中，把两株幼苗按切口嵌合在一起，使苦瓜的子叶压在南瓜砧木叶上，用塑料夹子固定，立即栽入营养钵中，注意将两株根分开，以便断根，浇足水，放入育苗棚内保温保湿培育。

2）插接 当南瓜、丝瓜砧木第一片真叶有铜钱大，苦瓜两片子叶刚刚展开，此时为插接的最佳时期。取出南瓜、丝瓜砧木苗钵，用竹签去掉生长点及真叶，用与接穗茎直径相近的竹签在砧木顶端自一侧斜向刺透胚茎，以不插破茎的表面为宜，将苦瓜苗在子叶下 0.8~1 cm 处用刀片削成楔形，立即拔出竹签，将苦瓜苗插入孔中，使南瓜、丝瓜砧木和接穗迅速吻合，两片子叶呈“十”字形。插接不需固定接穗，可直接在砧木上生长，速度快，效率高。

5. **嫁接苗的管理** 首先把嫁接的幼苗摆入事先准备好的苗床内，棚内地面洒水，把小棚用塑料薄膜盖严。从嫁接到切口愈合，一般需 7~10 天，这一时期对温度、湿度要求极严，同时为了减少呼吸强度，嫁接后前 3 天要用覆盖物遮光。前 1~3 天需全天遮阳，3 天后需要半遮阳，即 10~15 时遮阳，其余时间见光，温度白天 32℃，夜间 20℃，空气相对湿度 90% 左右，提高成活率。7 天后不再遮光，8~10 天，用剃须刀片将苦瓜幼根切断，断根后温度 25℃，夜间 15℃。

嫁接 7~10 天后，嫁接苗伤口基本愈合，进入正常生长状态，将嫁接成活后的苦瓜苗置于清洁的大棚内，早春保温增湿，夏、秋季遮阳降温。定植前 5~7 天，早春适当降温通风，夏、秋逐渐撤去遮阳网，适当控制水分。定植前 7 天要对幼苗进行低温锻炼，适当降低苗床温度，白天 20~23℃，夜间 10~12℃，此时可以加大通风量，逐渐锻炼幼苗适应外面环境，靠接苗切断接穗苦瓜的根部，砧木的根吸收的养分可以源源不断地往接穗输送，完成换根。

二、日光温室苦瓜冬春茬栽培技术

日光温室冬春茬苦瓜上市时间在春节前后，虽然结果前期苦瓜的上市量少，但价格高，销售好，需求大。播种时间应根据当地的气候条件和自身的温室设施保护条件而定，一般北方地区播种时间在9~10月较为适宜，争取赶在春节前上市销售。

（一）品种选择

温室冬春茬栽培宜选用耐低温、弱光、早熟、抗病、生长势强、苦味稍淡的品种为宜，其颜色多为浅绿色或白色，如雪玉早、碧翠二号、绿玉、新翠等。

（二）培养壮苗

该茬苦瓜一般利用嫁接育苗，砧木选用云南黑籽南瓜，可满足苦瓜在10℃低温下正常生长，达到苦瓜春节前上市，提高产量和效益的目的。苦瓜和黑籽南瓜每667 m^2 用种量500~750 g。

1. *浸种催芽*　将种子浸泡于55~60℃热水中，不断搅拌至水温30℃继续浸泡。浸种时反复搓洗掉种子表面黏液，然后用温清水冲洗干净，苦瓜浸种12 h，黑籽南瓜浸种8 h后捞出晾至种皮半干，用纱布包好置于30~35℃环境中催芽，催芽期间每天用温水冲洗1次，保持种子湿润，80%的种子露白后即可播种。

2. *播种*　在温室前沿中部光照和温度最佳地段，做成宽1 m的畦，畦四周高出地面10 cm，畦埂踩实，畦内铺8 cm厚细沙并刮平形成沙床。播种前浇透温水，然后把露白的苦瓜种子均匀播于沙上，覆盖2 cm厚的细沙，浇水后铺盖地膜，待50%以上苦瓜种子叶露头时揭掉地膜。黑籽南瓜比苦瓜晚1~2天直播于装好营养土的营养钵内。

3. *苗床管理*　播种至出苗前，苦瓜苗床白天温度控制在32℃左右，夜温20~22℃，出苗后白天23~25℃，夜温15~17℃，以防夜温高，幼苗高脚徒长。黑籽南瓜出苗后，温度白天为30℃左右，夜温保持在18℃左右。

（三）嫁接及嫁接后的管理

苦瓜嫁接多采用靠接法进行嫁接。当黑籽南瓜子叶展平，心叶初露，苦瓜幼苗一叶一心时用靠接法嫁接，具体嫁接技术参照黄瓜嫁接育苗部分。嫁接后将嫁接苗钵放入小拱棚内，棚内前3天全部遮阴，温度白天保持32℃，夜间20℃，空气相对湿度保持在90%。其后逐渐见光，7天后全天见光，10天后切断苦瓜根和去掉嫁接夹，并降低苗床温度。白天25℃，夜温15℃，定植前5天进行低温炼苗，白天保持18~20℃，夜温10~12℃。苦瓜壮苗的标准为：苗龄 40 天左右，苗高 20 cm，四叶一心，叶色绿，叶片厚，根系发达，无病虫害。

（四）定植

1. **整地起垄** 于定植前 15~20 天要施足基肥，每 667 m^2 施优质土杂肥 5 000 kg，氮磷钾复合肥 50~100 kg，深耕于 25~30 cm 土中，封闭棚室 7 天进行高温消毒。然后在温室内按 60~80 cm 南北画线起垄，垄高 20 cm，大行距 110~120 cm，小行距 70~75 cm。

2. **定植** 按株距 30~35 cm 定植，每 667 m^2 种植 2 000~2 500 株。采取暗水定植，栽苗深度以露出嫁接口为宜，栽后覆膜，膜下浇水。

（五）定植后管理

1. **温度管理** 苦瓜定植后要提高气温和地温，使之迅速发根缓苗，一般定植 1 周内缓苗期间基本不通风，温度保持在白天 30~35℃，夜晚 15~20℃，白天温度超过 35℃时中午可通小风。缓苗后开始通风，白天温度控制在 25~28℃，夜晚 15℃左右。结果期白天保持在 25~30℃，夜晚控制在 13~17℃。如遇到寒流、雨雪等不良天气，温室夜温低于 10℃时，应采取增温措施，如加盖草毡、防雨膜、上暖风炉等。

2. **水肥管理** 苦瓜一般定植后 5~7 天要浇 1 次缓苗水，缓苗水要浇足浇透，有利于扎根和培育壮苗。苦瓜生长前期温度低，生长慢，生长弱，在施足基肥的情况下，不需要追肥浇水，主要以中耕松土、保墒升温为主。气温回升进入开花结果期后，需肥水量迅速增加，可在结果期每次配合浇水每 667 m^2 追施复合肥 15~25 kg，国光冲施肥和川之沃 4 号（海藻酸水溶肥）作为追肥冲施效果更佳。

CO_2 气肥，增加光合效能，增加有机营养物质的积累，提高品质和产量，推广应用 20 多年来效果明显，有条件的可在结果期应用。

3. **光照管理** 冬春茬苦瓜栽培，经常遇到雨雪连阴，出现低温、寡照天气现象，而苦瓜又是喜光作物，对生长发育影响很大。为了延长光照时间和加大进光量，除温室草毡早揭晚盖、经常清扫棚膜外，温室后墙要张挂反光幕，有条件的温室要吊挂碘钨灯或白炽灯进行人工补光，增加光照强度，抵御不良天气的影响。

4. **整枝吊蔓** 苦瓜植株主蔓分枝能力较强，如果任其生长，会消耗大量营养，影响通风透光、主蔓正常生长和开花结果。温室栽培苦瓜一般当植株长至 30~40 cm 时开始吊蔓，首先顺行南北向放置两行铁丝（14 号），将铁丝两头固定在温室东西向吊蔓铁丝上（8 号），然后在种植行上方吊蔓，铁丝下方每株苦瓜拴一根下垂尼龙绳进行吊蔓上架。选择晴天吊蔓时把主蔓上 0.8 m 以下的侧蔓全部摘掉，靠主蔓结瓜。当主蔓生长到接近本行的吊蔓铁丝时，进行落蔓。在落蔓的同时摘除侧蔓和下部老叶带出室外，进行落蔓时要把各行各株主蔓顶部放在同一高度，有利于通风透光。

5. **人工授粉**　苦瓜为虫媒花，冬春温室内无昆虫传粉，因此必须坚持在开花结果期进行人工授粉，方法是在9~10时把当日开放的雄花摘取，去掉花瓣。将花粉涂抹在雌花柱头上，一般一朵雄花可涂抹2~3朵雌花。苦瓜长成后要及时采收商品瓜，防止与同蔓上的幼瓜争夺养分，减少化瓜和坠秧。白绿色苦瓜坐稳后可套袋，套袋后变为纯白色，美观晶莹，可提高苦瓜的商品性。

（六）采收

1. **采前控水**　需要长途运输和储藏的苦瓜，在收获前2~3天停止浇水，可有效增强其耐藏性，减少腐烂，延长苦瓜的采后保鲜期。

2. **安全间隔期**　苦瓜生产过程中可使用一些无公害蔬菜允许使用的农药，为了消费安全，只有达到了农药安全间隔期时才可以采收。

3. **适时采收**　采收要及时，过早采收产量低，产品达不到标准，而且风味、品质和色泽也不好；过晚采收，不但赘秧，影响产量，而且产品不耐储藏和运输。一般就地销售的苦瓜，可以适当晚采收；长期储藏和远距离运输的苦瓜则要适当早采收；冬天收获的苦瓜可适当晚采收，夏天收获的苦瓜要适当早采收；有冷链流通的苦瓜可适当晚采收，常温流通的苦瓜要适当早采收；日光温室冬春茬苦瓜栽培市场价格较贵，可适当早采收。

4. **防止损伤**　苦瓜采收时要轻拿轻放，防止机械损伤，尤其是苦瓜很容易造成机械伤害。机械损伤是采后储藏、流通保鲜的大敌，机械损伤不仅可引起蔬菜呼吸代谢升高，降低抗性，降低品质，还会引起微生物的侵染，导致腐烂。不要在雨后和露水较大时采收，否则苦瓜难保鲜，极易引起腐烂。

5. **低温采收**　尽量在一天中温度最低的清晨采收，可减少苦瓜所携带的田间热，降低菜体的呼吸，有利于采后品质的保持。忌在高温、暴晒时采收。

6. **采收方法**　一手托住瓜，一手用剪刀将果柄轻轻剪断，果柄留1 cm长左右，并拭去果皮上的污物。

三、大棚苦瓜春夏连作栽培技术

（一）品种选择

大棚苦瓜春夏连作栽培应选用耐低温弱光、耐高温高湿、抗病性强、商品性好、高产耐储的中晚熟品种，如绿玉、新翠、桂农科一号、汕新122等。

（二）播种育苗

大棚苦瓜一般在 1 月中旬至 2 月初育苗，连作棚选用嫁接育苗，新棚也可用自根苗。苦瓜为喜温作物，而育苗期正值严冬寒冷时期，一般在日光温室中育苗。在大棚中育苗，苗床要设小拱棚，苗床下要铺地热线加热，并准备保温被或草毡等保温措施。

（三）定植

1. **整地施肥**　前茬作物收获后清理大棚并整地，整地前每 667 m^2 施充分腐熟的鸡粪或猪粪 2 000~3 000 kg，硫酸钾型（12∶18∶15）复合肥 100~150 kg，一次性均匀施入并深翻 25 cm，然后做成 60 cm 和 80 cm 的大小垄，每垄 1 行。

2. **适时定植**　大棚苦瓜一般选在立春过后 2 月中旬至 3 月上旬定植，栽苗宜选用“冷尾暖头”的晴天上午进行，定植前把经过 5~7 天炼苗且苗龄在四叶一心的苦瓜苗去掉营养钵放入按株距 40 cm 挖好的穴中，浇足水后封土，栽后在两窄行上覆盖地膜。如果早栽苗提前上市，可以在两窄行上插上竹弓，再覆盖一层小拱棚三膜保护。

（四）定植后管理

大棚苦瓜春夏连作栽培的管理参照上节部分。进入 5 月底至 6 月初立夏后可撤掉棚膜转入露地生产。此时气温高生长旺盛，应及时摘蔓和落蔓，去掉棚膜后浇水次数增加，在无雨情况下应 7~10 天浇 1 次水，隔一水追一次化肥，化肥最好选用冲施肥和水溶肥，以提高产量和效率。阴雨天气注意及时排水防止水渍，另外还要及时采收，采收过晚影响品质和产量。

（五）适时采收

苦瓜一般花后 2 周左右采收，果实的条状或瘤状凸起较饱满且有光泽，果顶颜色变淡时即为适宜采收期。采收时间过早和过晚对苦瓜的品质和产量影响很大。

苦瓜果实成熟度与营养消耗有一定的关系。达到商品成熟度的果实对营养的需求相对较少；进入生理成熟阶段（种子生长充实）由于种子发育需要充实和储存大量的蛋白质、脂肪等营养物质消耗量最大。植株上留 1 个老瓜就要化掉 3~5 个幼瓜。因此要及时适度采收，应采的瓜不应遗忘在植株上并随时采收畸形的、商品性差的瓜以减少营养消耗。

苦瓜作为市场上比较受欢迎的蔬菜之一，种植效益是可观的。冬春季节上市既可避开苦瓜上市高峰期，又能提高售价，增加种植效益。

四、露地苦瓜栽培技术

（一）品种选择

为适应市场需求，要选用抗病、优质、高产、耐储运、品质好的品种。

（二）播种育苗

苦瓜露地栽培，有春夏茬和夏秋茬 2 种栽培模式。一般春夏茬栽培在当地终霜期前 30~50 天，提早在保护地内播种育苗，终霜后定植到露地。夏秋茬栽培的可在定植前 15~25 天在露地育苗。苦瓜种子种壳厚而坚硬，播种前先嗑开种壳，再用温水浸种 15 min，在 30℃温水中浸种 1 天，浸种后捞出种子，置于 30~33℃通气条件下催芽，出芽后播种。

（三）整地施肥

苦瓜根系较发达，较耐旱、不耐涝，忌连作，建议选择前茬为非葫芦科作物、排灌良好、土质肥沃的沙壤土种植。开春后进行整地施肥，施足有机肥，翻地后整畦前，每 667 m^2 施生态有机肥 300~500 kg、钙镁磷肥 15~20 kg。做畦，畦宽 1.2~1.3 m，沟宽 0.7~0.8 m，每 667 m^2 条施氮磷钾复合肥 40 kg，耙平覆地膜。

（四）定植

当苦瓜幼苗长至 4~5 片叶、日平均气温稳定在 18℃以上时进行定植。一般每畦栽 2 行成为 1 架，株距为 33~50 cm，每 667 m^2 栽苗 1 600~2 400 棵。栽苗时要注意挑选壮苗，淘汰无生长点苗、虫咬伤苗、子叶歪缺的畸形苗、黄化苗、病苗、弱苗、散坨伤根的苗。选择晴天上午，按规定的株距开穴把苗摆好，去掉营养钵，埋土稳坨，栽苗深度以幼苗子叶平露地面为宜。栽完苗后及时浇定植水，促缓苗，早发棵，早结瓜。

（五）中耕除草补苗

苦瓜为蔓生蔬菜，常采用插高架爬蔓栽培法。生长期间要注意中耕松土除草。一般在浇过缓苗水后，待表土稍干不发黏时进行第一次中耕，如果遇大风天或土壤过于干旱，则可重浇 1 次水后再中耕。第一次中耕时，要特别注意保苗，瓜苗根部附近宜浅锄，千万不能松动幼苗基部，距苗远的地方可深耕至 3~5 cm，行间可更深些。第二次中耕在第一次之后 10~15 天进行，如果土壤干，应先浇水后中耕，这次中耕要注意保护新根，宜浅不宜深。中耕技巧是头遍浅，二遍深，以后逐渐远离根。当瓜蔓伸长至 0.5 m 以上时，根系基本布满行间，同时畦中已经插了架，就不宜再进行中耕了，但要注意及时拔除杂草。在第一次中耕松土时，发现有缺苗或病、弱苗时，要及时补栽或换栽。

（六）搭架引蔓

在苦瓜缓苗后，当瓜秧开始爬蔓时，应及时插架引蔓。一般大面积栽培时，以插人字形架为宜。在庭院或院旁栽培苦瓜，可搭成棚架或其他具有特殊风格的造型架，既可爬蔓，又有美化环境、供夏季消暑乘凉和观赏花果的作用。注意插架要坚实牢固。

（七）苦瓜整枝打杈

苦瓜主蔓的分枝能力极强，如果植株基部侧枝过多，或侧枝结瓜过早，便会消耗大量的营养，妨碍植株主蔓的正常生长和开花结瓜。因此，要进行整枝打杈，摘除多余的或弱小的枝条。植株爬蔓初期，人工绑蔓 1~2 道，可引蔓成扇形爬架，以利于主、侧蔓均匀爬满棚架，互不遮阴。绑蔓时将主蔓 1 m 以下的侧芽摘掉，只留主蔓上架。也可选留几条粗壮的侧蔓开花、结瓜，其他的弱小侧枝均应摘除。苦瓜生长中期，枝叶繁茂，结瓜也多，一般放任生长，不再打杈。生长后期，要及时摘除过于密闭和弱小的侧枝和老叶、病叶，以利于通风透光，延长采收期。

（八）施肥浇水

1. **苗期追肥**　在苦瓜缓苗成活后，每 667 m^2 随水冲施尿素 10 kg，进行提苗。搭架前，结合培土每 667 m^2 追施氮磷钾复合肥 20 kg。

2. **初瓜期追肥**　因为苦瓜的雌花较多，可连续不断开花结果，陆续采收，消耗水肥较多。生产中除施足基肥外，进入结瓜期要重视追肥。从结瓜初期开始，每隔 15~20 天追施氮磷钾复合肥 15~20 kg/667 m^2。

3. **盛瓜期追肥**　在苦瓜盛瓜期追肥可采取浇施或埋施，施肥位置最好远离植株 80 cm 左右。追肥应每 15 天左右 1 次，每次每 667 m^2 冲施氮磷钾复合肥 10 kg，也可配合腐熟的饼肥直接在畦中间开沟埋肥。同时，可叶面喷施 0.2%~0.3% 磷酸二氢钾溶液 +0.1% 氨基酸溶液。

4. **及时浇水**　苦瓜喜湿但不耐渍，生长期间应注意及时清沟排水。在盛瓜期要保证水分的充足供应，一般每隔 7 天左右灌水 1 次，灌水量以沟深的 2/3 为宜。

（九）采收

苦瓜以嫩瓜供食，一般花后 12~15 天就要采收。当瓜的肩部瘤状凸起粗大、瘤沟变浅，瓜的尖端变平滑，果皮有光泽，果顶色开始变浅时便可采收。由于苦瓜连续开花结果，结果初期，应该及早采摘，以便于促进植株生长和植株上部果实的发育。结果盛期最好勤采，一般 2~3 天采收 1 次。采收最好在清晨进行，用剪刀将苦瓜从柄部剪下。中午和下午最好不要采收，否则采下的苦瓜容易转黄老化，不耐储藏运输。

第四节　侵染性病害的识别与防治

一、枯萎病

（一）症状

尖镰孢菌苦瓜专化型引起的苦瓜枯萎病，病株表现黄化和萎蔫，茎基部组织内导管褪色变褐。苦瓜幼苗期染病后，子叶发黄，病情发展后，会出现根、茎的基部变为褐色并开始缢缩，最后幼苗枯死，苦瓜在生长期发生该病，长势会弱化，根和茎基部开始缢缩，维管束输导组织变褐，病株叶片的叶柄与掌状叶连接处呈褐色，而且叶片会因脱水发黄或萎蔫，继而整株干枯死亡。潮湿环境下，还会出现红褐色纵裂条纹，表皮腐烂，病部有粉红色霉状物，最后木质部干缩成麻状。

（二）发生规律

连作地或施用未充分腐熟的土杂肥，地势低洼、植株根系发育不良，天气湿闷发病重。

（三）防治措施

1. **选择抗病品种**　在种植苦瓜的时候，要选择高产、抗病性强的品种，播种前对种子进行消毒，使用 40% 甲醛 100 倍液进行浸泡，浸泡好后用清水冲洗干净。

2. **合理轮作，改良土壤**　可以选择禾本科、豆科作物与苦瓜轮作，有效地减少病原基数，防治该病发生，如果是酸性土壤，还可以喷洒生石灰改良土壤，降低土壤酸度，减轻枯萎病发生。在种植苦瓜的过程中，可以使用 98% 棉隆微粒剂撒施，能够有效减少病害发生。

3. **嫁接换根**　用抗病的砧木根系替换栽培苦瓜的根系，使栽培苦瓜不接触土壤，从而达到防病的目的。

4. **加强肥水管理**　种植苦瓜的时候，要加强有机肥的施入，不能偏施氮肥，能够有效提高植株抗病能力，并做好排水工作，降低土壤湿度，苦瓜进入伸蔓坐瓜期可适时喷施促丰宝 800 倍液或 0.2%~0.3% 磷酸二氢钾溶液，促进植株生长，也可减轻发病。

5. **药剂防治**　60% 吡唑·代森联水分散粒剂 600~700 倍液喷雾；5% 氨基寡糖素水剂 500~700 倍液喷雾；25% 咪鲜胺乳油 1 500~2 000 倍液喷雾。

二、白粉病

（一）症状

苦瓜白粉病主要危害苦瓜的叶片。叶片受害时，初时在叶片正面出现边界明显的褪绿小斑点，在相应的叶背面出现近圆形白粉状斑点（为病原菌的分生孢子、分生孢子梗及菌丝体）。随着病情的发展，叶片的表面及反面均密布粉斑，并相互联合，导致叶片变黄、干枯直至脱落。秋天干燥时，白色的霉斑上长出很多黑色小粒点。病害发生严重时，可使植株生长及结瓜受阻，缩短植株生育期，降低苦瓜产量。

（二）发生规律

一般荫蔽、昼夜温差大、潮湿多露水但少雨的生态环境，以及种植密度过大、田间通风透光状况不良、施氮肥过多、管理粗放等有利于该病害的发生。栽培地势低洼，氮肥过多或肥料不足、通风不良、植株生长过旺或生长不良也极易发病。空气相对湿度大，光照不足，闷热条件下也易发病。感病生育盛期为开花和挂果期。

（三）防治措施

1. **实行轮作**　不要和葫芦科蔬菜连种。适当施用氮肥，若氮肥过多，枝叶茂盛荫蔽，湿度大，容易发病。

2. **降低田间湿度**　雨天注意清沟排水，防止渍水，适当疏剪过密老叶，使之通风透光良好。

3. **药剂防治**　25% 吡唑醚菌酯悬浮剂 1 000~1 500 倍液喷雾；32.5% 苯甲·嘧菌酯悬浮剂 1 000~2 000 倍液喷雾；75% 戊唑醇·肟菌酯水分散粒剂 3 000~4 000 倍液喷雾；37% 苯醚甲环唑水分散粒剂 3 000 倍液喷雾；42% 戊唑醇·百菌清悬浮剂 1 000~1 500 倍液喷雾。

三、蔓枯病

（一）症状

叶片染病，初现褐色圆形病斑，中间多为灰褐色，后期病部生出黑色小粒点。茎蔓染病病斑初为椭圆形或梭形，扩展后为不规则形，灰褐色，边缘褐色，湿度大或病情严重的常溢出胶质物，引起蔓枯，致全株枯死。病部也生黑色小粒点，即病原菌的分生孢子器或假囊壳。果实染病初生水渍状小圆点，逐渐变为黄褐色凹陷斑，病部亦生小黑粒点，后期病瓜组织易腐烂破裂。

（二）发生规律

种子带菌苗期即可发病，如果管理过程中偏施氮肥棚内会发病较重，棚内湿度很大时发病较重。

（三）防治措施

1. *选用良种，做好消毒* 选用无病种子。播前置于56℃温水中浸种至自然冷却，继续浸泡24 h，然后在30~32℃条件下催芽，发芽后播种，或用50%过氧化氢浸种3 h，清水冲洗干净后播种。

2. *嫁接防病* 以丝瓜作砧木进行嫁接。先把丝瓜和苦瓜种子消毒，分别播在育苗钵中。待丝瓜苗长出3片真叶时，以切去根的苦瓜苗或嫩梢作穗，用舌接法嫁接到丝瓜上。伤口愈合后剪去丝瓜蔓。苦瓜苗长出4片真叶时定植。

3. *培养无病壮苗，加强栽培管理* 1 m^2旧苗床用50%多菌灵可湿性粉剂10 g，与土拌匀后再播种或移苗，或用50%福美双可湿性粉剂5 g添加10~15 kg细土，拌匀后，1/3药土撒于床内，2/3药土作覆盖用土。加强肥水管理，提倡用海藻肥或活性有机肥，增施磷、钾肥，避免偏施氮肥，并且注意不要过量浇水，尽量增加土壤通透性。棚内注意科学放风降湿，如先将棚温提高到30℃以上，2 h后再打开放风口放风，可起到通风和排湿的双重作用。

4. *药剂防治* 32.5%苯甲·嘧菌酯悬浮剂1 000~1 200倍液喷雾；75%戊唑醇·肟菌酯水分散粒剂3 000~4 000倍液喷雾；60%吡唑·代森联水分散粒剂800~1 000倍液喷雾。

四、炭疽病

（一）症状

茎、蔓染病，病斑呈椭圆形或近椭圆形边缘褐色的凹陷斑，有时龟裂；瓜条染病，病斑不规则，初病斑黄褐色至黑褐色，水渍状，圆形，后扩大为棕黄色凹陷斑，有时有同心轮纹，湿度大或阴雨连绵时，病部呈湿腐状；天气晴或干燥条件下，病部呈干腐状凹陷，颜色变浅淡，但边缘色仍较深，四周呈水渍状黄褐色晕环，严重时数个病斑连成不规则凹陷斑块。后期病瓜组织变黑，但不腐烂且不易破裂，别于蔓枯病。该病叶片上产生的小黑点，即病原菌的分生孢子盘，很小，肉眼不易看清。

（二）发生规律

越冬后的病菌产生大量分生孢子，成为初侵染源。此外潜伏在种子上的菌丝体也可直接侵入子叶，引致苗期发病。病菌分生孢子通过雨水传播，孢子萌发适宜温度 22~27℃，病菌生长适宜温度 24℃，8℃以下，30℃以上即停止生长。10~30℃均可发病，其中 24℃发病重。湿度是诱发本病重要因素，在适宜温度范围内，空气相对湿度 93% 以上，易发病；空气相对湿度 97%~98%，温度 24℃潜育期 3 天；空气相对湿度低于 54% 则不能发病。早春塑料棚温度低，湿度高，叶面结有大量水珠，苦瓜吐水或叶面结露，发病的湿度条件经常处于满足状态，易流行。露地条件下发病不一，南方 7~8 月，北方 8~9 月，低温多雨条件下易发生，气温超过 30℃，空气相对湿度低于 60%，病势发展缓慢。此外，采用不放风栽培法及连作、氮肥过多、大水漫灌、通风不良，植株衰弱发病重。此病南方危害不重，但北方反季节栽植的苦瓜危害较重。

（三）防治措施

1. **加强棚室温湿度管理**　在棚室进行生态防治，即进行通风排湿，使棚内空气相对湿度保持在 70% 以下，减少叶面结露和吐水。田间操作，除病灭虫，绑蔓、采收均应在露水落干后进行，减少人为传播蔓延。

2. **塑料棚或温室采用烟雾法**　每 667 m^2 选用 45% 百菌清烟剂 250 g，隔 9~11 天熏 1 次，连续或交替使用，也可于傍晚喷洒 8% 克炭灵粉尘剂。

3. **药剂防治**　43% 氟菌・肟菌酯悬浮剂 2 000~3 000 倍液喷雾；75% 戊唑醇・肟菌酯水分散粒剂 3 000~4 000 倍液喷雾；32.5% 苯醚甲环唑・嘧菌酯悬浮剂 800~1 000 倍液喷雾。

五、叶枯病

（一）症状

苦瓜叶枯病主要危害叶片。初在叶面现圆形至不规则形褐色至暗褐色轮纹斑，后扩大，直径 2~5 mm，病情严重的，病斑融合成片，致叶片干枯。

（二）发生规律

以菌丝体、分生孢子在病残体上或以分生孢子在病组织外，或黏附在种子表越冬，成为翌年初侵染源。借气流或雨水传播。在室温条件下，种子表面附着的分子孢子可存活 1 年以上，种子里的菌丝体则可存活 1 年半以上，病残体上的菌丝体在室内保存可存活 2 年，在土表或潮湿土壤中可存活 1 年以上；生长期内病部产生的分生孢子借风雨传播，分生孢子萌发可直接侵入叶片，条件适宜3天即显症状，很快形成分生孢子进行再侵染。种子带菌是远距离传播的重要途径。该病的发生主要与苦瓜生育期、温湿度关系密切。气温14~36℃，空气相对湿度高于80%即见发病。雨日多、雨量大，空气相对湿度高于90%易发病，晴天，日照时间长对该病有一定抑制作用，生产上连作地，偏施氮肥，排水不良、湿气滞留发病重。

（三）防治措施

1. **农业防治**　选用无病种瓜留种，轮作倒茬。施用充分腐熟有机肥，提高抗病力。严防大水漫灌。

2. **药剂防治**　包括设施栽培和露地栽培。

1）设施栽培　一是粉尘法，于傍晚每667 m^2 撒施5%百菌清粉尘剂1 kg；二是烟雾法，于傍晚每667 m^2 点燃45%百菌清烟剂200~250 g，隔7~9天熏1次，视病情连续或交替轮换使用。

2）露地栽培　发病初期选用75%戊唑醇·肟菌酯水分散粒剂3 000~4 000倍液喷雾；25%吡唑醚菌酯悬浮剂1 000~1 200倍液喷雾；25%嘧菌酯悬浮剂500~700倍液喷雾；80%硫黄水分散粒剂200~300倍液喷雾；42%戊唑醇·百菌清悬浮剂1 000~1 200倍液喷雾。连续防治3~4次，喷药后4 h遇雨，应补喷，生产中雨后及时喷药可减轻危害。采收前7天停止用药。

六、疫病

（一）症状

苦瓜疫病多在开花前显症状，茎蔓及果实均可感病。叶片染病先失去光泽，初期为暗绿色水渍状病斑，呈不规则形，边缘不明显，湿度大时可见病部长出很薄的1层白霉，干燥时呈青白色，易破碎。叶柄和蔓节出现暗绿色水渍状软腐，患部容易缢缩。瓜条受害则呈暗绿色凹陷病斑，湿度大时瓜条很快软腐，患部长出稀疏白霉，腐烂发臭。

（二）发生规律

病菌以菌丝体和卵孢子随病残体组织遗留在土中越冬，翌年菌丝或卵孢子遇水产生孢子囊和游动孢子，通过灌溉水和雨水传播到苦瓜上萌发芽管，产生附着器和侵入丝穿透表皮进入寄主体内，遇高温高湿条件2~3天出现病斑，其上产生大量孢子囊，借风雨或灌溉水传播蔓延，进行多次重复侵染。苦瓜疫病发生轻重与当年雨季到来迟早、气温高低、雨日多少、雨量大小有关。发病早气温高的年份，病害重。一般进入雨季开始发病，遇有大暴雨迅速扩展蔓延或造成流行。生产上与瓜类作物连作、采用平畦栽培易发病，长期大水漫灌、浇水次数多、水量大，发病重。

（三）防治措施

1. *农业防治*　地膜覆盖高畦栽培，可以减少地面水溅病源。合理灌溉，控制田间湿度。雨季适当控制浇水，雨后及时排涝，做到雨过地干。遇干旱及时浇水，浇水时严禁大水漫灌，并应在晴天下午或傍晚进行。多施有机肥，促进植株生长健壮，根深叶茂，提高抗性。及时进行植株调整，防止生长过密、通风透光不良。及时清除病叶并烧毁。

2. *药剂防治*　60% 吡唑·代森联水分散粒剂 600~800 倍液喷雾；70% 丙森锌可湿性粉 300~400 倍液喷雾；52.5% 噁唑菌酮·霜脲氰水分散粒剂 600~800 倍液喷雾。防治苦瓜疫病药剂要交替喷洒，每隔 5~10 天喷 1 次，连续 3~4 次。喷药要周到、细致，所有叶片、果实及附近地面都要喷到。

第五节　生理性病害的识别与防治

一、旺长而不坐瓜

（一）症状

植株生长势过于旺盛，叶片厚且大，茎秆粗壮，节间长，开花少，坐果率低，产量降低。

（二）发生规律

苦瓜旺棵却坐不住瓜是由于苦瓜的养分主要用于苦瓜植株的营养生长，即营养生长过剩，从而供应给生殖生长的养分不足。另外，苦瓜的营养生长过剩还导致苦瓜的商品性变差，出现了弯瓜、尖嘴瓜等一些商品性不好的瓜条。苦瓜旺棵的原因有很多，如夜温过高、施用的化学肥料过多等。

（三）防治措施

1. *大棚种植要控制夜温*　如果出现夜温过高、植株长势较旺但是不能坐瓜的现象，应采取 13 时关上通风口、早上及时通风来对苦瓜棚内的温度进行调整，保证正常生长的夜温，即上半夜为 16~18℃、下半夜 12~15℃。另外，早上要注意大棚内的温度应为 10~15℃，这些措施可以有效地防止苦瓜出现旺棵的现象。

2. **调控植株生长势** 对叶面喷洒适量的生长调节剂等可以起到调整苦瓜生长势的作用，使苦瓜的养分供应平衡、协调，使植株吸收的养分由主要供给营养生长适当转为生殖生长,这样可以提高苦瓜的坐果率；也可以在苦瓜生长出现3~9片真叶时叶面喷洒助壮素、矮壮素以及增瓜灵等，可以防止苦瓜出现营养生长过剩，通常在晴天的下午喷洒。但在喷洒植株生长调节剂时注意做好相关的试验，以防出现因药量过大造成药害。

3. **少施氮肥** 要适量地施用氮肥，如磷酸二铵或高氮复合肥等，但是不可过量，可以相应地多施一些生物肥，并适当地增施钾肥，这样有利于调整苦瓜的生长势和生殖生长，促进植株多坐瓜。

二、裂果

(一)症状

在开花后的2周到苦瓜开始采收前这段时间，经常发现有苦瓜自行裂开，种子暴露在外或者直接脱落的现象。

(二)发生规律

一是苦瓜在成熟后容易自行开裂。二是夏季雨水较多，刮风下雨对苦瓜植株生长的影响较大。三是如果感染了蔓枯病的果实遇到上述情况很容易出现开裂的现象。

(三)防治措施

1. **合理轮作** 种植苦瓜的时候，一定要选择没有播种过苦瓜的地块，或者是超过3年的地块才可以种植，这样可以避免一些病虫害的感染。选择好的地块，一定要及时地进行深翻处理，经过阳光的照射可以把一些病毒或者是害虫的虫卵及时地杀灭。种植的时候一定要放入充分腐熟后的动物粪便，可以很好地改善土壤里面的一些物质，让土壤的肥力有所提高，满足秧苗生长期所需要的各种营养物质。

2. **及时采收** 苦瓜一般是从开花到坐瓜14天左右成熟，一定要及时进行采收，在太阳出来之前一定要用剪刀从底部剪下来，在中午或者是下午阳光特别强烈的时候，或者温度特别高的时候一定要减少采收。这个时候剪下的瓜容易变黄，严重地影响品质。及时正确地采摘苦瓜，可以避免由于阳光照射或者是水分多，导致出现的一些裂开的情况。

3. **雨天注意排水** 雨季来临的时候一定要及时采收，可以减少裂果。在下过雨以后，一定要及时把水沟里的水排出，这样可以降低田地里的湿度。浇水的时候一定要控制水流量的大小。雨后一定要及时进行中耕，松土可以让土壤更加松软，非常有利于根部的生长，土地里面的氧气也会特别充足，对于根部营养吸收是特别有利的。

4. 做好病虫害防治工作　蔓枯病也会造成苦瓜出现裂缝的情况，这时一定要及时地治疗这种病菌。发现病毒病的植株，一定要及时拔除，而且还要对出现病毒的土壤及时进行消毒喷雾防治。把患病的植株及时地带出集中深埋或者烧毁，这样可以减少病毒源头的扩散。在发病的早期可以使用一些灭菌的药物，稀释以后进行喷雾治疗，每隔 7 天喷 1 次，连续使用 2~3 次。在使用药物喷洒的时候，为了保证防治的效果，灭菌的药物一定要混合使用。

三、果实表面无疙瘩

（一）症状

苦瓜的刺瘤变小、变少，表面一般为裂纹或者不明显的条纹，较为严重的整个瓜条变得光滑无棱。

（二）发生规律

在植株的花芽分化期施用药剂不当，如施用的杀菌剂浓度过大。有些菜农施用蘸花药不规范，将强力坐果灵和其他一些农药混用等，都可引起本来有棱瘤的苦瓜逐渐变得棱少、棱小，甚至无棱，裂瓜也相应增多。萘乙酸的施用浓度偏大也会出现棱少、棱小的现象。在植株的苗期受到外界高温影响，再加上昼夜温差偏小，引起花芽分化不良，植株营养生长过旺，生殖生长受到抑制，营养向瓜条的输送变少，也会造成瓜条的棱稀少甚至无棱。另外，肥料中的激素含量过多，一般在冬春季节，为了对苦瓜植株进行养根和护根，多采用水冲肥作为追肥施用，多数的水冲肥中或多或少都含有增根激素，如果这种水冲肥施用的量过多，也会使苦瓜出现无棱瘤的现象。苦瓜是喜高温的作物，当外界的温度在 30~35℃时仍能正常开花和结瓜，但秋冬茬的苦瓜如定植过早，而外界温度又偏高，有些菜农为了防止植株出现徒长而控制水分，从而导致了苦瓜的毛细根受到一定伤害，在进入冬季以后，随着外界温度的下降，使原本就生长不良的毛细根又受到低温的伤害，使生根更加困难，出现根系不下扎的现象，等到春节过后外界的气温开始逐步回升，受到低温伤害的根系在土壤表面生长，这些植株的根系相对较少，生长受到抑制，使植株吸收营养的能力减弱，地下营养不能满足地上部生长的需要，直接影响了苦瓜顶部叶片的生长，使植株的顶叶逐渐发黄，进而影响了苦瓜生长，使苦瓜变得光滑无棱。

（三）防治措施

苦瓜花芽分化期应合理调控温度，保证一定的昼夜温差，要求气温白天在 25℃左右，夜晚 15~20℃。正确施用强力坐果灵等保果类激素。如果植株根系生长不良，可灌嘉美红利 2~3 次，不能再灌激素类生根剂。严重时，选留离根部较近的侧蔓结瓜作为主蔓，将原来的主蔓剪掉，培养新的主蔓。

1. **水肥管理** 苦瓜喜湿，但不耐涝，开花结果期需要充足的水分供应，畦面应保持湿润，暴雨后要及时排除渍水，防止烂根。苦瓜除种植时施足基肥外，要及时追肥。苗期要勤施薄施水肥 1~2 次，保瓜苗早生快长。在雌花初现和初收瓜前 3~7 天各 1 次，以后每收一次瓜后追肥一次，在畦两侧挖浅沟，随水每 667 m^2 冲施嘉美赢利来、内钾德、海洋之星 10~15 kg，叶面喷施嘉美金点 2~3 次，以延长采收期，减少疙瘩现象。

2. **整枝拉蔓** 在苦瓜生长抽出丝时，要插人字形篱棚架引蔓上架，避免蔓叶互相缠绕，架顶部交叉扎紧。苦瓜分枝力强，前期引蔓要勤，在晴天下午进行，以防折蔓。主蔓的果实采收后，便转入侧枝结瓜，因此，引蔓上架后，应将主蔓茎部 40 cm 以下的侧枝摘除，并将生长过密的老叶以及上部细弱侧蔓摘除，使田间通风透光，减少病害，提高坐果率。

3. **适时收获** 苦瓜宜及时收获嫩瓜，以保证品质和增加后期结果。当果实长到一定长度，果肩瘤状凸起膨大，瘤沟变浅，瓜顶咀大圆，果实有光泽，果色青翠时，应及时采收上市。

四、化瓜

（一）症状

化瓜是一种普遍存在的现象，它是指正在生长发育的幼瓜突然停止生长，由瓜间至全瓜逐渐变黄、萎缩，直至干枯，严重影响到产量和收益。

（二）发生规律

1. **外界环境不良** 如在花期遇到连续阴雨天气，授粉受精不良，或者外界温度过低、过高，对苦瓜果实发育不利，大棚内阳光不足也会导致化瓜。

2. **浇水施肥不科学** 水肥供应不能满足植株生长需要，光合产物会相应减少，也会引起植株化瓜。不进行科学施肥，氮肥施用量过多，造成植株营养生长过剩，进而消耗大量养分，导致植株化瓜。在植株结果初期，棚内出现高温、干旱，尤其是土壤干旱的时候，施肥过多以及水分不足会导致伤根，浇水过多，土壤湿度过大，土壤温度和水温出现偏低则引起沤根，根的吸收能力减弱也会导致植株出现化瓜。

3.CO_2 **不足** 棚室内夜间 CO_2 浓度可高达 500 mg/kg，但日出 2 h 后，植株开始吸收 CO_2，使棚室内 CO_2 浓度降低到 100 mg/kg，此时 CO_2 浓度不能满足植株光合作用的需要，影响植株制造养分，导致营养不足而引起化瓜。

4. **病害或机械损伤** 因病害或机械损伤造成化瓜。

（三）防治措施

选择优良苦瓜品种种植；合理密植，改善植株的通风透气条件，提高光能利用率；加强肥水调控，定植后浇缓苗水，以后不再浇水，进行蹲苗；调节温、湿度，增加植株营养；及时摘除根瓜和达到商品成熟的瓜，以便减少不必要的养分消耗；对畸形瓜，如大肚瓜、尖嘴瓜等应尽早摘除，以免影响正常瓜的生长。

五、低温障碍

（一）症状

北方栽培的苦瓜在晚霜来临前遇到降温或受到寒流侵袭，受害不严重时，叶片组织呈黄白色；如果低温持续时间较长，就会出现不发根或花芽不分化的现象，有的则会导致一些寄生物的侵染，造成其他病害的发生。受害较重的会导致外叶枯死或部分真叶枯死，严重的植株干枯死亡。

（二）发生规律

低温是苦瓜早春或晚秋受冻的重要因素，尤其是寒流侵袭或突然降温均会引起苦瓜低温障碍的发生。苦瓜生长期间在低温状态下，如果温度在 0~10℃时就会出现不同程度的受害症状，当温度低于 3℃时生理机能便会出现障碍，造成伤害，尤其湿冷比干冷危害更为严重。低温时的植物体内的水分结冰，使细胞原生质的水分析出，致使细胞脱水而死，造成危害。

（三）防治措施

选用耐低温品种种植；最好选择天气晴朗的时间定植；注意天气预报，在霜冻到来之前应浇 1 次小水，可有效预防霜冻的危害；幼苗定植前应对幼苗进行低温锻炼，以提高幼苗的抗冻能力；加强覆盖，增加保温措施。

第六节　主要虫害的识别与防治

一、瓜蚜

（一）症状

危害瓜类蔬菜的蚜虫主要是瓜蚜。成虫和若虫在瓜叶背面、嫩梢和嫩茎上吸食汁液。嫩叶及生长点被害后，叶片卷缩，生长停滞，甚至全株萎蔫死亡；老叶受害时不卷缩，但提前干枯。

（二）发生规律

蚜虫的繁殖力很强，1 年能繁殖 10~30 个世代，世代重叠现象突出。当 5 天的平均气温稳定上升到 12℃时，便开始繁殖。在气温较低的早春和晚秋，完成 1 个世代需 10 天，在夏季温暖条件下，需 4~5 天。气温为 16~22℃时最适宜蚜虫繁育，干旱或植株密度过大有利于蚜虫危害。

（三）防治措施

1. **设施栽培**　用 22% 敌敌畏烟剂 0.5 kg/667m^2，或灭蚜宁 0.4 kg/667m^2，分放 4~5 堆，用暗火点燃，闭棚熏烟 3~4 h。

2. **露地栽培**　选用 30% 氯氟・吡虫啉悬浮剂 3 000~4 000 倍液喷雾；70% 啶虫脒水分散粒剂 4 000~5 000 倍液喷雾；46% 氟啶・啶虫脒水分散粒剂 2 000~3 000 倍液喷雾；50% 氟啶虫胺腈水分散粒剂 4 000~5 000 倍液喷雾。喷洒时应注意使喷嘴对准叶背，将药液尽可能喷到瓜蚜体上。为避免瓜蚜产生抗药性，应轮换使用不同类型的农药。

二、瓜实蝇

（一）症状

瓜实蝇又叫作针蜂、瓜蛆等，一般成虫不会取食瓜果叶片，而是以产卵管刺入幼瓜表皮内产卵，幼虫孵化后钻进瓜肉取食，因此受害的苦瓜局部变黄，表面无明显伤痕，刀切开可看到内部很多乳白色蠕动幼虫，受害苦瓜会逐渐全瓜枯黄掉落或全瓜腐烂。

（二）发生规律

瓜实蝇适宜在高温下生长发育，6~9月是高峰期。夏季炎热，成虫常躲在叶背或瓜棚，晚上基本不活动，成虫对糖、醋等有趋性，多产卵于嫩瓜中。虫子长大变成老熟幼虫时，会从瓜内爬出弹跳落地化蛹，1周左右羽化为成虫。

苦瓜瓜实蝇高发原因很多：瓜农用药防治不当；对带虫的苦瓜处理不当，随处乱丢带虫苦瓜；未及时摘除带虫苦瓜；另外菜园管理粗放，瓜蔓杂乱密闭，都有利于瓜实蝇生长传播。

（三）防治措施

1. **诱杀成虫** 可选用性引诱剂、糖醋液诱杀、黄板诱杀，有条件的可以在苦瓜园内安装杀虫灯。

2. **幼瓜套袋** 苦瓜谢花后，当幼瓜长到2 cm左右可进行套袋，可以有效防止成虫在幼瓜表皮产卵，另外套袋前可用药防治一次，确保瓜果质量。

3. **药剂防治** 25%噻虫嗪水分散粒剂1 500~2 000倍液喷雾；25%高效氯氟氰菊酯乳油1 000~1 500倍液喷雾。因成虫出现期长，需要3~4天喷药1次，连喷2~3次。

三、蓟马

（一）症状

苦瓜蓟马属缨翅目蓟马科。蓟马成虫、若虫以锉吸式口器危害心叶、嫩芽及幼果。被害植株生长点萎缩、变黑而出现丛生现象，心叶不能展开，影响正常坐瓜。受害幼瓜的茸毛变黑，表皮锈褐色，生长缓慢，甚至变畸形。受害严重时造成落果，极大影响产量及品质。

（二）发生规律

蓟马一般3~10月是危害盛期。成虫善飞，怕光，喜在嫩梢、花冠、叶背及果实上取食危害。蓟马喜欢温暖、干旱的天气，其适宜温度为23~28℃，适宜空气相对湿度为40%~70%，湿度过大不能存活；当空气相对湿度达到100%、温度达31℃时，若虫全部死亡。

（三）防治措施

1. **农业防治** 根据瓜蓟马繁殖快、易成灾的特点，应采取预防为主、综合防治的措施。采用营养土育苗，加强肥水管理，增施有机肥和磷钾肥。轮作换茬，残茬要集中烧毁，揭掉棚膜、地膜，利用其生物学特征灌水浸泡一段时间，能减少若虫到成虫的羽化程度。清除残株病叶能减少虫源，选合适时间栽植可避开蓟马危害期，勤浇水可消灭地下的若虫和蛹。另外，勤除草可减轻危害。瓜蓟马若虫有落土化蛹习性，铺设地膜可减少蛹的数量。

2. **生物防治**　利用天敌蜘蛛、花蝽、姬蝽和草蛉等都可有效地防治瓜蓟马，可适当引进这些天敌来防治瓜蓟马。

3. **物理防治**　利用瓜蓟马的趋蓝色光的习性，在棚里设置蓝色粘板诱杀成虫。每 $667m^2$ 挂 21 块板，板与板之间距离 3.9 m × 8 m，以板下端距畦面 1 m 处朝南方向挂板诱杀效果最好。

4. **药剂防治**　蓟马防治主要化学药剂：70% 吡虫啉水分散粒剂 4 000~5 000 倍液喷雾；5% 多杀霉素悬浮剂 600~800 倍液喷雾；21% 噻虫嗪悬浮剂 1 500~2 000 倍液喷雾。4~6 天连续喷药 2 次，可有效地降低苦瓜蓟马种群密度。

四、白粉虱

（一）症状

白粉虱以成虫和若虫群集在叶片背面，口器刺入叶肉，吸取植物汁液，造成叶片褪绿枯萎，果实畸形僵化，引起植株早衰，影响减产。繁殖力强，繁殖速度快，种群数量大，群聚危害，能分泌大量蜜液，严重污染叶片和果实，往往引起煤污病的大发生，使蔬菜失去商品价值。

（二）发生规律

白粉虱在北方地区不能越冬，大棚也不能越冬，而以各种虫态在日光温室内越冬并繁殖，每年可发生 10 余代。白粉虱在早春温室内虫口密度较小，随气温回升以及温室通风，白粉虱逐渐向露地迁移扩散，7~8 月虫口数量增加较快，虫口密度最大；9 月中旬，气温开始下降，白粉虱又向温室内转移，因为内外迁飞，使得防治很困难。白粉虱的成虫对黄色有强烈趋性，但忌白色、银白色，不善于飞翔。在田间先一点一点发生，然后逐渐扩散蔓延。田间虫口密度分布不均匀，成虫喜群集于植株上部嫩叶背面，并在嫩叶上产卵，极不易脱落。随着植株生长，成虫不断向上部叶片转移，因而植株上各虫态的分布就形成了一定规律：最上部嫩叶，以成虫和初产的淡黄色卵为最多；稍下部的叶片多为深褐色的卵；再下部依次为初龄若虫、老龄若虫、蛹。

（三）防治措施

1. **黄板诱杀成虫**　方法是利用废旧的纤维板或硬纸板，用油漆涂为橙皮黄色，再涂上一层黏油，置于行间可与植株高度相同。

2. **熏蒸** 在扣棚后将棚的门、窗全部密闭，用35%吡虫啉烟雾剂熏蒸大棚，也可用灭蚜灵、敌敌畏熏蒸，消灭迁入温室内越冬的成虫。

3. **药剂防治** 20%吡蚜·吡丙醚1 500~2 000倍液喷雾；20%高氯·噻嗪酮乳油500~700倍液喷雾；30%吡丙·噻虫嗪悬浮剂4 000~5 000倍液喷雾。

五、瓜绢螟

（一）症状

幼龄幼虫在叶背啃食叶肉，呈灰白斑。3龄后吐丝将叶或嫩梢缀合，居其中取食，使叶片穿孔或缺刻，严重的仅留叶脉。幼虫常蛀入瓜内，影响产量和质量。

（二）发生规律

瓜绢螟1年发生5~6代，以老熟幼虫或蛹在寄生枯卷叶中越冬。成虫白天潜伏在寄主叶丛中或其他隐蔽处，夜间活动，趋光性弱。雌成虫交配后即可产卵，散产或数粒在一起。初孵幼虫多危害嫩叶，咬食叶肉，被害部呈灰白色斑块。3龄后吐丝将叶缀合，潜藏其中危害，严重时，可将叶片吃光仅留叶脉，或蛀入幼果及花中危害，有时也潜蛀瓜藤。幼虫性较活泼，遇惊即吐丝下垂，转移他处危害。老熟幼虫在被害卷叶内做白色薄茧化蛹，或在根际表土中化蛹。该虫6~7月虫口密度增大，8~9月盛发，危害重。

（三）防治措施

1. **诱杀成虫** 使用性诱剂和频振式杀虫灯来加强对瓜绢螟发生期和发生量的预测预报。

2. **药剂防治** 5%氯虫苯甲酰胺悬浮剂800~1 000倍液喷雾；10%溴氰虫酰胺可分散油悬浮剂1 500~2 000倍液喷雾；24%虫螨腈悬浮剂800~1 000倍液喷雾。虫口密度大、危害重时，可每隔7~10天喷药1次，连续防治2~3次，药剂交替使用，可提高防效。

第七节　缺素症的识别与防治

一、缺氮

（一）症状

表现为叶片小，上位叶更小，从下往上逐渐变黄，生长点附近的节间明显短缩，叶脉间黄化，叶脉突出，后扩展至全叶，坐果少，膨大慢，果畸形。

（二）发生规律

苦瓜是高氮植物，每生产 1 000 kg 苦瓜需要 5 kg 纯氮；土壤板结、土壤含水量高、土壤干旱等均不利于氮的吸收；pH 6~8 时，土壤有效氮的含量最高，土壤酸化，不利于氮元素的吸收。

（三）防治措施

1. *测土施肥*　为防治蔬菜缺氮症，应采用测土施肥法施用氮肥。

2. *采用养分平衡法、以产定氮法*　根据肥料的特性采用底施、追施、叶面喷施等技术。

3. *分期施肥*　按照前期轻、中期重、后期补的原则进行。开花结果前，植株生长量小，追肥宜少；开花坐果后，逐渐加大肥水用量，结果盛期，植株生长和结果同时进行，应重施追肥；结果后期，植株开始衰老，应适当追肥，防止植株早衰而影响果实生长。开花坐果后要施足肥料，每 667m^2 追施尿素 15 kg、硫酸钾 10 kg。采收第一批瓜后，每次再追施尿素 10 kg 左右。另外，在晴天傍晚，叶面喷施 0.2% 尿素和 0.3% 磷酸二氢钾水溶液，可促进茎叶生长，延长采收期，避免因植株早衰而影响产量和品质。

4. *增施有机肥*　增施有机肥，调节土壤 pH 为 6~7，有利于苦瓜营养元素的吸收。

二、缺磷

（一）症状

缺磷时，根系发育差，植株瘦弱，叶小，叶深绿色，叶片僵硬，叶脉呈紫色。

（二）发生规律

基肥施用量小，或磷肥用量少，易发生缺磷症；地温低，苦瓜植株对磷的吸收少，保护地冬春栽培或早春栽培易发生缺磷。

（三）防治措施

一是测土施肥技术，每667 m^{2}撒施腐熟优质有机肥5 000~7 500 kg和过磷酸钙100 kg作基肥，有机肥最好与过磷酸钙一起堆沤；二是保持保护地内适宜的地温（18℃以上）；三是叶面喷洒0.2%磷酸二氢钾溶液或0.5%过磷酸钙溶液（用木桶或塑料桶等物内盛100 kg清水和0.5 kg过磷酸钙，浸泡24 h，在此期间搅拌数次，取上清液喷洒）。

三、缺钾

（一）症状

植株缺钾时生长缓慢，茎蔓节间变短、细弱，叶面皱曲，老叶边缘发黄、变褐枯死，果实弯曲。

（二）发生规律

土壤中含钾量低，易出现缺钾症；地温低，日照不足，土壤过湿，施氮肥过多等，会阻碍植株对钾的吸收。

（三）防治措施

可以施用适量的草木灰作基肥，以缓解苦瓜缺钾的症状。在苦瓜植株两侧开沟，每667 m^{2}施入硫酸钾3~4 kg后盖土，并浇一次水，同时可叶面喷洒0.3%磷酸二氢钾溶液或1%草木灰浸出液。

四、缺硼症

（一）症状

上部叶向外侧卷曲，叶缘部分变褐色；上部叶的叶脉有萎缩现象；腋芽生长点萎缩死亡；茎蔓或果实出现纵向木栓化条纹。

（二）发生规律

土壤本身缺硼；土壤盐碱较重，pH 偏高；有机肥施用较少；钾肥用量偏多；土壤过干或过湿。

（三）防治措施

1. **增施有机肥** 合理施用化肥，做到氮、磷、钾肥的配合使用。

2. **施硼砂或硼酸** 在土壤硼含量较低的情况下，结合施用有机肥每 667 m^2 可均匀撒施硼砂或硼酸 1~1.5 kg，随有机肥施入土壤中。

3. **调整土壤 pH** 保持土壤 pH 中性，防止土壤次生盐渍化。

4. **控制湿度** 加强田间管理，保持土壤湿润，防止土壤过干或过湿。

5. **叶面喷施** 如果发现植株出现缺硼症状，选用 0.2%~0.3% 硼砂或硼酸水溶液进行叶面喷施，对改善植株缺硼可起到较好的作用。一般情况下，生育期可喷 1~2 次，缺硼较严重时，可适当增加喷施次数，但不可施用过量，以防硼过量引起中毒。

五、缺锌症

（一）症状

苦瓜缺锌后表现出植株矮小，节间缩短，叶片小，簇生，叶片出现淡绿色、黄白色或白色，进而影响到根系的正常生长。

（二）发生规律

土壤盐碱，pH 偏高；磷肥施用过多；土壤过湿或过干以及光照过强等。

（三）防治措施

增施有机肥，合理施用化肥，做到氮、磷、钾肥的配合使用；在满足磷肥需求的情况下，可适当控制磷肥的施用；保持土壤中性，防止土壤碱化；加强田间管理，防止土壤过湿或过干；在温度高、光照强的季节，可适当增加遮阴设施。

六、缺铁症

（一）症状

由于铁在作物体内是一种很难移动的元素，所以作物很容易出现缺铁症状。同时铁是叶绿素形成的必需元素，所以缺铁常见的症状是：首先幼叶开始出现失绿症，即叶片颜色变淡，进而叶脉间失绿黄化，但叶脉仍保持绿色。缺铁严重时整个叶片变白，叶片出现坏死的斑点。

（二）发生规律

土壤盐碱，pH 偏高，使得土壤中的有效铁转化成难溶性的高价铁，不能被作物吸收；磷肥施用过多，以及微量元素锰和铜与土壤中的铁发生了拮抗作用；另外，土壤过干或过湿均能影响到作物对铁的吸收。

（三）防治措施

增施有机肥；合理施用化肥，做到氮、磷、钾肥的配合使用；尽量避免过量施用磷肥；保持土壤中性；防止土壤产生次生盐渍化；加强田间管理，保持土壤湿润，防止土壤过干或过湿；当植株出现缺铁症状时，可叶面喷施 0.2%~0.5% 硫酸亚铁溶液，生育期喷 1~2 次即可。

七、缺镁症

（一）症状

植株缺镁，在生长的中后期开始，首先是苦瓜的中下部叶片的叶脉间会出现褐色的小斑点，后叶脉间渐渐黄化，仅叶缘残存绿色，叶缘上卷，下部成熟老叶脉间失绿，叶面没有病斑。

（二）发生规律

土壤中含镁量低，地温低，日照不足，土壤过湿，施氮肥过多等，会阻碍苦瓜植株对镁的吸收。

（三）防治措施

对检测出的缺镁地块，结合基肥施入钙镁磷肥、碳酸镁、镁石灰、水镁矾。应急时，可叶面喷施 1%~2% 硫酸镁溶液和螯合镁 2~3 次。补镁的同时应该加补钾肥、锌肥，多施含镁、钾肥的厩肥。

八、缺钙症

（一）症状

苦瓜植株缺钙，生长点坏死，新叶黄化，或上位叶叶缘出现焦枯状，果实顶端弯曲，容易裂口。

（二）发生规律

在种植苦瓜地块中钙严重不足，而且施用钙肥的量又不足。

（三）防治措施

对缺钙的土壤，在大田中定植前，要特别注意钙肥的使用，如在充分腐熟的有机肥料中掺入石灰肥料、碳酸钙、过磷酸钙、次氯酸钙等。应急时，可叶面喷施 0.3% 氯化钙溶液 3~4 次。

九、缺铜症

（一）症状

植株缺铜，节间短，株丛生，幼叶小，老叶叶脉间出现失绿，逐渐向幼叶发展，后期叶片褐色，枯萎坏死。

（二）发生规律

在土壤中缺少铜元素，又没有补充铜元素。

（三）防治措施

每 667 m^2 施硫酸铜 1.0~1.5 kg 作基肥，与干细土混合均匀后撒施、条施或穴施均可，要注意条施的用量应少于撒施的用量。苦瓜的苗期，用 0.02%~0.04% 硫酸铜溶液对苦瓜的叶面进行喷洒，每 667 m^2 喷溶液 50~60 kg，每隔 7~10 天喷 1 次，连喷 2 次。

第六章

丝瓜优质高效栽培技术

本章介绍了丝瓜的生物学特性；栽培茬口与品种选择；优质高效栽培技术；侵染性病害的识别与防治；生理性病害的识别与防治；虫害的识别与防治；缺素症的识别与防治。

丝瓜原产于印度，为一年生草本植物，属葫芦科丝瓜属。丝瓜含有丰富的营养，每百克嫩瓜含水量 93~95 g、蛋白质含量 0.8~1.6 g、碳水化合物含量 2.9~4.5 g、维生素 A 含量 0.32 g、维生素 C 含量 8 mg，它所提供的热量在瓜类中仅次于南瓜。丝瓜性味甘苦，有清暑凉血、解毒通便、祛风化痰、润肌美容、通经络、行血脉、下乳汁等功效，其络、籽、藤、叶均可入药。

由于丝瓜瓜肉柔嫩、味道清香，而且适应性强，易于栽培，用途广，历来受到人们的喜爱。随着保护地蔬菜栽培技术的推广，丝瓜由夏季生产扩大到常年生产，成为周年上市的蔬菜品种之一。

第一节　生物学特性

一、形态特征

（一）根

丝瓜的根为直根系，根系极为发达，主根入土深度可达 1 m 以上，在棚室育苗移栽的过程中，主根易受到损伤，影响其入土的深度。丝瓜侧根再生能力强，主要分布在 30~50 cm 土层中，茎节处易生成不定根，和主根、侧根一起组成强大的吸收根系，抗旱和吸收能力都很强。但在棚室条件下栽培，丝瓜根群一般分布较浅，加之地温相对较低，根系对水分和营养物质的吸收能力较差。因此，在棚室条件下栽培要根据实际情况，采取深翻土壤、多施有机肥、浅定植、地面覆盖保温等措施，促进丝瓜根系生长发育。

（二）茎

丝瓜的茎为蔓生，有 5 棱，绿色，每节都有卷须，以缠绕支持物使茎蔓向前爬伸，卷须通常 3 歧（为了减少营养消耗，或以免卷须缠绕幼瓜，可及时剪去卷须）。茎蔓的生长势旺盛，分枝性强。丝瓜主蔓的长度可达到 10 m 以上，但一般只分生一级侧蔓（子蔓），主、侧蔓均可结瓜，生长前期以主蔓结瓜为主，后期以侧蔓结瓜为主。生产上根据需要应适时进行摘心、打杈等植株调整措施。

（三）叶

丝瓜的叶为掌状裂叶或心脏形叶，深绿色，单叶，互生，密被茸毛，叶脉明显，叶片宽大，光合作用旺盛。圆心形叶片，长 8~25 cm，宽 15~25 cm，掌状叶片 3~7 裂，幼时具有刺毛，老时粗糙无毛，主脉 3~7 条。叶柄多角形，具柔毛，长 4~9 cm。

在棚室条件下，由于光照弱、湿度大、通风量小，叶面积较露地大 1/3 左右，叶柄长。温度适宜时叶片生长速度很快，一天能生长 1 片小叶，3 天后就长成功能叶。由于光照弱、光合作用差，叶片的寿命相应比露地栽培要短。

（四）花

花黄色，雌雄异花同株，自第一朵雌花出现后，以后每节都能着生雌花，但成瓜的比例因肥水、管理等因素大不相同。雄花为总状花序，每个叶腋都能着生雄花，为了防止雄花消耗更多的营养，生产上常将雄花摘除。

（五）果实

果实一般为圆筒形或棒槌形，果面有棱或无棱；果实长短因品种而异，有的品种长 20~26 cm，而有的长度可达 150~200 cm。嫩瓜有茸毛，皮光滑，瓜皮呈绿色，瓜肉淡绿色或白色；老熟后纤维发达。

（六）种子

种子黑色，椭圆形，扁而光滑，或有络纹，千粒重 100 g 左右。

二、生长发育周期

（一）发芽期

丝瓜从种子萌动到第一真叶“破心”止，需要 5~7 天。主要靠消耗种子本身的营养物质供应胚芽萌动生长及胚根伸长。由于种子较小，储藏的营养物质有限，所以发芽时间越长，幼苗越弱。故本期应给予适宜的温度和湿度促进出苗。一般丝瓜种子发芽出土期土壤含水量应达到 16%，幼苗期保持土壤含水量 14%~15%。在丝瓜种子出土时，空气相对湿度在 50% 以下，不利于顶土出苗，即使子叶顶出土面，种皮也不易脱落，俗称“戴帽”出土。

（二）幼苗期

从第一真叶“破心”出现到开始抽蔓为止，需要 15~25 天。此期生长缓慢，茎直立，节间短，叶片小，绝对生长量较小，但花芽分化、新叶分化多，此期的管理重点是培育壮苗。丝瓜幼苗期空气干燥，空气相对湿度小于 50%，则子叶不肥大，植株瘦小。

（三）抽蔓期

从瓜蔓开始生长到现蕾为止，需要 10~20 天，进入抽蔓期茎叶生长速度加快，节间逐渐伸长，从直立生长变为蔓性生长，同时植株由营养生长为主转变为生殖生长和营养生长并举，在栽培管理上，抽蔓前应以促为主，建成强大的营养体系，伸蔓后期应以控为主，促进开花坐果。此时植株需水量和需肥量开始增大，注意及时施肥浇水。

（四）开花坐果期

从现蕾到根瓜坐住需要 20~25 天。根瓜采收后进入盛果期，维持 60~80 天。从盛果期到拉秧，还需 1~2 个月。丝瓜在花后 18 天左右果实最重，采收嫩果一般在花后 10 天左右，此时品质最佳。从开花至果实生理成熟需 40~50 天。此期的特点表现为茎叶的继续生长和果实的生长发育，营养生长和生殖生长齐头并进。此期的管理重点是加强肥水管理，特别是平衡好秧果关系。

丝瓜植株开花结果期，空气相对湿度在 60% 有利于花药开放和花粉粒散出发芽，授粉受精率高。空气相对湿度超过 70% 时，则花药的开裂和花粉粒的散出时间推迟；空气相对湿度，超过 80% 后，花粉粘连而不能授粉受精，子房黄萎脱落，叶片也易发霜霉病。

（五）盛果期

根瓜采收后，丝瓜即进入盛果期，如管理得当，结果期长 5~6 个月。

（六）衰老期

盛果期以后直至拉秧为衰老期，约 8 个月。

三、丝瓜对环境条件的要求

（一）温度

在影响丝瓜生长发育的环境条件中，对温度最为敏感。丝瓜属耐热蔬菜，有较强的耐热能力，但不耐寒，生育期间要求高温。丝瓜种子在 20~25℃时发芽正常，在 30~35℃时发芽迅速。植株生长发育的适宜温度是白天 25~28℃，晚上 16~18℃，生长期适宜温度为 18~25℃，15℃以下生长缓慢，10℃以下停止生长。

（二）光照

丝瓜起源于亚热带地区，是短日照作物，比较耐阴，但不喜欢日照时间太长，每天日照时数最好不超过 12 h。抽蔓期以前需要短日照和稍高温度，有利于茎叶生长和雌花分化；开花结果期营养生长和生殖生长并进，需要较强的光照，有利于促进营养生长和开花结果。

（三）水分

丝瓜性喜潮湿，它耐湿、耐涝不耐干旱。要求较高的土壤湿度，土壤的含水量达 65%~85% 时生长得最好。丝瓜要求中等偏高的空气相对湿度，丝瓜旺盛生长所需的最小空气相对湿度不能小于 55%，适宜空气相对湿度为 75%~85%，空气相对湿度短时期饱和时仍能正常生长。

（四）气体

丝瓜叶面进行呼吸作用所需的氧气，可以从空气中得到充分满足。丝瓜进行光合作用，最适宜的 CO_2 浓度为 0.1% 左右，而大气中 CO_2 为 0.03% 左右，棚室 CO_2 浓度更显不足，为提高产量可在棚室内补施 CO_2 气体。

（五）土壤养分

丝瓜适应性较强，在各种土壤都可栽培，但以土质疏松、有机质含量高、通气性良好的壤土和沙壤土栽培最好。丝瓜生长周期长，根系发达，喜欢高肥力的土壤和较高的施肥量，特别对氮、磷、钾肥要求较多，尤其在开花结果盛期，对磷、钾肥要求更多。

第二节　栽培茬口与品种选择

一、栽培茬口

（一）丝瓜春季露地栽培

华北地区露地栽培丝瓜，从 3 月下旬至 5 月中旬均可播种，一直可采收供应至霜冻之前。一般在终霜前后进行露地直播，也可在温室、大棚、阳畦等设施内育苗，终霜后露地定植栽培。目前，很多地方在终霜前把丝瓜套种在棚室栽培的作物中，终霜以后外界温度升高，撤掉棚膜，主茬作物拉秧，使丝瓜顺棚架继续向上生长并开花结果，这种方式比传统露地栽培早熟 15~20 天。例如，4~5 月在棚室拱杆旁种植丝瓜，任其沿拱杆爬蔓，或在番茄、黄瓜等蔬菜生长后期，在畦边定植丝瓜。

（二）丝瓜塑料大棚早春栽培

于温室内提前育苗，当日光温室或塑料棚内 10 cm 地温稳定在 12℃以上时定植，可比露地栽培提早成熟 30 天以上。

（三）丝瓜日光温室秋冬茬栽培

立秋以后播种育苗，白露前后定植在日光温室，10 月下旬开始采收，元旦至春节拉秧。此茬口要加强后期保温。

（四）丝瓜日光温室越冬一大茬栽培

9~10 月在温室播种育苗，10 月至 12 月上旬定植，春节前开始采收，可延迟至翌年 8~9 月拉秧。此茬口要求日光温室采光性好、保温性强，还要有辅助加温措施。

二、丝瓜类型

丝瓜品种分普通丝瓜和有棱丝瓜两类，前者我国南北方均有栽培，后者主要在南方地区栽培。

（一）普通丝瓜

普通丝瓜也称无棱丝瓜，俗称水瓜。果实细长圆筒形或长棒形，嫩瓜有茸毛，无棱，皮光滑或具有细皱纹，肉柔嫩，种子扁而光滑、黑色有翅状边缘。常见品种有棒丝瓜和蛇形丝瓜。

1. **棒丝瓜** 又称肉丝，为短粗型丝瓜。瓜条短圆筒形至长棒形，下部略粗，上端渐细，瓜皮以绿色为主。瓜长 20~40 cm，横径 6~9 cm，单瓜重 200~500 g，每 667 m^2 产量 1 500~2 000 kg。多为早熟品种，如湖南肉丝瓜、上海香丝瓜、四川合川丝瓜等。

2. **蛇形丝瓜** 又称线丝瓜，为细长型丝瓜。瓜条细长，瓜长 50~200 cm，横径 3~6 cm。中下部略粗，瓜皮绿色稍粗糙，常有细密的皱褶，品质中等。单瓜重 500~700 g，每 667 m^2 产量可达 5 000 kg。主要品种有南京长丝瓜、长江流域的线丝瓜、武汉白玉霜丝瓜、华南水度丝瓜等。观光园区多种植超长丝瓜品种，以增强其观赏效果。

（二）有棱丝瓜

有棱丝瓜又称为棱丝瓜、洋丝瓜。瓜条一般较短，瓜绿色长棒形，前端较粗，表皮硬，无茸毛，有 8~10 条棱。肉白色、较脆嫩，种子稍厚无边缘。在我国华南地区栽培较多。

1. **长棱丝瓜** 瓜长30~70 cm，横径4~5 cm，瓜面有8~11条棱线，单瓜重200~500 g。肉质细腻，清香味浓。常见品种有青皮丝瓜、广州乌耳丝瓜、棠东丝瓜等。

2. **短棱丝瓜** 瓜长20~30 cm，横径3~6 cm，瓜面有6~8条棱线。肉质较差，纤维发达。常见品种有短棒白丝瓜、短棒肉丝瓜、早帅丝瓜、白玉霜、棒丝瓜等。

三、品种介绍

（一）胖头丝瓜

胖头丝瓜又叫牛皮皱丝瓜、合川丝瓜。中晚熟，第一朵雌花生于主蔓15~16节。果实长圆筒形，瓜皮绿色，有深绿色条纹，密生白色短茸毛和横向较深的皱褶。瓜长25~30 cm，横径5 cm左右，单瓜重300~400 g。瓜肉厚，品质好，不易老，采收期长，产量高。

（二）9502杂交丝瓜

早熟杂交种，第一朵雌花着生于主蔓6~7节，连续结瓜能力强。果实长圆筒形、深绿色，稀生白色短茸毛和横向较浅皱褶。瓜长20~25 cm，横径4 cm左右，单瓜重200~300 g。瓜肉较薄，嫩性差，易老，需要及时采收。嫩瓜肉质细嫩，味香甜，品质好，早期产量高，适合早熟栽培。

（三）二饭早丝瓜

二饭早丝瓜又名香丝瓜。早中熟，第一朵雌花着生于主蔓11~13节。果实短圆柱，表面绿色，嫩瓜皮微皱，具黑色条纹。瓜长约20 cm，横径约4 cm，单瓜重250~300 g。嫩瓜肉细嫩，味香甜，品质好，产量高。

（四）肉丝瓜

中熟，第一朵雌花着生于主蔓13~15节。果实短圆柱形，表皮绿色、微皱，有灰绿色茸毛，瓜长约24 cm，横径约6 cm，单瓜重400 g左右。肉质疏松，味微甜。

（五）早优一号

第一朵雌花节位7~8节，以后每节着生1朵雌花，瓜条匀直，表皮翠绿色，蜡粉厚，商品瓜长26 cm左右，横径7 cm左右，单瓜重约500 g，一般每667 m^2产量在5 000 kg左右。该品种对瓜类霜霉病、疫病和白粉病有较强的抗性，耐低温，较耐热。

（六）新早冠 406

极早熟，耐低温、弱光性好，品质优，早期产量高，5~6 节着生第一朵雌花，以后每节 1 个瓜，瓜长 40~45 cm，横径 5~6 cm，瓜色深绿，有厚厚的白色蜡粉层，口感鲜，味微甜。适合早春保护地或早春露地栽培。

（七）线丝瓜

该品种从南方引至北方多年。植株生长势强，蔓性。叶片掌状裂叶。瓜细长形，呈棍棒状，中下部渐粗，瓜长 75~95 cm; 横径平均 3 cm 左右。单瓜重 250 g 左右。瓜皮绿色，有皱褶和纵条纹。瓜肉绿白色，细嫩，纤维少，品质较好。线丝瓜较晚熟，耐热，抗病虫害能力强。瓜条生长快。

第三节　优质高效栽培技术

一、育苗技术

丝瓜耐热不耐寒，对温度的要求较高，种子发芽适宜温度 25~35℃，幼苗生长适宜温度 25~30℃。丝瓜育苗可依当地气候及设施条件，选择在小拱棚、大棚或温室等设施中进行。早熟栽培一般用阳畦育苗，苗龄 30~40 天、具 4~5 片真叶即可定植，生产中可根据定植期推算适宜播种期。大棚早熟栽培一般于 2 月上中旬播种育苗，露地栽培于 3 月上旬至 4 月初播种育苗，可采用营养钵或穴盘育苗，每 667 m^2 大田用种子 150~200 g。播种前苗床施足基肥，做成 2 m 宽的畦，浇足底水，提前扣膜提高地温备播。

（一）种子处理

丝瓜种子种皮厚而坚硬，吸水较慢，特别是有棱丝瓜种皮更不易吸水，宜采用催芽播种。方法是先将种子放到 50~55℃温水中浸泡 4~6 h，取出用清水搓洗几遍。然后用 0.1% 高锰酸钾溶液浸种 20 min，用 25℃温水清洗，捞出晾干后放在 30℃条件下催芽。也可用药剂浸种，方法是用 35~40℃温水浸种 8~10 h，再用 50% 多菌灵胶悬剂和 50% 甲基硫菌灵胶悬剂各 10 mL 加水 1.5 L 混匀，浸种 20~30 min，清水冲洗 2~3 遍后催芽或直接播种。

为了促进出苗可进行催芽，将浸泡消毒处理好的种子用湿纱布包好，置于30~35℃条件下催芽，2~3天即可出芽，芽长1.5 cm时播种。生产中若出芽不整齐，可挑选出芽的种子播种，未出芽的种子继续进行催芽。

（二）营养土配制

用3~5年未种过瓜类蔬菜的肥沃园土60%和优质腐熟有机肥40%混合配制营养土，营养土加尿素0.5 kg/m^3、过磷酸钙1.5 kg/m^3、硫酸钾0.5 kg/m^3，或氮磷钾复合肥15 kg/m^3，混合拌匀后过筛待用。同时，营养土加入80%多菌灵可湿性粉剂4 g/m^{3}拌匀消毒，或用40%甲醛100倍液均匀喷洒，将营养土反复搅拌后堆积，上盖塑料薄膜密闭2~3天，然后将药土摊开5~7天，药味散尽后即可使用。一般1 kg甲醛可处理4 000~5 000 kg营养土。

（三）播种育苗

1. **播种** 一般待80%芽尖露出、芽长0.5 cm时即可播种。苗床做成2 m宽的畦，整平畦面，浇足底水，覆膜升温待播。将已催芽种子均匀撒播在苗床上，种子平放，芽朝下。播种后覆土1 cm厚，覆地膜保湿。

2. **苗期管理** 培育壮苗是丝瓜栽培获得早熟高产的前提，育苗期间对温度、水分、光照等环境条件的控制十分重要。

播种后出苗前苗床温度保持25~30℃、空气相对湿度保持在80%以上，以促进出苗。齐苗后注意通风降温，棚内温度白天保持26~28℃、夜间15~18℃，苗床温度保持16~20℃，防止植株徒长。在小苗出现第一片真叶时间苗，去除老、弱、病苗，并追施10%腐熟人粪尿促苗生长。一叶一心时分苗，分苗后至缓苗，苗床温度保持10~28℃。分苗后浇压蔸水（促进根茎生长的水称为压蔸水），以增温保湿，促进缓苗。丝瓜苗在2~3片真叶前生长较缓慢，3叶期以后地上部分生长较快，并开始花芽分化，此时应创造短日照和夜间较低温度的条件，以降低雌花节位，提早开花结实。缓苗到定植，苗床温度保持10~20℃。苗期温度过高，秧苗易徒长，花芽分化延迟；苗期温度过低，则秧苗易受冻害，生长迟缓，发育不良，同时还影响花芽正常分化。

丝瓜苗不耐涝，苗床土壤湿度不宜过大，苗期不宜多浇水，保持床土湿润即可。在阴雨天和低温、光照不足的情况下，如果水分供应过量，会产生高脚苗、瘦弱苗。缓苗后到定植前，地发干或秧苗出现萎蔫现象时方可浇水，适当控水有利于培育壮苗。浇水宜在早上或傍晚进行，以防苗床温度变化太大。

育苗期间，只要温度条件许可，应尽可能地揭开覆盖物，以延长幼苗的光照时间。

幼苗长至3~4片叶时即可移栽，定植前7天通风降温炼苗，逐渐将苗床温度降至10~12℃，以利幼苗适应定植大田的环境条件。

二、日光温室丝瓜冬春茬栽培技术

（一）品种选择

此茬丝瓜的栽培属于深冬反季节栽培模式，品种最好选择早优一号、9502 杂交丝瓜，这类品种植株繁茂，吸水吸肥能力强，耐寒，比较适宜于冬季栽培。成熟的瓜条商品性好，价格高。

（二）培育壮苗

1. **育苗方法** 一是穴盘育苗，可利用穴盘育苗（规格 32 穴、50 穴）或营养钵育苗（规格 10 cm × 10 cm），穴盘育苗的基质配方可用草炭：蛭石：珍珠岩 =3：1：1，加硫酸钾复合肥 1 kg/m³（用水溶解喷拌），烘干消毒鸡粪 5 kg/m³ 混匀。二是营养钵育苗，装钵的营养土配方可选用未种过瓜菜的过筛肥沃园土 3 份，充分发酵腐熟的鸡粪 1 份，加过磷酸钙 2 kg/m³，硫酸钾 0.5 kg/m³，过筛掺匀。

2. **种子处理** 首先晒种 1~2 天，晒种后用 50% 多菌灵可湿性粉剂 500~600 倍液浸种 1 h，捞出清洗后再用 55℃的温水烫种，迅速向一个方向搅拌，使水温降至 30℃，然后浸种 24 h，捞出后洗去种子表面的胶状物，用干净的湿布包好，外面再包一层塑料薄膜，放在 28~30℃处催芽，24~36 h 大部分种子露白时即可播种。

3. **播种** 9 月中下旬播种育苗。播种前把拌好的基质装盘后，打孔播种，深 1 cm 左右，每孔的正中平放 1 粒种子，胚芽朝下方，上面覆盖蛭石或配好的基质或营养土 2 cm 左右，然后把播好种子的穴盘摆放苗床内，设拱棚盖防虫网，并备好苗床上拱棚用的防雨膜、遮阳网，雨天要盖防雨膜，晴天高温时加盖遮阳网。

4. **苗床管理** 播种后出苗前，苗床温度白天 25~35℃，夜间 18~20℃，一般 3~5 天即可出齐苗，小拱棚白天揭晚上盖；出苗后白天温度控制在 25℃左右，夜间 13~15℃；秧苗破心后，白天 25~30℃，夜间 15~18℃。待秧苗三叶一心，日历苗龄 35 天左右即可定植。

（三）整地定植

1. **定植前的准备** 丝瓜根系发达，整地时一定要深翻土壤 30 cm 深。结合深翻，每 667 m² 施腐熟的优质有机肥 10 000 kg，硫酸钾 50 kg，过磷酸钙 150 kg，磷酸二铵 50 kg，耙平耙细。按大行 70 cm、小行 50 cm 开小沟，沟内亩施腐熟圈肥 5 m³，与土均匀混合。在畦面上铺两根滴灌软管，覆盖好地膜，做好畦面扣棚升温。

2. **定植** 10 月中下旬定植，定植时应选在晴天，按每畦两行定植，定植株距 40~45 cm。穴盘育苗，取苗时注意保护营养基完整，以防伤根。秧苗栽植时不要太深，过营养基顶面即可。浇透水，待土壤湿度合适时，覆盖幅宽 1.3 m 的地膜，拉紧覆盖好，在秧苗顶端东西向划开小口将秧苗引出地面，然后将秧苗四周用土封好。

（四）定植后管理

1. **幼苗期管理** 丝瓜喜强光、耐热、耐湿、怕寒冷，为防止低温寒流侵袭，对反季节栽培的越冬茬丝瓜，要重点加强温度管理。在当地初霜期之前半月，就要把温室的棚膜、草苫上好。提前关闭大棚的通风门和覆盖草苫保温，以提高棚温。在定植后的 10~15 天，可使白天温度提高到 30~35℃，此期一般不通风或通小风，创造高温高湿条件，以利缓苗。如晴天中午前棚温过，高幼苗出现萎蔫时，可以盖花苫遮阳，此期一般不浇水，垄间要中耕保墒增温。缓苗后棚内夜间最低温度不低于 12℃，保持在 15~20℃，白天温度需降到 25~30℃。

2. **开花坐瓜期的管理**

1）加强棚温调控 越冬茬大棚丝瓜伸蔓前期，正处于日照短、光照强度较弱的季节，壮苗大约 50 天，第一朵雌花开花，就短日照而言，有利于促进植株加快发育，花芽早分化形成，降低雌花着生节位，增加雌花数量。但从伸蔓到开花坐果这一生育阶段来说，则需要较长的日照、较高的温度、强光照，才能促进植株营养生长和开花结果。棚温白天 25~30℃，若超过 32℃可适当通风；夜间要加盖草苫保持温度在 15~20℃，最低温度不低于 12℃。

2）整枝吊蔓 丝瓜茎叶生长旺盛，为了充分利用棚内空间需进行植株调整。当蔓长 50 cm 时，要人工引蔓上吊架，使瓜蔓在吊绳上呈“S”形，以降低生长高度，每株一绳。要及时去掉侧蔓和卷须，利用主蔓连续摘心法结瓜。当主蔓 20~23 个叶时进行第一次摘心，要保留顶叶下的侧芽。当这个侧芽 6~7 片叶时进行第二次摘心。以后按上述方法连续摘心、去侧蔓。根据植株的强弱，第一次摘心时每株选留 3~4 朵雌花，将其余雌花摘去。为了提高坐瓜率，开花后，及时用 0.002%~0.003% 的 2，4-D 蘸花。在此范围内，气温高时浓度可低些，反之则高些。使用时只涂抹果柄和蘸花，不能溅到叶片和茎上，以防造成伤害。使用 2，4-D 的最佳时间是花朵刚刚开放时。一般每株每茬留 4 朵雌花，坐瓜后留 2 个优质量的瓜，摘除劣瓜。

3）肥水管理 在根瓜坐住之前一般不浇水，应多进行中耕保墒。如遇到干旱可浇小水，以防水分过多植株徒长导致落花、化瓜。根瓜坐住后，要加强肥水管理，追肥浇水，浇水前喷施一遍杀菌剂防止病害，浇水选在晴天上午进行，结合浇水每 667 m^2 施硝酸钾 10 kg。进入持续开花结瓜期后，植株营养生长和生殖生长均进入旺盛期，耗水耗肥量也逐渐增大。为满足丝瓜高产栽培对水肥的需求，浇水和追肥间隔时间应逐渐缩短，浇水量和追肥量亦应相应地增加。在持续开花结瓜盛期的前期（12 月中旬至翌年 1~2 月），每采收两茬嫩瓜（即间隔 20~25 天）浇 1 次水，并随浇水每 667 m^2 冲施腐熟的鸡粪 500~600 kg，或冲施腐殖酸复混肥或硫酸钾有机瓜菜肥 10~12 kg。同时每天 9~11 时于棚内释放 CO_2 气肥。在 3~5 月冬春茬丝瓜持续结瓜中后期，要冲施速效肥和叶面喷施速效肥交替进行。即每 10 天左右浇 1 次水，随水冲施速效氮钾钙复合肥或有机速效复合肥。如高钾钙宝、氨基酸钾氮钙复合肥，一般每 667 m^2 冲施 10~12 kg。同时每 10 天左右喷施 1 次速效叶面肥。

4）温度管理　冬春茬丝瓜进入持续开花结瓜盛期，植株也进入营养生长和生殖生长同时并进阶段。植株生长发育需要强光、长日照、高温，以及 8~10℃的昼夜温差。所处季节从 10 月中下旬，经过秋、冬、春、夏四季，可到翌年秋季的 9 月，持续结瓜盛期长达 270 余天。在光、温管理上，应加强冬、春季的增光、增温和保温，尤其特别注意加强 1~2 月的光照和湿度管理，使棚内气温控制在：白天 24~30℃，最高不超过 32℃；夜间 12~18℃，凌晨短时最低气温不低于 10℃；遇到强寒流天气时，棚内绝对最低气温不能低于 8℃。因丝瓜耐湿力强，为了保温可减少通风排湿次数和通风量。

5）整枝摘老叶　丝瓜的主蔓和侧蔓都能结瓜。大棚保护地冬春茬丝瓜，在高度密植条件下，宜采取留单蔓整枝。在结瓜前和持续开花坐瓜初期，要及时抹掉主蔓叶腋间的腋芽，不留侧枝（蔓），每株留一根主蔓上吊架。当瓜蔓爬满吊绳，蔓顶达顺行吊绳铁丝时，应解蔓降蔓，降蔓时还应剪断缠绕在绳上或缠绕在其他蔓上的卷须，摘除下部老蔓上的老、黄、残叶后（带出棚外），把蔓降落，使老蔓部分盘置于小行间本株附近的地膜之上。一般需降蔓落蔓 3~4 次。

（五）适时采收

适时采收嫩瓜不仅能保持商品嫩瓜的品质，而且还能防止化瓜，增加结瓜数，提高产量。这是因为：丝瓜主要食用嫩瓜，如过期不采收，果实容易纤维化，种子变硬，瓜肉苦，不能食用。且因此瓜在继续生长成熟过程中与同株上新坐住的幼瓜争夺养分，造成幼瓜因缺少营养而化瓜，加重间歇结瓜现象，降低商品嫩瓜产量。一般冬春茬丝瓜从雌花开放授粉，到采收嫩瓜约需 15 天，盛瓜期一般开花后 7 天左右即可采收。盛瓜期果实生长发育快，可每隔 1~2 天采收 1 次。采收丝瓜的具体时间宜在早晨，并须用剪刀齐果柄处剪断。丝瓜果皮幼嫩，肉质松软，极易碰伤压伤或折断，采收时必须轻放，装箱装筐时切忌挤压，以确保产量品质。

三、日光温室丝瓜秋冬茬栽培技术

为填补 10~12 月丝瓜供应空档，在日光温室栽培秋延后丝瓜，能收到良好的经济效益。

（一）品种选择

秋冬茬丝瓜育苗正值高温、多雨季节，结瓜期温度又急剧下降，高温干旱、多雨、虫害等诸多不利因素均易诱发多种病虫害，所以品种选择非常关键，由于育苗期及茎蔓生长期的环境比较特殊，育苗期间前期棚内经常出现不适宜丝瓜生长的极限高温，害虫肆虐，植株极易感染病害，特别是感染病毒病，因此在品种上一定要选择在低温和弱光照条件下能保持较强的植株生长势和坐瓜能力强的品种。

（二）播种育苗

1. **播种时间** 秋冬茬丝瓜在7~8月均可播种，8~9月定植。生产上可根据上市时间来决定。如要在10月上旬上市，则可以在7月初育苗；如需供应晚秋市场，可安排在8月底播种。此茬栽培如果种植的棚室腾茬较早，可不育苗直接播种。

2. **催芽播种** 由于丝瓜种皮较厚，吸水困难，浸种催芽必不可少。用种子重量5倍的55~60℃温水烫种，不断搅拌到室温后浸种4~5 h，捞出后沥干水分在25~30℃条件下催芽，每12 h用清水投洗1次，一般48 h，种子露白即可播种。

3. **护根育苗** 采用穴盘育苗技术，进行护根育苗，充分保护根系，定植后不返苗。

4. **苗床管理** 一是晴天中午前后要用遮阳网覆盖苗床遮阳，避免强光直射苗床。二是雨天要用薄膜覆盖苗床遮雨，防止雨水冲刷苗床和苗床积水，但育苗期间要保持基质湿度，浇水宜在早晨和傍晚进行，切记不能在中午高温时浇水；夏秋季温度高，基质水分蒸发量大，一天甚至会浇2次水。三是用防虫网密封苗床，防止白粉虱、蚜虫等病毒传播媒介进入育苗床内。四是一般从出苗开始，定期喷药防止病虫害，可交替喷洒多菌灵、病毒A等。五是秋冬茬丝瓜育苗前期温度高，秧苗很容易徒长，可以喷施矮壮素、15%多效唑等缩短秧苗的茎节，减少瓜蔓长度，增加茎的粗度。

（三）移栽定植

1. **整地施肥** 清洁田园后，每667 m^2施生石灰50 kg，和粉碎的玉米秸秆一起翻耕耙平，灌水浸透，在地面覆透明棚膜，然后关闭风口进行高温闷棚，连续闷棚15天左右，可有效地杀灭病菌。闷棚后每667 m^2均匀撒施腐熟有机肥5 000 kg，过磷酸钙25 kg，硫酸钾复合肥40 kg作为基肥。

2. **定植** 8月下旬至9月上旬，当秧苗长至四叶一心、苗龄30天左右时即可定植。一般按宽窄行定植，按70 cm行距起垄，宽30 cm，高15 cm做畦后浇透水，覆地膜；每667 m^2种植3 000株左右，按株距30~35 cm打孔，定植瓜苗。定植后及时浇定植水，封好定植穴，第二天再补浇一次稳根水。

（四）定植后的管理

1. **水肥管理** 在根瓜坐住之前一般不浇水，应多进行中耕保墒，如遇干旱可浇小水，以防水分过多造成植株徒长导致落花、化瓜；根瓜坐住后，要加强肥水管理，追肥浇水，结合浇水每 667 m^2 施优质氮磷钾复合肥 10~15 kg。

2. **温湿度管理** 定植后 10~15 天，可使白天温度保持在 30~35℃，此期一般不通风或通小风，创造高温高湿条件，以利缓苗。如晴天中午前后棚温过，高幼苗出现萎蔫时，可用花苫遮阳。垄间要中耕保墒增温。缓苗后棚内夜间最低气温不低于 12℃，保持在 15~20℃，白天气温需降到 25~30℃。其他管理参照温室冬春茬丝瓜栽培。

3. **整枝吊蔓** 参照温室冬春茬丝瓜栽培。

4. **坐瓜期管理** 影响坐瓜率的因素很多，除花器自身缺陷外，持续高温、低温、多雨、病虫危害等都可以引起授粉受精不良而导致落花。为防止落花落果，除要有针对性的管理措施外，使用生长调节剂也是提高坐瓜率行之有效的方法。目前应用最多的是 2，4-D，开花后及时用 0.002%~0.003% 的 2，4-D 涂在果柄处，使用浓度可以根据当时气温的高低调整，一般气温高时浓度低，气温低时浓度适当高些。使用 2，4-D 的最佳时期是花朵刚刚开放时，处理后一般不落果，不易出现畸形瓜，丝瓜生长速度加快。

（五）结瓜盛期管理

根瓜采摘以后，丝瓜进入结瓜盛期。此期丝瓜生长量大，结瓜数量多，不仅要求有充足的肥水，还要有充足的光照和温度，在管理过程中一般有以下几点。

1. **肥水管理** 结合浇水每 10 天左右浇水 1 次，每 667m^2 施氮磷钾复合肥 15 kg、腐熟鸡粪 0.1 m^3，要顺水冲施。同时结合病虫害防治可进行 1~2 次叶面喷肥。

2. **温度管理** 丝瓜性喜高温，结瓜期间，夜温不低于 15℃、白天不高于 32℃ 为宜。

3. **光照管理** 在温度适宜的范围内，草苫要早揭晚盖，经常擦拭棚膜上的灰尘，以提高透光率。

（六）采收

日光温室秋冬茬丝瓜栽培，由于棚室内温度、湿度、光照等条件较好，不致会使果实受冷害，根据市场行情和需求可适当调整采收时间，以推迟上市时间，获得较好的经济效益。

四、大棚丝瓜春夏连作栽培技术

（一）选择良种

选择主蔓结瓜性好、坐瓜节位低、坐果率高、抗病性强、抗高温的系列品种。可选择白籽棒状的肉丝瓜或二饭早丝瓜、胖头丝瓜等。

（二）播种育苗

播种时间1月上中旬，因早春气温低，丝瓜直播发芽率低，必须催芽露白后才能播种。丝瓜播前将种子用55~60℃的热水处理不停搅拌15s，待水温降至30℃左右时浸泡8~10 h，漂洗去种皮表面黏液后，把种子用湿纱布包好放在温箱中催芽。选出芽好的种子每钵播种1粒，随播随覆土，覆土厚度为1 cm左右，播种完毕后要及时覆盖地膜并加扣小拱棚保温。一般每667 m^2 用种500 g左右。

（三）苗期管理

播种后，如果温度较低，则需要开通地热线加温。出苗前密闭小拱棚，使温度保持在28~33℃，以利出苗；幼苗破土后立即揭去地膜，适时通风降温，以免造成秧苗徒长，温度掌握在23~25℃为宜。由于育苗时天气寒冷，气温较低，当有心叶发生时再将温度提高至25~30℃，夜间温度一般以13~18℃为宜。定植前10天，停止加温，降低温度进行炼苗，白天掌握在18~20℃，夜间13℃左右，以适应定植后的环境条件。水分管理除在播种时浇足底水外，心叶展开前一般不浇水，当心叶展开后视营养土的干湿情况适当浇小水，当苗龄40~45天、秧苗四叶一心时就可以定植了。育苗可以用穴盘也可选用10 cm × 10 cm的营养钵。

（四）适时定植

1. **整地做畦**　定植前要施足基肥，一般每667 m^2 用优质农家肥5 000 kg、过磷酸钙80~120 kg、尿素25~30 kg，然后深耕20 cm，耙平后建畦，畦宽1.3 m，每畦栽2行，株行距为40 cm × 50 cm。

2. **定植**　当棚内10 cm地温稳定在13℃，夜间气温稳定在10℃以上时方可定植。先在畦面覆盖地膜，打穴，然后栽苗，浇足定植水，再封土，封土厚度以把子叶以下全部封住并把地膜口压严，以减少土壤水分的散失。

（五）田间管理

1. **温度管理** 定植后用小拱棚覆盖，尽量少通风，以提高棚内温度，促进缓苗。缓苗后适当降温，以白天 20~30℃，夜晚 13~15℃为宜。当外界温度低于 13℃时盖膜封棚。同时还要浇一次透水，而后转入蹲苗。

2. **肥水管理** 植株缓苗后，选择晴天上午浇水，然后开始蹲苗，当雌花出现并开花时结束蹲苗，进入正常的水分管理，即每间隔 5~7 天浇 1 次水，盛瓜期 2~3 天浇水 1 次，雨天要及时排水。原则上 5~6 天追一次肥，每 667 m^2 每次用人粪尿 500 kg 或硝酸铵 20~25 kg。

3. **植株调整** 当苗高 30 cm 时搭支架，并采用“S”形绑蔓上引。以主蔓结瓜为主，侧蔓一律摘除。插架后，不要马上引蔓，要适当窝藤、压蔓，有雌花出现时再向上引蔓，并使蔓均匀分布。丝瓜经引蔓后，当植株大约有 20 片叶时，主蔓上一般已有 5~7 朵雌花，此时在最上面雌花以上保留 2~3 片叶子摘心。丝瓜在主蔓留瓜 3~4 个。夏丝瓜采收后期下面的病叶、老叶影响通风，又易传播病害，要及时摘除。

4. **保花保果** 丝瓜为虫媒花，早春大棚内无昆虫传粉，必须进行人工授粉。授粉要在 8~10 时进行，选择当天开放的健壮雄花，去掉花瓣，露出花药，轻轻地将花粉涂抹在当天开放的雌花柱头，一般每朵雄花可对 5~8 朵雌花；在生长前期，植株的雄花一般不多，可以用 0.004% 的防落素喷花，以促进坐瓜，及时摘除畸形果。

（六）采收

适时采收是保证产量、品质、效益的重要措施。当丝瓜开花后 10~14 天，果实充分长大且比较脆嫩时为采收适期。若采收过迟，果实容易纤维化，失去口感；当然，生长前期，由于温度低，果实发育所需的时间长，而后期温度较高，果实发育快。丝瓜连续结瓜性强，盛果期果实生长快，可每隔 1~2 天采收 1 次。采收时间以清晨为好，采收方法是用剪刀在果柄处剪断，采收后易轻放，切忌重压，以保持果实的商品外观。

第四节　侵染性病害的识别与防治

一、丝瓜霜霉病

（一）症状

主要危害叶片，病叶先出现不规则淡黄色至鲜黄色病斑，后扩大为多角形黄褐病斑，潮湿时病斑背面出现紫黑色霉层，后期病斑连成片，叶片枯死，严重减产。

（二）发生规律

丝瓜霜霉病病原与黄瓜霜霉病病原同属一种病菌，称为古巴假霜霉菌真菌，病菌在病残体上越冬。低温阴雨，空气相对湿度大，昼夜温差大，田间排水不良，均有利于发病。在田间，病菌借风雨传播。

（三）防治措施

1. *选用抗病品种*　加强田间管理，重施农家肥，增施丝瓜营养套餐肥，提高抗病力。

2. *药剂防治*　发病初期可选喷70%乙膦铝锰锌可湿性粉剂500倍液；50%甲霜铜可湿性粉剂500~600倍液；58%雷多米尔锰锌可湿性粉剂500~700倍液；72%霜脲氰可湿性粉剂600~750倍液；52.5%抑快净水分散粒剂2 000~2 500倍液；68.75%易保水分散粒剂1 200倍液；72.2%普力克水剂600倍液；64%杀毒矾可湿性粉剂600倍液；50%安克可湿性粉剂1 200~1 500倍液。

以上药剂可轮换施用。

二、丝瓜疫病

（一）症状

主要危害果实，有时茎蔓及叶也受害。果实发病多从花蒂开始，病斑凹陷，初为水渍状暗绿色，湿度大时瓜很快软腐，并有白色霉状物。严重时可侵染叶片、茎和瓜条。茎蔓发病主要在嫩茎或节间部位，初为水渍状，扩大后整段湿腐，暗褐色。叶片发病，初为水渍状黄褐色斑，湿度大时着生白色霉病，干燥时呈青白色，容易破碎。病原为鞭毛菌亚门真菌，寄生性疫霉菌，病菌可在种子和病残体上以菌丝或卵孢子传播。

（二）发生规律

病菌在种子上或以菌丝体及卵孢子随病残体在土壤中越冬，借风雨及灌溉水传播，病菌侵染幼苗致秧苗倒伏，成株坐瓜后，雨水多，湿度大易发病。病菌发育适宜温度27~31℃，最高36℃，最低10℃。遇阴雨或湿度大、土壤黏重、地势低洼、重茬地发病重。

（三）防治措施

1. **选用抗病品种** 实行2~3年轮作。选择地势高、能排能灌的地块种植。

2. **合理施肥** 施足充分腐熟的农家肥，避免偏施氮肥，采用高畦地膜覆盖栽培，排水防渍，及时中耕，整蔓，摘除病果、病叶、老叶，发现病株及时清理深埋。

3. **药剂防治** 中心病株出现后应及时喷洒72%霜脲锰锌可湿性粉剂600倍液；72%霜脲氰可湿性粉剂600倍液；25%甲霜灵可湿性粉剂1 000倍液；18%甲霜胺锰锌可湿性粉剂600倍液；70%乙膦铝锰锌可湿性粉剂500倍液，每7天左右喷1次，视病情防治2~3次。

三、丝瓜炭疽病

（一）症状

丝瓜炭疽病在各生长期都可发生，以生长中后期发病较重。幼苗发病，子叶边缘出现褐色半圆形或圆形病斑，茎基部受害，患部缢缩，变色，幼苗猝倒。

成株期发病，茎和叶柄上，病斑呈长圆形，稍微凹陷，初呈水浸状，淡黄色，后变成深褐色，病斑环切茎蔓、叶柄一周时，上部即枯死。叶片受害，初出现水浸状小斑点，后扩大成近圆形的病斑，红褐色，外围有一圈黄纹。病斑多时，互相汇合成不规则形的大斑块。干燥的条件下，病斑中部破裂形成穿孔，叶片干枯死亡。后期，病斑出现小黑点，潮湿时长出红色黏质物。

果实发病，病斑初呈淡绿色，后变为黑褐色凹陷斑，病斑中部有黑色小点。潮湿时病斑出现粉红色黏稠物，干燥的条件下，病斑逐渐开裂并露出果肉。病害严重时，全株枯死。

（二）发生规律

病原在种子上或随病残株越冬，也可以在温室或塑料大棚旧木料上存活。越冬后的病原产生大量分生孢子，成为初侵染源。气温10~30℃均可发病。当气温稳定在24℃左右时，发病重。

（三）防治措施

1. *农业防治* 加强管理可减少病害发生，如保护地丝瓜，加强放风降湿，科学浇水；施足充分腐熟的农家肥，高垄或半高垄栽培，地膜覆盖，发病初及时清除病残叶、病果、老叶等，并携出田外。

2. *药剂防治* 选用70%甲基硫菌灵可湿性粉剂500倍液；25%嘧菌酯悬浮剂1 500倍液；68.75%噁唑菌酮·锰锌水分散粒剂1 000倍液；60%吡唑醚菌酯水分散粒剂500倍液；50%醚菌酯干悬浮剂3 000倍液；56%嘧菌酯·百菌清悬浮剂800倍液；10%苯醚甲环唑水分散粒剂1 500倍液；30%苯甲·丙环唑乳油3 000倍液；50%咪鲜胺可湿性粉剂1 000~2 000倍液等喷雾防治，6~7天喷1次，连喷3~4次。

四、绵疫病

（一）症状

从花瓣的边缘开始出现水烂状，严重时花瓣出现滴水的症状，有时有臭味，或有白色的霉菌。

（二）发生规律

有臭味但不长毛的情况可能是细菌性软腐病，长白霉的可能是花腐病或绵疫病，这两种情况均在高湿的情况下发生较重。

（三）防治措施

可选用40%甲基硫菌灵·噻唑锌悬浮剂200~300倍液；84%王铜水分散粒剂200~300倍液；77%氢氧化铜可湿性粉剂200~300倍液；30%噻唑锌悬浮剂600~800倍液；3%中生菌素可湿性粉剂800~1 000倍液喷雾防治。

在蘸花药中加入异菌脲、咯菌腈、噻森铜等药能有效预防病菌侵染花器。

五、花腐病

（一）症状

伴随着花的腐烂，花的柱头出现黑色腐烂。

（二）发生规律

由于土壤中缺乏硼、钙等元素引起的病害。

（三）防治措施

可叶面喷施噻森铜或含有硼、钙等元素的叶面肥，同时一定要注意养根，增强根系的吸收能力，养护好根系，提高对钙等的吸收率。

六、丝瓜蔓枯病

（一）症状

丝瓜蔓枯病主要危害茎蔓，也可危害叶片和果实。茎蔓上病斑椭圆形或梭形，灰褐色，有时患部溢出琥珀色胶质物，最终致茎蔓枯死。叶片发病，叶边缘呈半圆形或“V”字形，褐色或黑褐色，微具轮纹，病斑常破裂。果实病斑近圆形或不规则形，边缘褐色，中部灰白色，病斑下面果肉多呈黑色干腐状。

（二）发生规律

丝瓜蔓枯病为真菌病害，由子囊菌亚门甜瓜球腔属真菌侵染致病。病菌附着在病残体、架材上越冬，也可在种子上越冬。病菌通过风雨、田间操作传播。高温多雨发病严重。此外，种植过密，浇水过多，通风不良，湿度过大，连作，氮肥过多等情况，发病较重。

（三）防治措施

1. *农业防治*　一是种子从无病田或无病植株上留种，防止种子带菌。一般种子可用清水搓洗，或用50℃温水浸种20 min进行种子消毒。二是实行与非瓜类作物2年以上轮作。三是加强田间管理。选择地势高燥、排水良好的地块，瓜田翻晒土壤，高畦深沟栽培，施足腐熟有机肥，适当增施磷、钾肥，避免偏施氮肥。合理灌水，雨后及时排水。密度不应过大，及时整枝绑蔓，改善株间通风透光条件。适时追肥，防止植株早衰。及时清理病株残叶，或深埋，或烧毁，并用石灰处理病株周围土壤。收后彻底清除田间病残体，随之深翻。

2. *药剂防治*　发病初期可喷施65%甲硫·霉威可湿性粉剂700倍液；50%咪鲜胺可湿性粉剂1 500倍液；50%异菌脲可湿性粉剂700倍液；12.5%腈菌唑乳油2 500倍液，5~7天喷施1次，连续喷施2~3次。

七、丝瓜白粉病

（一）症状

主要危害叶、叶柄和茎，叶片正背面初生圆形或不规则白粉斑，后来连片，叶片变黄、干枯。发病初期不易发觉，严重后防治困难，影响产量，应以预防为主。该病病原为瓜类丝壳白粉菌真菌。病菌以菌丝或分生孢子在寄主上越冬，成为翌年的初侵染源。分生孢子借气流或雨水传播。

（二）发生规律

病菌以菌丝体和分生孢子随病株残余组织遗留在田间越冬或越夏，也能以菌丝体和分生孢子在寄主上越夏。在环境条件适宜时，分生孢子通过气流传播或雨水反溅至寄主植物上，从寄主表皮直接侵入，引起初次侵染。经 5 天左右潜育出现病斑，后经 7 天左右，在受害的部位产生新生代分生孢子，飞散传播，进行多次再侵染，加重危害。年度间早春温度偏高、秋季温度偏高的年份发病重；田块间连作地、附近有发病较重的菌源田、排水不良、作物生长势不佳的发病较早较重；栽培上种植过密、通风透光差、生长势弱、保护地栽培等往往发病较重；处于采收中后期的田块发病重。

（三）防治措施

1. **种子消毒**　播前先在阳光下晒种 1~2 天，以杀灭表皮杂菌，提高发芽势。用 50~55℃温水搅拌浸种 30 min，温度降低到 30℃继续浸种 8~10 h，再放入 1% 高锰酸钾溶液消毒 20~30 min，冲净后在 28~30℃下催芽 48~72 h，露白时播种。

2. **加强管理**　最好与禾本科作物实行 2~3 年轮作，每 667 m^2 施充分腐熟的农家肥 3 000~5 000 kg，氮磷钾复合肥 40 kg。伸蔓期一般不追肥，并保持土壤湿润，雨后及时清沟排水。及时摘除基部病、老黄叶，并深埋或集中烧毁。

3. **药剂防治**　在发病初期及时喷药防治，药剂可选用 10% 世高水分散粒剂 1 500 倍液；15% 三唑酮可湿性粉剂 1 500 倍液；2% 农抗武夷菌素水剂 200 倍液进行防治。每 7~10 天用药 1 次，连续 2~3 次，注意交替使用。

八、丝瓜病毒病

（一）症状

病症表现为幼叶感病呈浅绿和深绿相间斑驳或褐色小环斑，老叶呈现黄色环斑或黄绿色相间花叶，叶片扭缩或畸形，后期产生枯死斑。果实发病后呈螺旋畸形或细小扭曲，有褪绿病斑。该病病原以黄瓜花叶病毒为主，还有甜瓜花叶病毒和烟草斑病毒。该病除蚜虫传毒外，接触摩擦也可传毒，天气干旱高温，有利于蚜虫发生，病毒病发生重。

（二）发生规律

丝瓜花叶病毒的寄主范围很广，不仅危害多种瓜类作物，传毒昆虫介体为多种蚜虫，也极易以汁液接触传染，丝瓜种子不带毒，但由丝瓜花叶病毒侵染引起的甜瓜花叶病的种子带毒率可高达 16%~18%。同时丝瓜花叶病毒也降低了植株的抗病性，造成发病严重。此外，田间管理粗放、缺肥、缺水也加重了病害严重程度。

（三）防治措施

1. **选用抗病品种** 选用抗病品种棒槌丝瓜及杂交一代种较蛇形丝瓜抗病毒病及霜霉病。

2. **种子处理** 播种前用 60~62℃温水浸种 10 min，或 55℃温水浸种 40 min 后，移入冷水中冷却，晾干后播种；或播种前用 10% 磷酸三钠溶液浸种 20 min 后，用清水冲洗干净，催芽播种。

3. **适当早播或晚播** 根据本地当年的气候情况调整播种期或采用保护地设施栽培，可将丝瓜幼苗期避开蚜虫迁飞高峰期。

4. **加强栽培管理** 合理施肥，增施磷、钾肥，使植株健壮，增强耐病性，及时清除杂草。农事操作中要注意病健株分开，在病株上操作后，用肥皂水洗手后，再在健株上操作。

5. **及时消灭蚜虫** 用 10% 吡虫啉可湿性粉剂 2 500 倍液喷雾。蚜虫多集中于叶背及嫩梢上，喷雾时务必做到细致周到。

6. **药剂防治** 发病初期，喷洒 40% 抗毒宝可湿性粉剂 1 000 倍液；20% 病毒 500 倍液；20% 吗啉胍 · 乙铜可湿性粉剂 600 倍液；5% 菌毒清水剂 500 倍液；20% 菌毒清 · 霜霉威水剂 800 倍液，每隔 7 天喷 1 次，连续 2~3 次。

九、丝瓜枯萎病

（一）症状

苗期发病，子叶先变黄、萎蔫后全株枯死，茎部或茎基部变褐缢缩成立枯状。成株发病主要发生在开花结瓜后，初表现为部分叶片或植株的一侧叶片，中午萎蔫下垂，似缺水状，但萎蔫叶早晚恢复，后萎蔫叶片不断增多，逐渐遍及全株，致整株枯死。主蔓基部纵裂，纵切病茎可见维管束变褐。湿度大时，病部表面现白色或粉红色霉状物，即病原菌子实体。

有时病部溢出少许琥珀色胶质物。

（二）发生规律

丝瓜枯萎病病茎100%带菌，种子也带菌。该病以病茎、种子或病残体上的菌丝体和厚垣孢子及菌核在土壤和未腐熟的带菌有机肥中越冬，成为翌年初侵染源。在土壤里病菌从根部伤口或根毛顶端细胞间侵入，后进入维管束，在导管内发育，并通过导管，从病茎扩展到果梗，到达果实，随果实腐烂再扩展到种子上，致种子带菌。生产上播种带菌的种子出苗后即可染病；在维管束中繁殖的大、小分生孢子堵塞导管、分泌毒素，引起寄主中毒，使瓜叶迅速萎蔫。地上部的重复侵染主要通过整枝或绑蔓引起的伤口。该病发生严重与否，主要取决于当年的侵染量。高温有利于该病的发生和扩展，空气相对湿度90%以上易感病。病菌发育和侵染适宜温度24~25℃，最高34℃，最低4℃；土温15℃潜育期15天，20℃9~10天，25~30℃潜育期4~6天，适宜pH 4.5~6。调查表明：秧苗老化、连作、有机肥不腐熟、土壤过分干旱或质地黏重的酸性土是引起该病发生的主要条件。

（三）防治措施

● 选种抗（耐）病品种和早熟品种种植；与非瓜类作物实行5年以上的轮作；种子消毒或包衣。

● 浸种种子可用40%甲醛150倍液浸种30 min，捞出后用清水冲洗干净再催芽播种；也可用50%甲基硫菌灵或多菌灵可湿性粉剂浸种30~40 min。

● 用种子重量0.2%~0.3%的50%多菌灵可湿性粉剂拌种。

● 种子包衣。用0.3%~0.5%种衣剂9号或10号进行包衣。

● 穴盘育苗移栽时药剂蘸根。

● 发病初期，可选用50%苯菌灵可湿性粉剂1 500倍液；60%琥·乙膦铝可湿性粉剂350倍液灌根，每株灌溉兑好的药液100 mL。隔10天再灌1次，连续防治2~3次。

十、细菌性角斑病

（一）症状

主要危害叶片和果实，偶然也在茎上发生。幼苗发病，子叶上发生圆形或卵圆形水浸状凹陷病斑，后变褐色，干枯。成株期叶片受害，初为水渍状浅绿色斑点，扩大后变淡褐色，因受叶脉限制呈多角形病斑，后期病斑呈灰白色，易穿孔。湿度大时，病斑上产生乳白色黏液即菌脓。茎、叶柄、瓜上的病斑，初呈水浸状，近圆形，后呈淡灰色，病斑中部常产生裂纹，潮湿时病部产生菌脓。果实上的病斑常向内部扩展，果实后期腐烂，有臭味。幼果受害，易腐烂早落。

（二）发生规律

丝瓜细菌性角斑病发病温度为10~30℃，适宜温度24~28℃，适宜空气相对湿度在70%以上。病斑大小与湿度相关：夜间饱和湿度持续时间长于6 h，叶片上病斑大且典型；空气相对湿度低于85%，或饱和湿度持续时间不足3 h，叶片上病斑小；昼夜温差大，结露重且持续时间长，发病重。有时，只要有少量菌源即可引起该病发生和流行。此外，地势低洼、管理不当、多年重茬的地块发病严重。

（三）防治措施

1. **选用抗病品种**　不同的品种抗病力不同，应选用抗病品种。

2. **栽培管理**　保护地内应加强通风，降低田间湿度，防止发病。栽培中尽量利用半高垄栽培，铺设地膜，减少浇水次数，降低田间湿度。雨季及时排水防涝，做到地里没有积水。收获结束，及时清洁田园，把病株残体深埋或烧毁。

3. **药剂防治**　发病初期或蔓延开始期喷洒30%噻森铜悬浮剂800~1 000倍液；47%加瑞农可湿性粉剂800~1 000倍液；14%络氨铜水剂300倍液；77%可杀得可湿性粉剂500倍液。霜霉病、细菌性角斑病混发时可喷洒60%琥·乙膦铝或70%波尔·锰锌可湿性粉剂500倍液；72%霜脲锰锌可湿性粉剂800倍液，对兼治两病有效，采收前5天停止用药。

第五节　生理性病害识别与防治

一、化瓜

（一）症状

丝瓜化瓜是一种生理性病害。在花受精后没有膨大，最后干瘪、干枯，或刚坐下的幼瓜在膨大过程中中途停止，由瓜尖到全瓜逐渐变黄、干瘪，最后干枯。

（二）发生规律

1. **高温** 白天温度高于 32℃，夜间高于 18℃，光合作用受阻，呼吸消耗骤增，造成营养不良化瓜。同时高温造成雌花不能正常发育，出现畸形瓜。

2. **密度过大** 丝瓜种植密度大，化瓜率高。丝瓜根系主要集中在近地表，密度大，根系竞争土壤中养分，而地上部茎叶竞争空间、透光、透气性降低，光合效率低，消耗增加。

3. **低温** 早春日照时数少，当遇到连续阴天低温时，光合作用及根系吸收能力受到影响，造成营养不良而化瓜。

4. **CO_2 气体** 丝瓜喜温耐光，生物学产量比较高，这就决定了它对 CO_2 气体浓度非常敏感。温室丝瓜进行 CO_2 施肥，能提高产量 18% 以上。

5. **水肥** 光合作用是以根系吸收水肥为原料进行的，同化物质的运转也是以水分为介质进行的。如果水肥供应不足，光合产物减少，可引起化瓜。反之，高温、氮素肥料供应过剩、徒长也易引起化瓜。

6. **坠秧** 商品瓜成熟时，如果不及时采收，就会吸收大量的同化产物，使上部的雌花养分供应不足而造成化瓜。

7. **病虫害** 霜霉病、白粉病、角斑病等叶部病害直接危害叶片，造成叶片坏死，使得光合作用无法进行而引起化瓜。蚜虫等害虫通过吸取汁液，同时分泌一些黏液，造成生长不良而引起化瓜。

（三）防治措施

1. **选择品种** 选择优质品种，坐果率高且结实能力强的品种，可有效减轻此类病害发生。

2. **进行人工授粉** 遇连续阴雨天气可进行人工授粉来刺激果实膨大，从而降低化瓜的发生概率。

3. **调节适宜温度** 棚室种植要根据丝瓜生长特性来调节适宜的温度，一般白天温度在 20~25℃，而夜间则控制在 15~18℃。

4. **加强水肥管理** 丝瓜生长前期要加强水肥管理，可促进根系发育，从而增强根系吸收能力。而中后期可根据丝瓜的长势来进行肥料补充，一般以腐熟的有机肥为主，切勿偏施氮肥。

5. **及时防治病害** 丝瓜病害也诱发化瓜现象发生，尤其丝瓜灰霉病，一定要及时进行病害防治，可有效控制化瓜。

二、丝瓜畸形

（一）症状

畸形丝瓜主要有弯瓜、尖头瓜、大肚瓜、细腰瓜等，严重影响丝瓜生产的质量和效益。

（二）发生规律

1. **受精不正常**　仅子房一边的卵细胞受精，导致整个果实发育不平衡所致。

2. **植株生长势偏弱**　光合有机营养物质积累偏少，果实间存在相互争夺养分，造成部分瓜条营养不良，或在果实发育期间环境变化波动大，如连遇阴天后突然放晴，高温强光引起水分、养分供应不足而产生。

3. **蓟马咬食造成的弯瓜**　蓟马喜食危害丝瓜的幼嫩部位，如生长点、幼瓜和花，幼瓜被蓟马咬食后，会在瓜条上留下小裂口，影响瓜条的正常生长，从而出现弯瓜、细腰瓜等畸形瓜。

4. **物体遮挡**　在丝瓜生长过程中，有时由于菜农管理上的疏忽，经常遇到有些瓜条会碰触到茎叶或隐藏在叶背后，若不及时进行调整，这些丝瓜就会因茎秆的阻挡或叶片的遮挡缺少光照而长成弯瓜。

（三）防治措施

1. **补充营养**　在种植丝瓜时一定要施足基肥，根据品种和土壤肥力科学种植密度、合理疏花疏果，并且在丝瓜生育期内要追肥 2~3 次。对于发生有脱肥早衰现象的地块，更要及时地追肥。

2. **科学授粉**　在丝瓜花期时，如果授粉受精条件不良，最好能通过喷施保花保果叶面肥（如芸薹素内酯等）、人工授粉（1 朵雄花授粉 3 朵雌花）、田间放蜂或者植株摇晃落粉等方式，帮助丝瓜更好地完成受精。

3. **温度控制**　保护地栽培，如果棚内温度白天过高的时候，可以使用遮阳网、喷水降温方式控制棚内温度。

4. **及早摘心**　丝瓜结瓜后要及早摘心，将过多的嫩枝蔓、长势弱的茎蔓适当地摘除。避免争光争夺养分，以集中养分供给果实膨大。

5. **病虫害防治**　丝瓜被蓟马啃食后，会造成果实表面出现小裂口创伤，从而对瓜条的笔直生长造成不利影响，使丝瓜出现诸如弯曲瓜、皱皮瓜、细腰瓜等畸形瓜。可以用噻虫嗪、溴氰菌酯、氟虫腈、杀霉素等药物进行喷施防治。

三、僵苗

（一）症状

苗期最容易出现僵苗，表现为苗矮小、茎秆细弱、叶片小、叶色深绿、毛细根少、不易生新根、定植后易出现花打顶。

（二）发生规律

温度偏低、肥水供应不足或激素使用量过大所致。

（三）防治措施

加强保温，增加肥水供应，激素类药点花时浓度不可过大。同时可叶面喷施抗多乐或根部灌根多乐解决。

四、闪苗

（一）症状

植株萎蔫现象。

（二）发生规律

由于地温低，气温高，蒸腾大于根系吸收水分造成植株萎蔫。

（三）防治措施

定植后，丝瓜苗要避免强光直射和冷风吹袭。冬天通风换气时，要根据天气状况，放风口由小到大，防止冷风吹袭幼苗；为防止苗子萎蔫，中午时可适当遮阳；阴雨天气骤然晴天后，可向叶片上喷洒白糖水或硕丰481等调节植株生理平衡。

第六节　主要虫害的识别与防治

一、美洲斑潜蝇

（一）症状

主要危害叶片。初孵化幼虫潜食叶片上、下表皮之间的叶肉，并形成弯曲的白色虫道，造成曲折蜿蜒的潜痕（俗称“鬼画符”），严重时叶片潜痕密布，短期内即可致叶片发黄、枯焦或脱落。成虫产卵、取食刺破叶片表皮，形成较粗大的产卵点和取食点，致叶片水分散失，影响正常光合作用，终致叶片枯死，植株早衰，严重影响产量效益。

（二）发生规律

斑潜蝇属于双翅目潜蝇科害虫，1 年发生 4~5 代，成虫幼虫均可危害。成虫体细小，浅灰黑色。幼虫蛆状，初无色，后变为浅橙黄色至橙黄色。老龄幼虫咬破虫道的上表皮爬出化蛹。成虫对黄色具有明显趋性。

（三）防治措施

合理轮作套种，避免嗜食作物连片大面积种植，压低虫口密度。收获后彻底清洁田园，烧毁残株。田间发现零星受害叶片时，及时摘除，集中处理，切忌乱扔。棚室通风口处设置防虫网；成虫盛发期用灭蝇纸或设黄板涂机油诱杀成虫。注意保护和利用天敌，如姬小蜂、潜蝇茧蜂等。掌握在 1~2 龄幼虫发生高峰期（取食蛀道小于 2 cm）施药，可选用 40% 灭蝇胺乳油 7 000 倍液；10% 吡虫啉可湿性粉剂 1 000 倍液；1.8% 阿维菌素乳油 2 000 倍液；25% 噻虫嗪水分散粒剂 3 000~5 000 倍液；25% 喹硫磷乳油 1 000 倍液，于 8~10 时喷雾，隔 5~7 天喷 1 次，连喷 2~3 次，做到及时、连续和交替用药。

二、蚜虫

（一）症状

瓜蚜成虫和幼虫多群集在叶背、嫩茎和嫩梢刺吸汁液，引起叶片卷缩、萎蔫，生长点枯死，而且作为病毒病传播的介体，其危害远大于本身刺吸汁液的危害。由于蚜虫的繁殖力很强，往往在短期内暴发成灾，生产中必须在点片发生时及时防治。

（二）发生规律

蚜虫可分为有翅蚜和无翅蚜，有翅蚜的出现是其迁飞扩散危害的征兆。瓜蚜的成虫和幼虫多群集在叶背、嫩茎和嫩梢刺吸汁液，引起叶片卷缩，生长点枯死，严重时，尤其在瓜苗期，植株整株枯死，成长叶受害，干枯死亡，提前脱落。瓜蚜危害还可引起煤烟病，降低植株的光合作用，并且作为病毒病传播的介体，造成的危害远大于其本身刺吸汁液的危害。

（三）防治措施

及时清除田边杂草，减少虫源基数。在有翅蚜迁飞高峰期用黄板（上面涂机油）诱杀。可用10%啶虫脒可湿性粉剂2 000~3 000倍液喷施，注意喷施叶背及嫩梢。

三、蓟马

（一）症状

危害丝瓜的蓟马主要是棕榈蓟马，又称瓜蓟马。1年发生15代左右，终年繁殖，世代重叠。多在叶片背面或钻到花瓣内危害，以成虫、若虫吸食嫩梢、嫩叶、花和幼瓜的汁液。被害嫩叶、嫩梢变硬且小，茸毛呈灰褐色或黑褐色，植株生长缓慢，节间缩短，心叶不能展开。幼瓜受害，茸毛变黑，表皮呈锈褐色，变硬缩小造成畸形，甚至落瓜，严重影响产量和质量。

（二）发生规律

1. *发生世代*　每年发生15代，热带地区每年发生20多代，在温室可常年发生。

2. *越冬*　以成虫在枯枝落叶下越冬。

3. *发生时期*　3月初开始活动危害。

（三）防治措施

1. *农业防治*　穴盘育苗，适时栽植，避开危害高峰期。幼苗出土后，用薄膜覆盖代替禾草覆盖，能大大降低虫口密度。清除田间附近野生茄科植物，也能减少虫源。

2. *药剂防治*　可选用10%啶虫脒可湿性粉剂1 500~2 000倍液；10%高效氯氰菊酯乳油2 000倍液喷施，每隔4~5天喷1次，连续喷3~4次。

四、白粉虱

（一）症状

以成虫、若虫群集在嫩叶背面吸取汁液，被害叶片褪绿、变黄、萎蔫，光合作用降低，甚至全株枯死，导致减产或绝产。成虫能分泌大量蜜露，污染叶片和果实，导致霉菌寄生繁衍，直接影响产品质量。白粉虱也是病毒病的传播媒介。

（二）发生规律

1. **发生世代** 每年可发生 10 余代。

2. **北方日光温室可以越冬** 北方地区不能越冬，大棚也不能越冬，而以各种虫态在日光温室内越冬并繁殖。

3. **发生时期** 早春温室内虫口密度较小，随气温回升以及温室通风，白粉虱逐渐向露地迁移扩散，7~8 月虫口数量增加较快，虫口密度最大，9 月中旬，气温开始下降；白粉虱又向温室内转移，因为内外迁飞，使得防治很困难。

（三）防治措施

1. **农业防治** 苗房和生产温室分开。育苗前彻底熏杀残余虫口，清理杂草和残株，在通风口密封尼龙纱，控制外来虫源。避免黄瓜、番茄、菜豆混栽。温室、大棚附近避免栽植黄瓜、番茄、茄子、菜豆等白粉虱发生严重的蔬菜，提倡种植白粉虱不喜食的十字花科蔬菜，以减少虫害。

2. **生物防治** 人工释放丽蚜小蜂。

3. **物理防治** 白粉虱对黄色敏感，有强烈趋性，可在温室内设置黄板诱杀成虫。方法是利用废旧的纤维板或硬纸板，用油漆涂为橙皮黄色，再涂上一层黏油，置于行间可与植株高度相同。

4. **药剂防治** 喷药应在白粉虱发生初期进行，以叶背喷雾为主，注意交替用药。可用 10% 吡虫啉可湿性粉剂 1 500 倍液；25% 噻嗪酮乳油 1 000~1 500 倍液；25% 噻虫嗪水分散粒剂 2 500~5 000 倍液喷施，每隔 4~5 天喷 1 次，连续喷 3~4 次。

五、瓜绢螟

（一）症状

又称瓜螟、瓜野螟，可危害叶片和幼瓜。低龄幼虫在叶背取食叶肉，叶面呈现灰白色斑块，3 龄后幼虫吐丝将叶或嫩梢缀合，匿居其中取食，致使叶片穿孔或缺刻，严重时仅留叶脉。幼虫常蛀入瓜内，影响产量和质量。7~9 月发生数量多，危害重。

（二）发生规律

该虫在北方地区一年发生 3~6 代，一般每年 5 月田间出现幼虫危害，6~7 月虫量增多，7 月下旬至 9 月下旬盛发，11 月进入越冬期。高温干旱对其严重发生比较有利。

（三）防治措施

1. *农业防治* 收获后集中烧毁枯藤落叶，减少虫源。幼虫发生初期及时摘除被害的卷叶，消灭部分幼虫。

2. *药剂防治* 幼虫盛发时期，对低龄幼虫喷药防治，可选用 1.8% 阿维菌素乳油 2 000 倍液；10% 氯氰菊酯乳油 1 500 倍液；5% 氟虫腈乳油 1 500 倍液；5% 氟啶脲乳油 1 500 倍液喷施，每隔 5~7 天喷 1 次，连续喷 3~4 次。

第七节　缺素症的识别与防治

一、缺氮

（一）症状

植株生长受阻，果实发育不良，新叶小，呈浅黄绿色，老叶黄花，果实短小，呈淡绿色。

（二）发生规律

发生该病的原因是土壤含氮量低，种植前施入了大量未经腐熟的作物秸秆或有机肥，碳素多，其分解时夺取了土壤中的氮，或者是因为产量高，收获量大，从土壤中吸收的氮多而追肥却不及时等造成的。

（三）防治措施

防治缺氮症主要是施用新鲜的有机物作基肥时，要增施氮肥，或者是用完全腐熟的堆肥。肥水一体化及时追施氮肥，也可叶面喷施尿素溶液。

二、缺磷

（一）症状

丝瓜缺磷植株矮化，叶小而硬，叶片暗绿色，叶片的叶脉间出现褐色区。尤其是底部老叶表现更为明显，叶脉间初期缺磷出现大块黄色水渍状斑，并变为褐色干枯。

（二）发生规律

堆肥施用量少，磷肥用量少易发生缺磷症。地温常常影响对磷的吸收。温度低，对磷的吸收少，大棚等保护地冬春或早春季节易发生缺磷症。

（三）防治措施

防治缺磷症除土壤增施磷、钾肥外，预先要培肥土壤。苗期特别需要磷肥，注意增施磷肥。施用足够的堆肥等有机质肥料，可喷磷酸二氢钾或过磷酸钙水溶液。

三、缺钾

（一）症状

植株出现缺钾症，老叶叶脉黄化，后转为棕色干枯，植株矮化，节间变短，叶小，后期叶脉间和叶缘失绿，逐渐扩展到叶的中心，并发展到整个植株。

（二）发生规律

该病的发病原因是土壤含钾量低，施用堆肥等有机肥料和钾肥少，易出现缺钾症。地温低，日照不足，过湿，施氮肥过多等条件阻碍植株对钾的吸收。

（三）防治措施

施用足够的钾肥，特别是在生育的中后期不能缺钾。施用充足的堆肥等有机质肥料。每 667 m^2 施硫酸钾 3~5 kg，一次性施入；或叶面喷施 0.3% 磷酸二氢钾或草木灰浸出液。

四、缺钙

（一）症状

上部幼叶叶片边缘失绿，镶金边，最小的叶停止生长，叶边有深的缺刻，向上卷，生长点枯亡，植株矮小，节短，植株从上向下枯亡。

（二）发生规律

缺钙的发病原因主要是氮和钾肥的用量大，土壤干燥会阻碍植株对钙的吸收。空气相对湿度小，蒸发快，补水不足时易产生缺钙，再就是土壤本身缺钙。

（三）防治措施

防治钙素缺乏症，如果是因为土壤缺钙，可增施含钙的肥料。再就是土壤施肥时不要一次性大量施用钾肥和氮肥。同时要适时浇水，保证水分充足。可及时喷氯化钙水溶液。

五、缺镁

（一）症状

叶片出现叶脉间黄化，并逐渐遍及整个叶片，主茎叶片，叶脉间可能变成淡褐色或白色，侧蔓叶片，叶脉间变黄，并迅速变成淡褐色。

（二）发生规律

该病的发病原因是土壤本身含镁量低，钾肥和氮肥用量过多，阻碍了植株对镁的吸收，尤其是大棚栽培的更明显。再就是收获量太大，而没有施用足够量的镁肥。

（三）防治措施

如果是土壤缺镁，在栽培前要施用足够的含镁的肥料，避免一次施用过量，阻碍对钾和氮等肥料的吸收。可及时用硫酸镁喷洒叶面。

六、缺锌

（一）症状

缺锌的丝瓜植株叶片小，老叶片除主脉外，均呈黄绿色或黄色，叶脉最后呈淡褐色，嫩叶生长不正常，芽呈丛生状。

（二）发生规律

丝瓜缺锌是因为光照过强，或者是吸收的磷过多，或者是土壤碱性过高，影响了植株对锌肥的吸收。

（三）防治措施

在生产中，不要过量施用磷肥。可叶面喷硫酸锌溶液。

七、缺硼

（一）症状

丝瓜缺硼叶片脆弱，生长点和没有展开的幼叶卷曲坏死。上部叶片外侧卷曲，叶缘部分变褐色。

（二）发生规律

在酸性沙壤土上，一次性施用过量的碱性肥。土壤干燥也会影响植株对硼的吸收。土壤有机肥用量少，碱性土壤也易发生缺硼。钾肥用量过多会影响植株对硼的吸收，造成缺硼症的发生。

（三）防治措施

如果土壤缺硼可预先增施硼肥。要适时浇水，防止土壤干燥。多施腐熟的有机肥，提高土壤肥力，用硼砂或硼酸进行叶面喷施。

八、缺铁

（一）症状

丝瓜植株出现缺铁的症状，幼叶呈淡黄色，变小，严重时白化，芽停止生长，叶缘坏死，完全失绿。

（二）发生规律

发病原因是磷肥用量过多，碱性土壤，土壤中的铜、锰过量，土壤过干或过湿，温度低等，都会发生缺铁症。

（三）防治措施

要尽量少用碱性的肥料，防止土壤呈碱性。注意土壤水分的管理，防止土壤过干或过湿，可喷硫酸亚铁水溶液。

九、缺锰

（一）症状

丝瓜缺锰叶片黄绿色，生长受阻，小叶叶缘和叶脉间变为浅绿色后，逐渐发展为黄绿色或黄色斑驳，而叶脉仍保持绿色。

（二）发生规律

发病原因是碱性土壤容易缺锰，土壤有机质含量低，盐类浓度过高，将影响植株对锰的吸收。

（三）防治措施

防治植株缺锰症的方法是增施有机肥，科学施用化肥，不要使肥料在土壤中呈高浓度，可用硫酸锰水溶液喷施。

十、缺铜

（一）症状

植株出现缺铜症会生长缓慢，幼叶易萎蔫，老叶出现白色花斑状失绿，逐渐变黄。果实发育不正常，果皮上会有凹陷色斑。

（二）发生规律

发生缺铜症的主要原因是碱性土壤。

（三）防治措施

可增施酸性肥料，也可叶面喷施硫酸铜溶液。

十一、氮过剩

（一）症状

氮素过剩，植株表现为暗绿色，叶片特别丰满，茂盛，根系发育不良，开花晚。

（二）发生规律

氨态氮肥用量过多，特别是遇到低温或把氨态氮肥施到了消毒的土壤中，由于硝化细菌的被抑制或杀灭，氨在土壤中累积时间过长，引起氨态氮肥的过剩，再就是易分解的有机肥用量过大，也容易引起氮的过剩。

（三）防治措施

一是测土配方施肥；二是推广水肥一体化技术；三是氮肥过剩时，加大灌水量，以水稀释氮肥。

十二、锰过剩

（一）症状

症状是植株下部叶片的网状脉变褐，然后主脉变褐，脉的两侧出现褐色斑点，叶片反面有紫色斑。

（二）发生规律

土壤酸化或锰肥用量过多。

（三）防治措施

土壤酸化的可加石灰质肥料调节，注意田间排水，防止土壤过湿。

第七章

西瓜优质高效栽培技术

本章介绍了西瓜的生物学特性；栽培模式与品种选择；优质高效栽培技术；侵染性病害的识别与防治；生理性病害的识别与防治；虫害的识别与防治；缺素症的识别与防治。

西瓜原产于南非，而栽培西瓜历史最悠久的国家是埃及、印度、希腊等，西瓜由陆路沿着丝绸之路被传到中亚波斯、西域一带，14 世纪以后，西瓜从南欧传到北欧，16 世纪传到英国，17 世纪以后又陆续传到美国、俄国和日本，并在世界上广泛传播开来。自从西瓜被传入世界各国以后，西瓜生产便逐步发展起来，面积逐步扩大，产量和品质逐步提高，西瓜已成为人们日常消费的主要水果之一。

第一节　生物学特性

一、形态特征

（一）根

西瓜的根系分布深而广，可以吸收利用较大容积土壤中的营养和水分，比较耐旱。其主根入土深达 80 cm 以上，在主根近土表 20 cm 处形成 4~5 条一级根，与主根呈 40° 角，在半径约 1.5 m 范围内水平生长，其后再形成二级根、三级根，形成主要的根群，分布在 30~40 cm 的耕作层内，在茎节上形成不定根。

根系生长的特点：①根系发生较早。据安徽省农业科学院园艺研究所苗期观察结果，出苗后 4 天主根长 9.4 cm，侧根 31 条；出苗后 8 天的幼苗主根长 12 cm，一级根 55 条，二级根 20 条；出苗后 15~16 天长出 1 片真叶的幼苗，主根长 14 cm，一级根 60 条，二级根 31 条。其后各级侧根生长迅速。出苗后约 60 天，开始坐果时，根系生长达高峰。②根纤细，易损伤，一旦受损，木栓化程度高，新根发生缓慢。因此，幼苗移植后恢复生长缓慢。③根系生长需要充分供氧。在土壤通透性良好、氧气压 10% 时，根的生长旺盛，根系的吸收机能加强；在通气不良的条件下，则抑制根系的生长和吸收机能。故在土壤结构良好，空隙度大，土壤通气性好的条件下根系发达。西瓜的根系生长需要充分供氧，因而根不耐水涝，在植株浸泡于水中的缺氧条件下，根细胞腐烂解体，影响根系的生长和吸收功能，造成生理障碍。因此，在连续阴雨或排水不良时根系生长不良。土质黏重、板结，也影响根系的生长。

（二）茎

西瓜茎包括下胚轴和子叶节以上的瓜蔓，革质、蔓性，前期呈直立状，子叶着生的方向较宽，具有 6 束维管束。蔓的横断面近圆形，具有棱角，10 束维管束。茎上有节，节上着生叶片，叶腋间着生苞片、雄花或雌花、卷须和根原始体。根原始体接触土面时发生不定根。西瓜瓜蔓的特点是前期节间甚短，种苗呈直立状，4~5节以后节间逐渐增长，至坐果期的节间长18~25 cm。另一个特点是分枝能力强，根据品种、长势可以形成4~5级侧枝，造成一个庞大的营养体系。其分枝习性是当植株进入伸蔓期，在主蔓上2~5节间发生3~5个侧枝，侧枝的长势因着生位置而异，可接近主蔓，在整枝时留作基本子蔓，这是第一次的分枝高峰；当主、侧蔓第二、第三朵雌花开放前后，在雌花节前后各形成3~4个子蔓或孙蔓，这是第二次分枝时期。其后因坐果，植株的生长重心转移为果实的生长，侧枝形成数目减少，长势减弱。直至果实成熟后，植株生长得到恢复，在基部的不定芽及长势较强的枝上重新发生，可以二次坐果。

（三）叶

西瓜的子叶为椭圆形。若出苗时温度高，水分充足，则子叶肥厚。子叶的生育状况与维持时间长短是衡量幼苗素质的重要标志。真叶为单叶，互生，由叶柄、叶身组成。有较深的缺刻，成掌状裂叶。叶片的形状与大小因着生的位置而异。第一片真叶呈矩形，无缺刻，而后随叶位的长高裂片增加，缺刻加深。第四片以上真叶具有品种特征，第一片真叶叶面积10 cm^2左右，第五片真叶达30 cm^2，而第十五片真叶可达250 cm^2，是主要的功能叶。叶片由肉眼可见的稚叶发展成为成长叶需10天，叶片的寿命为30天左右。叶片的大小和素质与整枝技术有关：在放任生长的情况下，一般叶数很多，叶形较小，叶片较薄，叶色较浅，维护的时间较短；而适当整枝后叶数可明显减少，叶形较大，叶质厚实，叶色深，同化效能高，可以维持较长的时间，并较能抵御病害的侵染。在田间可根据叶柄的长度和叶形指数诊断植株的长势：叶柄较短，叶形指数较小是植株生长健壮的标志；相反，叶柄伸长，叶形指数大，则是植株徒长的标志。

（四）花

西瓜的花为单性花，有雌花、雄花，雌雄同株，部分雌花的小蕊发育成雄蕊而成雌雄两性花，花单生，着生在叶腋间。雄花的发生早于雌花，雄花在主蔓第三节叶腋间开始发生，而雌花着生的位置在主蔓5~6节出现第一雌花，雄花萼片5片，花瓣5枚，黄色，基部联合，花药3个，呈扭曲状。雌花柱头宽4~5 mm，先端3裂，雌花柱头和雄花的花药均具蜜腺，靠昆虫传粉。西瓜的花芽分化较早，在两片子叶充分发育时，第一朵雄花芽就开始分化。当第二片真叶展开时，第一朵雄花分化，此时为性别的决定期。4片真叶期为理想坐果节位的雌花分化期。育苗期间的环境条件，对雌花着生节位及雌雄花的比例有着密切的关系：较低的温度，特别是较低的夜温有利于雌花的形成；在2叶期以前日照时数较短，可促进雌花的发生。充足的营养、适宜的土壤和空气温度可以增加雌花的数目。花的寿命较短，清晨开放，午后闭合，称半日花。无论雌花或雄花，都以当天开放的生活力较强，授粉受精结实率最高。由于其开花早，授粉的时间与雌花结实率有密切的关系，9 时以后授粉结实率明显降低。授粉时的气候条件影响花粉的生活力，而对柱头的影响较小。两性花多在植株营养生长状况良好时发生，子房较大，易结实，且形成较大果实，对生产商品瓜影响不大。第二朵雌花开放至采瓜约需 25 天。

（五）果实

西瓜的果实由子房发育而成。瓠果由果皮、内果皮和带种子的胎座三部分组成。果皮紧实，由子房壁发育而成，细胞排列紧密，具有比较复杂的结构。最外面为角质层和排列紧密的表皮细胞，下面是配置 8~10 层细胞的叶绿素带或无色细胞（外果皮），其内是由几层厚壁木质化的石细胞组成的机械组织。往里是中果皮，即习惯上所称的果皮，由肉质薄壁细胞组成，较紧实，通常无色，含糖量低，一般不可食用。中果皮厚度与栽培条件有关，它与储运性能密切相关。食用部分为带种子的胎座，主要由大的薄壁细胞组成，细胞间隙大，其间充满汁液。为三心皮、一室的侧膜胎座，着生多数种子。果实的生长首先是细胞的分裂，细胞数目的增多，而后是细胞的膨大。据测定，开花 2 周后胎座薄壁细胞直径 20~40 nm，而采收期达 350~400 nm，增加 10 倍以上。

（六）种子

西瓜种子扁平，长卵圆形，种皮色泽黑色，表面平滑，千粒重仅 28 g 左右。种子的主要成分是脂肪、蛋白质。据测定，种仁脂肪含量 42.6%，蛋白质含量 37.9%，糖 5.33%，粗灰分含量 3.3%。种子吸水率不高，但吸水进程较快，新收获的种子含水率 47%，在 30℃温度下干燥 2~3 天，降至 15% 以下；干燥种子吸水 2~3 天含水率 15% 以上，24 h 达饱和状态。种子发芽适宜温度 25~30℃，最高 35℃，最低 15℃。新收获的种子发芽适宜温度范围较小，必须在 30℃下才能发芽。而储藏一段时间后可在较低温度下发芽。干燥种子耐高温，利用这一特性进行干热处理，可以钝化病毒或杀死病原，达到防病的目的。种子表现为嫌光性，反应部位是种胚，在发芽适宜温度条件下，嫌光性还不能充分显示出来，而在 15~20℃下充分表现嫌光性。果汁含有抑制种子发芽的物质，越是未成熟的果汁，抑制作用越强。刚采收的种子发芽率不高，是由于种子周围抑制物质所致，经储藏 6 个月后抑制物质消失，在第二年播种时不影响发芽率。种子寿命 3 年。

二、生长发育周期

西瓜的全生育期 80~85 天，其生育过程可以分为发芽期、幼苗期、伸蔓期和结果期。

（一）发芽期

种子萌动至子叶平展，苗端形成 2~3 个稚叶。在 25~30℃条件下，需经 10 天左右。此期主要靠种子储藏的养分，地上部干重的增长量很少，胚轴是生长中心，根系生长较快。子叶是此期主要光合作用器官，生理活动旺盛。

（二）幼苗期

由第一片真叶露心至 5~6 叶“团棵期”。在 20~25℃下，通常需 20 天左右，而在 15~20℃下约需 30 天，此期又可分为 2 叶期和团棵期。2 叶期是露心至 2 片真叶开展，此时下胚轴和子叶生长渐止，主茎短缩，苗端具 4~5 个稚叶、2~3 个叶原基，此期植株生长缓慢；团棵期是指 2 叶展开至具有 5~6 叶阶段，苗端具 8~9 个稚叶、2~3 个叶原基，此期主要是叶片和茎的增长。幼苗期地上部干、鲜重及叶面积的增长量小，但生长速度呈指数曲线增长，根系生长加速，侧枝、花芽的分化旺盛，为以后茎叶的生长与开花结果打下良好的基础。

（三）伸蔓期

幼苗团棵至坐果期雌花开放，在 20~25℃，经 23~25 天。节间伸长，植株由直立生长转为匍匐生长，这标志着植株旺盛生长，植株干重增长量迅速增加。茎叶干重分别为地上部干重的 23.61%、74.64%，展叶数多，叶面积为最大值的 57%，主、侧蔓长度分别为最大值的 63.16%、68.96%。由此可见，伸蔓期是茎叶生长的主要时期，以建立强大的营养体。该期生长中心是生长点，主、侧蔓间尚有营养的相互转移。

（四）结果期

此期从坐果节位雌花开放至果实成熟，直至全田采收完毕。主蔓第二、第三雌花开放至坐果，在 26℃下约需 4 天，此时是由营养生长过渡到生殖生长的转折期，茎叶的增长量和生长速度仍较旺盛，果实的生长刚刚开始，随着果实的膨大，茎叶的生长逐渐减弱，果实为全株的生长中心，膨瓜期 15~25 天；从定个到成熟需 7~10 天，也是西瓜的糖分转化期。早熟西瓜生长期一般为 25~28 天；中晚熟品种为 35~40 天。

三、对环境条件的要求

西瓜喜温、喜光，要求昼夜温差大，空气干燥，土壤通气性好。

（一）温度

西瓜的生育适宜温度 20~30 ℃，发芽期需 25~30 ℃，幼苗期 22~25 ℃，伸蔓期 25~28℃，结果期 30~35℃。开花坐果期，温度不得低于 18℃；果实膨大期和成熟期以 30℃最为理想。坐瓜后需较大的昼夜温差，根系生长适宜温度为 28~32℃。

（二）光照

西瓜喜光怕阴，光饱和点为 80 000 lx，光补偿点为 4 000 lx；结果期要求日照时数 10~12 h，短于 8 h 结瓜不良。在晴天多、强光照条件下，植株生长好，产量高，品质好；相反，在阴天多、弱光照的条件下，植株生长势弱，产量低，品质差，同时易感染病害。

（三）水分

西瓜根系发达，吸收能力强；叶片水分蒸腾量小，所以耐旱，但严重干旱时，果实中的水分能倒流回茎叶。

西瓜不同生育期对水分要求不同：幼苗期需水量少，伸蔓期需充足水分，膨瓜期需水分最多，但成熟期若水分多会导致含糖量降低；开花期间，空气相对湿度为 50%~60%。

（四）土壤营养

西瓜种植以沙壤土为最好，适宜土壤 pH 为 5.0~7.0，能耐轻度盐碱。西瓜需肥量较大，据测试，每生产 1 000 kg 西瓜需吸收氮 4.6 kg、磷 3.4 kg、钾 4.0 kg。营养生长期吸收氮多，钾次之；坐果期和果实生长期吸收钾最多，氮次之，增施磷、钾肥可提高抗逆性和改善品质。

第二节　栽培模式与品种选择

一、栽培模式

（一）日光温室栽培

西瓜日光温室栽培可提前种植、抢早高价上市。河南省日光温室西瓜育苗期一般为 12 月下旬至翌年 1 月上旬，定植期为 2 月上中旬，4 月下旬至 5 月上旬上市，可收获二茬瓜，甚至三茬瓜。这种方式栽培的西瓜，以追求高价格、高效益为目的，同时，此期气候不稳定，对品种的要求更严格一些。适合中小果型优质品种西瓜栽培。

（二）塑料大棚多层覆盖栽培

大棚多层覆盖是指“大棚＋二膜＋拱棚＋地膜”，有的地方还在拱棚上盖草苫，保温效果更好，更有利于西瓜提早上市。目前该模式已成为山东、河南、河北、安徽等地春大棚西瓜的主要栽培模式。一般先育苗后定植，西瓜整个生育期都处于大棚覆盖条件下，华北、华东地区定植期可提前到2月下旬至3月上旬，收获期可提前到5月上中旬。如精细管理，二茬瓜结得也很好，6月中旬就可收获二茬瓜。

（三）小拱棚栽培（又称“双膜覆盖”）

建立在地膜覆盖的基础上，一般是拱棚加地膜覆盖。多数先育苗后定植，河南中部可于3月中下旬定植。若夜间在棚上覆盖草苫，定植期可提前到3月上旬，一般于6月上旬即可上市，因为上市早，还可留二茬瓜，经济效益较高。目前，河南双膜覆盖西瓜栽培技术很成熟，面积较大且效益好。这种栽培方式以追求早熟、售价高为主要目的，同时兼顾二茬瓜产量。要求选用耐低温、早熟，且二茬瓜好的品种。

（四）地膜覆盖栽培

这是目前我国最普遍的一种种植方式，有直播种子后盖膜和盖膜后定植提前育成的瓜苗两种方式。目前有的地方采取地膜“先盖天、后盖地”的栽培方式很好。河南、山东地膜覆盖西瓜约在4月中旬断霜后种植，收获期较露地直播的早7~15天，产量可提高30%左右。一般以中熟或中早熟品种为主，既追求早熟，又兼顾产量，适合中早熟、中晚熟优质大果或无籽西瓜栽培。

（五）露地直播

“清明前后，种瓜点豆”，中原地区清明节过后，基本进入无霜期，气温回升快，露地西瓜可直播干籽，或催芽后大芽直播。这种种植方式不求早熟，以高产栽培为主。一般选中早熟、中晚熟的优质大果高产型或无籽西瓜（无籽瓜直播前需催芽）栽培。

（六）轻简化栽培

西瓜轻简化栽培，所谓“轻”就是要通过农机农艺结合，物联网、5G、自动控制等现代科学技术应用，减轻劳动强度，提高产量、质量和经济效益；所谓“简”就是要简单化、标准化，如农业机械起垄、肥水一体化技术、智能化、数字化等技术应用，减少化肥、农药的投入，实现肥药双减，绿色栽培。通过西瓜轻简化栽培技术的应用，可以实现由资源消耗型种植向科技推动型种植的转变，降低生产成本，减少劳动力投入，提高西瓜生产技术水平，改善生产经营条件，实现提质增效。

（七）西瓜吊蔓栽培

西瓜吊蔓栽培就是利用日光温室或塑料大棚进行设施吊蔓栽培，豫南地区日光温室西瓜吊蔓栽培第一茬瓜上市时间在4月下旬或5月上旬，塑料大棚西瓜吊蔓栽培第一茬瓜上市时间一般在5月中下旬，宽窄行栽培，宽行1~1.2 m，窄行30~40 cm，株距40~50 cm，每667 m^2定植1 800~2 000株，双蔓整枝；以塑料大棚西瓜吊蔓栽培为例，第一茬瓜上市，每667 m^2产量为4 000~5 000 kg，产值高于2万元；第二茬瓜6月上中旬上市，每667 m^2产量为3 000~4 000 kg，产值高于1万元。

设施西瓜吊蔓栽培的优点是：一是上市早，不与露地西瓜争市场；二是瓜个迷人，单个西瓜一般在2 kg左右，适宜于现代家庭消费；三是品质好，吊蔓西瓜由于通风、光照好，果实可溶性固形物含量在13%以上；四是效益好，塑料大棚吊蔓西瓜早春茬栽培产值高于3万元/667 m^2。

二、品种介绍

（一）京颖

早熟，果实发育期26天，全生育期85天左右。植株生长势强，果实椭圆形，底色绿，锯齿条，果实周正美观。平均单果重2.0 kg，一般每667 m^2产量为2 500~3 000 kg。果肉红色，肉质脆嫩，口感好，糖度高，中心可溶性固形物含量可达15%以上，糖度梯度小。适宜在保护地或露地进行多层覆盖提早栽培或秋延后栽培。

（二）安农二号

杂交种，全生育期80~95天，苗期长势弱，后期长势强。果实发育期32天左右，果实长椭圆形，皮绿色，覆有墨绿深色条带，瓤大红色，单瓜重6~9 kg。中心可溶性固形物11.5%~12.5%，边可溶性固形物9.0%~10.0%，果皮硬度中等，肉质口感酥脆、多汁、口感好。抗枯萎病，在适宜种植期内抗逆性好，适宜生长的土壤pH为5~7。耐旱性一般，不易空心，不厚皮。耐低温弱光性中等。安农二号西瓜是沙瓤西瓜，含糖量极高，每667 m^2种植700株左右，幼瓜期及时浇水追肥，即可达到理想的瓜。瓜形为椭圆形、个大、皮硬、耐运输。适宜在保护地或露地进行多层覆盖提早栽培或秋延后栽培。

（三）京欣

果实圆形，果皮薄，色中绿，果皮有深绿色条纹，果面覆有蜡粉。果肉桃红色，肉质细腻。多汁，中心可溶性固形物含量高达 12%，纤维素少，不倒瓤，适口性好，品质佳。早熟种，叶型小，在覆膜条件下，坐果率高，从开花到结果 30 天左右。不耐长距离运输。单果重 4~5 kg。每 667 m^2 产量 3 000~5 000 kg。适宜在保护地或露地进行多层覆盖，提早栽培或秋延后栽培。

（四）早佳

开花至果实成熟 28~45 天，生长势中等，坐果性好。果实圆形，绿皮上覆墨绿窄条带，外形美观，红瓤，质脆口感极佳，中心可溶性固形物含量 11%~12%。耐储运。合理密植，适于双蔓整枝或三蔓整枝，喜肥沃土壤，适度灌溉。适于早熟地膜覆盖及露地栽培，花期遇雨应进行人工辅助授粉，九成熟时采收为宜。上市时间为 4 月中旬至 10 月上旬。采瓜前 3 天不宜浇水，以防裂瓜和降低糖度，并请参考当地栽培习惯。适宜各地栽培，极适合长江流域栽培。

（五）黑美人

早熟品种，生育极强，果实长椭圆形，抗性极强；果皮黑绿色有不明显黑色斑纹，外观优美，果皮薄而坚韧，耐储运；不易空心，果重 2~3 kg，肉质深红且脆爽，中心可溶性固形物含量高达 13% 左右；瓜尾果品质也很稳定，适应性广，华南地区四季可栽培。在高温期栽培更能发挥其优点，果实较大，可栽培于各种土壤中，主要种植区为湖北、河南，广东、广西、海南、福建、湖南等地。

（六）早春红玉

早春红玉是杂交一代极早熟小型红瓤西瓜，该品种外观为长椭圆形，绿底条纹清晰，植株长势稳健，果皮厚 0.4~0.5 cm，瓤色鲜红肉质脆嫩爽口，中心可溶性固形物含量在 12.5% 以上，单瓜重 2.0 kg，保鲜时间长，商品性好。适宜在保护地或露地进行多层覆盖提早栽培或秋延后栽培。

（七）冠龙

一代杂交种，中熟，全生育期 100 天左右，长势强，易坐果，果实椭圆形，浅绿色皮上覆有不规则深绿色条带，色亮美观，果肉红色，肉质细脆，多汁爽口，风味好，可溶性固形物含量在 11.5% 以上，梯度小，单果重 9~10 kg，每 667 m^2 产量 5 000 kg 左右，耐储运。

该品种高抗枯萎病，兼抗炭疽病，耐病毒病，可适度重茬，适应性广。

（八）新红宝

新红宝西瓜是杂交一代西瓜种，该品种属中晚熟品种，生育期与红优二号基本相同，植株生长强健，抗蔓割病、炭疽病和毒素病能力特强。果实长球形，单瓜重 12~13 kg，果皮鲜绿色，表皮光美，果肉深红色，种子细小浅褐色，千粒重 33 g 左右，中心可溶性固形物含量在 12% 以上，雌花开花后 35~40 天即可采收。坐果率高，果形整齐，商品性好，耐储运。适宜露地栽培，黄淮地区上市时间为 6 月中旬至 8 月初。

（九）西农 8 号

以 WWl50 作母本、VOWl02 作父本，选育而成。主蔓长 2.8 m 左右，掌状裂叶、浓绿色，雌雄同株异花，第一朵雌花着生节位 7~8 节，雌花间隔 3~5 节。果实椭圆形，果皮淡绿色、上覆深绿色条带，果皮厚 1.1 cm，瓤红色，单瓜重 8 kg 左右。中晚熟品种，全生育期 95~100 天，开花到果实成熟约 36 天，较耐旱、耐湿，中心可溶性固形物含量在 9.6% 左右，一般每 667 m^2 产量 3 000~4 000 kg。适宜在露地进行多层覆盖提早栽培。

（十）墨童

果实圆形，黑皮有规则浅棱沟，表面有蜡粉，外形独特美观，果肉鲜红，纤维少，汁多味甜，质细爽口。中心可溶性固形物含量 11%~12%，皮厚 0.8 cm，单果重 2.0~2.5 kg。果实生育期 25~30 天，易坐果，果实商品率 90% 以上，每 667 m^2 产量在 2 500 kg 左右，耐储运。抗逆性中等，适应性广。抗病毒病、枯萎病能力较强。

（十一）高抗六号

优质高产高抗枯萎病新品种，可适度连作或隔代种植，生茬地种植产量更高，抗病高产优质，生长势强，适应性广，易于坐瓜，瓜形椭圆，皮色为黑绿皮上镶嵌深黑色蛇形花纹。为大果型品种，单瓜重 10 kg 以上，最大单瓜可达 20 kg 以上，每 667 m^2 产量一般在 7 000 kg 以上，属中熟品种，花后 30 天成熟。瓤色大红，肉质细嫩多汁，风味独特，清新爽口，中心可溶性固形物含量在 12% 以上。瓜皮坚韧，耐储运、适合远途销售。本品种高抗枯萎病，可抑制炭疽病、病毒病及早晚疫病等发生。适宜在露地进行多层覆盖提早栽培或秋延后栽培。

（十二）郑抗 8 号

早熟、优质、高产、抗病西瓜新品系，属早熟类型，生育期 93~96 天，果实成熟 28 天。

苗期长势较强，坐果较易，分枝性中等，主蔓长 2.85 m，主蔓直径 1.1 cm；叶色浓绿，蜡质多，叶形掌状，叶片较大，缺刻中；第一朵雌花着生节位 8 节，雌花间隔节位 5~6 节，单性花；果实椭圆形，顶部圆整，花痕少，基部略凹，皮色墨绿，花纹情况隐网纹，皮厚 1.1 cm，皮韧，裂果空心情况少，肉色大红，纤维少，果肉质地脆沙，单瓜重量 5.0 kg 左右；种子卵状、褐色，千粒重 22 g。中抗枯萎病，抗小西葫芦黄花叶病毒病。中心可溶性固形物含量 10.5%~12.3%。适合地膜覆盖和保护地栽培，每 667 m^2 种植 600~800 株，开花坐果前应及时整枝压蔓，2~3 蔓整枝，距根部 1.0~1.5 m 处留果，每株一果。

（十三）红蜜龙

可溶性固形物含量 13.5%；管理省工，坐瓜后不用整枝打杈；瓜椭圆形，深绿色，有墨色条纹，瓜形周正；极易坐瓜，生长势强，适应性广；抗病性强；耐储运；抗重茬能力大幅提升，单瓜重 15 kg 左右，每 667 m^2 产量可达 5 000 kg；开花至成熟 32 天左右；适合春季拱棚、露地种植。

（十四）金童玉女

早熟专用黄皮早熟优质西瓜新品种，长势稳健，坐瓜性好，适宜条件下坐瓜 25~28 天成熟，果形椭圆整齐，单瓜 1.5~2 kg，黄皮红肉，脆甜清香，可溶性固形物含量 13% 左右，梯度小，口感很好。良好的管理水平下，具有一株多果及良好的连续坐果性。正常情况下果皮薄而韧，耐储运性较好。该品种的育成，改变了以往黄皮西瓜转色不均匀、品质不好等不足，是一个特色明显的高品质袖珍西瓜。

（十五）彩虹西瓜

彩虹西瓜是新育成的早熟、高糖、瓤色特殊的高档礼品西瓜新品种。其突出特点有：瓤色红橙、乳黄相间，横切显花瓣，纵切似彩虹，瓤质细嫩多汁，入口即化，中心可溶性固形物含量在 13.5% 以上，且甜到瓜皮，并有独特的清香味；熟性特早，春季大棚种植坐瓜后 25~27 天即可采收，单瓜重 1.5~2 kg，七八成熟已非常甜，可抢早上市；植株长势稳健，抗病，耐低温，极易坐瓜，一株可结多瓜，适合大棚做礼品西瓜栽培。

（十六）朝霞

设施专用小果型西瓜品种。极早熟和果实酥脆多汁是其突出优点，雌花开放到果实成熟 25~28 天，中心可溶性固形物含量 12%~14%，果肉黄中透红，肉质细嫩多汁，口感好。单瓜重 2.0~2.5 kg，果皮厚度 0.4 cm 左右。该品种适宜设施立架栽培，采用双蔓整枝，每 667 m^2 种植 1 800 株左右；地爬栽培，双蔓整枝或 3 蔓整枝，每 667 m^2 种植约 800 株。根据果实发育时期，采收前 10 天不要浇水。可适当提早采收，不可过熟采收。

（十七）莱卡红无籽

功能性三倍体无籽西瓜品种。中晚熟品种，果实发育期 32~35 天，生长势强，抗病性好。一般单瓜重 8 kg 以上，大者果重达 13 kg 以上，每 667 m^2 产量 4 000 kg 以上。瓜瓤鲜红色，中心可溶性固形物含量 12.5% 以上，瓤质硬脆，汁液多，风味正，品质上乘，极耐储运。每 667 m^2 种植 400~500 株，实行 3 蔓整枝，一般在主蔓第三节位留瓜。

（十八）金玉玲珑无籽 1 号

设施专用品种，精品小果型无籽西瓜，全生育期约 100 天（春季），雌花开放至果实成熟 27~32 天，单瓜重 1.5~2.8 kg，皮厚 0.3~0.5 cm，中心可溶性固形物含量 11%~13%，中边糖梯度小，果肉黄色，肉质细脆，无籽性好，口感细嫩无渣，坐果性好，可 1 株多果。该品种适宜设施立架栽培，采用双蔓整枝，每 667 m^2 种植 1 800 株左右；地爬栽培，双蔓整枝或 3 蔓整枝，每 667 m^2 种植约 800 株。根据果实发育时期，采收前 10 天不要浇水。可适当提早采收，不可过熟采收。

（十九）神龙 1 号无籽

三倍体无籽西瓜品种。中熟，果实发育期 30 天左右，植株生长势好，抗病性强，易坐果，果形均匀，覆浓蜡粉，外观漂亮，产量高，单瓜重 6 kg 左右，最大果重可达 12 kg 以上。果实长椭圆形，外观似黑美人，果肉红色，中心可溶性固形物含量 12.5% 左右，品质优，风味佳，果皮坚韧，耐储运性极强，其漂亮外观深受种植者和消费者喜欢。每 667 m^2 种植 400~500 株，实行 3 蔓整枝，一般在主蔓第三节位留瓜。

（二十）墨宝

该品种是黑皮黄肉，短椭圆形，果重 3 kg 左右，中心可溶性固形物含量 13%~15%，皮薄抗裂；耐病性强，抗白粉病；品质好，耐储运。

三、西瓜嫁接砧木

（一）西嫁强生

该品种是南瓜杂交种，生长势强，根系发达；嫁接亲和力好，共生性强；耐低温性突出，嫁接苗在低温下生长快，坐果早而稳；与对照品种“新土佐”相比，能够显著提高西瓜产量，产量提高 20% 以上；高抗枯萎病，抗西瓜急性凋萎病，耐逆性强，不易早衰，对西瓜品质风味影响小。

（二）JA-6

该品种与大多数西瓜、甜瓜品种嫁接都未发生不良反应，特别是和甜瓜嫁接时，更表现出亲和力强、嫁接成活率高、抗枯萎病能力好、根系发达、幼苗生长快而健壮、吸收水肥能力强等特性。该品种不但表现出耐低温、耐高湿、耐热、抗重茬的优良性状，而且叶部病害、炭疽病、蔓枯病、疫病、霜霉病等也明显减轻。雌花出现较早，易坐果，果实品质不发生任何不良变化，瓜体增大，产量提高。

JA-6 是目前耐低温性最好的品种之一，可用于西（甜）瓜、黄瓜、西葫芦、瓠瓜、苦瓜、丝瓜早熟栽培使用，但该砧木与部分少籽或无籽西瓜品种进行嫁接时，需先做试验。

（三）京欣砧 1 号

该品种是瓠瓜与葫芦杂交的西瓜砧木一代杂种（F_1）。嫁接亲和力好，共生性强，成活率高。嫁接苗植株生长稳健，株系发达，吸肥力强。种子黄褐色，表面有裂刻，千粒重 150 g 左右，种皮硬，发芽整齐，出苗壮，下胚轴短粗且硬，实秆不易空心，不易徒长，便于嫁接。与其他一般砧木品种相比，耐低温，表现出更强的抗枯萎病能力，叶部病害轻，后期耐高温抗早衰，生理性急性凋萎病发生少，有提高产量的效果，对果实品质无不良影响。适宜早春栽培，也适宜夏秋季高温栽培。

（四）京欣砧 2 号

该品种是印度南瓜和中国南瓜杂交的白籽南瓜类型的西瓜砧木一代杂种。嫁接亲和力好，共生亲和力强，成活率高。嫁接苗在低温弱光下生长强健，根系发达，吸肥力强。嫁接瓜果实大，有促进生长提高产量的效果。高抗枯萎病，叶部病害轻。后期耐高温抗早衰，生理性急性凋萎病发生少。对果实品质影响小。适宜早春和夏秋栽培。适用于西瓜、甜瓜嫁接。

（五）超丰 F_1

该品种作西瓜砧木嫁接亲和力好，共生亲和力强，成活率高。较一般葫芦砧木增产 20%~30%，对西瓜果实品质无不良影响，是目前国内较为理想的砧木品种。适合做保护地栽培和露地地膜覆盖栽培嫁接苗的砧木，特别适于作保护地西瓜砧木。

第三节　优质高效栽培技术

一、育苗技术

（一）营养土培育自根苗技术

1. **壮苗的标准**　在形态上，表现粗壮老健，下胚轴粗短，子叶充分发育、肥厚、开展，节间短，真叶舒展，叶色深绿，根系发育好，白嫩。

关于西瓜幼苗的大小，可以根据当地习惯、育苗的设备及技术水平，一般分为子叶苗、小苗（1~2片真叶）、大苗（3~4片真叶）3种。苗龄大，发育提前，从而提早结果，成熟期早，但并不是愈大愈好。因为苗大，根系的分布范围也大，移植时容易损伤根系，影响幼苗生长，甚至形成僵苗。培育大苗以具有3~4片真叶为宜。

1）**子叶苗**　培育7~10天子叶开展的幼苗。要求下胚轴短，根系发育完整。子叶苗根系伸展范围小，移栽较易成活，一般不必采取带土育苗。育苗设备简易，技术容易掌握，但移植的技术性较强。

2）**小苗带土育苗**　培育具有1~2片真叶，苗龄为20~25天的健壮小苗，根系范围增大，需要采用5~6 cm口径的纸钵或营养土块来保护根系。其特点是：苗龄较长，生育提前，便于移栽成活；所需设备不多，成本低，便于推广。

3）**大苗带土育苗**　培育具有3~4片真叶、苗龄30~35天的大苗，根系需用口径10~12 cm的塑料钵（筒）保护。培育大苗熟性进一步提早，需要一定的保温设备，技术性较强，适用于早熟栽培。

2. **苗床的设置与营养土的配制**

1）**苗床的设置**　早春培育西瓜幼苗，必须采取防寒保温措施，设置苗床。适于一般露地栽培的苗床比较简易，目前生产上普遍采用塑料小拱棚覆盖育苗。

选择避风、向阳、排水良好，近年没有种过瓜类作物、靠近大田、运苗方便的地块设置苗床。在苗床北侧最好有建筑物，或设立风障，以防风稳定气流。

塑料小拱棚一般做宽1.3 m的高畦，以竹片做拱架，高60~70 cm，其上覆宽2 m的农用薄膜，一边用泥封严，另一边压砖块，以便于揭盖。

小拱棚是最简单的育苗场所，白天利用太阳辐射热提高床温，夜间覆膜保温，它的增温效果较差，床温受气候影响较大。为提高保温性，改善光照条件，可把小棚设置在大棚内。

2）营养土的配制　培养瓜苗的营养土要求肥沃，松紧适度，保水保肥，无病菌，无虫卵和杂草种子。西瓜根系生长需疏松土壤，但营养土过松移植时带土困难，造成伤根而影响成活。因此，采用营养土块育苗应掌握松紧适度，而作为子叶苗则应疏松，便于起苗。

床土可用园田或大田肥沃表土、风化的河塘泥，猪、牛、羊等厩肥，加适当磷、钾堆制。具体配比根据当地土质灵活掌握，一般大田表土占2/3，腐熟厩肥占1/3，1 m^3 土加过磷酸钙1 kg，腐熟鸡粪5~10 kg。

为了防止病虫杂草，应选择在未种过瓜类作物的田块取土，取后进行土壤消毒，厩肥应充分腐熟后使用。常用的土壤消毒方法是：用福尔马林200~300 mL，加水30 kg，均匀地喷在1 m^3 的土里，然后覆盖薄膜熏蒸2~3天，进行充分灭菌，可以杀灭猝倒病和菌核病的病原，最后摊开散发药气后使用。

3. 根系保护　除子叶苗培育以外，培育西瓜苗均应采用不同容器保护根系，常用的容器有塑料钵、塑料筒、草钵、纸钵、泥钵。

育苗容器的大小应与培育秧苗大小相适应，即培育1~2片真叶的小苗，以直径为5~6 cm的纸钵为宜；而培育3~4片叶的大苗，可用直径为10~12 cm的塑料钵、草钵或河泥土块，最好钵的深度大于口径，以保护主根不受损伤。

各种育苗容器装土时，首先，应注意培养土的湿度，以手捏成团，落地即散为宜，过湿紧压破坏结构，过松移植时抖落伤根；其次，要掌握下紧上松，底部压紧使其成形，加强牢度，上部较松有利于发根。

4. 种子处理

1）晒种　播种前选晴天将种子日晒2~3天，可使种子出土整齐。

2）种子消毒　常用的药剂消毒方法是用福尔马林100倍液浸泡种子30 min（事前浸种2 h），或50%多菌灵可湿性粉剂500倍液浸种1 h，能防止炭疽病、枯萎病的发生。用10%磷酸三钠浸泡20 min，可以减少西瓜绿斑花叶病毒。

3）浸种　浸种的目的是软化种皮，吸收水分，增加气体交换，提高种子的呼吸强度，促进储藏养分的分解，加速发芽。浸种时间长短与种皮厚度、浸种的水温有关，一般种皮厚的大粒种子浸种时间可以长些，而种皮较薄的小粒种子浸种时间短些。温水浸种时间短些，而凉水浸种时间长些。试验结果表明，西瓜种子吸水量不高，为种子自身重量的70%，而浸种2 h含水量达55%，为总吸水量的80%，基本上可满足种子发芽的需要。浸种时间过长，水温过高，种子养分损失，反而影响发芽。

温汤浸种可以杀死种子表面附着的病原，起到消毒作用，通常是以54℃水温（2份开水对1份凉水）浸种，边浸边搅拌，约30 min降至室温，再浸2 h即可。

4）催芽　浸种后以麻片搓去种子表面胶状物质，以免发生真菌，影响发芽。将种子清洗、沥干水后催芽。

用透气的纱布或粗布将浸湿的种子包裹，置30℃左右的温度下催芽，可以利用温室火道、电热毯、热水瓶、电灯泡等热源加温，但必须预先测定和控制适宜的温度。温度过高，常引起裂壳（种子开口、胚根不伸长、种胚腐烂），因此，用恒温箱催芽比较有把握。在催芽过程中，纱布及种子温度不宜过高，否则通气性差，容易发生真菌，烂籽。必要时以温水淋洗后继续催芽。

在开始催芽的8~12 h将温度控制在35℃，而当种子萌发时温度降至28~30℃，即所谓"高温萌动,低温催芽"。较高的温度可加速萌芽,而当萌芽时,较低的温度可使芽较粗壮。

催芽的标准是：胚根长3~4 mm，过长播种困难，容易伤根。种子发芽有先后，可分次把符合标准的芽拣出,同样以湿沙拌匀,在室温（15℃左右）下保存,待催芽结束一次播种。

5. 播种

1）播种季节　西瓜露地栽培，苗床播种时期与培育瓜苗的大小有关，苗龄愈长，播种期就要相应地提前。如大苗带土育苗的播种期，应在当地露地定植前30~35天播种，而小苗带土育苗提前20~25天播种，培育子叶苗提前7~10天播种。

2）播种方法　应用纸钵等容器育苗，必须使整畦面平整，才能浇水均匀，覆土厚度一致，保证出苗整齐。苗钵之间要排紧，用松土塞紧孔隙，以节约苗床面积，更重要的是保温、保湿和防止纸钵破碎。

播种前苗床充分浇水，一般分2次喷洒，以保证种子发芽、幼苗生长所需要的水分。种子平放，催芽的种子胚根朝下，以便于出苗。覆厚约1 cm干细土，覆土厚度一致，播后不再浇水，保持床面疏松，以利于土壤升温。直播，覆土过浅，表土过干，都将出现种壳不易脱落的"戴帽"现象，影响子叶的开展和幼苗的发育。一旦出现表土干燥，床面出现裂缝，可适当喷水或撒细土。

播种后，床面盖1层旧塑料膜或地膜，以保持土壤湿度，再在拱架上严密覆盖农膜，提高床温。地膜应在种子即将出苗时揭除，防止高温伤芽。

选择晴天播种是快速出苗、防止烂种的关键。因此，在播种季节注意气象预报，抢晴天播种，4~5天便可出苗。播种后，如遇连阴天床温过低，则需10天左右才能出苗，或造成种子腐烂。

6. 苗期管理

1）温度管理　育苗期间应根据瓜苗的不同生育阶段，掌握适宜的温度。从播种至种子发芽出土，需要较高的温度。因此，苗床必须严密覆盖，白天充分见光，以提高床温，一般床温可达30~32℃。有条件的,可盖两层塑料薄膜（即农膜上盖草,其上再盖一层塑料膜），以提高保温效果。当绝大多数种子出苗时，苗床温度应适当降低，白天维持在25~28℃，夜间维持在15~17℃。大田定植前7天左右，应逐步降低床温，对幼苗进行揭膜锻炼，以适应大田气候条件。

通过揭盖塑料薄膜，调节苗床温度。通风要逐步增加，首先揭两端的薄膜，而后在侧面开通风口，通风口应背风，以免冷风直接吹入损伤幼苗，午后及时覆膜保温。晴天要密切注意床温，避免高温伤苗。在苗床温度管理上，通常出现两种倾向：一是为防寒不敢揭膜通风，结果床温偏高，幼苗生长细弱，适应性差；二是片面强调降温锻炼，过早揭膜，结果造成瓜苗生长缓慢，严重时形成僵苗。正确的方法是：按以上温度要求，并根据幼苗生育状态，采取分段管理，在一定的天数内育成一定大小的幼苗，如30~35天育成3片真叶的大苗，才符合要求。

2）*光照管理*　西瓜需强光，在塑料薄膜覆盖下，光线的透过率为70%左右。如床内温度高，水汽多，则透光率更低。因此，在管理上要尽量争取较多的光照，如采用新膜覆盖，保持薄膜清洁，以提高光线的透过率。在床温许可的范围内，早揭晚盖，延长见光时间，适当通风降低床内湿度，以提高透光率。晴天可揭除棚膜或大通风，即使阴雨天也应在苗床两头或侧面开通风口，达到防雨、通风和增加光照的目的。

3）*水分管理*　苗床的水分要严格控制。由于播种前充分浇水，播种后严密覆盖，水分蒸发少，基本上可满足种子出苗对水分的要求。出苗后，也不轻易浇水，因浇水降低床温，增加苗床湿度，容易发生病害。当种子出土，床面发生裂缝时，撒1层松湿土，防止水分蒸发，增加土表湿度。齐苗时，再覆一层土。通过多次覆土，增加湿度，加厚土层，增高土温，促进发根。

育苗中后期气温较稳定，苗床通风量增加，床面蒸发量大，幼苗生长老健，应适当浇水。通常在晴天午间浇水，浇水量要控制，浇后待床面散失水汽后覆膜，以免床内湿度过高。以后随幼苗的生长，浇水量和次数逐渐增加。采用草钵、纸钵、塑料钵育苗，因钵间空隙较大，可适当增加浇水次数，而采用营养土块育苗，可适当少浇。

定植前5~6天应停止浇水，一方面要控制幼苗生长；另一方面要保持纸钵干燥，防止移植破损。

西瓜苗期短，苗期不必多次追肥。如发现缺肥，可用0.2%尿素或磷酸二氢钾，做根外追肥，通常与防病结合进行。

（二）西瓜嫁接苗的培育

1. **砧木的选择**　砧木常用南瓜和瓠瓜。瓠瓜砧木亲和力强、成活率高，抗枯萎病，而且对危害根的根结线虫、黄守瓜等有一定的抗性，雌花出现较早，对西瓜品质无不良影响。南瓜砧抗枯萎病最强，生长势强，促进早熟，提高产量。

2. **播种期的确定**　主要取决于砧木种类和嫁接方法。以瓠瓜作砧木采用顶插法和劈接法，以第一片真叶开展为宜，即瓠瓜砧比接穗早播5~6天；如用靠接法，瓠瓜砧需比接穗晚播4~6天。南瓜作砧木，嫁接适宜苗龄料小，采用顶插法和劈接法以显真叶为宜，南瓜砧木需比接穗早播 3~4 天；而采用靠接法以子叶期为宜，南瓜砧一般需比接穗晚播 3~4 天。

3. **砧木和接穗的培育** 包括种子处理、播种和出苗后嫁接前的幼苗管理。

1）**种子处理** 南瓜砧木种子在浸种前用 40% 甲醛 100 倍液浸泡 30~60 min，用清水充分洗净后，在室温浸种 8~10 h，在 25~28 ℃下催芽。当胚根长出 3~4 mm 时即可播种。瓠瓜砧木由于种子种皮较厚，种子萌发较慢，出苗不齐，可用 70℃热水不断搅拌烫种 10~15 min，而后在常温下浸种 24~36 h，每天早晚搓洗 1 次，取出在 25~30℃下催芽。接穗西瓜可用 55℃热水浸种 15 min，在室温下浸种 8~10 h，取出洗净在 30℃左右下催芽，一般两昼夜后大部分种子即可出芽。

2）**播种** 砧木播种，若采用离土嫁接，可在播种或苗床中撒播，播种密度为 1 500~2 000 粒 / m^2；若不离土嫁接，则应在营养钵中点播每钵平放一粒种子。接穗西瓜一般采用撒播，最好播种在育苗盘中，有利提高土温，便于移动，调整位置。但大面积嫁接还应播种在苗床上，播种密度以出苗后子叶不相互重叠为宜，为 2 000 粒 / m^2。播种前，浇足底水，把种子均匀撒播在上面，然后覆 1~1.5 cm 厚营养土，盖上地膜，保持温度在 25~28℃。

3）**出苗后嫁接前的幼苗管理** 在 50% 以上幼苗出土时揭去地膜，逐渐通风降温。当苗出齐后控制温度白天在 20~25℃，夜间不低于 18℃，尽量控制浇水。嫁接前 1~2 天，适当通风，以提高抗逆性。砧木嫁接前 1~2 天严格控制浇水，以免嫁接时胚轴劈裂，降低成活率。接穗苗为防止立枯病、猝倒病等病害可喷一次普力克或立枯灵等杀菌剂。

4. **嫁接** 西瓜嫁接常用方法是顶插法、劈接法和靠接法。

1）**顶插法** 先把砧木苗的生长点用刀片剔除，然后用一根与接穗下胚轴粗度相近的竹签在砧木去除生长点的切口向下戳一个深约 1 cm 的斜孔，深度不穿破下胚轴表皮，然后插入砧木孔中，使砧木与接穗切面相吻合。同时使砧木与接穗子叶呈“十”字形，用夹子固定。嫁接适期，砧木刚展开一片真叶，接穗为刚展开子叶苗。

2）**劈接法** 先去掉砧木生长点，用刀片从子叶中间一侧向下劈开，深 1~1.5 cm，然后将接穗从子叶向下胚轴两面各削面长 1~1.5 cm，呈楔形，将削好的接穗插入砧木楔口，使砧木与接穗表面平整对齐，用夹子固定。嫁接适期，砧木具有一片真叶，接穗子叶展开。

3）**靠接法** 这种接法要求砧木、接穗苗大小相近。先将砧木生长点去掉，在砧木下胚轴上端靠近子叶 0.5~1 cm 处用刀片呈 45° 向下削一刀，深及胚轴的 1/3~1/2，长约 1 cm。然后在接穗的相应部位向上呈 45° 斜削一刀，深达胚轴 1/2~2/3，长约 1 cm。然后把砧木和接穗自上而下把舌状切口相吻合嵌入，用嫁接夹子固定好。嫁接后将砧木与接穗连根一起栽植到营养钵中，二者相距 1 cm，以便成活后切除接穗接部以下胚轴。

5. **嫁接苗的管理** 将嫁接苗放入育苗棚内，扣上小拱棚用塑料薄膜严密覆盖 3~4 天，以保温保湿。以后每天清晨或傍晚通风 1~2 次，逐渐加大通风量。为了保持较高湿度，防止接穗萎蔫，应在晴天中午喷水直到完全成活。在嫁接后的 3~4 天，要全天遮光，以后逐渐增加光照时间，7 天后，不需遮光。8~10 天嫁接苗就可成活。成活后要降温降湿，及时摘除砧木上的新叶新芽，靠接苗切断接穗西瓜的根部，这样，砧木的根吸收的养分就可源源不断地往接穗上输送。同时要除去接口固定物，时间以西瓜嫁接苗定植搭架后第一次绑蔓为宜。按嫁接苗成活情况对秧苗进行分级，分为完全成活、不完全成活、假成活和未成活。淘汰未成活的苗，改善不完全成活和假成活苗的环境，使它们逐渐追上大苗，最终使嫁接苗生长整齐一致。成活秧苗要少浇水，一般不干不浇水，以防水分过多引起沤根和排湿。定植前 7 天要对秧苗进行低温锻炼，适当降低苗床温度，白天控制在 20~23℃，夜间 10~12℃，使秧苗生长粗壮，增加抗逆性，定植后易成活。

（三）穴盘基质育苗技术

西瓜育苗季节不同苗龄期不同，早春苗 45 天左右，秋季苗 25 天左右。育苗播种时间根据移栽期进行推算，做好育苗的准备工作。

1. **育苗棚及环境消毒**　育苗棚内用高锰酸钾和甲醛消毒法，每 667 m^2 大棚用高锰酸钾 1.65 kg，甲醛 1.65 kg，将甲醛和高锰酸钾加入开水中，放入大棚产生烟雾，封闭大棚 48 h，然后开棚散去气味后播种。大棚周围及道路用石灰石撒。

2. **苗盘选择和消毒**　选择 50 孔或 32 孔育苗穴盘，穴盘采用高锰酸钾溶液消毒，消毒后用塑料膜覆盖 2~3 天，播种前用清水冲洗干净。

3. **育苗基质选择**　选择消毒彻底，透气性良好的基质。施用泥炭为主要原料的基质比较安全，如果使用发酵料为主的基质，在使用前要进行发芽试验，避免出现烧芽、烧根。

4. **品种选择**　砧木品种以葫芦和南瓜为主。应选择适合当地推广的西瓜品种。异地代育苗的，要根据西瓜栽培地的气候，选择适宜的品种。

5. **育苗季节及设施选择**　2 月上旬定植的西瓜苗，12 月中下旬在日光温室内育苗；2 月下旬或 3 月上旬定植的西瓜苗，1 月上中旬在日光温室内育苗；3 月中下旬定植的西瓜苗，2 月上旬在日光温室内育苗；4 月上中旬定植的西瓜苗，2 月下旬或 3 月上旬在温室育苗；7 月中旬至 8 月上旬定植的西瓜苗，6 月下旬至 7 月上旬在有降温设施的大棚内育苗。

6. **每 667m^2 用种量**　砧木种子数量是需苗量的 1.5~2 倍，接穗种子量是需苗量的 1.5~1.7 倍。

7. **种子处理**　种子需要通过晾晒、消毒、催芽处理。

8. **装盘播种**　出芽率达到 85% 开始播种，芽不超 3 mm 为宜，选择发芽势一致的种子播在装好基质的穴盘内，播种深度 1.5 cm，深度要一致，然后覆盖基质，淋水，第一次淋水要小水淋透，到穴盘底下有水渗出为止。低温季节，苗床覆盖地膜保湿保温，高温季节覆盖无纺布保湿。白天温度控制在 28~32℃，夜间温度控制在 18~20℃。

9. **苗床管理**　出苗率 50% 时在下午或者傍晚揭去薄膜，幼苗出土后要防止徒长，加强光照和水分管理，拉大昼夜温差，严禁出现夜间温度高于白天温度。子叶展开后，浇水的同时添加肥料，肥料以含磷、钾高的肥料为主，少施氮肥。嫁接苗请严格按照嫁接苗管理方法管理。

10. **炼苗** 定植前5~7天开始炼苗，加强光照，降低苗床水分，降低温度，加大通风量。

二、西瓜"一茬多收"栽培技术

所谓"一茬多收"高产栽培，就是在大棚栽培条件下，通过肥水一体化等调控措施，促进子孙蔓不断生长、结果，从而达到种植"一茬多收"的目的。"一茬多收"高产栽培技术一般从2月上中旬播种，3月上中旬移栽，5月中旬开始收获，直至10月上旬收获结束。收获时间长达半年之久。该项技术的栽培要点：

(一)移栽前准备

1. **田块选择** 田块选择要求地势高，土层疏松，交通方便，3年以上未种过瓜、茄等作物的田块。

2. **施足基肥** 结合冬季耕翻，要求每667 m^2 施腐熟猪粪或鸡粪1 500 kg或菜籽饼50 kg，磷肥40 kg，硫酸钾10 kg。做垄时每667 m^2 施氮磷钾复合肥10~15 kg，并喷施敌克松药剂进行土壤消毒。

3. **大棚搭建** 在移栽前要搭建好大棚，大棚长度要求在30 m左右，以利于通风降湿。钢管棚宽一般是5.8 m，毛竹棚宽6.8 m。黄淮地区1~2月温度较低，并有寒潮袭击，所以一定要做好保温加温措施，一般要求大棚内加小拱棚和地膜，地膜选用多功能地膜，大棚膜要选用多功能无滴膜。

(二)育苗

培育壮苗是夺取西瓜"一茬多收"的基础，并能提早移栽，早发棵，早结果。

1. **育苗时间** 适时早播，能提早采摘。育苗时间一般掌握在2月上中旬、3月上中旬移栽，苗龄在30~35天。

2. **品种选用** 选择优良、抗病、高产品种是夺取西瓜高产的基础。一般种植品种有8424、早佳3号、京欣一号等。8424品质优，味道好，汁多，是人们喜爱的高产品种；早佳3号具有抗病、抗逆性好，生长势强，产量高等特点。小型瓜一般有早春红玉、春光、特小红等。

3. **基质穴盘育苗** 播种前20天要搭好育苗大棚，棚宽6 m，棚长根据育苗数量决定。育苗前要提前覆盖大棚农膜，提高棚内地温。大棚内可做两个2.4 m宽的育苗畦，畦面整平后铺上一层地膜。电热线可按常规使用。播种后要在大棚内的苗床上加盖二层小棚和草帘保温。选用 50 孔穴盘，每袋 50 L 的基质可装 12 个穴盘。基质装盘前先将基质喷水充分拌匀，一般 50 L 基质加水 3~4 kg 搅拌，调节基质含水量到 50%~60%，并使其膨松后装入穴盘，刮去盘面上多余的基质。

4. **浸种催芽** 先将种子浸入 55℃温水中进行种子灭菌处理 15 min，要不断搅拌，随后在 30℃温水中浸种 3~4 h，洗净种子表面黏附物，用透气性好的纱布包好放入 30℃左右恒温地方催芽 24 h 左右，待种子基本露白后播种。

5. **播种** 播种时要先打孔，孔要打在穴盘的正中央，深度以 1 cm 为宜。播种要挑芽长基本一致的西瓜种子平放入穴盘播种孔的正中，一穴一粒，再用基质盖好刮平，整齐地排放在苗床上。播种深度以 1 cm 为宜,不宜超过 1.5 cm。过浅,易导致种子“戴帽”；过深,出苗时间迟,瓜苗质量差。种子摆好后及时用喷水壶喷足水并覆盖一层地膜,以利保温保湿。

6. **苗床管理** 播种后 2~3 天要及时查看苗情，当种子有一半左右出土时，及时揭去地膜，使小苗见光绿化，见有子叶“戴帽”出土，要及时人工“脱帽”。揭膜迟容易形成“高脚苗”。

7. **温湿度管理** 播种至齐苗前棚温白天控制在 28~32℃，夜间小棚上加盖草帘，必要时用电热线加温，保持温度在 18~20℃，增温出苗。齐苗后到第一片真叶出现，要适当通风，降低床温，白天温度控制在 22~25℃；夜间可盖上草帘，保持温度 15℃左右，防止出现高脚苗。幼苗破心后可提高棚内温度，一般白天 27~30℃，夜间 20℃左右，出苗后，原则上不通电加温。晴天通风一定要及时，晚上注意加盖覆盖物保温。定植前 4~5 天降温炼苗，白天控制在 18~22℃，夜间保持在 13~15℃。在保证温度的情况下，应尽量加大通风量和通风时间，降低棚内湿度。浇水应在晴好天气中午进行，浇后及时通风降湿。

8. **光照管理** 苗出土后就要及时让其充分见光，整个苗期要尽可能地早揭晚盖，让秧苗多见光。连续阴雨天气在雨停期间也要及时揭去草帘让秧苗见散射光。

9. **肥水管理** 基质育苗穴盘的穴孔容积小，基质容量少，播种后保持基质湿润是苗齐、苗壮的关键。穴盘排放时要尽量保持穴盘水平，保证穴盘基质水分均匀不积水。如时间过长仍未出苗要及时查看并补充水分。出苗后要根据基质含水量情况及时浇水，当基质表面呈干燥疏松状态时及时进行浇水，遇阴雨天可适当减少浇水次数。出苗 2 周以后，适当喷施叶面肥，同时要适当控制水分，促进秧苗健壮生长。移栽前一天适量浇水，保持基质整体湿润，便于起苗移栽。

（三）定植

定植一般在 3 月上中旬开始，定植时一要选择植株健壮、根系发达的秧苗抢晴移栽。

1. **定植密度** 钢管棚株距掌握在 55 cm 左右，毛竹棚大垄株距在 50 cm 左右，小垄株距在 55 cm 左右。

2. **定植方法** 定植前，先铺滴灌管，然后盖地膜，这样有利于提高地温。西瓜苗三叶一心时，选晴天定植，定植时先在地膜上打孔，定植后逐棵浇水，水下渗后封土，此时应注意把定植时打的孔全部封严，以利保墒和提高地温，并要随即覆盖好小拱棚。

（四）水肥管理

大棚西瓜肥水管理要突出一个“勤”字，尤其是 7~8 月，气温高，生长快，需肥水量大，要采用肥水一体化技术及时浇水追肥。

1. **看苗施好伸蔓肥** 对施足基肥、长势健壮的，一般不施伸蔓肥。瓜苗长势差的适当施些伸蔓肥。

2. **施好膨瓜肥** 为有利于第二批坐瓜，膨瓜肥不宜过早。一般要求西瓜在碗口大时，每 667 m^2 施大量元素水溶性肥 3~5 kg；7 天后每 667 m^2 再施大量水溶性肥 2~3 kg，采收前 1 周停止追肥。

3. **施好调控子孙蔓肥** 该肥是调控子孙蔓生长的关键，由于 7 月后气温逐步上升，瓜蔓生长快，需肥水量大。在每次采收西瓜后第二天就要施好该肥，促进子孙蔓生长。7~8 月高温季节要适当增加施肥次数，确保肥水供应。

4. **肥水一体化** 每次采瓜以后，都要及时浇水追肥，每 667 m^2 追施液体腐殖酸肥 3~5 kg，追肥时把肥料加入施肥罐中。肥水一体化是在滴灌的基础上增加一个施肥罐，施肥罐与滴灌系统同处于一个压力循环系统，因此在实现节水滴灌的同时，肥料也随水一起运送到西瓜植株根部，而且当一个追肥过程完成后，还要滴灌清水 30 min，这样既有利于清洗管道以防堵塞，又有利于通过水的下渗把肥料运送到植株的吸收根附近。

（五）整枝与疏瓜

1. **整枝** 大棚西瓜一般采用 3 蔓整枝法。即当主蔓长到 50 cm 时开始选留主蔓和 2 个侧蔓；西瓜长到碗口大时开始选留 1~2 个子蔓，将结瓜节位前子蔓全部打掉；以后每一结瓜层选留 1~2 个子孙蔓。

2. **疏瓜** 通过疏瓜，可使西瓜质量优、瓜型大。当西瓜长到乒乓球大小时疏瓜，一般要求主蔓保留 2~3 个瓜，子蔓留 2 个瓜。疏瓜注意保留圆整瓜，疏去病瓜、弱瓜、畸形瓜。

（六）人工授粉

西瓜是雌雄异花植物，一般依靠昆虫授粉，结瓜率低，人工授粉是保证坐瓜率的主要手段。一般授粉时间在 7~10 时进行；阴雨天，气温低，开花慢，可延迟到 11~12 时。授粉后要做好授粉标记。

（七）适时采收

过早过迟采收，都会影响西瓜品质，所以，一定要适时采收。大棚西瓜，前期气温较低，成熟时间长，第一批瓜一般 35~40 天成熟；随着气温升高，成熟时间加快，第二批瓜在 30~35 天成熟；中后期 25~27 天就成熟。采瓜可根据皮色、授粉标记日期进行采收。采收宜在上午进行，并要用剪刀剪收。

三、双膜覆盖轻简化栽培技术

双膜覆盖轻简化栽培就是天地膜覆盖西瓜栽培，所谓"轻"就是要通过农机农艺结合，减轻劳动强度；所谓"简"就是要简单化、标准化，如农业机械起垄、肥水一体化技术应用、化学除草、嫁接栽培、粘虫板及诱虫灯应用、生物肥料（农药）应用等。

（一）选择适销对路品种

天地膜覆盖露地栽培较地膜覆盖栽培可提早上市 7~10 天，豫南地区一般在 4 月上中旬定植，6 月上中旬上市，西瓜销售以外销为主。近年来筛选出了适应当地的自然条件、适于粗放管理、抗逆性强的中晚熟优良品种，易管理、果型大、耐储运、产量高、品质优。

（二）嫁接育苗

西瓜应用嫁接栽培技术，可以利用砧木品种对土传病害的抗性，解决西瓜产区多年栽培后轮作困难，克服重茬障碍，防止枯萎病等土传病害的危害；同时葫芦、南瓜的根系较西瓜发达，生长适应性强，可增加植株抗寒、抗旱等抗性，显著提高西瓜产量和效益。

1. **苗床建造**　日光温室西瓜苗床一般以南北向为宜。苗床宽 3 m，长 10 m 左右（根据大田面积而定）。苗床中间留 30 cm 宽管理走道，在中间过道两侧各做 1.2 m 宽、15 cm 深的畦作为苗床。在苗床两侧每隔 1 m 栽一竹竿，深度为 30 cm。竹竿直径 3~4 cm，长 3.5 m。两侧对应的竹竿向中间弯曲对接成拱形，拱高 2 m。拱形做成后，在拱形竹竿间横向连接 3 根竹竿，拱顶 1 根，两侧各 1 根。为坚固大棚，棚中间需立几根竖杆。盖膜后四周用泥土压实，并做好棚门。在严冬季节，棚内还可加小拱棚草苫和地膜，以增温保温。

2. **播前准备**

1）营养土的配制　西瓜营养土宜选用腐叶土或壤土 7 份与腐熟的牛马粪 3 份掺匀、过筛，1 m^3 苗床土再加 2 kg 氮磷钾复合肥，200~300 mL 福尔马林兑适量水均匀喷洒在营养土里，同时加入 0.3% 噻虫嗪颗粒剂 7.5 g，盖上塑料薄膜闷 2~3 天，达到防病虫目的，然后将营养土装钵，排放在苗床上待播种。

2）种子处理

（1）晒种　西瓜种子在播种前，要进行晒种，其目的一是阳光灭菌；二是提高种子发芽率和发芽势，一般方法是种子摊在席上连晒 2~3 天。

（2）浸种消毒　西瓜种子浸种消毒，选用 10% 抗菌剂 40 L 配成 500 倍液浸泡种子 0.5 h，捞出用清水冲洗干净。然后将种子放入 25℃左右的清水中浸种 8 h，捞出后用干净的新毛巾揉搓浸泡的种子，经过洗揉，直到种子表面干净光洁，最后将种子在清水中漂洗 1 次，进行催芽。

3. **催芽**　催芽的方法很多，有恒温箱法、火炕法、锅台法和人身法，不论哪种方法，催芽的主要因素是温度和湿度。

西瓜发芽的适宜温度为 29~30℃，其湿度控制可选用干净毛巾或棉布用清水湿透，拧去多余水分，将浸过的种子均匀地摊在毛巾上，种子厚度不超过 0.1 cm，在这种条件下，经 36~40 h 就能完成催芽，一般胚芽露出 1~2 mm 为宜。

4. **砧木要求和选择**　砧木应具备抗枯萎病能力，与接穗西瓜的亲和力强，使嫁接苗能顺利生长结果，并对果实的品质无不良影响。目前生产上常用的西瓜砧木的种类主要是葫芦和南瓜的不同品种。葫芦砧的不同品种与西瓜有稳定的亲和力，嫁接苗长势稳定，坐果稳定，对西瓜品质无不良影响，但抗病不是绝对的；南瓜砧的不同品种与西瓜的亲和力差异很大，因此应选择亲和力强的专用品种，但其长势强、抗病，对西瓜品质有一定影响，用南瓜做砧木时要慎重。若选择新的砧木品种，则必须经过试验证明其确实可以作为砧木品种，方可在生产中规模应用。

5. **砧木和接穗的培育**　砧木品种很多，目前生产上应用面积比较大的有黑籽南瓜、长瓠瓜、圆瓠瓜、葫芦等。采用离土嫁接（即嫁接时把砧木从土中取出）的方法嫁接时，砧木可在播种箱或苗床中撒播，播种密度 1 500~2 000 粒 /m^2。而采用不离土嫁接（即嫁接时把砧木不从土中取出）的方法嫁接时，则应在营养钵中点播，每钵播发芽种子 1 粒。接穗种子播种大多采用撒播，一般撒播密度 2 000 粒 /m^2 左右。

6. **砧木与接穗的播种期**　为了使砧木和接穗的最适嫁接时期相遇，必须调整两者的播种时期。瓠瓜作砧木，采用顶插接和劈接时，砧木在嫁接前 12~14 天播种，接穗在嫁接前 6~7 天播种；采用靠接法时，砧木在嫁接前 8~10 天播种，接穗在嫁接前 12~15 天播种。南瓜作砧木，采用顶插接和劈接时，砧木在嫁接前 7~l0 天播种，接穗在嫁接前 6~7 天播种，也可同期播种；采用靠接法时，砧木在嫁接前 6~8 天播种，接穗在嫁接前 12~15 天播种。

7. **嫁接方法**

1）插接法　先用刀片或竹签将砧木生长点及侧芽削掉，然后用竹签尖头从砧木一侧子叶脉与生长点交界处按 75°沿胚轴内表皮斜插一孔，深为 7~10 mm，以竹签先端不划破外表皮、握茎手指略感到插签为止。用刀片自接穗子叶下 1~1.5 cm 处削成斜面，斜面长 7~10 mm，然后随即把接穗削面朝下插入孔中，使砧木与接穗切面紧密吻合，同时使砧木与接穗的子叶呈“十”字形。

2）劈接法　先去除砧木的生长点，用刀片从两片子叶中间沿下胚轴一侧向下纵向劈开 1.0~1.2 cm。注意不要将整个下胚轴劈开。然后将西瓜接穗下胚轴两面各削一刀，削面长 1.0~1.2 cm，把削好的接穗插入砧木劈口内，用拇指轻轻压平，用嫁接夹固定或用塑料薄膜条扎紧。

3）靠接法　先将砧木生长点去掉，在砧木的下胚轴上端靠近子叶节 0.5~1.0 cm 处，用刀片作 45° 向下削一刀，深达下胚轴的 1/3~1/2，长约 1 cm。再在接穗的相应部位做 45° 向上斜削一刀，深达胚轴的 1/2~2/3，长度与砧木接口相同。最后自上而下把砧木和接穗两舌状切口相吻合（互插），用嫁接夹子或地膜带捆扎，使切面密切结合。

8. **嫁接苗的管理**

1）温度管理　嫁接后 2 天，要求白天温度 25~28℃，不低于 20℃，土温 26~28℃，嫁接后 3~6 天，控制白天温度在 22~28℃，夜间 18~20℃，土温 20~25℃。定植前 1 周，温度白天 22~25℃，夜间 13~15℃。温度低于 10℃或超过 40℃都会影响嫁接苗的成活率，晴天应进行遮光，防止高温，夜间应进行覆盖保温。

2）湿度管理　把接穗水分蒸发量减少到最低限度，是提高嫁接苗成活率的决定因素。为保持湿度，栽植前要将苗床浇透水，嫁接后 2~3 天密封小拱棚。嫁接后 3~4 天进入融合期，要逐渐降低湿度，可在清晨、傍晚湿度较高时通风排湿，并逐渐增加通风时间和通风量。10~12 天以后按一般苗床的管理方法管理。

3）光照管理　嫁接后棚顶用覆盖物覆盖遮光，以免高温和直射光引起接穗凋萎，从嫁接后第三天开始，在早上、傍晚除去覆盖物接受散射光各 30 min 左右；第四至第五天早晚分别给光 1 h 和 2 h；5 天以后视苗情生长状况逐渐增加透光量，延长透光时间；1 周后只在中午前后遮光，逐渐撤除遮盖物，并加强通风，经常炼苗；10~12 天以后按一般苗床的管理方法进行管理。

4）断根和除萌　靠接苗在嫁接后 10~13 天，可从接口下 0.5~1.0 cm 处将接穗的下胚轴剪断，将接穗的下胚轴自根基部彻底清除。当嫁接苗通过缓苗期后，接穗开始长出新叶，证明嫁接苗已经成活。大约嫁接 10 天以后，应及时去掉嫁接夹子等捆扎物，以免影响嫁接苗的生长与发育。砧木虽然在嫁接时摘除了生长点，但在子叶节仍可萌发侧芽，应随时摘除。

9. **苗期病虫害防治**　为了提高商品苗的质量，在接穗和砧木出苗后子叶展开时可喷 64% 杀毒矾可湿性粉剂 500 倍液或 72.2% 普力克可湿性粉剂 400~600 倍液浇灌苗床防治猝倒病，在嫁接前 2 天左右喷洒百菌清或速克灵预防霜霉病、角斑病、炭疽病；成活期由于保持在高温、高湿的环境中，容易发病，可用百菌清烟雾剂预防，嫁接成活后即用代森锰锌等喷施 1 次，嫁接苗出圃前再用甲基硫菌灵等预防 1 次。

（三）定植前准备

1. **选择地块，冬季深翻** 选择地势平坦开阔，土层深厚，中等肥力以上，富含有机质的壤土或沙壤土，土壤 pH 7~8；前茬用过咪唑烟酸的花生茬、咪唑乙烟酸、氯嘧磺隆的大豆茬、烟嘧磺隆及莠去津的玉米茬均不能种植西瓜。冬季深翻土地 30~35 cm，可以有效冻死越冬害虫及虫卵，同时，也可有效杀死土壤中的各种病菌，减轻病虫危害。

2. **开沟、施肥、起垄** 按种植行使用开沟机开沟，沟心距 1.8~2.0 m，开一条宽 30~40 cm 的施肥沟，施肥沟深 20~30 cm。将基肥均匀施入施肥沟后机械覆土回填施肥沟，用起垄机起 60~70 cm 高、15~18 cm 宽的定植垄，平整定植垄。每 667 m^2 施入优质腐熟有机肥 2 000~3 000 kg，施氮、磷、钾含量各 15% 的硫酸钾型复合肥 50 kg，基肥均匀施入施肥沟后覆土回填。

3. **铺设地膜与滴灌带** 定植前 7~10 天，选择晴天在定植垄上铺设一条滴灌带，采用覆膜滴灌管铺设机同时完成铺设滴灌毛管和覆膜作业。地膜覆盖后铺设地面支管并联通毛管，开机检查，滴灌系统应正常。

（四）定植

1. **定植时间** 定植时间一般为 4 月上旬，定植行内 5 cm 地温应稳定在 12℃以上，白天平均气温稳定超过 15℃，无风晴天定植。

2. **定植密度** 中早熟品种行距 180 cm，株距 50~60 cm，每 667 m^2 定植 600~740 株。晚熟品种行距 200 cm，株距 55~65 cm，每 667 m^2 定植 600 株。

3. **药剂蘸根** 碧护 2g ＋ 70% 甲基硫菌灵可湿性粉剂 30g ＋水 15 kg 的水溶液蘸根，将穴盘直接浸入水溶液中 1~2 min。注意不要把西瓜苗整株浸入水中，使植株充分吸足水分。

4. **定植方法** 用专用打孔器，按照要求的株距，在定植垄的正中间开定植穴，再放入西瓜苗，定植时应保证幼苗茎叶与苗坨的完整，定植深度以苗坨上表面与畦面齐平或稍低（不超过 2 cm）为宜，培土至茎基部，并封住定植穴，浇足定植水。

5. **搭建小拱棚** 当天定植的瓜苗，要及时搭建小拱棚，小拱棚高 50~70 cm，宽 50~70 cm，选用厚 0.03~0.04 mm 的农膜覆盖，选用宽 2 cm、长 1.2~1.5 m 的竹皮做拱架，每 1 m 间距 1 根，长 20~30 m，覆膜后压严实，以防大风吹毁棚膜。

（五）定植后管理

1. **温度管理** 定植后 5~7 天闷棚增温，一般不通风，保持白天 28~32℃，夜间 15℃左右，以利缓苗；缓苗后开始少量通风，一般在 10 时至 14 时在小拱棚的背风向打开风口，4 月下旬谷雨过后再加大通风的风口，5 月 1 日以后如天气晴好，可撤掉拱棚薄膜。

2. *水肥管理* 定植水应滴足、滴透，膜下土壤全部湿透且浸润至膜外部边沿土壤；伸蔓初期滴灌浇水 1 次，以后每隔 5~7 天滴灌浇水 1 次；坐果后每 667 m^2 追施高钾并富含微量元素水溶性肥料 20 kg，果实采收前 5~7 天停止滴灌浇水。

3. *燕形整枝* 燕形整枝是轻简化整枝技术，只调整主蔓的方向，保留所有的侧枝，主蔓、侧蔓均不摘心，不压蔓，瓜蔓密如网，互相缠结，即使风再大也不飘摆；留瓜部位一般在距瓜根 1.4 m 左右（第三朵雌花），西瓜长至碗口大时定瓜，剔除畸形和位置不好的瓜，一般一株只留一个西瓜，单瓜重一般在 8 kg 以上；主蔓调整方向与瓜畦成 30° ~45° 角（为使坐瓜位置在瓜畦上，避免雨季畦沟内雨水浸泡西瓜）；主蔓两侧 6~8 个侧蔓在主蔓两侧依次排列，好像燕子的翅膀，因此这种简化整枝当地瓜农叫燕形整枝。燕形整枝与其他整枝相比，增产或减产效果均不显著，但燕形整枝比三蔓或两蔓等精细整枝省工 60%~80%。按每 667 m^2 省工 70% 算，可省 630 元，每 667 m^2 节本增效 615.3 元。

（六）适时采收

西瓜因坐果节位、坐果期的不同，果实间成熟度不一，应分次陆续采收。可根据以下方法来判断西瓜的成熟度。

1. *根据雌花开花后的天数判断* 每个西瓜品种在一定的气候条件下，从雌花开放至成熟的天数基本上是固定的，一般小果型品种为 25~26 天，早熟和中熟品种为 30~35 天，晚熟品种在 40 天以上。但同一品种由于坐果部位和果实节位低或在较低温度下，开花至成熟的天数就长，而坐果节位高或在较高温度下形成的果实，则其成熟需要的天数就短些。具体判断的方法是，在坐果期，当幼果呈鸡蛋大小时，在其一侧插上有色标杆，如 6 月 10 日坐果的用红色杆，6 月 13 日坐果的用白色杆，6 月 16 日坐果的用黄色杆。该品种从开花到成熟需 30 天，即红色标杆 7 月 10 采收，白色标杆 7 月 13 日采收，黄色标杆 7 月 16 日采收。采用此方法，可以保证采收的成熟度。必要时可于采收前根据形态来判断，采样剖瓜以决定适宜采收期。

2. *根据西瓜果实性状判断成熟度* 果面花纹清晰，表面具有光泽，着地面呈明显黄色，脐部（收花处）、蒂部（果柄基部）略收缩，这些性状都是熟瓜的形态特征。弹瓜发出浊音的为熟瓜，而发出清脆声的为生瓜；生瓜的比重约为 1，适熟瓜的比重为 0.95，小于 0.95 则为过熟的瓜；果柄上茸毛稀疏或脱落，坐果同节卷须枯焦 1/2 以上的为熟瓜。

以上形态指标未必绝对可靠，因植株的长势不同，会出现差异。如采收初期植株长势仍较旺，果实成熟时卷须不一定枯萎；反之，后期长势弱，卷须虽已枯萎，果实则未必成熟。因此，需要认真细致地分析判断。

采收成熟度还应根据市场情况来确定，如供应当地市场可采摘九成熟的瓜，于当日下午或翌日供应市场；运销外地的，可采收七八成熟的瓜。

四、露地西瓜栽培技术

（一）品种选择

西瓜春露地栽培（包括地膜覆盖、麦瓜套种）应选择适应性好、抗逆性强、高产优质的大果型品种。

（二）地块选择、施肥整地

种植西瓜最好选择地势高燥、排灌方便、土质肥沃、尽量不重茬的沙质壤土的地块。前茬以水稻、玉米等禾本科作物为最好，其次是马铃薯、白菜等蔬菜作物，前茬为瓜类蔬菜的地块种西瓜枯萎病严重，不宜选择。

冬前深耕晒垡，播种或定植前15天，按行距2~2.5 m挖瓜沟，瓜沟宽40 cm、深30 cm，沟内施基肥。基肥以农家肥为主，氮、磷、钾合理搭配，不能偏施氮肥，以防旺长疯秧。一般中等肥力的地块，每667 m^2施腐熟农家肥2 500 kg，加饼肥100 kg，氮磷钾复合肥30~40 kg；重茬地栽培，建议增施腐熟农家肥20%~30%，并按每667 m^2用杀菌剂蜡质芽孢杆菌1 kg，40%瓜枯宁1 kg或50%多菌灵1.5 kg随基肥和回填土混匀后一起施入瓜沟，进行土壤消毒。施肥后在瓜沟上方做成高10~15 cm、宽40 cm的定植垄，等待定植或覆盖地膜。

（三）培育壮苗或直播

3月上旬在阳畦内采用营养钵护根育苗，日历苗龄30天左右，定植前1周进行低温炼苗。也可在4月上旬至5月初，选晴好天气在墒情良好（干旱时浇1次透水后）的情况下，在瓜垄上按株距每穴播入1~2粒催芽种子，覆土2~3 cm，播后盖膜，2~3天即可出苗。

（四）适当稀植

因品种长势健壮，分枝能力强，应适当稀植，黄淮流域每667 m^2栽500~600株较为合适，行株距2 m × 0.6 m，粗放式管理，留多条蔓整枝，任其自由结果，疏去形状不好的瓜胎，每株留1~2个瓜，多数瓜重在7~8 kg，最大瓜可达20 kg左右。

（五）化学除草

西瓜田育苗移栽或直播的，可先用72%异丙甲草胺300倍液封闭瓜垄，然后覆膜、打孔定植或播种；西瓜生长期间，对于一年生和多年生禾本科杂草，可在杂草2~5叶期用

10.8%高效氟吡甲禾灵、5%精喹禾灵等除草剂进行茎叶喷雾，防除效果好，对西瓜苗安全，但对阔叶杂草无防效。

（六）水肥管理

大果型品种生长势强，瓜秧1~1.5 m（坐瓜前）时要注意水肥控制，天不旱不浇水，天太旱时也只能浇小水。瓜胎长到拳头大小时，西瓜进入快速膨大期，需水肥量也最大，要及时加强水肥供应，应结合浇水追施复合肥30 kg/667m^2，每周用0.3%磷酸二氢钾溶液全田喷洒，可明显提高西瓜品质。西瓜根系极不耐涝，遭水淹后很容易造成根系缺氧而导致植株死亡，所以，雨后应及时排水。在果实成熟前8~10天停止灌水，以促进糖分转化，增加甜度。

（七）整枝打杈、压蔓

露地西瓜生长期往往处于高温多雨季节，植株生长迅速，要严格3蔓或4蔓整枝，选主蔓第三朵雌花或侧蔓第二朵雌花留果。坐果前严格整枝打杈，去除多余侧蔓，以免乱秧，影响通风透光。瓜坐稳后，生长势减弱，一般不需要再整枝打杈，但对于生长过旺的植株仍需加强整枝，也可在果实迅速膨大时通过“摘心”控制瓜秧旺长。整个生长期每隔7天整株喷洒代森锰锌，基本可避免所有真菌性病害的发生。

压蔓方法有明压和暗压2种：多雨地区土壤湿度大，为防止烂秧，不必将瓜蔓全部埋入土内，只将土块压在节位上，节间仍露地面，称为“明压”；少雨干旱地区为促进不定根的发生，应将瓜蔓理直全部埋入土中称“暗压”。为防止碰断脆嫩瓜蔓，整枝、压蔓都应在下午进行。无论采用哪种压法，都应根据植株的长势来确定，长势强的应采取重压、勤压，长势弱的应采取轻压、少压。一般是瓜蔓长50~60 cm开始压蔓，以后隔5~6节压1次，瓜前瓜后各压2次，瓜前应重压，瓜后应轻压，可以控制茎蔓生长，利于膨瓜。在留瓜雌花前后各留2~3叶片不压，以防影响果实膨大。果实开始膨大时，停止压蔓。

（八）授粉留瓜、盖草护瓜

大果型品种留瓜时尽量留主蔓第三朵雌花坐瓜，更能提高商品瓜率、品质和产量。7~9时，用花粉量足的雄花给主蔓上花蕾柄粗、子房肥大的雌花授粉，并在花柄处挂牌或系不同颜色的线做好授粉日期标记，以便于日后判断成熟度、适时采收。授粉期间遇到阴雨天多时，用0.1%氯吡脲200倍液蘸瓜胎促进坐瓜；瓜秧疯长时，蘸瓜胎配合主蔓“摘心”，可明显提高坐瓜率。

露地西瓜生长期间温度高、光照强，西瓜“定个”以后，应在瓜上盖草、盖树叶或用瓜蔓盘于瓜顶上将瓜盖住，防止阳光暴晒，影响商品性。

（九）采收

参照本章相关内容。

五、礼品西瓜栽培技术

（一）增施有机肥、磷钾肥

增施充分腐熟的有机肥可提高西瓜品质，每 667 m^2 施腐熟鸡粪 5 000 kg，硫酸钾复合肥 50 kg，整地前与有机肥混合施用，忌用氯化钾型复合肥。

（二）培育壮苗

为确保礼品西瓜品质，建议采用自根苗、生茬地栽培。如果大棚是连续 2 年以上的连作重茬，或是为了提早定植，使用葫芦砧可培育或定购嫁接苗，若采用插接法，接穗（西瓜）和砧木可同时播种，以便接穗与砧木苗茎粗细接近，提高嫁接成活率；也可直接向大的育苗场或信誉好的育苗公司预订商品苗，规避因早春天气反常或育苗管理不善造成的风险。

（三）合理定植密度

春大棚高效种植，提倡采用吊蔓方式立体栽培，可有效利用空间，每 667 m^2 定植 2 000 株左右；宽窄行栽培，宽行 1.2~1.4 m，窄行 40~50 cm，在 60 cm 宽的龟背畦上按三角形方式定植；中小拱棚宜采用普通地爬式栽培，每 667 m^2 定植 1 000~1 200 株，可按行距 1.8 m，做成宽 30~40 cm 的龟背畦，每垄定植 1 行，株距 35~40 cm。

（四）吊蔓、整枝及留瓜

大棚吊蔓栽培多采用双蔓整枝：瓜蔓长 50~60 cm 时，将主、侧蔓都吊起来。坐瓜前选晴天下午整枝，去除主蔓上的多余侧蔓，减少养分消耗。因该品种瓜皮薄，建议人工授粉促进坐瓜，选主蔓第二朵雌花留瓜，头茬瓜定个后留二茬瓜。

中小拱棚普通地爬方式栽培，宜采用 3 蔓整枝，可同时留 2 个瓜。

吊蔓栽培当幼果长到 0.3~0.5 kg 时开始吊瓜，可用网袋套住幼瓜，再将网袋吊起来，或者用尼龙绳系在果柄上吊在棚内上方的铁丝或横杆上。

（五）浇水追肥

一般情况下，彩虹西瓜需要浇透定植水、浅浇伸蔓水、适浇膨瓜水，采收前 10 天停止浇水，使西瓜成熟时田间持水量保持在 60%~70%（手握成团，落地即散）为好，既可提高西瓜品质，又能避免因水分过大造成裂瓜。在膨瓜期用大头针或牙签扎穿果柄，能明显减少裂瓜现象的发生。

伸蔓期、膨瓜期结合浇水进行追肥，轻施伸蔓肥，每 667 m^2 施复合肥 10~15 kg；坐瓜后重施膨瓜肥，每 667 m^2 施硫酸钾复合肥 25~30 kg。坐瓜后每隔 5~7 天，用 0.3% 磷酸二氢钾溶液，可明显提高西瓜品质。

（六）温度管理

礼品西瓜采收前保持棚内温度尽量不超过 33℃，避免因温度过高引起瓜瓤变质。晴好天气，可用草苫或棉毡遮阳，并加强通风降温。

（七）适时采收

早春大棚栽培，正常管理情况下彩虹西瓜坐瓜后 25~27 天成熟。该品种八成熟时口感就很甜美，即可采收。采收时用剪刀在瓜蒂部 3~5 cm 处剪断，防止拉扯弄伤瓜蔓或从瓜柄处开裂。建议装礼品西瓜箱销售，每箱 3~4 个瓜，售价在 100 元以上。

六、无籽西瓜栽培技术

（一）无籽西瓜的生育特点

目前生产上采用的无籽西瓜，基本上都是三倍体无籽西瓜，是以四倍体少籽西瓜为母本，以特选的普通二倍体西瓜为父本，培育成的三倍体西瓜种子，即无籽西瓜种子，经栽培而获得的果实就是无籽西瓜。三倍体无籽西瓜种子没有繁殖能力。无籽西瓜的生长发育规律及栽培技术与普通西瓜基本相同，但又具有以下 4 个不同的生育特点。

1. **发芽困难，成苗率低** 无籽西瓜种子种胚发育差，不饱满，子叶大部分异常，子叶中储存的营养物质少，同时，其种皮厚而坚硬，种子喙部宽，尤其是种脐部位特别厚实，不易吸水，致使种子发芽率低，顶土出苗能力弱。幼苗出土后易"戴帽"卡住子叶，造成幼苗成活率低。

2. **幼苗生长缓慢，中后期杂交优势明显** 无籽西瓜胚轴较粗，子叶肥厚，但由于种胚子叶折叠，出苗后子叶较小，大小不对称，苗期同化面积较小，因此，无籽西瓜幼苗生长缓慢，出叶速度也不及普通西瓜快；当幼苗有 3~6 叶开始伸蔓时，多倍体和杂交优势的特点才表现明显，叶蔓生长明显加快，伸蔓速度和侧蔓的出现均强于普通有籽西瓜，抗性较强，对肥水的需求量大。

3. **要求较高的环境温度** 无籽西瓜发芽要求较高的温度，适宜温度为 33~35℃；植株生长和果实发育温度也比普通西瓜高 3~4℃。

4. **坐果率低，必须人工授粉** 无籽西瓜如果在结果前期不注意控制肥水，很容易造成植株营养生长过旺，茎蔓徒长，再加上自然授粉成功率低，势必影响坐果。同时，由于无籽西瓜雄花花粉粒败育，自花授粉不能刺激雌花子房发育膨大，必须借助普通西瓜花粉刺激才能结果。所以，无籽西瓜应注意控水控肥，防止坐果期瓜秧旺长，同时配植普通二倍体的西瓜作授粉品种，并人工辅助授粉。

（二）无籽西瓜栽培要点

1. **破壳催芽，提高发芽率** 无籽西瓜种子种皮厚，胚发育差，生活力弱，如果不经破壳处理，发芽率只有 30%~50%，因此催芽前一定要先破壳，可用牙齿将种子轻轻嗑开，听到“咔啪”声即可。一般是先浸种后嗑壳，浸种时间以 6~8 h 为好。催芽温度保持在 33~35℃，经 24~36 h 种子发芽率可达 70%，48 h 可达 80% 以上。当胚根长到 0.3 cm 时就可以拣出播种，如果出芽不一致，应将已出芽的种芽拣出放置冷凉处，未出芽的继续催芽，待芽出齐后统一播种，以避免早出的种芽长的过长，苗势不整齐。

2. **提升床温，提高成苗率** 一般采用穴盘基质或营养钵护根育苗，无籽西瓜幼苗顶土能力弱，根系差，播种时覆土厚度以 1 cm 为宜，而且苗床温度要比普通西瓜高 3~4℃。出苗前苗床白天应保持在 30~35℃，夜间 25℃；子叶出土到第一片真叶展开，应适当降温蹲苗，以防徒长，白天保持在 25~28℃，夜间 18℃左右；当植株第一片真叶展开到定植前一周，再逐渐提升床温，促进叶片生长，白天 28~30℃，夜间 18~20℃；定植前 1 周开始降温炼苗，使床温由 30℃降到 22~25℃，以适应定植后的环境条件。

3. **及时“摘帽”** 无籽西瓜“戴帽”出土现象比普通西瓜严重，因为它的种壳硬，难以“脱帽”。为了减少“戴帽”出土，要保持苗床湿润，出苗前在营养钵上方加盖一层薄膜，使种皮湿润利于脱壳。如果一旦“戴帽”出土，人工摘帽时要先喷水，使种皮软化后，再轻轻地掰开除去，切忌干壳硬掰。

4. **适当稀植** 无籽西瓜是三倍体杂交种，一般具有较强的生长势，枝繁叶茂，结果部位偏远、晚熟，所以栽植密度应偏稀些，每 667 m^2 一般定植 500~600 株，采用 3 蔓整枝，主蔓第三朵雌花留瓜。

5. **配植授粉品种** 无籽西瓜的雄花高度不育，不能正常授粉使雌花子房发育。因此，必须在无籽西瓜栽培田中配植授粉品种，一般比例为（8~10）：1 即可。无籽西瓜在选择授粉品种时应注意两点：一是为了采收时方便区分，授粉品种最好选择与无籽西瓜果皮颜色有明显区别；二是授粉品种最好选花粉充足、花期与无籽西瓜一致的普通有籽西瓜，最好不用少籽品种作为无籽西瓜的授粉品种。授粉品种宜集中种植，便于人工授粉时采花。

6. **肥水管理** 植株健壮而不疯长，植株坐果率 85% 以上、果实呈鸡蛋大时，应重施催果肥，结合浇水每 667 m^2 施尿素 10 kg，硫酸钾 20~25 kg，促使果实迅速膨大。尽量少施磷肥，以免增加果实中白色秕籽数量。

7. **人工授粉，确保坐瓜** 为了确保无籽西瓜坐瓜，还需进行人工辅助授粉，每朵雄花一般只授1~2朵雌花。授粉品种可多留枝蔓，以保证充足的雄花花粉供应。近年来，开封、通许、太康、扶沟等地瓜农在无籽西瓜坐果期使用0.1%氯吡脲200倍液处理雌花，坐瓜率可达到95%以上。阴雨天气，用氯吡脲处理雌花后，在雌花上套纸帽或覆盖薄膜，防止雨水冲掉药液，较人工授粉提高坐瓜率显著，敬请广大瓜农朋友相互转告。

（三）适期收获

无籽西瓜较普通西瓜稍晚熟，从开花到成熟约35天。成熟适度的无籽西瓜皮薄、味甜、瓤色好，风味佳；过早采摘的未熟瓜皮厚、味淡、瓤色浅、质地硬；太晚采收的过熟瓜，瓤质变软、易空心，白色秕籽明显暴露。因此，无籽西瓜应适时采收，以确保质量。就地销售应采九成熟的西瓜；外运则选果形圆整、带果柄、无病斑和伤疤的八成熟瓜为宜。

第四节　侵染性病害的识别与防治

一、枯萎病

（一）症状

西瓜枯萎病又叫萎蔫病、蔓割病、死秧病，全国各地均有发生，因造成死秧失收，是西瓜的毁灭性病害。病株生长缓慢，根和茎维管束变成褐色。初发病株白天萎蔫夜间恢复，5~6天后全株枯死。根部腐朽成麻丝状。在开花到初瓜期发生最重。

（二）发生规律

该病由尖镰刀菌侵染致病，以菌丝体、厚垣孢子和菌核在土壤、病残体及未经腐熟的有机肥中越冬，并能在土壤中存活5~6年，多的达10年以上。种子上附着的分生孢子也可越冬，可进行远距离传播。地下害虫、农具、人为操作和灌溉水，也可以传病。天气高温、多雨、土壤湿度大、排水不良、偏施氮肥、施用带菌有机肥、连作发病重。

（三）防治措施

1. **合理轮作** 与旱田作物实行7~8年轮作。

2. **选种抗病品种** 根据当地情况，因地制宜地选种高产抗病优良品种。

3. **种子消毒** 用 70% 甲基硫菌灵可湿性粉剂 100 倍液，浸种消毒 60 min。

4. **播种或移栽时施用药土** 用 50% 多菌灵可湿性粉剂、70% 甲基硫菌灵可湿性粉剂按药：土（肥）比为 1：10 制成药土（药肥），播种或移栽时，每穴撒施药土（药肥）10 g 左右，预防土壤中病菌的侵染。

5. **灌根防治** 对田间发现的病株，抓住发病初期用 30% 甲霜·噁霉灵（瑞苗清）水剂 3 000 倍液，或 70% 甲基硫菌灵可湿性粉剂 500~1 000 倍液灌根防治。每株灌药液 0.25 L 左右。一次灌根未治愈的，隔几天再灌 1 次。

6. **拔除病株并集中烧毁** 对田间发现的死亡瓜秧，及时拔除，集中烧毁，不能随处乱扔。对病株拔除后的病穴，要撒石灰或施入灌根药液消毒。

7. **及时清园** 西瓜收获后，将瓜秧集中烧毁，消灭菌源。

二、疫病

（一）症状

西瓜疫病俗称“死秧”，各地均有发生。成株期发病，在茎节部出现暗绿色纺锤形水渍状斑点，病部明显缢缩，并逐渐变褐腐烂，造成茎蔓及叶片萎垂死亡。果实受害皱缩软腐，表面长出白霉。

（二）发生规律

该病由西瓜疫病菌侵染致病。病菌主要以卵孢子在土壤中的病株残余组织内或未经腐熟的有机肥中越冬，种子也能带菌，均成为第二年田间发病的初侵染源。病菌通过雨水、灌溉水传播。植株发病后，在病斑上产生孢子囊，放出游动孢子，借风、雨传播进行反复侵染发病。天气高温、多雨、地势低洼、密植、施用带菌有机肥均加重发病。

（三）防治措施

1. **合理轮作** 与禾本科作物实行 3~4 年轮作。

2. **施用净肥** 施用有机肥时要充分腐熟，严防病菌随肥料进入瓜田。

3. **种子消毒** 方法同西瓜枯萎病。

4. **药剂防治** 发现病株后立即开始喷药。72% 霜脲·锰锌可湿性粉剂 700 倍液，或 68% 精甲霜·锰锌水分散粒剂 800 倍液，或 64% 噁霜·锰锌可湿性粉剂 800 倍液，或 69% 烯酰·锰锌可湿性粉剂 800 倍液喷雾，隔 5~7 天喷 1 次，连喷 2~3 次。喷药时，加入芸薹素内酯类植物生长调节剂，可促进病株尽快恢复生长，每公顷加 0.01% 天丰素

150 mL，提高防治效果。同时按每公顷药液量加入有机硅助剂杰效利或透彻 75 mL，可提高防治效果，节省用药量。

5. **拔除死株，消毒病穴** 技术操作方法同西瓜枯萎病。

三、炭疽病

（一）症状

西瓜炭疽病俗称“斑病”，既可在西瓜生育期危害，还可在储运期继续危害，造成大量烂瓜。西瓜各生长期均可发病，但以中后期病情较重。叶片上病斑黑色，外围有紫色晕圈，有时出现同心轮纹。病斑扩大联合引起叶片干燥破裂枯死。在潮湿条件下，病斑上产生黑色小点，即病菌的分生孢子盘。茎和叶柄上病斑长圆形凹陷。果面上病斑黑褐色，凹陷处龟裂。幼瓜受害常变畸形，变黑收缩腐烂，早期脱落。

（二）发生规律

该病由西瓜炭疽病菌侵染致病。以菌丝体和拟核（未发育的分生孢子盘）随寄主残余物在土壤中越冬，附着在种子表面的菌丝和分生孢子也可越冬。第二年春暖后菌丝和拟菌核发育成分生孢子盘，产生大量分生孢子，借地面流水和雨水传播，使近地面西瓜叶片首先发病。种子上潜伏的菌丝体在种子播种发芽后侵害子叶，产生病斑后繁殖出分生孢子再进行侵染扩大蔓延。夏季低温、多雨、瓜田排水不良、偏施氮肥、植株生长势弱发病重。

（三）防治措施

1. **合理轮作** 与非瓜类作物实行 3 年以上的轮作，不种重茬、迎茬西瓜。

2. **选种抗病品种** 不同西瓜品种抗病性有差异，应选抗病品种种植。

3. **种子消毒** 同西瓜枯萎病。

4. **药剂防治** 在田间发病初期用 10% 苯醚甲环唑水分散粒剂 1 000 倍液，或 80% 福·福锌（炭疽福美）可湿性粉剂 1 000 倍液喷雾 1~2 次。西瓜炭疽病在 7~8 月雨季发展快，只要天晴后就及时喷药，不要受相隔 5~7 天的限制，隔 2~3 天也可喷药，防止病害因雨扩大发展。喷药时，加入芸薹素内酯类植物生长调节剂，可促进病株尽快恢复生长，每公顷加 0.01% 天丰素 150 mL，或 0.1% 硕丰 481 可溶性粉剂 60 g，或 0.003% 爱增美 75 mL，提高防治效果。同时按每公顷药液量加入有机硅助剂杰效利或透彻 75 mL，可提高防治效果，节省用药量。

四、细菌性角斑病

(一)症状

西瓜细菌性角斑病是西瓜田中后期常见的细菌病害，主要危害叶片，形成枯叶，造成生育不良而减产。叶上病斑呈透明水浸状圆形或近圆形凹陷小斑，后发展为受叶脉限制的多角形黄褐斑，并在病斑外围有黄色晕圈。潮湿时，叶背病斑处产生白色菌脓。干燥时，病斑易破裂或穿孔。茎、叶柄、果实感病，病斑也可溢出菌脓，干燥时变为灰色，且常形成溃疡或裂口。病瓜易腐烂，并使种子带菌。

(二)发生规律

该病由西瓜细菌性角斑病菌侵染致病。病菌在种子上或随病残体在土壤中越冬。病斑上产生的菌脓借风、雨、昆虫和农事操作传播。在天气高温、多雨、地势低洼和连作等条件下发病重。

(三)防治措施

1. **合理轮作**　与禾本科作物实行 3 年以上的轮作。

2. **种子消毒**　方法同西瓜枯萎病。

3. **加强栽培管理**　及时除草、松土、追肥，提高地温，增强植株抗病力。

4. **药剂防治**　发病初期可用 77% 氢氧化铜可湿性粉剂 600 倍液，或 30% 琥胶肥酸铜可湿性粉剂 500 倍液，或 30% 噻森铜悬浮剂 800~1 000 倍液喷雾。每隔 5~6 天喷 1 次，连喷 2~3 次。按每公顷药液量加入有机硅助剂杰效利或透彻 75 ml，可提高防治效果，节省用药量。

五、果腐病

(一)症状

西瓜果腐病又叫果斑病、腐斑病、不溃病等，是 20 世纪后期新发生的西瓜细菌性病害，引起西瓜在田间和储运期腐烂，造成很大损失。西瓜生育期间子叶、真叶和果实均可发病。叶片上病斑暗棕色，多角形，有黄色晕圈，通常沿叶脉发展。果实受害，病斑发生在果实上表面，呈边缘不规则的水浸状浅褐色大斑块，随后果皮破裂，溢出菌脓，导致烂瓜。

（二）发生规律

该病的病菌主要在种子上和土壤表面的西瓜病残体上越冬。病害靠带菌种子远距离传播。病斑上的菌脓借风、雨水、昆虫、农事操作等途径传播，形成再侵染。高温、高湿和多暴雨的气候条件下病害发生重。

（三）防治措施

1. **合理轮作**　与禾本科作物进行 3 年以上的轮作。

2. **种子消毒**　用 50~54℃温水浸种 20 min，捞出后晾干播种，或用 200 mg/L 浓度农用硫酸链霉素浸种 2 h，捞出后晾干播种。

3. **药剂防治**　发病初期可用 77% 氢氧化铜可湿性粉剂 600 倍液，或 30% 琥胶肥酸铜可湿性粉剂 500 倍液，或 72% 农用硫酸链霉素可溶粉 2 000 倍液喷雾。每隔 5~6 天喷 1 次，连喷 2~3 次。按每公顷药液量加入有机硅助剂杰效利或透彻 75 mL，可提高防治效果，节省用药量。

4. **早期处理病瓜**　对表皮发病轻微的成熟西瓜，采收后及时利用，减少损失。轻微的病瓜因尚未侵及果肉，可以利用。

六、病毒病

（一）症状

西瓜病毒病又叫花叶病、小叶病等，河南省各地均有发生，且以花叶型病毒病为主。西瓜病毒病花叶型症状是顶部叶片呈黄绿镶嵌花纹，以后变皱缩畸形，叶片变小，叶面凹凸不平，新生茎蔓节间缩短，纤细扭曲，坐果少或不坐果。蕨叶型为顶部叶片变狭长，皱缩扭曲，植株矮化，有时顶部表现簇生不长，严重的不能坐果。发病轻微的植株形成小瓜，畸形瓜。

（二）发生规律

主要有西瓜花叶病毒 2 号（WMV-2）、黄瓜花叶病毒（CMV）、甜瓜花叶病毒（MMV）、黄瓜绿斑花叶病毒（CGMMV）等。西瓜花叶病毒 2 号（WMV-2）以蚜虫传毒和接触传毒，从伤口侵入，种子和土壤不传毒。在田间为防止西瓜病毒病的传染，主要应抓住蚜虫防治。高温、强光、干旱的气候条件，利于蚜虫的繁殖和迁飞，传毒机会增加，发病重。

（三）防治措施

1. *选择瓜地* 为防止附近温室、大棚、菜地的蚜虫迁入传毒，应选择远离上述虫源的地块种瓜，减少蚜虫迁入传毒机会。

2. *选种抗病品种* 西瓜不同品种抗病毒能力不同，应结合当地情况选用高产抗病良种。

3. *喷药防病* 20% 吗胍·乙酸铜可湿性粉剂 500~600 倍液喷雾，或 2% 宁南霉素（菌克毒克）水剂 300 倍液喷雾。

4. *治蚜防病* 为了控制蚜虫传毒，应在田间设置黄板诱蚜，对最初迁入瓜田的蚜虫有杀灭作用，推迟蚜虫传毒发病。在蚜虫发生量较多时，采用喷药防治。每 667 m^2 可选用 3% 啶虫脒乳油 1 000~1 500 倍液，或 22% 噻虫·高氯氟（阿立卡）微囊悬浮剂 200~350 倍液喷雾防治；喷药时按每 667 m^2 药液量加入有机硅助剂杰效利或透彻 75 mL，可提高防治效果，节省用药量。

5. *拔除病株* 对田间发生的重病株，要及时拔除，防止其受蚜虫危害成为田间毒源。

七、蔓枯病

（一）症状

西瓜蔓枯病在全国各地均有发生。由真菌甜瓜球腔菌引起侵染，主要侵染茎蔓，也侵染叶片和果实。叶片染病出现圆形或不规则形黑色病斑，病斑上生小黑点。湿度大时，病斑迅速扩大到全叶，致叶片变黑枯死。瓜蔓染病在节附近生灰白色椭圆形至不规则形病斑，斑上密生小黑点，严重时病斑环绕茎及分杈处。果实染病初产生水渍状病斑，后中央变为褐色枯死斑，呈星状开裂，内部呈木栓状干腐，稍发黑后腐烂。

（二）发生规律

西瓜蔓枯病主要以分生孢子器或子囊壳随病残体在土壤中越冬，翌年通过风雨及灌溉水传播，从气孔、水孔和伤口侵入。种子带菌引起子叶染病，温度 18~25℃、空气相对湿度 85%、土壤含水量高易发病。此外，连作地、平畦栽培、低洼地、排水不良、密度过大、肥料不足、植株生长衰弱有利于发病。

（三）防治措施

1. *农业防治* 一是与禾本科作物实行 2~3 年轮作；二是及时拔除田间病残体，拉出田外集中烧毁；三是选择地势高、排灌水方便的地块种植；四是合理施肥、排灌，降低田间湿度，提高植株抗病性。

2. **种子处理** 干种子在 70℃恒温箱中处理 72 h 或用 55℃温水处理种子 15 min；也可用 50% 多菌灵可湿性粉剂，或 70% 甲基硫菌灵可湿性粉剂 500 倍液，浸种消毒 30~40 min。

3. **药剂防治** 在发病初期用 75% 百菌清可湿性粉剂 600 倍液，或 80% 代森锰锌可湿性粉剂 500 倍液，或 70% 甲基硫菌灵可湿性粉剂 500 倍液喷雾，隔 5~7 天喷 1 次，共防治 2~3 次。喷药时，加入芸薹素内酯类植物生长调节剂，可促进病株尽快恢复生长，每 667 m^2 加 0.01% 天丰素 10 mL，或 0.1% 硕丰 481 可溶性粉剂 4 g，或 0.003% 爱增美 5 mL，提高防治效果。同时按每 667 m^2 药液量加入有机硅助剂杰效利或透彻 75 mL，可提高防治效果，节省用药量。

八、西瓜白粉病

（一）症状

病菌分生孢子萌发要求的湿度范围较大，空气相对湿度 25% 以上即可萌发，叶面上有水膜时反而对萌发不利。分生孢子萌发适宜温度为 20~25℃。-1℃以下，孢子很快失去活力。除侵染西瓜外，还可侵染笋瓜、南瓜、西葫芦、棱角丝瓜、黄瓜、香瓜、甜瓜、倭瓜、香南瓜、葫芦、瓠子、茅瓜等。

（二）发生规律

西瓜白粉病主要危害叶片，其次是叶柄和茎，一般不危害果实。一般是下部老叶先发病，而后逐渐向上蔓延扩展。发病初期叶面或叶背产生白色近圆形星状小粉点，以叶面居多，当环境条件适宜时，粉斑迅速扩大，连接成片，成为边缘不明显的大片白粉斑，上面布满白色粉末状霉层，严重时整叶面布满白粉。叶柄和茎上的白粉较少。发病后期，白色霉层因菌丝老熟变为灰色，病叶枯黄、卷缩，一般不脱落。

（三）防治措施

1. **选择抗病品种** 从根本上控制白粉病最经济的方法。

2. **合理密植，合理整枝** 适时摘除部分老叶和病重叶，以利通风透光，降低田间湿度，减少病菌的重复侵染。

3. **药剂防治** 220% 戊菌唑（金秀）水乳剂 1 500~2 000 倍液，或 32.5% 苯甲 · 嘧菌酯悬浮剂 1 500~2 000 倍液，或 80% 硫黄水分散粒剂 250~300 倍液喷雾。

九、西瓜立枯病

（一）症状

立枯病是西瓜幼苗期主要病害之一，多发于床温较高的苗床或育苗的中后期。瓜播种后到出苗前受病菌危害，可引起烂种和烂芽；患病幼苗茎部产生椭圆形暗褐色病斑，早期病苗白天萎蔫，早晚恢复，病部逐渐凹陷，扩大绕茎 1 周，并缢缩干枯，最后植株枯死。由于病苗大多直立而枯死称之为立枯。发病轻的幼苗仅在茎基部形成褐色病斑，幼苗生长不良，但不枯死。潮湿条件下病部常有淡褐色蛛丝网状霉。阴雨天气，苗床湿度较大时，易引起幼苗徒长，加重病害。

（二）发生规律

此病在低温潮湿的环境中易发生，常在春季与猝倒病相伴发生，通常不像猝倒病那样普遍。此病腐生性较强，可在土壤中以及寄主在其他植物上 2 年左右，初发病时在苗茎基部出现椭圆形褐色病斑，叶子白天萎蔫，晚上恢复，以后病斑渐凹陷，发展到绕茎 1 周时病部缢缩干枯，但病株不易倒伏，呈立枯状。病菌的发育适宜温度 20~30℃，13℃以下和 40℃以上繁殖受到抑制。肥料未完全腐熟、排水不良、地势低洼、植株过密、土壤黏重、光照不足、光合作用差、植株抗病能力弱，也易诱发西瓜立枯病。

（三）防治措施

1. **苗床选择与床土消毒**　宜选择地势高，地下水位低，排水良好的地块做苗床。育苗床土应选择无病新园土，并进行消毒处理，具体方法为：可用 75% 敌克松原粉 1 000 倍液等浇淋床土，也可以苗床施用 68% 金雷可湿性粉剂 8~10 g/m^2，或 50% 拌种双可湿性粉剂 6~8 g/m^2，或 25% 甲霜灵可湿性粉剂 9 g 加 70% 代森锰锌可湿性粉剂 1 g，或 50% 多菌灵可湿性粉剂 8~10 g 加等量的 70% 代森锰锌可湿性粉剂,对 3~5 kg 的细干土制成药土，施药前先把苗床底水打好，且一次浇透，水下渗后先将 1/3 充分拌匀的药土均匀撒施在苗床畦面上，播种后再把其余的 2/3 药土覆盖在种子上面。

2. **加强苗床管理**　一般要求苗床温度在 25~30℃，不低于 20℃；当塑料薄膜或幼苗叶片上有水珠凝结时，及时通风降湿，下午及时盖严薄膜保温；浇水应在晴天进行，尽量控制浇水次数，浇水后及时揭膜通风透光；阴雨天苗床湿度过高时，可撒施干草木灰，以降低苗床湿度。

3. **药剂防治**　70% 敌磺钠可溶性粉剂 200~300 倍液喷雾，或 15% 的咯菌・噁霉灵可湿性粉剂 300 ~ 350 倍液灌根，或 30% 的甲霜・噁霉灵水剂 1 500 倍液喷雾，或 70% 的噁霉灵可湿性粉剂 3 000 倍液喷淋。

第五节　生理性病害的识别与防治

一、畸形瓜

（一）症状

1. **尖嘴瓜**　瓜果的花蒂部位变细，果梗部位膨胀，主要是植株叶片光合机能下降，瓜果膨大时得不到充足养分形成的。坐果过多或坐果较晚，也易产生尖嘴瓜。

2. **葫芦（大肚）瓜**　瓜果的顶部接近花蒂部位膨大，而靠近果梗部较细，呈葫芦状，主要是由于昆虫活动破坏了正常的受精过程，使种子生长集中于顶部部位，造成瓜顶端膨大，形成大肚瓜。

3. **扁形瓜**　瓜的横径大于纵径，使瓜呈扁平状，有肩，果皮增厚。低节位雌花坐瓜或坐瓜期气温较低，易形成扁形瓜。

4. **偏头瓜**　表现为果实发育不平衡，一侧发育正常，而另一侧停滞，是授粉不均匀造成的。

（二）发生规律

西瓜在花芽分化阶段，养分和水分供应不均衡，影响花芽分化；或者花芽发育时，土壤供应或子房吸收的锰、钙等矿质元素不足；或在干旱条件下坐瓜以及授粉不均匀，均易产生畸形果。

（三）防治措施

1. **适宜温度育苗**　加强苗期管理，避免花芽分化期（2~3 片真叶）受低温影响。

2. **第二到第三朵雌花留瓜**　控制坐瓜部位，在第二至第三朵雌花留瓜。

3. **采取人工辅助授粉**　每天 7~9 时用刚开放的雄花涂抹雌花，尽量用异株授粉或用多个雄花给一朵雌花授粉。授粉量大，涂抹均匀利于瓜形周正。

4. **适期追肥，防止生产中脱肥**　在 70% 的西瓜长到鸡蛋大小时，及时浇膨瓜水、施膨瓜肥。应注意偏施磷、钾肥，少施氮肥，以控制植株徒长，促使光合作用同化养分在植株体内的正常运转。

5. 防止瓜蝇危害 参照本章病虫害识别与防治部分内容。

二、空洞果

（一）症状

西瓜果实内果肉出现开裂，并形成缝隙空洞，分横断空洞果和纵断空洞果2种。从西瓜果实的横切面上观察，从中心沿子房心室裂开后出现的空洞果是横断空洞果；从纵切面上看，在西瓜长种子部位开裂的果实属纵断空洞果。空洞果瓜皮厚，表皮有纵沟，糖度偏高。

（二）发生规律

受环境影响西瓜果实内部发育失调。在遇到干旱或低温时，西瓜内部养分供应不足，种子周围不能自然膨大。后期若遇到长时间高温，果皮继续生长发育，形成横断空洞果；在果实成熟期，如果浇水过多，种子周围已成熟，而另一部分果肉组织还在继续发育，由于发育不均衡，就会形成纵断空洞果。

（三）防治措施

1. 加强田间管理 注意保温，使其在适宜的温度条件下坐果及膨大。在低温、肥料不足、光照较弱等不良条件下，可适当推迟留瓜，采用高节位留瓜。

2. 坐果后及时整枝 一般品种采用“一主二侧”3蔓整枝法，瓜膨大期停止整枝。同时疏掉病瓜、多余瓜，调整坐果数。

3. 均衡肥水管理 可用促丰宝Ⅱ号液肥800~1 000倍液叶面喷施。

三、肉质恶变瓜（紫瓤瓜）

（一）症状

肉质恶变，又称果肉溃烂病，果肉呈水渍状，紫红色至黑褐色，严重时种子四周的果肉变紫溃烂，失去食用价值。

（二）发生规律

1. 高温及阳光长时间照射 果实长时间受到高温和阳光照射，致使养分、水分的吸收和运转受阻。

2. 土壤水分变化剧烈 持续阴雨天后突然转晴，或土壤忽干忽湿，水分变化剧烈，植株产生生理障碍时发病重。

3. **植株早衰**　西瓜后期脱肥，植株早衰。

4. **叶烧病及病毒病影响**　出现叶烧病、病毒病的植株易产生肉质恶变果。

（三）防治措施

1. **深翻瓜地**　瓜地深翻并多施有机肥，保持土壤良好的通气性。

2. **叶面喷肥**　叶面喷施0.3%磷酸二氢钾，每7~10天喷1次，连喷2~3次，防止植株早衰。

3. **夏季用青草遮盖西瓜**　夏季高温阳光直射的天气，叶面积不足，果实裸露时，可用草苫遮盖果实。

4. **做好蚜虫及病毒病的防治**　参照本章蚜虫与病毒病防治部分内容。

四、裂果

（一）症状

从花蒂处产生龟裂，幼果到成熟均可发生。通常果皮薄的品种和小型品种易发生。

（二）发生规律

土壤极度干旱后浇水，以及高温多雨天均易产生裂果。

（三）防治措施

一是选择适宜品种；二是实行深耕，促根系发育，吸收耕作层底部水分，并采取地膜覆盖保湿；三是果实成熟期禁止大水漫灌，避免水分突然增加。

五、脐腐果

（一）症状

果实顶部凹陷，变为黑褐色，后期湿度大时，遇腐生霉菌寄生会出现黑色霉状物。

（二）发生规律

在天气长期干旱的情况下，果实膨大期水分、养分供应失调，叶片与果实争夺养分，导致果实脐部大量失水，使其生长发育受阻，或者由于氮肥过多，导致西瓜吸收钙素受阻，使脐部细胞生理紊乱，失去控制水分的能力。或者施用激素类药物干扰了瓜果的正常发育，均易产生脐腐病。

（三）防治措施

1. **加强肥水管理** 瓜田深耕，多施腐熟有机肥，促进保墒；均衡供应肥水。

2. **叶面喷肥** 叶面喷施 1% 过磷酸钙，15 天喷 1 次，连喷 2~3 次。

六、厚皮瓜

（一）症状

瓜皮厚，品质差，可溶性固形物含量低，没有商品价值。

（二）发生规律

西瓜坐瓜位置离根部太近；硼元素缺乏，阻碍养分运输，其停留在瓜皮部成为厚皮瓜；影响到养分在果肉的运输就形成空洞果；采收过早，成熟度不够；氮肥施用过多，磷、钾及微量元素补充不足；果实膨大期温度、地温过低都会形成厚皮瓜。

（三）防治措施

选用薄皮品种；重施有机肥，微生物菌剂配合施入，同时可冲施叶满，内含植物源活性苷肽成分，并复配壳聚糖、氨基酸等多种植物所需养分，添加钾、铁、锌、硼等中微量元素；膨果期注意温度调节，可铺地热线或加盖地膜；合理留瓜，果实不要离根部太近；适时追施硼肥，保证果肉养分运输畅通，防止厚皮瓜的产生。

七、黄带瓜

（一）症状

果实纵切从花痕部到果柄部的维管束成为发达的纤维质带，通常呈黄白色，因此叫黄带瓜。

（二）发生规律

西瓜膨大初期，从瓜顶部的梗到底部的花痕着生着许多白黄色带状粗纤维，这些粗纤维在西瓜膨大初期很发达，随着瓜的成熟而逐渐消失。但有的瓜进入成熟期后，粗纤维仍没有消失而残留下来，形成黄带瓜。在高温、干旱年份，因水分供应不足而造成植株对钙、硼的吸收受阻，黄带瓜就多。嫁接砧木与接穗共生性不好的情况下，果肉也易形成黄带。

（三）防治措施

合理施用氮肥，防止植株徒长，使植株营养生长和生殖生长相协调，保证果实可以得到充足的同化物质和水分；深耕土层、增施有机肥料、地面覆草防止土壤干燥等，可以保证钙、硼等营养元素的正常吸收；合理整枝、吊蔓，及时防治病虫害，尤其要保护好植株功能叶，以制造充足的营养供果实利用。

八、扁平瓜

（一）症状

扁平瓜的瓜梗部或瓜蒂部多呈凹陷状，皮厚，瓜瓤有空心，品质较差。

（二）发生规律

由于果实发育速度不均匀，横径生长速度快于纵径生长造成的。西瓜坐果后首先是进行纵向生长，然后再进行横向生长。早春播种的头茬西瓜，在果实发育前期，往往由于外界气温偏低，瓜的纵向发育速度缓慢，难以达到应有的发育程度，而在果实横向发育期间，温度条件已比较适宜，发育速度加快，从而形成横径大于纵径的扁平瓜。

（三）防治措施

避免低节位坐瓜；保护地栽培，坐瓜前期设法提高或保持较高的气温；温度较低时应适当推迟留瓜节位，使结瓜期处于温度适宜范围内。

九、出苗不齐

（一）发生规律

主要是由于苗床地温、湿度不均，床面不平整、覆土厚薄不匀或床面板结等原因造成的。

（二）防治措施

1. *加温育苗*　采用地热线或火道加温育苗，铺设地热线时温室前沿布线间距为5~6 cm，温室后沿布线间距8~10 cm为宜，以使床温均匀一致。

2. *播后均匀覆土*　播后覆土厚薄要均匀，并在苗床上覆盖地膜，保持苗床湿度均匀。

3. *做好苗床温湿度管理*　当出苗不齐或没有出苗迹象时，应检查苗床中的种子，若胚根尖端发黄腐烂，说明种子已不能正常发芽，应仔细查找原因，改善苗床环境条件，并立即补种；若胚根尖端仍为白色，说明还能正常发芽，应加强温度和湿度管理，促进种子发芽。

4. **移动育苗穴盘，促进幼苗生长** 出现大小苗时，可把穴盘大苗移到温室前沿温度较低处，穴盘小苗摆在温室靠后墙附近，以使幼苗长势整齐一致。

十、“戴帽”出土

（一）症状

西瓜育苗时，常发生幼苗出土后种皮不脱落、子叶无法伸展的现象，俗称“戴帽”。主要原因是播种时底水不足或覆土过薄，种子尚未出苗表土已变干，使种皮干燥发硬，难以脱落。

（二）防治措施

1. **覆土厚度要合适** 一般为 1~1.5 cm，播种后在苗床覆盖一层地膜，既可升温，又保持土壤湿润，使种皮柔软易脱落。

2. **适时喷水** 当覆土薄或床面出现龟裂时，要适当喷水，并撒盖一层较湿润的细土，增加土表湿润度和土壤对种子的摩擦力，帮助子叶脱壳。

3. **人工脱壳** 对少量“戴帽”苗，可在早晨种壳湿润、柔软时进行人工脱壳。

十一、沤根

（一）症状

沤根表现为根部发锈，严重时根系表皮腐烂，不长新根，幼苗易枯萎，属于生理性病害，主要是由于床土温度过低，湿度过大引起。

（二）防治措施

1. **改善育苗条件** 保持合适的温度，加强通风排湿，勤中耕松土，增加通透性；控制浇水量，特别是连阴天不浇水。如土壤过湿，可撒些细干土或煤灰吸水，使床土温度尽快升高。

2. **注意保暖** 采用多层覆盖以利于保温和地温升高，在温度较低的连阴、雨、雪天进行临时加温。

3. **药剂防治** 用逢春 1 500 倍液喷雾，能明显促使幼苗多发新根。

十二、烧根

（一）症状

烧根时根尖发黄，不长新根，但不烂根，地上部分生长缓慢，矮小脆硬，不发棵，叶片小而皱，形成小老苗。

（二）发生规律

有机肥未充分腐熟，或与床土未充分拌匀；营养土中过量施用化肥，土壤溶液浓度过大。

（三）防治措施

配制营养土时使用的有机肥必须经过腐熟，营养土中尽量少用或不用化肥；出现烧根现象，应视苗情、墒情和天气情况，适当增加浇水量和浇水次数，以降低土壤溶液浓度。

十三、徒长苗

（一）症状

也叫高脚苗，茎细，节间长，叶片薄而大，叶色淡绿，组织柔嫩，根系不发达，抗病力及抗逆性差，光合水平低，定植后缓苗慢，成活率低，同时结果晚，对产量也有较大的影响。

（二）发生规律

光照不足，夜温过高，氮肥和水分过多；播种密度过大，幼苗相互拥挤遮阴，通风不良。

（三）防治措施

遇连阴、雨、雪天，也要揭去不透明覆盖物，使幼苗见光；出苗后夜温保持在15℃左右，随着幼苗的生长，逐渐加大昼夜温差，适当控制浇水和氮肥施用量，叶面喷施0.3%磷酸二氢钾或健植宝500倍液；及时进行分苗，分苗时幼苗的密度一般要求10 cm × 10 cm，如果采用营养钵育苗的，可将苗摆稀。

十四、僵化苗

（一）症状

苗叶小、色深，茎细节短，生长缓慢，根细少等。

（二）发生规律

主要由低温、干旱或缺肥造成，其外部特征也不一样。播种过早或遭遇连续阴雨天气，致使苗床温度低所引起的僵苗，子叶较小，边缘上卷，下胚轴过短，真叶出现后迟迟不能展开，叶色灰暗，根系不发达呈黑褐色；苗床干旱而引起的僵苗，子叶瘦小，边缘下卷，叶片发黄，生长缓慢，根系锈黄色；营养土缺肥而引起的僵苗，子叶上翘，叶片小而发黄，向上卷起，有时边缘干枯。

（三）防治措施

加强增温、保温措施，减少通风量，尽可能使苗床接受更多的光照，提高床温；在育苗季节经常出现低温天气的地区，应采用加温苗床育苗；加强苗期肥水管理，适时适量浇水；注意营养土中肥料比例，因缺肥引起的僵苗可用健植宝、磷酸二氢钾等进行叶面施肥。

十五、"闪苗"和"闷苗"

（一）症状

秧苗不能迅速适应温、湿度的剧烈变化，而导致猛烈失水，造成叶缘上卷，甚至叶片干裂的现象称为"闪苗"；而升温过快、通风不及时所造成的凋萎称为"闷苗"。

（二）发生规律

前者是通风量急剧加大或寒风侵入苗床，床内温度骤降引起的寒害。后者是连续阴雨天气，苗床低温高湿、弱光下幼苗瘦弱，抗逆性差，骤晴后苗床升温过快过高，通风不及时而造成的叶片烧伤。

（三）防治措施

通风应从背风面开口，通风口由小到大，时间由短到长；阴雨天气，尤其是连阴天应适当揭苫，让苗子见光；叶面喷施健植宝、逢春、磷酸二氢钾、云大 120 等进行补救。

十六、药害

（一）症状

植株出现斑点、焦黄、枯萎，甚至死亡的现象。

（二）发生规律

错用农药；浓度过高或浓度正确但重复使用；施药时气温高、湿度大、光照强；不恰当混用药剂等发生药害。

（三）防治措施

正确选用农药品种，不乱混乱用，应随配随用，浓度和次数适当；用药时，要看天、看地、看苗情，避开不利天气、不良墒情、不壮苗情，施药质量要高，喷洒均匀、适度；出现药害后，及时用逢春、云大120等生长调节剂喷洒幼苗，缓解药害。

十七、有害气体危害

（一）症状

瓜苗常见的气害有氨气、二氧化硫中毒。氨气中毒表现为叶肉组织变褐色，叶片边缘和叶脉间黄化，叶脉仍绿，后逐渐干枯。二氧化硫中毒表现为幼苗组织失绿白化，重者组织灼伤，在叶片上出现界线分明的点状或块状坏死斑。

（二）发生规律

氨气中毒是由于施用未经腐熟的有机肥，或一次性施入过多的铵态氮肥（尿素、碳酸氢铵、硫酸铵等），经微生物分解产生氨气，二氧化硫中毒是由于含硫的煤燃烧时产生二氧化硫，排烟系统密封不好，泄漏到棚室内。

（三）防治措施

及时加强通风，排除有毒气体；用食醋300倍液喷洒，缓解氨气中毒；用碳酸氢钠300倍液喷洒，缓解二氧化硫中毒。

十八、瓜苗无生长点

（一）症状

西瓜苗出土后，子叶开放无生长点，或生长点小，幼苗子叶的尖端通常变黄并向内凹陷，子叶肥大，深绿色。

（二）发生规律

主要是虫害、肥害或药害造成的。育苗田间有黄守瓜、菜青虫、红蜘蛛、蓟马等容易取食心叶，造成“无头”，同时生长点较幼嫩，耐药能力较弱，如果叶面喷药浓度偏高、喷洒量大极易破坏生长点。

（二）防治措施

用 3.2% 阿维菌素乳油 1 000 倍液防治黄守瓜、菜青虫、红蜘蛛，用 70% 阵风 7 000 倍液防治蓟马等虫害；喷洒芸薹素内酯缓解药害。

第六节　主要虫害的识别与防治

一、瓜蚜

（一）症状

瓜蚜即是棉蚜，俗称蜜虫、腻虫，栽培西瓜地区均有发生，以成蚜和若蚜在叶背吸食汁液，使叶片枯萎、卷缩，提前干枯死亡导致减产。瓜蚜最喜食西瓜幼叶和幼茎，多成群密集在茎蔓顶端危害，使瓜蔓伸蔓受阻，长势缓慢，开花和坐果推迟。

（二）发生规律

瓜蚜每年可发生 20 余代，主要以卵越冬。在适宜的温度、湿度条件下，瓜蚜每 5~6 天就可完成一代。每只雌蚜一生能繁殖 50 余头若蚜，繁殖速度非常快。

（三）防治措施

1. ***农业防治*** 清理田间杂草减少蚜虫寄生源；选择对蚜虫有趋避性的银色地膜，在打垄时使用。

2. ***生物防治*** 在瓜蚜发生初期释放烟蚜茧蜂、食蚜瘿蚊、异色瓢虫等，能够有效控制蚜虫危害。

3. ***物理防治*** 可将蚜虫信息素（400 mL）滴入棕色塑料瓶中，悬挂在瓜田中，下方放置一水盆，使诱来的蚜虫落水而死；利用蚜虫对黄色有趋性的特点，在瓜田悬挂黄色板，可涂上一层黏油诱杀有翅蚜虫。

4. ***药剂防治*** 可选用 3% 啶虫脒乳油 800~1 000 倍液喷雾，或 10% 吡虫啉可湿性粉剂 2 000~3 000 倍液喷雾，或 22% 噻虫・高氯氟（阿立卡）微囊悬浮剂 800~1 000 倍液喷雾，或喷药时按每 667 m^2 药液量加入有机硅助剂杰效利或透彻 75 mL，可提高防治效果，节省用药量。

二、黄守瓜

（一）症状

黄守瓜分为黄足黄守瓜和黄足黑守瓜，均属鞘翅目，叶甲科，主要分布于华北、东北、西北、黄河流域及南方各地。黄守瓜成虫取食瓜苗的叶和嫩茎，常常引起死苗，也危害花及幼瓜，使叶片残留若干干枯环或半环形食痕或圆形孔洞。每年 3~4 月开始活动，瓜苗 3~4 片叶时危害叶片。成虫喜在温暖的晴天活动，一般以 10~15 时活动最烈，阴雨天很少活动或不活动，成虫受惊后即飞离逃逸或假死，耐饥力很强，有趋黄习性。

（二）发生规律

黄守瓜成虫、幼虫都能危害。成虫喜食瓜叶和花瓣，还可危害西瓜幼苗皮层，咬断嫩茎和食害幼果。叶片被食后形成圆形缺刻，影响光合作用，瓜苗被害后，常带来毁灭性灾害；幼虫在地下专食瓜类根部，重者使植株萎蔫而死，也蛀入瓜的贴地部分，引起腐烂，丧失食用价值。

（三）防治措施

1. ***农业防治*** 植株长至 4~5 片叶以前，可在植株周围撒施石灰粉、草木灰等不利于产卵的物质或撒入锯末、稻糠、谷糠等物，引诱成虫在远离幼根处产卵，以减轻幼根受害。

2. ***物理防治*** 清晨成虫活动力差，借此机会进行人工捉拿。同时，可利用其假死性用药水盆捕捉，也可取得良好的效果。

3. *药剂防治* 幼虫发生盛期，可采用30%毒·阿维乳油1 000~2 000倍液喷雾。成虫发生初期，可采用0.5%甲氨基阿维菌素苯甲酸盐乳油3 000倍液＋4.5%高效顺式氯氰菊酯乳油2 000倍液，5.1%甲维·虫酰肼乳油3 000~4 000倍液，44%氯氰·丙溴磷乳油2 000~3 000倍液，喷雾防治。

三、蓟马

（一）症状

西瓜蓟马喜欢聚集在西瓜嫩梢、花朵里吸食汁液，造成西瓜生长点萎缩变黑，甚至坏死。

成虫和若虫均能锉吸西瓜心叶、幼芽和幼果汁液，使心叶不能舒展，顶芽生长点萎缩而侧芽丛生。幼果受害后表皮呈锈色，幼果畸形，发育迟缓，严重时化瓜。

（二）发生规律

蓟马成虫具有向上、喜嫩绿的习性，活泼、善跳、行为敏捷，畏强光，常生活在瓜头丛中、叶背。

成虫体黄色，体长0.8~1 mm，雌成虫产卵于嫩叶组织内繁殖。以成虫和1~2龄若虫取食危害，老熟的2龄若虫自动掉落在地面上，从裂缝钻入土中化蛹和羽化。在温度为25~30℃、土壤含水量8%~18%条件下，化蛹、羽化率最高。在多雨季节或空气相对湿度大的季节，蓟马种群密度显著下降。蓟马以成虫潜伏在土块、土缝下，枯枝落叶间过冬，少数以若虫过冬。气温回升至12℃开始活动。沙壤土瓜地有利于若虫入土化蛹及成虫羽化，发生早且数量多。

西瓜大棚栽培，二棚三膜覆盖，周年生产，大棚内温度长期稳定在15℃以上，因受温、湿度条件的综合影响，蓟马发育进度及种群密度在不同季节差异很大。1~3月平均每月发生1.5代，若虫化蛹和羽化率25%左右。4~5月平均每月发生2.5代，若虫化蛹和羽化率50%左右，每个瓜头可查到1~2头蓟马。6~9月平均每月发生3代，若虫化蛹和羽化率90%左右，防治前每个瓜头可查到6~8头蓟马，发生严重的可查到15头以上。10~12月平均每月发生2代，若虫化蛹和羽化率35%左右，在正常防治的情况下，防治前每个瓜头可查到3~4头蓟马。7~8月因温度高，地干爽，蓟马常躲藏在荫蔽场所。蓟马世代重叠严重，因而防治困难。

（三）防治措施

1. *农业措施* 一是轮作换茬，合理轮作换茬能减轻危害，可采取稻瓜轮作等形式，熟地种植应清除老蔓杂草等，集中烧毁，掀掉棚膜、地膜，灌水浸泡一段时间；二是清除棚内棚外杂草，加强水肥管理，使植株生长旺盛，可减轻危害。

2. **药剂防治** 根据蓟马繁殖快的特点，应做好早期的防治，当植株虫口达3~5头时，就应立即喷施。开始每隔5天喷施2次以压低虫口基数，随后视虫情隔7~10天喷药2~3次。可选用40%啶虫脒悬浮剂1 000倍液，或5%啶虫脒悬浮剂2 000倍液，或70%吡虫啉水分散粒剂4 000倍液，叶面喷雾。

四、粉虱类

（一）症状

粉虱类害虫主要包括温室白粉虱和烟粉虱，寄主种类多。成若虫刺吸叶、果实和嫩枝的汁液，被害叶出现失绿黄白斑点，随危害的加重斑点扩展成片，进而全叶苍白。排泄蜜露可诱致煤污病发生。

（二）发生规律

1. **成虫** 烟粉虱体长较温室白粉虱小，前者体长0.85~0.91 mm，后者体长0.99~1.06 mm；烟粉虱前翅脉不分叉，静止时左右翅合拢呈屋脊状，温室白粉虱前翅脉有分叉，左右翅合拢较平坦。

2. **蛹壳** 烟粉虱蛹淡绿色或黄色，蛹壳边缘扁薄，无用缘蜡丝；温室白粉虱蛹白色至淡绿色，半透明，蛹壳边缘厚，周缘排列分布均匀、有光泽的细小蜡丝；烟粉虱蛹背蜡丝有无常随寄主而异，而温室白粉虱大多蛹背具直立蜡丝。

3. **盛发期** 烟粉虱发生盛期在8~9月，9月底开始陆续迁入温室危害；温室白粉虱盛发期较早，为7~8月。

（三）防治措施

1. **农业防治** 首先，播种前或移植前，将前茬作物的残株败叶及杂草清理到田外深埋或烧毁；其次，合理安排茬口，轮作倒茬。在白粉虱发生猖獗的地区，提倡种植白粉虱不喜食的蔬菜，以减少虫源；然后，培育“无虫苗”，把苗房和生产温室分开，育苗前彻底熏杀残余虫口，清理杂草和残株、落叶，以及在通风口密封40~60目尼龙纱，控制外来虫源。

2. **物理防治** 利用粉虱成虫趋黄习性，可在温室内设置黄板诱杀成虫。将黄色塑料板挂在温室，高出植株20 cm，每座常规温室约10张，诱杀粉虱类害虫成虫。

3. **生物防治** 在温室白粉虱和烟粉虱低密度时（每株10头以下），释放人工饲养丽蚜小蜂，每次每座常规温室释放1万 ~2万头，每次间隔5~7天，连续释放5次。

4. *药剂防治*　在温室里粉虱类害虫发生高峰期，可选用0.3%印楝索乳油1 000倍液，或25%扑虱灵可湿性粉剂2 500倍液，或10%吡虫啉可湿性粉剂1 500倍液进行喷雾，每10天喷1次，共喷2~3次。用药时应注意药剂的轮换使用。

五、螨类

（一）症状

螨类害虫如红蜘蛛、茶黄螨等危害瓜类主要是通过成螨或幼螨在叶背面吸取汁液进行危害，导致叶片上出现很多灰白色的小点点，叶片失去光泽，后期严重时直接干枯。还会在危害叶片的同时，传播病毒，导致作物叶片出现凹凸不平的现象。成螨、幼螨集中在作物的幼嫩部位，尤其是在还没展开的芽、叶和花上刺吸汁液。叶片受害后，增厚、变小、变窄，危害部位有油腻感，叶边缘卷曲，变硬发脆。幼茎受害后，扭曲、节间缩短，严重时顶部枯死，停止生长。

螨类害虫是一种高温型害虫（高温干旱很容易暴发），尤其是高温干旱天气，害虫的繁殖能力更强，对于螨类的防治，主要以预防为主。

（二）发生规律

1. *红蜘蛛*　红蜘蛛以雌螨在枯叶、土缝和杂草根部越冬。第二年日平均气温达6℃时开始活动、取食。在华北地区，露地上的红蜘蛛3~4月开始危害植株，5~7月危害严重，在大棚、温室内周年均可危害。红蜘蛛每年繁殖代数因气候条件而异，平均气温在20℃时，完成一代需17天以上。红蜘蛛喜干旱，其繁殖适宜空气相对湿度为35%~55%，所以，一般干旱年份有利于红蜘蛛的大发生。红蜘蛛主要靠爬行和风吹传播，流水和人畜也可携带传播。

2. *茶黄螨*　茶黄螨在保护地栽培种几乎全年都能产生危害，在北方一般扣棚前发生9~14代，扣棚后也可发生4~6代，世代重叠极为严重，发生时间极不整齐，而且规律性也不太明显。

在保护地栽培种植中，扣棚后有两个发生高峰期：第一个发生高峰期是在11月下旬至12月中旬；第二个发生高峰期是在2月中旬至3月上旬。保护地蔬菜发生茶黄螨危害时，一般会减产达到15%~30%，严重的甚至会超过40%。

（三）防治措施

1. *药剂防治*　主要有杀虫剂中的阿维菌素，杀螨剂中的唑螨酯、螺螨酯、联苯肼酯、乙螨唑等。不同药剂对各种螨类害虫的防治效果却有很大差异，比如有些杀螨剂对成螨无效对其他形态有效，而有些药剂对卵、幼螨等有效而对成螨无效，要根据害螨的不同虫态来选用不同的药剂。注意交替使用各类药剂，以减缓抗性产生。

喷施药剂后，这些螨类害虫喜欢到有杂草的地方躲藏，所以一定要清除作物周边的杂草，减少它的躲避场所。

2. **生物防治**　利用螨类害虫的天敌进行防治，如捕食螨、食螨瓢虫、草蛉等进行防治。

六、种蝇

(一)症状

种蝇危害瓜类主要发生在幼苗期。种蝇是多食性害虫，主要危害幼苗，幼虫从根茎部蛀入，顺着茎向上危害，被害苗倒伏死亡，再转移到邻近的幼苗，常出现成片死苗。

种蝇似粪蛆，前端细，尾端粗，白色至浅黄色，头退化，仅有一对黑色口钩。蛹长椭圆形，黄褐色，尾部有 7 对凸起。

(二)发生规律

种蝇是一年多世代的害虫，以蛹或幼虫在土中越冬。翌春羽化的成虫在粪肥或开花植物上进食，对腐烂发酵的气味有很强的趋性。卵期 2~4 天，土壤潮湿有利于孵化。幼虫共 3 龄，随温度升高幼虫期缩短。春天孵化后幼虫即钻入萌发的种子或幼苗内。幼苗老熟后，在寄主植株附近土中化蛹，蛹期随温度升高而缩短。

(三)防治措施

1. **农业防治**　在苗床和大田禁忌使用未经腐熟的有机肥。

2. **生物防治**　利用糖醋液诱杀成虫。

3. **药剂防治**　防治幼虫，可用药剂拌种或播种时撒毒土、灌药等，也可用 75% 灭蝇胺可湿性粉剂 5 000 倍液，或 1% 阿维菌素乳油 3 000 倍液，或 5% 氟虫腈悬浮剂 2 000 倍液喷洒。防治成虫，可用 2.5% 溴氰菊酯可湿性粉剂 2 500 倍液喷洒。

七、瓜绢螟

(一)症状

瓜绢螟在西瓜全生育期均可发生。以幼虫危害叶片，1~2 龄幼虫在叶背啃食叶肉，仅留透明表皮，呈灰白色斑；3 龄后吐丝将叶或嫩梢缀合，匿居其中取食，致使叶片穿孔或缺刻，严重时仅剩叶脉。幼虫还啃食西瓜表皮，留下瘢痕，并常蛀入瓜内危害，严重影响瓜果产量和质量。

幼虫共5龄，老熟幼虫体长，头部前胸背板淡褐色，胸腹部草绿色，亚背线呈两条较宽的乳白色纵带，气门黑色。

（二）防治措施

1. *农业防治* 采收完毕后，将枯藤落叶收集后沤肥或烧毁，减少田间虫口密度或越冬基数；在幼虫发生期，摘除卷叶，捏杀幼虫和蛹。

2. *物理防治* 安装杀虫灯或黑光灯诱杀成虫。

3. *药剂防治* 可选10%三氟吡醚乳油1 000倍液，或5%虱螨脲乳油1 000倍液，或5%氟虫腈悬浮剂1 500~2 000倍液，或5%甲维盐4 000倍液喷雾防治。

八、地老虎

（一）症状

地老虎以幼虫危害西瓜，主要在苗期。幼虫3龄前，多聚集在嫩叶或嫩茎上咬食，3龄以后转入土中，有昼伏夜出的习性，常将幼苗咬断并拖入土穴内咬食，造成瓜田缺苗断垄，或咬蔓尖及叶柄，阻碍植株生长。

（二）防治措施

一是用灯光、黑光灯等诱杀或诱捕。二是毒饵诱杀。先将麦麸、豆饼等炒香，按饵料重量的0.5%~1%加入90%敌百虫晶体制成毒饵，敌百虫晶体先用水溶化，再和麦麸、豆饼等拌匀，于傍晚前后撒在瓜地或苗床里，每667 m^2撒2 kg。三是每667 m^2用5%顺式氯氰菊酯600~700倍液，晴天的傍晚喷雾。

九、蝼蛄

（一）症状

蝼蛄属直翅目，蝼蛄科，其中又分华北蝼蛄和非洲蝼蛄等不同种。在我国北方主要是华北蝼蛄危害。

蝼蛄主要生活在土中，以成虫、若虫危害作物。蝼蛄能在表土中来回跑动，喜食刚萌芽的种子及幼根和嫩茎，同时造成地表隧道纵横。隧道通过处，种子不易发芽，或发芽后因落干而死亡。

（二）生规律

华北蝼蛄 3 年完成一代，以成虫和若虫在冻土层以下越冬，春天、夏初产卵孵化，当年以 8~9 龄若虫越冬，第二年以 12~13 龄若虫越冬，第三年秋羽化为成虫，第四年交配产卵。

蝼蛄不管成虫还是若虫都在夜间危害，以 21~23 时取食活动。对黑光灯有较强趋光性。对有香味的、发酵的豆饼、麦麸，煮至半熟的马粪等有趋性。

（三）防治措施

一是用灯光、黑光灯等诱杀或诱捕。二是毒饵诱杀。先将麦麸、豆饼等炒香，按饵料重量的 0.5%~1% 加入 90% 敌百虫晶体制成毒饵，敌百虫晶体先用水溶化，再和麦麸、豆饼等拌匀，于傍晚前后撒在瓜地或苗床里，每 667 m^2 撒 2 kg。三是每 667 m^2 用 5% 顺式氯氰菊酯 50~100 mL，对水 30~60 L，晴天的傍晚喷雾；喷雾后，有条件可及时浇水，没有浇水条件时，每 667 m^2 最少两药桶水，即 60 L；同样剂量药液，水量大好于水量少。

十、金针虫

（一）症状

金针虫在西瓜根或地下茎上蛀洞或截断，在叶柄基部蛀洞甚至蛀入嫩心。在贴地果上蛀洞，蛀洞外口圆或不规则，洞小而深，有时可洞穿整个果实，洞口常黏附泥粒。

（二）防治措施

每 667 m^2 撒施 10% 噻唑膦颗粒剂 1.5~2 kg；或 3% 阿维菌素悬浮剂 150~200 倍液喷雾；或 41.7% 氟吡菌酰胺悬浮剂 3 000 倍液灌根，每株 100 mL。

十一、蛴螬

（一）症状

蛴螬是金龟子的幼虫，主要在地下活动，咬食根部或直接咬断根或茎，造成幼苗枯黄而死，同时使病菌、病毒从伤口侵入，引发病害。

（二）防治措施

一是地膜覆盖。能够减轻成虫和幼虫的危害。二是精耕。耕地时可捕杀成虫，或者用 1.8% 阿维菌素乳油 4 000 倍液在瓜苗定植时浇在瓜棵根部，可杀死蛴螬。三是用黑光灯诱杀成虫，利用成虫假死性，在早、晚人工捕杀。四是定植前开沟，每 667 m^2 顺沟撒施 0.3% 噻虫嗪可湿性粉剂 4~5 kg。

十二、根结线虫

（一）症状

西瓜根结线虫，主要危害根部。子叶期染病，致幼苗死亡。成株期染病主要危害侧根和须根，发病后西瓜侧根或须根长出大小不等的瘤状根结。剖开根结，病组织内有很多微小的乳白色线虫藏于其内，在根结上长出细弱新根再度受侵染发病，形成根结状肿瘤。

（二）发生规律

根结线虫多在土壤 5~30 cm 处生存，常以卵或 2 龄幼虫随病残体遗留在土壤中越冬，病土、病苗及灌溉水是主要传播途径。一般可存活 1~3 年，翌春条件适宜时，由埋藏在寄主根内的雌虫，产出单细胞的卵，卵产下经几小时形成 1 龄幼虫，蜕皮后孵出 2 龄幼虫，离开卵块的 2 龄幼虫在土壤中移动寻找根尖，由根冠上方侵入定居在生长锥内，其分泌物刺激导管细胞膨胀，使根形成巨型细胞或虫瘿，或称根结，在生长季节根结线虫的几个世代以对数增殖，发育到 4 龄时交尾产卵，卵在根结里孵化发育，2 龄后离开卵块，进土中进行再侵染或越冬。

（三）防治措施

每 667 m^2 撒施施用 10% 噻唑膦颗粒剂，1.5~2 kg，或 1.5% 甲维·氟氯氰颗粒剂，2~3 kg，或 3% 阿维菌素悬浮剂 500~700 mL，对水 30 L 喷雾，或 41.7% 氟吡菌酰胺悬浮剂，0.05~0.06 mL/ 株，对水 500 mL 灌根。

第七节　缺素症的识别与防控

一、缺氮

（一）发生时期

苗期至营养生长期。

（二）主要症状

西瓜对氮素反应敏感，缺氮时植株发育迟缓，茎叶生长缓慢、细弱，下部叶片先变色褪绿，茎蔓新梢节间缩短，幼瓜生长缓慢，果实小。

（三）防治措施

每 667 m^2 用尿素 10～15 kg；用 0.3%～0.5% 尿素溶液（苗期取下限，坐瓜前后取上限）叶面喷施。

二、缺磷

（一）发生时期

苗期至花期。

（二）主要症状

根系发育差，植株细小，叶片背面呈紫色，花芽分化受到影响，开花迟，成熟晚，而且容易落花和“化瓜”，果肉中往往出现黄色纤维和硬块，甜度下降，种子不饱满。

（三）防治措施

每 667 m^2 用高磷复合肥 15～30 kg 追肥；叶面喷施 99.7% 磷酸二氢钾 600～800 倍液。

三、缺钾

（一）发生时期

花期至果实膨大期。

（二）主要症状

植株生长缓慢，茎蔓细弱，叶面皱曲，老叶边缘变褐枯死，并渐渐地向内扩展，严重时还向心叶发展，使之变为淡绿色，甚至叶缘也出现焦枯状；坐果率很低，已坐的瓜，个头很小，含糖度不高。

（三）防治措施

每 667 m^2 用高钾复合肥 30～60 kg 开沟深埋；叶面喷施 99.7% 磷酸二氢钾 600～800 倍液。

四、缺钙

（一）发生时期

生长期至果实成熟期。

（二）主要症状

幼叶叶缘黄化，叶片卷曲，老叶仍为绿色。茎蔓顶端变褐枯死，生长受阻。植株节间较短，矮小，且组织柔软，顶芽、侧芽、根尖容易腐烂。西瓜缺钙容易发生脐腐病，且幼果期即可发病。

（三）防治措施

增施有机肥能提高土壤肥力，改善土壤理化性状，增强土壤中钙的活性，提高钙的利用率；叶面喷施 0.3% 氯化钙水溶液或高钙叶面肥，可减轻缺钙症状；另外应及时适当浇水，保证水分供应。

五、缺镁

（一）发生时期

伸蔓期至果实膨大期。

（二）主要症状

老叶主脉附近的叶脉间褪绿发黄，但叶脉仍是绿色，然后逐渐扩大，使整个叶片变黄，出现枯死症。多从基部老叶开始，逐渐向上发展，严重时，全株叶片呈黄绿。

（三）防治措施

每 667 m^2 施 3.5~7 kg 硼镁肥作基肥；缺镁时，可叶面喷施含镁水溶肥、叶面肥 2~3 次，每 10 天左右 1 次。

六、缺硼

（一）发生时期

营养生长期至果实膨大期。

（二）主要症状

新蔓节间变短，蔓梢向上直立，新叶变小。叶面凸凹不平，有叶色不匀的斑纹，茎蔓前端横裂、畸形花多、果实易开裂。

（三）防治措施

整地时，每 667 m^2 施 0.5~1 kg 硼砂作基肥；在西瓜 4~5 节位开始叶面喷施硼肥，每隔 7 天左右 1 次，连续 2~3 次；发现缺硼，及时叶面喷施硼肥补充。

七、缺锰

（一）发生时期

营养生长期至果实膨大期。

（二）主要症状

嫩叶脉间黄化，主脉仍为绿色，进而发展到刚成熟的大叶。缺锰较重时，有从叶缘向中脉发展的趋势，致使主脉也变黄。长期严重缺锰，会使全叶变黄，并逐渐波及中部的老叶上，使其脉间黄化。种子发育不全，易形成畸形果。

（三）防治措施

整地时每 667 m^2 施 1~4 kg 硫酸锰作基肥；播种时，用 0.05%~0.1% 硫酸锰溶液浸种 12 h，或每千克瓜种拌入 4~8 g 硫酸锰作种肥；发现缺锰，及时用 0.05%~0.1% 硫酸锰溶液叶面喷施。

八、缺铁

（一）发生时期

营养生长期。

（二）主要症状

初期或缺铁不严重时，顶端新叶叶肉失绿，呈淡绿色或淡黄色，叶脉仍保持绿色。随着时间的延长或严重缺铁，叶脉绿色变淡或消失，整个叶片呈黄色或黄白色。

（三）防治措施

增施有机肥，改善土壤环境，避免磷和铜、锰、锌等重金属过剩；搞好水分管理，防止过干、过湿，特别是不要大水漫灌，雨后及时排水；田间出现缺铁症状时，可叶面喷洒 0.1%~0.2% 硫酸亚铁溶液或 EDTA 螯合铁溶液。

九、缺锌

（一）发生时期

营养生长期至坐瓜期。

（二）主要症状

茎蔓条纤细，节间短，叶小，呈簇生状或莲座状，叶片发育不良，向叶背翻卷，叶尖和叶缘变褐并逐渐焦枯。

（三）防治措施

增施有机肥，改良土壤；西瓜 4~5 叶期时，叶面喷施海精灵生物刺激剂（叶面型）800 倍液 3 次，每隔 10 天喷 1 次；田间出现缺铁症状时，可叶面喷施 0.1% 硫酸锌溶液。

第八章

甜瓜优质高效栽培技术

本章介绍了甜瓜的生物学特性；栽培茬口与品种选择；优质高效栽培技术；侵染性病害的识别与防治；生理性病害的识别与防治；主要虫害的识别与防治；缺素症的识别及防治。

甜瓜别名香瓜、果瓜、哈密瓜，葫芦科，甜瓜属，一年生攀缘草本植物，原产非洲和亚洲热带地区，我国华北地区为薄皮甜瓜次级起源中心，新疆为厚皮甜瓜起源中心。鲜果食用为主，也可制作瓜干、瓜脯、瓜汁、瓜酱等。果实香甜或甘甜，营养价值高，居世界十大水果第二位。

第一节　生物学特性

一、形态特征

（一）根

甜瓜的根系由主根、各级侧根和根毛组成，比较发达，在瓜类作物中，仅次于南瓜和西瓜。甜瓜的主根可深入土中 1 m，侧根长 2~3 m，绝大部分侧根和根毛主要集中分布在 30 cm 以内的耕作层。甜瓜的根除了从土壤中吸收养料和水分外，还直接参与有机物质的合成。据研究，根中直接合成的有 18 种氨基酸。

（二）茎

甜瓜茎草本蔓生，由主蔓和多级侧蔓组成，茎蔓节间有卷须，可攀缘生长。茎蔓横切面为圆形，有棱，茎蔓表面具有短刚毛，薄皮甜瓜茎蔓细弱，厚皮甜瓜茎蔓粗壮。每叶腋内着生侧芽、卷须、雄花或雌花。分枝性强，子蔓、孙蔓发达，主要靠子蔓和孙蔓结瓜。

（三）叶

单叶互生，叶片不分裂或有浅裂，这是甜瓜与西瓜叶片明显不同之处，甜瓜叶片更近似于黄瓜。叶形大多为近圆形或肾形，少数为心脏形、掌形。甜瓜叶片的正反面均长有茸毛，叶背面叶脉上长有短刚毛，叶缘呈锯齿状、波纹状或全缘状，叶脉为掌状网脉。甜瓜叶片的大小，随类型和品种的不同而不同，一般叶片直径 8~15 cm，但有些厚皮甜瓜品种在保护地栽培时叶片直径可达 30 cm 以上。

（四）花

花为雌雄花同株，虫媒花，目前栽培的品种以雄花是单性花，雌花为具雄蕊和雌蕊的两性花为主。雌花除具有雌蕊柱头和子房外，还带有正常发育的雄蕊；雄花常数朵簇生，同一叶腋的雄花次第开放，不在同一日。雌花着生习性一般以子蔓或孙蔓上为主，孙蔓及上部子蔓第一节着生的雌花，气温适宜时在10时前开花，如气温偏低则开花时间延迟。

（五）果实

果实为瓠果，由受精后的子房发育而成，由果皮和种子腔组成；果皮由外果皮和中内果皮构成。外果皮有不同程度的木质化，随着果实的生长和膨大，木质化多的表皮细胞会撕裂形成网纹。甜瓜的中内果皮无明显界限，均由富含水分和可溶性糖的大型薄壁细胞组成，为甜瓜的主要可食部分。种腔的形状有圆形、三角形、星形等。果实有扁圆形、圆形、卵形、纺锤形、椭圆形等多种形状，果皮有绿色、白色、黄绿色、黄色、橙红色等。果肉有白色、红色、橙黄色和绿色，果肉质地有脆、绵、软等不同类型。外果皮上还有各种花纹、条纹、条带等，丰富多彩。

（六）种子

甜瓜种皮较西瓜薄，表面光滑或稍有弯曲。种子形状为扁平窄卵圆形，大多为黄白色。甜瓜种子大小差别较大，薄皮甜瓜种子较小，千粒重5~20 g；厚皮甜瓜种子较大，千粒重30~80 g。在干燥低温密闭条件下，能保持发芽力10年以上，一般情况下寿命为5~6年。

二、生长发育周期

（一）发芽期

种子萌动到子叶展开，正常情况下为8~10天。发芽期幼苗主要是靠种子两片子叶中储存的营养进行生长，此期生长量较小，胚轴是生长中心，根系生长快。这段时间，苗床要保持适宜的温度和湿度，防止幼苗徒长，形成高脚苗。

（二）幼苗期

从子叶展平、真叶破到五叶一心，这一阶段为幼苗期，需要20~25天。此期内根系开始旺盛生长，侧根大量发生，形成庞大的吸收根群。此期也是花芽分化期，在光照充足，白天30℃、夜间18~20℃的温度下花芽分化早，结实花节位较低。在温度高、长日照条件下，结实花节位较高，花的质量差。

（三）伸蔓期

从团棵到第一朵雌花开放为止，适宜的条件下需20~25天，此期植株地上、地下部同时迅速生长。植株由幼苗期的直立生长状态转变为匍匐生长，主蔓上各节营养器官和生殖器官继续分化，植株进入旺盛生长阶段。此时期要做到促、控结合，既要保证茎叶的迅速生长，又要防止茎叶生长过旺，使营养生长和生殖生长平衡，为开花结果打下良好的基础。

（四）结果期

从雌花开放到果实生理成熟。结果期长短与品种的特性有关，一般早熟品种的结果期为 30~40 天，晚熟品种可达 60~80 天。

根据果实生长发育的特点，又可将结果期划分为以下几个时期：

1. **坐果期** 从雌花开放到果实坐住，约 7 天。

2. **膨瓜期** 从果实开始膨大到膨大停止，18~25 天。

3. **成熟期** 从果实定个到成熟，20~70 天，此时期果个大小不再增加，以果实内含物的转化为主，果实含糖量增加，肉色达到生理成熟，种子充分成熟。

三、对环境条件的要求

（一）温度

喜温耐热，极不耐寒，遇霜即死，生长适宜的温度，白天 26~32℃，夜间 15~20℃。白天 18℃，夜间 13℃以下时，植株发育迟缓，10℃以下停止生长，7℃以下发生冷害。茎叶生长的适宜温度为 22~32℃，夜温为 16~18℃；根系生长的最低温度为 10℃，最高为 40℃，14℃以下、40℃以上时根毛停止生长。种子发芽的适宜温度为 28~32℃，在 25℃以下时，种子发芽时间长且不整齐。开花坐果期的适宜温度为 28℃左右，夜温不低于 15℃，15℃以下则会影响甜瓜的开花授粉。膨瓜期以白天 28~32℃，夜间 15~18℃为宜。甜瓜茎、叶的生长和果实发育均需要有一定的昼夜温差：茎叶生长期的昼夜温差为 10~13℃，果实发育期的昼夜温差为 13~15℃。昼夜温差对甜瓜果实发育、糖分的转化和积累等都有明显影响，从种子萌发到果实成熟，全生育期所需大于 15℃的有效积温，早熟品种 1 500~1 750℃，中熟品种为 1 800~2 500℃，晚熟品种为 2 500℃以上。

（二）光照

喜光，光饱和点为 5.5 万 ~6.0 万 lx，光补偿点一般在 4 000 lx。光照不足时，幼苗易徒长，叶色发黄，生长不良；开花结果期光照不足，植株表现为营养不足、花小、子房小、易落花落果；结果期光照不足，则不利于果实膨大，且会导致果实着色不良，香气不足，含糖量下降等。正常生长发育需 10~12 h 的日照，日照长短对甜瓜的生育影响很大。不同的品种对日照总时数的要求也不同，早熟品种需 1 100~1 300 h，中熟品种需 1 300~1 500 h，晚熟品种需 1 500 h 以上。

（三）水分

根系发达，具有较强的吸水能力；甜瓜生长快，生长量大，茎叶繁茂，蒸腾作用强，一生中需消耗大量水分。不同生育期对土壤水分的要求是不同的，幼苗期应维持土壤最大持水量的65%，伸蔓期为70%，果实膨大期为80%，成熟期为55%~60%。低于50%植株受旱，尤其在雌花开放前后，土壤水分不足或空气干燥，均可使子房发育不良；但水分过大时，会导致植株徒长，易化瓜。果实膨大期对水分需求最多，水分不足，会影响果实膨大，导致产量降低。后期水分过多，则会使果实含糖量降低，品质下降，易出现裂果等现象。甜瓜适宜的空气相对湿度为50%~60%。空气相对湿度过大，植株生长势弱、病害重；空气相对湿度过低，则影响植株营养生长和花粉萌发，导致受精不正常。

（四）土壤与营养

对土壤条件的要求不高，但以疏松、土层厚、土质肥沃、通气良好的沙壤土为最好，pH 6~6.8较适宜。甜瓜的耐盐能力也较强，土壤中的总盐量达到1.2%时能正常生长，可利用这一特性在轻度盐碱地上种植甜瓜，但在含氯离子较高的盐碱地上生长不良。忌连作，应实行4~6年的轮作。

第二节　栽培茬口与品种选择

一、茬口安排

甜瓜喜温喜光又耐热，目前，黄淮流域甜瓜栽培以日光温室冬春茬、春提前、秋延后及塑料大棚春提前、秋延后效益最好。

（一）日光温室冬春茬栽培

冬春茬栽培一般为12月下旬至翌年1月上旬播种，1月下旬至2月上旬定植，收获期为4月下旬至5月上旬。宜选择适应性强、耐低温、抗病、品质好的品种。

（二）日光温室春提前栽培

春提前栽培一般为1月中旬至2月上旬育苗，2月上旬至3月上旬定植，收获期为5月中旬至6月上旬。宜选择适应性强、耐低温、抗病、品质好的品种。

（三）日光温室秋延后栽培

秋延后栽培一般为7~8月播种，9月上旬至10月上旬定植，收获期为11月中旬至12月上旬。宜选择适应性强、抗病毒、品质好的品种。

（四）塑料大棚春提前栽培

春提前栽培一般为2月中旬至3月上旬育苗，3月上旬至4月上旬定植，收获期为5月下旬至6月中旬。宜选择适应性强、耐低温、抗病、品质好的品种。

（五）塑料大棚秋延后栽培

秋延后栽培一般为6~7月播种，8月上旬至9月上旬定植，收获期为10月中旬至11月上旬。宜选择适应性强、抗病毒、品质好的品种。

二、品种类型

我国栽培的甜瓜品种，因品种特性不同和适应性不同一般可分为薄皮甜瓜和厚皮甜瓜两大类型，近年来育种者利用这两大类型相互杂交，又育出了一批接近于厚皮甜瓜的中间类型品种。

（一）薄皮甜瓜

薄皮甜瓜又称东方甜瓜、梨瓜、小瓜、脆瓜等，栽培上表现较耐湿，主要分布在我国夏季潮湿多雨的地域，如东北、华北、江淮流域、东南、华南等地，适于露地栽培，保护地栽培时易徒长。薄皮甜瓜株型较小，叶色深绿，小果型，单果重0.3~1.0 kg，果形有圆形、梨形、卵形和筒形等，果皮光滑而薄，无网纹，有的有棱，皮色大致有白色、黄色、绿色、花色等类型，可连皮食用，一般肉厚2.5 cm以下，中心可溶性固形物含量为10.0%~13.0%。不耐储运，较抗病。

（二）厚皮甜瓜

主要指可在我国西北露地栽培的新疆哈密瓜、甘肃白兰瓜等，对环境条件要求较高，喜干燥、炎热、温差大和强日照，栽培上表现为不耐湿、不抗病，一般在我国东部夏季潮湿多雨的地域不宜露地栽培，只能在早春或秋冬保护地内栽培，部分早熟品种在部分地区可进行小拱棚甚至露地栽培。植株长势较旺，叶片较大，叶色浅绿，果型较大，单果重1.5~5.0 kg，果形有圆形、高圆形或椭圆形等，果皮较厚，不能食，有些有网纹。肉厚2.5 cm以上，中心可溶性固形物含量为12.0%~17.0%。种子较大，肉质细脆，品质好，耐储运，晚熟品种可储藏3~4个月。

（三）中间型甜瓜

中间类型的品种兼具薄皮甜瓜和厚皮甜瓜的优点：早熟性好，抗病、耐湿性强，适应性广，易于栽培，可进行大棚、小拱棚等保护地栽培或露地栽培；商品性状好，外观艳丽，含糖量高，口感风味好，单果较大，产量较高。果皮厚，不能食，较薄皮甜瓜耐储运。

三、品种选择

（一）设施甜瓜早春茬栽培品种

宜选用株型紧凑、果形端正、糖度高、风味好、耐储运、抗病、耐低温弱光、有较高单瓜重和丰产性、具有不同熟性的软肉或脆肉品种。目前生产上常用的厚皮甜瓜品种有西州蜜25、甜红玉、钱隆蜜、众云18、雪彤6号、锦绣脆玉等。

（二）设施甜瓜冬春茬栽培品种

冬春茬栽培甜瓜必须选用早熟、耐寒、抗病、糖度高、风味好的品种，如西州蜜25、众云20、羊角蜜、雪彤8号、将军玉等。

（三）设施甜瓜秋延后栽培品种

品种选择第一要选择早熟的品种。若品种选择不当，温度达不到种植品种的有效积温，轻者糖度降低，重者导致栽培失败，一般以选择全生育期不超过90天（果实发育期不超过40天）的品种为宜。目前种植较为成功的品种有中甜1号、伊丽莎白、西薄洛托等白皮类型，也有极少早熟网纹品种。第二要选择优质、高产、耐储运的品种，脆肉类型比软肉类型要耐储运，软肉类型的一般风味较好，可根据销售需要选择不同品种。

（四）露地甜瓜栽培品种

根据市场需求，选择适应当地环境条件的高产、优质、抗病、耐储运品种，如脆梨、白沙蜜、早皇后、甘蜜宝、克奇蜜宝、优蜜宝、玉金香、西城三号等。

四、品种介绍

（一）西州蜜 25

中熟品种，全生育期春茬 115~125 天，秋茬 95~105 天，雌花开放授粉至果实成熟 53~58 天。苗期长势健旺，中期长势较强，后期长势一般，不易衰老。叶片大，较厚，色绿，叶形为心形，最大叶约为 21.9 cm × 29.4 cm。节间长 9.5 cm。茎直径 0.8~1.0 cm。一般主蔓长 2.3~2.5 m。雌花为两性花，第一雌花着生于第三节子蔓上，此后雌花着生节位不间断。极易坐果，一般选择在 9~12 节坐果。嫩果为绿色，成熟时为浅绿色。果实椭圆形，果形指数约为 1.22，平均单果重 2.0 kg，浅麻绿、绿道，网纹细密全，果肉橘红，肉质细、松脆，风味好，肉厚 3.1~4.8 cm，中心可溶性固形物含量 15.6%~18%。适宜于我国北方和南方地区塑料大棚等设施避雨育苗和栽培。

（二）甜红玉 2 号

厚皮型杂交种。早熟品种，全生育期 90 天，果实发育期 28 天，生长势中等。高圆形果，白皮，橙红色肉，单果质量 1.5 kg。中心可溶性固形物含量 14%~18%，质地酥脆，清甜爽口。抗白粉病、霜霉病，对花叶病毒病、蔓枯病具有较强抗性。第一个生长周期每 667 m^2 产量 4 979.1 kg，比对照玉金香增产 37.0%；第二个生长周期每 667 m^2 产量 5 034.8 kg，比对照玉金香增产 34.1%。适宜于我国各地保护地、半保护地及露地栽培。

（三）众云 18

厚皮网纹型杂交种。全生育期 110~115 天，果实成熟期 38~42 天，长势中等，易坐果。果实短椭圆形，果皮灰绿色，表面覆细密网纹，果肉橙红色，肉厚约 3.6 cm，果实成熟后不落蒂，单果重 1.2~2.2 kg，中心可溶性固形物含量 12%~17.0%，肉质口感硬，香味浓郁，有哈密瓜风味。抗白粉病，感霜霉病。第一个生长周期每 667 m^2 产量 3 420 kg，比对照众天 5 号增产 5.7%；第二个生长周期每 667 m^2 产量 3 528 kg，比对照众天 5 号减产 6.9%。适宜种植区域及季节：适宜在河南省春、秋季大棚或温室栽培。栽培密度为 1 800~2 000 株 /667 m^2；开花期人工辅助授粉。

（四）羊角蜜

羊角蜜甜瓜是一种早中熟品种，在 3 月底至 4 月初头茬瓜即可上市。头茬瓜由于生长初期生长缓慢、稳定，子房发育较好，无论瓜形还是口感，都是最佳。羊角蜜甜瓜单体长 20~30 cm，单瓜重可达 600~1 200 g，植株长势强，子蔓结瓜，雌花密。果皮灰绿，肉色淡绿，内厚 2 cm，中心可溶性固形物含量 11.7%，质地松脆，汁多清甜，品质优；单瓜重 600 g，每 667 m^2 产量在 3 000 kg 以上。羊角蜜甜瓜含糖量可达 20% 左右，以脆甜或者绵甜为特点深受欢迎。我国南北早春大、中棚及地膜均可栽培。

（五）绿宝石 2 号

绿宝石 2 号甜瓜植株长势稳健，抗枯萎病、白粉病和霜霉病，抗逆性好，全生育期 65 天。耐低温、耐弱光，不早衰、不跳节。瓜码密、易坐果，连续结果能力强，子蔓孙蔓均易坐果，子蔓结瓜早，但以孙蔓结瓜为主。果实成熟 28 天左右。单瓜重 400~600 g，单株结果 4~8 个。每 667 m^2 正常产量为 2 500~3 000 kg，最高可达 3 500 kg。果实整齐一致，近圆形（高节位结瓜呈梨形），果皮深绿色，果皮光滑、翠绿，偶有深青条纹，果肉碧绿，不易裂瓜，商品率高，八成熟即可采摘。外观独特，瓜形丰满，高贵典雅，品质绝佳，中心可溶性固形物含量 16%~18%。浓香味甜酥脆，风味极佳，誉为瓜中珍品。耐运输耐储藏，货架期长。绿宝石 2 号甜瓜适于全国各地各种保护地、露地栽培。

（六）中甜一号

中甜一号甜瓜是中国农业科学院郑州果树研究所选育出的极早熟、优质、高产、抗逆能力强、商品性好、适宜范围广的黄金瓜类的甜瓜品种，目前是全国和黄淮流域种植面积最大的黄金瓜品种。主要特性：

1. **极早熟** 春季栽培全生育期 83 天，果实从开花到成熟 25 天左右；夏季栽培全生育期约 75 天，果实从开花到成熟 22 天，是目前生育期最短的品种之一。

2. **品质优** 该品种营养丰富，含糖量高，中心可溶性固形物含量为 13.2%~16%，甜而不腻，果肉细脆，口感好且耐储运。

3. **抗病、适宜性强** 该品种抗病毒病、叶枯病等病害的能力较其他品种强；不仅适宜春提早及春夏栽培，而且适宜秋延栽培，只要利用设施可以一年四季栽培并都可以获得优质高产。

4. **产量高** 果实大、坐果率高、果实整齐一致、产量高，单瓜重 1.5 kg，比一般黄金瓜产量高 10%~30%。

5. **效益好** 外观美丽、商品性好、市场价格高，深受生产者和消费者的青睐。

（七）伊丽莎白

早熟，全生育期 90 天。植株生长势较弱，叶色淡绿，开花坐果率较高。果实为扁圆形或圆形，果皮鲜黄色，较光滑，果肉白色，肉厚 2 cm 左右，中心可溶性固形物含量 15%~17%，品质较好，较耐储运。单果重 0.5 kg，每 667 m^2 产量 1 500~2 000 kg。该品种具有早熟、高产、优质、适应性广、抗性强等特点，特别是耐弱光能力强，易于栽培。是我国推广种植面积最大的品种之一。耐低温、节间短、生长健壮、易坐果、易管理，适宜于大棚春提前和秋延后等设施栽培，全国各地均可种植。

（八）郑甜一号

中国农业科学院郑州果树研究所瓜类室新近育成的优质、高产、适应性广、易栽培的早熟厚皮甜瓜杂交一代新品种。郑甜一号植株生长势强，坐瓜率高，子蔓和孙蔓均可坐瓜。全生育期 90 天，雌花开花至果实成熟 30 天。果实圆形，果皮色泽金黄艳丽，果肉雪白，果肉厚 25 cm 以上，肉质细腻、多汁、味香甜，中心可溶性固形物含量 12%~15%。种子黄色，千粒重 30 g。平均单瓜重 0.5 kg，最重达 1.25 kg 以上，一般每 667 m^2 产量 1 500~2 000 kg，高者达 2 500 kg。果皮较韧，耐储运，室内常温下可存放 15 天以上，商品瓜可进行长途运输。适于华北和长江中下游等地区种植，保护地、露地均可栽培。

（九）丰甜三号

中早熟网纹品种，果实发育期 38~43 天，果实圆形，深青底色，完全成熟变淡黄色，果面密被网纹，果肉绿色，肉厚 4.0~4.5 cm，肉质细软，汁多味甜，成熟时香味浓，中心可溶性固形物含量 14%~17%，皮硬而厚，耐储运，单果重 1.5~2.0 kg。适于江淮和黄淮流域保护地极早熟丰产栽培。

（十）博洋 9

杂交种，薄皮型。糖度适宜、口感脆酥、风味清香、果肉较厚、果形匀称，果皮花条纹清晰新颖，坐果性极好，丰产稳产性好。中心可溶性固形物含量 10.5%~13.5%，脆酥，清香。中抗白粉病、霜霉病。第一个生长周期每 667 m^2 产量 2 898 kg，比对照花金刚增产 22.5%；第二个生长周期每 667 m^2 产量 2 680 kg，比对照花金刚增产 19.4%。大棚春提前、秋延后等保护地和露地均可栽培，全国各地均可种植。

（十一）宝玉

山东省潍科种业公司选育杂交一代品种，果实圆球形，果肉绿色，颜色均匀，肉质细腻，清香型，风味美，中心可溶性固形物含量可达 15% 以上，网纹美观。适合露地及棚室栽培，开花后 55 天左右成熟，单瓜重 1.5~2 kg，抗病性强，是当今网纹甜瓜中的上品。

第三节　优质高效栽培技术

一、甜瓜嫁接育苗

甜瓜嫁接育苗有靠接、插接、套管接等，本节主要以插接为主介绍甜瓜嫁接育苗技术。

（一）品种选择

选择抗逆性强、早熟性好，瓜形正、坐果率高、抗病的品种，种子质量符合国家标准的要求。

（二）育苗畦、育苗钵及穴盘的准备

1. **营养土配制**　以下方法可任选其一：①肥沃田土 60%，充分腐熟优质有机肥 30%，细炉渣或锯末 10%，混合均匀过筛。②肥沃田土 60%，充分腐熟圈粪 30%，细炉渣 10%，混合均匀过筛。③肥沃田土 70%，充分腐熟优质有机肥 30%，混合均匀过筛。

2. **营养土的消毒**　1 m^3 营养土加入 50% 多菌灵可湿性粉剂 200g，用 50% 辛硫磷乳油 1 500 倍液喷拌于营养土中，堆闷 7 天灭菌、灭虫，或 1 m^3 营养土拌入 53% 代森锰锌可湿性粉剂 40 g + 2.5% 咯菌腈可湿性粉剂 200 mL 过筛，装入营养钵或育苗畦中。

3. **营养土的使用方法**　育苗时把营养土直接铺入育苗畦中，厚度 10 cm 左右；直接装入育苗钵中，育苗钵大小以 ϕ10 cm × 10 cm 或 ϕ8 cm × 10 cm 为宜，装土量以虚土装至与钵口齐平为宜，再把营养钵放置育苗畦中；穴盘选择 50 孔为宜，装育苗土量以虚土装至与孔口齐平为宜，再把营养钵放置育苗畦中。

（三）育苗棚室及育苗器具的消毒

1. **育苗棚室的消毒**　育苗前 7~10 天，每 667 m^2 棚室用 80% 敌敌畏 0.25 kg+ 硫黄粉 3~4 kg，拌上锯末，分堆点燃，然后密闭棚室一昼夜，经放风后无味时再播种育苗。

2. **育苗器具的消毒**　用 1%~2% 甲醛液喷洒或浸泡，盖膜熏蒸 1~2 天，或 0.05%~0.1% 高锰酸钾喷洒或浸泡 4 h，然后再用清水冲洗干净。新育苗盘或育苗钵可免去此步骤。

（四）播种时间与播量

1. **播种时间** 温室越冬一大茬，一般10月上旬至10月下旬播种；温室冬春茬，11月下旬至12月上旬播种；加苫中棚春提前茬，1月上旬播种；塑料大棚春提前茬，1月中下旬播种；春季露地或地膜覆盖茬，3月中下旬播种；塑料大棚秋延后茬，6月上旬至7月中旬播种。

2. **播种量** 薄皮甜瓜每667 m^2用种量：日光温室、简易温室用种量60~70 g；塑料大棚、露地用种量40~50 g。用作砧木的黑籽南瓜每667 m^2用种量700~900 g。

（五）浸种催芽

将精选好的甜瓜、黑籽南瓜种子均用55℃温水进行温汤浸种15 min，烫种时不断搅动并加热水保持恒温15 min后，只搅动不再加热水，当温度下降到30℃时，停止搅动，让其自然降到常温，然后进行常温浸种，甜瓜6~8 h，黑籽南瓜10~12 h，浸种后用清水搓洗掉种子上的黏液，经温汤浸种后的种子用0.1%的高锰酸钾溶液浸泡15 min。药剂处理过的种子用湿纱布包住放在28~30℃的环境中催芽，待有60%种子露白时即可播种。催芽过程中每天用28℃的清水淘洗种子2次。

（六）播种

播前先浇底水，水下渗后随即撒播种子，播时先播甜瓜种子，待甜瓜出苗后（7~9天）再播黑籽南瓜。播时甜瓜种子适当稀些，而黑籽南瓜则适当密些，促使黑籽南瓜适当徒长，使二者粗细、高低接近，便于嫁接。

（七）嫁接

黑籽南瓜第一片真叶长至0.5 cm，甜瓜真叶刚露出为嫁接适期。嫁接前2天要在苗子上喷洒百菌清或多菌灵，嫁接前一天下午苗床要浇透水，并准备好分苗床，嫁接方法以靠接法便于操作，且成活率高。

具体方法：取出砧木苗，用竹签剔除心叶，从子叶正下方0.5~1 cm处与子叶平行方向自上而下斜切一刀，角度25°~30°，深达茎直径的2/3处，切口长度为0.6~0.8 cm。将接穗苗取出后，从子叶下方1.5~2 cm处与子叶平行方向自下而上斜切一刀，角度为20°左右，深度达茎直径的3/5，切口长度0.6~0.8 cm，然后将接穗子叶置于砧木子叶上，使两切口紧密结合，再用嫁接夹固定，将根系浸入盛水的盘中。

（八）嫁接苗管理

在分苗床上间隔 10~20 cm 开沟浇水，砧木与接穗两根稍分开，方法是在沟的一侧放厚 1.5~2 cm、宽 8~10 cm 的木条，夹子末端置于木条上，将苗摆好，浇足底水，覆土时要与根系紧密接触，以免影响成活率。土覆好后，再浇一次透水，边栽边扣小拱棚，嫁接后前两天要注意保温遮阳，以后逐渐延长见光时间，7 天后等接口完全愈合，植株恢复正常生长，即可断根。断根后结合喷水进行叶面追肥，定植前 7 天，加强通风锻炼，在苗子不致受冻的情况下，尽量降低温度以增强苗子的抗性。当嫁接苗在三叶一心时即可定植，正常条件下，从甜瓜播种到定植 35~45 天。

二、日光温室甜瓜冬春茬栽培技术

此茬栽培一般播种期为 12 月下旬至翌年 1 月上旬，收获期为 4 月下旬至 5 月上旬，由于温室内的甜瓜，从幼苗期到伸蔓期、结果期，光照时数逐渐增多，光照强度逐渐加强，大气温度逐渐提高，温室内的温度易于控制在昼温 22~32℃，夜温 16~20℃，昼夜温差 12℃以上。尤其在果实膨大期已处于 3~4 月，此时大气少雨干旱，阳光充足，棚室升温快，温度高，利于通风排湿，且昼夜温差较大，均利于增加同化物质积累，使甜瓜增加含糖量。

（一）品种选择

温室冬春茬栽培宜选用抗病、耐低温、弱光，适应范围广的中早熟品种，目前生产多选用丰甜三号、中甜一号、甜红玉 2 号、伊丽莎白、博洋 9 号等品种。

（二）培育壮苗

1. **基质、营养土的配制** 可利用穴盘育苗（规格 32 穴、50 穴）或营养钵育苗（规格 10 cm × 10 cm），穴盘育苗的基质配方可用草炭：蛭石：珍珠岩 =3：1：1，1 m^3 基质再加硫酸钾复合肥 1 kg（用水溶解喷拌），烘干消毒鸡粪 5 kg 混匀。装钵的营养土配方可选用未种过瓜菜的肥土 7 份，充分发酵腐熟的鸡粪 3 份，1 m^3 营养土再掺加过磷酸钙 2 kg、硫酸钾 0.5 kg，过筛掺匀。

2. **电热温床建造** 此时期育苗正处于严寒的季节，为确保幼苗健壮，需要在温室内建电热加温育苗床，方法参照“冬春穴盘育苗技术”当中的加温保暖。

3. **种子处理** 首先晒种 1~2 天，晒后用 25% 多菌灵可湿性粉剂 500~600 倍液浸种 15s，捞出清洗后再用 55℃的温水浸种，迅速向一个方向搅拌，使水温降至 30℃，然后浸种 4~5 h，捞出后甩尽水分，放在 28~30℃处催芽，24~36 h 可出芽。

4. **播种**　把拌好的基质装盘后打播种孔，深 1 cm 左右，每孔的正中平放 1 粒种子，胚芽朝下方，上面覆盖蛭石或配好的基质，然后把播好种子的穴盘摆放温床内，覆盖地膜，再扎拱覆盖无滴膜，扣成小拱棚。

5. **苗床管理**　播种后出苗前，苗床温度白天 30℃左右，夜间 16~20℃，等大部分种子露头后及时去掉地膜，小拱棚白天掀晚上盖；出苗后白天温度控制在 25℃左右，夜间 13~15℃；秧苗破心后，白天 25~30℃，夜间 15~18℃，待秧苗三叶一心、苗龄 35 天左右即可定植。

为培育壮苗，育苗期间对不透明的覆盖物要早掀晚盖，以延长见光时间，电热加温穴盘育苗耗墒快，要根据苗情、基质含水量、天气情况适时浇水，浇水要在晴天上午进行，以便浇水后，有时间升温和排湿。

定植前 7 天进行低温炼苗，以利于幼苗的移栽缓苗，定植前一天穴盘苗喷洒移栽灵 3 000 倍液，带药定植。

（三）整地定植

1. **定植前的准备**　甜瓜根系发达，整地时一定要深翻土壤 30 cm 深。结合深翻，每 667 m^2 施腐熟的优质有机肥 10 000 kg 和过磷酸钙 50 kg。耙平耙细后按 140~150 cm 宽做一个南北向“M”形的高垄畦。如铺设滴灌可做成畦面宽 80 cm、畦间走道宽 50 cm、畦高 20 cm 的小高畦，在畦面上铺两根滴灌软管，覆盖好地膜，做好畦面扣棚升温。

2. **定植**　定植应选在晴天，当 10 cm 地温稳定在 15℃以上时即可定植，按每畦 2 行定植，定植株距 40~45 cm。穴盘育苗，取苗时保护营养基完整，以防幼苗伤根。秧苗栽植时不要太深，过营养基顶面即可。为防止根部和根茎部病害的发生，穴内定植水渗完后，每穴浇灌秀苗 1 000 倍液 150~200 mL，待第二天中午穴温提高后进行封穴，结合封穴每穴撒施 30~50 g 有机生物菌肥，细致中耕松土，封严地膜口。

（四）定植后的管理

1. **温度管理**　甜瓜定植后管理重点是提高地温和气温，使植株迅速发根缓苗。定植后 1 周尽量少通风，要闭棚提温，让气温促进地温的升高；白天可使气温达到 30~35℃，夜间 15~20℃，以维持较适宜的温度，利于缓苗。

缓苗后，白天温度控制在 25~30℃，夜间不低于 15℃；坐果期的温度，白天 25~35℃，夜间尽量保持在 14℃以上，以利于糖分积累与早熟，不要为了快速膨果和快速成熟进行高温管理，温度过高虽然膨果较快、成熟较早，但易导致植株根系老化，地上部早衰，影响二茬瓜的正常生长，甚至于造成生理障碍等情况的发生。

2. **水肥的管理** 缓苗水，定植后 7 天左右浇 1 次缓苗水，如果天气好，缓苗水宜早浇，且要浇足，以利扎根、发苗和培育壮苗。此水一般不需带肥，如遇到低温障碍，根系发育不好时，可适当喷施一些叶面肥。瓜秧长至 8~10 片叶时，浇伸蔓水，并随水冲施少量的氮磷钾复合肥，此次水肥不宜过大，以防止瓜秧旺长影响坐果；伸蔓期要维持一定的土壤湿度，田间持水量以 60% 为宜。开花坐果期不宜浇水，以免瓜秧生长过旺影响坐果。坐果以后幼瓜长到核桃至鸡蛋大时，果实进入膨大期，此时需水量较大，应及时浇水，并随水每 667 m^2 冲施硫酸钾 15 kg，维持土壤持水量 70%~80%；此期水分供应不足，对瓜的产量影响较大。果实成熟采摘前 1 周，应控制浇水，土壤持水量以 50% 左右为宜，以促进早熟提高品质；此期如土壤湿度过大，则糖分降低，成熟期延后，易引起裂果及病害。浇水要选择晴天上午进行，浇水后 1~2 天，上午少放风，将棚温高于正常温度 2~3℃，使棚温尽快回升。

甜瓜坐果以后，要增施 CO_2 气肥，增强光合效能；随着天气的转暖，要注意加大通风量，尤其在瓜成熟期加大昼夜温差，使夜间温度不高于 17℃，减少呼吸消耗，增加有机营养物质的积累，提高产量，改善品质。

3. **吊蔓与整枝** 温室栽培甜瓜多采用吊蔓方式管理瓜秧，定植后 7~8 叶时，用吊蔓绳将主蔓吊好，并随着植株的不断生长，随时在吊绳上缠绕，整枝方式可根据不同的品种、栽培密度采取单蔓或双蔓整枝。温室栽培厚皮甜瓜时，多采用单蔓整枝方式。单蔓整枝就是将主蔓基部 1~10 节着生的子蔓在萌芽时就全部抹去，只选留 11~15 节位上抽出的子蔓，对坐瓜的子蔓留 2 片叶摘心，每株选留 1~2 个瓜，其余的子蔓及时摘除。主蔓长到 25~28 片叶时打顶，摘心整枝要在晴天进行，阴雨天不要整枝打杈，以防伤口感染；晴天摘心整枝棚内温度高、湿度小有利于伤口愈合。整枝一定要及时，防止侧蔓生长过大，营养消耗过多，对生长发育和结果不利。

4. **授粉、留果、吊瓜** 甜瓜属于异花授粉作物，且无单性结实习性，温室内无昆虫传粉，必须进行人工授粉。授粉要在 8~10 时进行，选择当天开放的健壮雄花，翻卷花冠后，将雄心在当天开放的结实柱头上轻轻涂抹；也可用坐果灵、吡效隆，进行蘸花保果，诱导单性结实，效果较好。甜瓜适宜的留瓜节位为 11~15 节，小果型每株留双瓜，大果型留单瓜，双层留瓜的在主蔓 11~15 节、21~25 节，各留一层瓜。植株结果 5~7 天后，幼瓜如核桃大时，选择果形发育端正、瓜色明亮、果个较大、两端略长的幼瓜留下，其余全部疏除。留多瓜时注意要选留相邻节位上的瓜，这样坐瓜比较整齐。当瓜长到 250~300 g 时，应及时进行吊瓜，如果小果型瓜留多瓜时，可不用吊蔓，厚皮甜瓜的果柄较粗壮，吊蔓时用吊蔓绳直接拴系果柄的近果实部位，将瓜吊起，吊瓜的高度应尽量一致，以便于管理。

（五）采收

适收期的确定主要有以下两种方法：一是根据授粉日期、标记、品种属性及保护设施的温度条件，推算和验证果实的成熟度；二是根据该品种成熟果实的固有色泽、花纹、网纹、棱沟等进行判断是否成熟。还有嗅脐部有无香味也是瓜成熟的一个标志。采收时应带果柄和一段蔓剪下，放入事先准备好的容器里，这样有利于保鲜。

三、塑料大棚甜瓜春提前栽培技术

（一）品种选择

早春栽培应选择耐低温弱光、抗高湿、抗病性强、高产、外观和内在品质佳、耐储运的中早熟品种，如伊丽莎白、甜红玉 2 号、博洋 9 号、丰甜三号、郑甜一号等品种。

（二）播种育苗

1 月中旬至 2 月初育苗，采用 50 孔或 32 孔穴盘基质育苗，苗龄 40 天左右。把种子放入 50~55℃的温水中迅速搅拌，使水温下降至 30℃左右，再进行浸泡 4~6 h，浸泡后用湿布包好，置于催芽箱内。温度控制在 28~30℃催芽，种子露白尖即可播种。将催过芽的种子播于穴盘内，基质的配比参照日光温室甜瓜冬春茬栽培技术，每穴 1 粒，播后用基质覆盖，然后覆上地膜保湿。

早春育苗温度是关键因子。应在育苗棚苗床上铺设地热线加热，苗床上设小拱棚，外覆盖草苫、保温被等保温设施，草苫要早揭晚盖。要严格控制温度，保持白天 28~30℃，夜间 18~20℃，出苗后及时揭去地膜，增强苗床光照，适当降低温度，白天 22~28℃，夜间 15~18℃，穴盘基质温度不能低于 15℃。出苗后若苗子叶“戴帽”，要尽早去掉，穴盘基质不干不浇水。在 2 月底开始炼苗，准备定植。

（三）定植

1. **整地施肥** 前茬作物采收后要及时清理大棚并整地，每 667 m^2 施充分腐熟的优质农家肥 5 000 kg、硫酸钾复合肥 50 kg、过磷酸钙 15 kg，一次性将所有肥料均匀施完后，深翻耙碎土壤。在大棚内南北方向起垄铺盖地膜，起垄前每 667 m^2 用 95% 敌克松可湿性粉剂 1~1.5 kg 加细土 10 kg 均匀撒施消毒。

2. **适时定植** 根据天气情况而定，一般选在 2 月底至 3 月初，且苗长至 3~4 片叶时，经过炼苗后方可定植，定植选择“冷尾暖头”的晴天上午进行，定植前用移栽灵 2 000 倍液稀释浇灌穴盘苗。采用宽窄行定植，宽行 90 cm，窄行 50 cm，株距 40 cm；选择健壮无病虫害，大小一致的苗子双行错位定植，每垄 2 行；将幼苗带坨从穴盘中取出，放入已挖好的穴中，不宜过深，浇足水后待第二天上午封土，由于此时温度较低，定植后要在棚内张挂二膜，增加温度。

（四）定植后的管理

1. **温度管理**　定植后 5~6 天，不超过 35℃不放风。植株生长后，开花坐果前，白天保持在 28~30℃，夜间 14~16℃，白天超过 32℃时通风降温；随着植株的生长和外界气温的升高，通风量应由小到大。坐果后棚内要保持较高的温度，白天 27~35℃、夜间 15~20℃，瓜后期成熟时白天温度不宜超过 35℃，增大昼夜温差，保持 13℃以上的温差，以利于果实糖分的积累和提高品质。

2. **光照管理**　甜瓜的生长发育需要充足的光照，大棚早春甜瓜生产应尽量增加光照，每天保持光照在 8 h 以上，要经常擦洗棚膜，以利于透光，在叶面上可以喷施菌肥，增加光合作用。

3. **水肥管理**　甜瓜适宜的空气相对湿度在 50%~60%，定植后应根据土壤的水分情况决定是否浇水，一般开花坐果前，植株需水较少，地面蒸发也少，此时外界气温也较低，应控制浇水，以促进根系的生长；如果干旱可浇 1 次水，但灌水量不要太大。进入果实膨大期后，随着植株的生长以及果实的增大，水肥量也应增大，可每 667 m^2 追施磷酸二氢铵 15 kg、硫酸钾 10 kg，全生育期追施 2~3 次，保持地面湿润。另外在果实膨大期，用 0.3% 磷酸二氢钾进行叶面喷洒。果实膨大结束后要减少浇水，果实成熟前 7 天停止浇水，以利于糖分的积累，提高品质。

4. **整枝吊蔓**　大棚内栽培多采取吊蔓栽培，幼苗长至 7~8 片叶时，用吊蔓绳进行吊蔓。随着植株的生长进行整枝打杈，大棚甜瓜栽培可采用单蔓整枝，也可采用双蔓整枝。单蔓整枝为子蔓留果，双蔓整枝即为双子蔓整枝，孙蔓留果。单蔓整枝时保留主蔓，利用第九至第十一节位上发生的子蔓留果，留果的子蔓先端保留 1 片叶摘心，一般每株结 1~2 个果；第九节以下发出的子蔓及早全部摘除，其余的无果蔓也要摘除，一般在主蔓 25 节左右打顶。双蔓整枝是在幼苗 3~4 叶时摘心，选留 2 条生长健壮、均匀的子蔓作主干，其余子蔓全部摘除。每子蔓利用第八节以上发生的孙蔓留果，将第八节以下的孙蔓全部摘除，留果蔓亦同样留 1 片叶摘心，其余无果孙蔓全部摘除，2 条子蔓在第二十节时打顶。

5. **授粉、蘸花、留瓜**　雌花开放时，在 8~10 h 进行人工授粉，选择当天开放的健壮雄花，翻卷花冠后，将雄心在当天开放的结实柱头上轻轻涂抹，也可用植物生长调节剂（坐果灵、吡效隆）进行蘸花保果，效果突出。当果实长至鸡蛋大时，选留果形周正、符合本品特征的果实进行留瓜。

（五）采收

甜瓜采收期很严格，其成熟与品质关系很大。采收过早甜瓜含糖量低，香味不足；采收过迟，瓜肉组织软绵，降低了品质。甜瓜从开花坐果至成熟的天数，应根据该品种的属性而定。当瓜皮出现该品种固有的皮色，或在瓜脐部散发出该品种特有的芳香气味，或瓜柄处产生离层即为熟瓜，要立即采收。采收后清除果实表面的泥土，按大小分级，用发泡网套好后装箱待售。

四、塑料大棚甜瓜秋延后栽培技术

（一）品种选择

秋延后甜瓜的品种选择非常关键，由于育苗期及茎蔓生长期天气炎热，前期大棚内经常出现不适宜甜瓜生长的极限高温，害虫肆虐，植株极易感染病害，特别是感染病毒病，因此在品种上一定要选择耐热、抗病能力强、优质、高产的品种，如伊丽莎白、丰甜三号、中甜一号、博洋 9 号等品种。

（二）播种育苗

1. **播种时间**　秋延后甜瓜在 7~8 月均可播种，可根据上市时间来决定。如要在 10 月上旬上市，则可以在 7 月初育苗；如需供应晚秋市场，可安排在 8 月底播种。此茬栽培如果种植的大棚腾茬较早，可不育苗直接播种。

2. **催芽播种**　将种子放入 55℃温水中，迅速搅拌使水温降至 30℃，浸泡 4~6 h，然后过滤掉多余的水，用湿布包好，裹上湿毛巾，在 28~32℃催芽，种子露白即可播种。播种前按 1 m^3 基质 50% 多菌灵可湿性粉剂 100 g 的比例混拌均匀，基质的配比参照日光温室甜瓜冬春茬栽培技术，然后覆塑料膜，闷放 1~2 天。使用 50 穴孔穴盘，播种深度 1~1.5 cm。播种后用基质或珍珠岩覆盖，穴盘上覆地膜，盖上遮阳网，出苗后要及时去掉。

3. **温度管理**　夏秋育苗期间温度较高，要特别注意降温、控湿，大棚顶要加盖遮阳网或喷洒降温涂料，以防幼苗徒长。出苗后在晴天的 10~16 时盖上遮阳网，其余时间以及阴雨天都要取掉遮阳网，使幼苗多见光。

4. **水分管理**　育苗期间要保持基质湿度，浇水宜在早晨和傍晚进行，切记不能在中午高温时浇水；夏秋季温度高，基质水分增发量大，1 天甚至会浇 2 次水。

（三）移栽定植

1. **整地施肥**　将前茬作物残体杂物清除后，每 667 m^2 施石灰氮 60 kg，同粉碎的玉米秸秆一起翻耕耙平，灌水浸透，在地面覆透明棚膜，然后关闭风口进行高温闷棚，连续闷棚 15 天左右，可有效地杀灭病菌。闷棚后每 667 m^2 均匀撒施腐熟的有机肥 5 000 kg、硫酸钾施复合肥 100 kg 作为基肥。

2. **定植** 按宽窄行定植，宽行 90 cm、窄行 50 cm，做畦后浇透水，覆地膜；同一品种秋季栽培的生长势不如春季旺，因此种植密度可比春季稍大些按株距 40 cm 打孔，定植瓜苗。定植后及时浇定植水，封好定植穴，第二天再补浇 1 次定根水。

（四）定植后的管理

1. **水肥管理** 定植后连续浇水 1~2 次，以促进生长。伸蔓期生长速度加快，叶片蒸腾量大，需水量大，可浇 2 次水。开花坐果期禁止浇水，防止落花落果。果实膨大期，需水量增大，此时应每 667 m^2 追施硫酸钾 10 kg，以利于果实膨大。果实成熟采收前 7 天停止浇水，以有利于糖分积累，提高果实品质。

2. **温度、湿度管理** 管理原则是前期降温、控温，后期增温、保温，尽可能降低空气相对湿度。秋延后栽培甜瓜大棚内前期温度较高，应尽可能通风降温；这个阶段甜瓜以营养生长为主，生长速度快。在开花前应着重注意降温，防止植株因高温徒长而导致雌花分化少或坐果困难。中后期大棚内温度开始逐渐降低，此时进入果实膨大期，保证棚内较低空气相对湿度的同时尽量提高温度，晚上应关上大棚通风口，白天打开。后期果实进入糖分积累期，棚内温度降低，应注意保温，逐渐加大昼夜温差，有利于可溶性固形物的积累，提高甜瓜含糖量。

3. **整枝、吊蔓** 参照大棚甜瓜早春栽培。

4. **人工授粉、蘸花** 在雌花开放当日 10 时前，采摘当天清晨开放的雄花，去掉花冠，轻轻涂抹雌花的柱头，一般 1 朵雄花可为 2~5 朵雌花授粉。也可用植物生长调节剂（坐果灵、吡效隆）进行蘸花保果，用植物生长调节剂时要控制好浓度，浓度过小，果实膨大效果不理想，浓度过大易裂果。

5. **留瓜吊瓜** 在果实呈鸡蛋大时，选留瓜形好的定瓜，将其余瓜摘除。对于果个较大的甜瓜品种，在果实长到拳头大时吊瓜，用吊绳一头拴住果柄靠近果实的部位，另一头系在大棚顶部的铁丝上，注意把瓜的高度调整一致，以便于管理和美观。对选留的瓜可实行套袋，防止大棚内水珠滴落引起烂瓜和强烈的光照影响果实表面光泽。

（五）采收

大棚秋延后甜瓜栽培，在棚室内温度、湿度、光照等条件尚不致使果实受冷害的前提下，可适当晚采收，以推迟上市时间，获得较好的经济效益。此时天气气温降低，棚温不高，瓜的成熟速度较慢，成熟瓜在瓜秧上延迟数天收获，一般不会影响品质。

第四节　侵染性病害的识别与防治

一、霜霉病

（一）症状

主要危害叶片，以成株期开花结果后发病重。叶片发病，初呈水渍状黄色暗斑，经4~5天逐渐扩大，受叶脉限制形成多角形淡褐色斑块，病斑干枯易碎。潮湿时长出紫灰色霉层，后期霉层变黑。严重时病斑连成片，全叶变黄褐色，干枯卷缩，全田表现一片枯黄，严重影响产量和品质。

（二）发生规律

甜瓜霜霉病多始于近根部的叶片，病菌萌发和侵入对湿度条件要求高，叶片有水滴或水膜时，病菌才能侵入，空气相对湿度高于83%，病部可产生大量孢子囊，条件适宜经3~4天即又产生新病斑，长出的孢子囊又进行再侵染。病菌萌发和侵入对湿度条件要求高，叶片有水滴或水膜时，病菌才能侵入。

（三）防治措施

1. *品种选择*　选择种植抗病性较强的品种，能够有效减轻霜霉病的危害。

2. *农业防治*　种植前需将种植地块杂草枯叶等清理干净，割断越冬病残体组织的传染途径；合理密植，高垄培植，及时整枝打杈，防止植株长势过旺；控制湿度。地膜下渗浇小水或滴灌，做到节水保湿，棚内空气相对湿度会明显下降。抓住清晨时间早些放风也就是放湿气，并改善通风条件；观察棚内雾气明显外流减少后即关风口，有利于快速提高棚内温、湿度。

3. *增施磷、钾肥*　霜霉病的发生与植株整体营养失衡有很大关系，尤其是碳、氮比重配合得不得当会发生病害。开花后的植株，为避免霜霉病的发生，可以多用有机肥，氮、磷、钾配合施用，降低氮肥用量，增施磷、钾肥；选用正规厂家生产的品质较好的有机活性肥，喷施整棵植株及根部土壤，可7天喷施1次。以上方法可以任选其一，以增强植株抗病性。

4. *药剂防治*　40%精甲霜灵·烯酰吗啉悬浮剂1 500~2 000倍液喷雾，或68.75%氟菌·霜霉威悬浮剂600~800倍液喷雾，或60%吡唑·代森联水分散粒剂400~500倍液喷雾，或 18.7% 烯酰·吡唑酯水分散粒剂 500~700 倍液喷雾。

二、白粉病

（一）症状

甜瓜白粉病俗称“白毛”“白霉”，各瓜区均有发生，因叶片受害引起早期枯死而减产。病害的特征是受害叶片上产生粉状霉，像撒上面粉状，后期在病斑上产生黑色小点，即病菌的闭囊壳。

（二）发生规律

甜瓜白粉病发病对湿度要求并不是很苛刻，一般湿度越高分生孢子越容易萌发和传播，即使空气相对湿度降低至 25% 左右时，仍然具备萌发传播的能力。对于寄主来说，当外界环境干旱、灌溉不及时、施肥不足以及光照不足的情况下，将直接影响植株的生长发育，其对甜瓜白粉病的抵抗能力也将随之下降。此外，在浇水过量、氮肥施用过量、湿度过高的情况下，甜瓜白粉病的发病率也较高。因此，田间湿度大，温度在 18~24℃时，病害易发生流行。干湿交替气候，发病重。大棚内空气相对湿度大，空气不流通时发生早而重。

（三）防治措施

1. **农业防治** 选用抗病品种，合理轮作倒茬，深翻改土，培育壮苗。甜瓜收获后应彻底清理田园，病残体不要堆放在棚边，要集中掩埋。采取高畦宽垄栽培，合理密植、科学整枝，以利通风透光；加强肥水管理与温、湿度调控，增强植株的抗逆性。棚内理想的空气相对湿度，开花坐果期为 60% 左右，果实膨大期为 70% 左右，但空气相对湿度应控制在 80% 以下。这样不仅有利于开花结果和果实膨大，同时能明显抑制病害的发生。

2. **生物防治** 发病初期选用 3% 多抗霉素可湿性粉剂 500~600 倍液，或 4% 嘧啶核苷类抗生素水剂 800~1 000 倍液喷雾防治，用药间隔期 4~5 天，连喷 2~3 次。

3. **药剂防治** 选用 32.5% 苯甲·嘧菌酯悬浮剂 1 000~1 500 倍液喷雾，或 75% 戊唑醇·肟菌酯水分散粒剂 2 000~3 000 倍液喷雾，或 37% 苯醚甲环唑水分散粒剂 3 000 倍液喷雾，或 42% 戊唑醇·百菌清悬浮剂 1 000~1 500 倍液喷雾。

三、疫病

（一）症状

甜瓜疫病俗称“死秧”，全省各地瓜区均有发生，在几天之内可造成全田瓜秧死亡而严重减产。甜瓜叶片、根茎、果实均可受害，以成株期受害最重。茎基部受害，病部缢缩软腐，呈暗褐色，叶片萎蔫，后发展为全株枯死，节部病茎维管束不变色，可与枯萎病相区别。果实受害病部凹陷，潮湿时病部长出稀疏的白色霉状物，即病菌的孢子梗和孢子囊。

（二）发生规律

病菌以菌丝体和卵孢子随病残体组织遗留在土中越冬，翌年菌丝或卵孢子遇水产生孢子囊和游动孢子，通过灌溉水和雨水传播到甜瓜上萌发芽管，产生附着器和侵入丝穿透表皮进入寄主体内，遇高温高湿条件 2~3 天出现病斑，其上产生大量孢子囊，借风雨或灌溉水传播蔓延，进行多次重复侵染。甜瓜疫病发生轻重与当年雨季到来迟早、温度高低、雨日多少、雨量大小有关。发病早、温度高的年份，病害重。一般进入雨季开始发病，遇有大暴雨迅速扩展蔓延或造成流行。生产上与瓜类作物连作、采用平畦栽培易发病，长期大水漫灌、浇水次数多、水量大发病重。

（三）防治措施

1. **种子消毒** 播种前用 25% 甲霜灵可湿性粉剂 1 000 倍液浸种 24 h。

2. **农业防治** 实行与瓜类作物 3 年以上轮作。采用高畦栽培，可减少与病菌接触、提高地温可起到早熟避病作用。采用地膜覆盖，效果更好。加强水肥管理，施用腐熟堆肥，增施磷、钾肥，适当控制氮肥。浇水时水深不要超过茎基部位，防止田间积水。发现病株立即拔除，并用生石灰消毒。

3. **药剂防治** 在初期田间有少量病株出现时，可用 25% 甲霜灵可湿性粉剂与 50% 福美双可湿性粉剂按 1∶1 比例配成混合粉稀释 800 倍液灌根，每一病株灌药液 0.25~0.5 L 进行挑治，7~10 天灌 1 次，连灌 2~3 次。田间发病较普遍时用 72% 霜脲·锰锌可湿性粉剂 700 倍液，或 64% 噁霉·锰锌可湿性粉剂 500 倍液，或 722 g/L 霜霉威盐酸盐水剂 800 倍液，或 687.5 g/L 氟菌·霜霉威悬浮剂 1 000 倍液，或 69% 烯酰·锰锌可湿性粉剂 800 倍液等喷雾，7~10 天喷 1 次，连喷 2~3 次。喷药时，加入芸薹素内酯类植物生长调节剂，可促进病株尽快恢复生长，每公顷加 0.01% 天丰素 150 mL 或 0.1% 硕丰 481 可溶粉 60 g 或 0.003% 爱增美 75 mL，可提高防治效果。同时按每公顷药液量加入有机硅助剂杰效利或透彻 75 mL，可提高防治效果，节省用药量。

四、炭疽病

（一）症状

甜瓜叶片、茎蔓、叶柄和果实均受侵染。幼苗染上甜瓜炭疽病，真叶或子叶上形成近圆形黄褐至红褐色坏死斑，边缘有时有晕圈，幼茎基部常现水浸状坏死斑，成株期染病，叶片病斑因品种呈近圆形至不规则形，黄褐色，边缘水浸状，有时亦有晕圈，后期病斑易破裂。茎和叶柄染病，病斑椭形圆至长圆形，稍凹陷，浅黄褐色，果实染病，病部凹陷开裂，后期产生粉红色黏稠物。

（二）发生规律

甜瓜炭疽病病菌在土壤内越冬，条件合适时菌丝直接侵入引发病害，病菌借助雨水或灌既水传播，形成初侵染，发病后病部产生分生孢子进行重复侵染。发病适宜温度22~27℃，空气相对湿度85%~98%。连作地、低湿地或偏施过施氮肥发病较重。本病既可在田间发生，也可在采收后果实储运销售过程中继续发生危害，造成大量烂果，招致的损失有时比田间发病时更大。

（三）防治措施

1. **种子处理**　播种前用50℃温水浸种20 min，经清水冷却后，晾干直播或催芽播种。

2. **农业防治**　实行3年轮作，并用无菌土进行营养钵育苗。定植施足基肥，增施磷、钾肥。露地盖膜栽培，保护地适时放风。注意平整土地，防止积水，雨后及时排水，合理密植，及时清除田间杂草。

3. **药剂防治**　30%吡唑嘧菌酯·溴菌腈水乳剂800~1 000倍液喷雾，或32.5%苯醚甲环唑·嘧菌酯悬浮剂1 000~1 200倍液喷雾，或60%吡唑·代森联水分散粒剂500~600倍液喷雾。

五、蔓枯病

（一）症状

甜瓜蔓枯病又叫黑斑病、黑腐病，全省各地均有发生。可造成瓜株枯心，减产很大。茎蔓、叶片和果实均可受害，以茎蔓受害最重，茎蔓受害后在节部产生梭形或椭圆形淡黄色油浸状凹陷斑，前期病部龟裂，分泌出黄褐色胶状物，后期病部干枯，表面散生黑色小点，即病菌的分生孢子器，可凭此特征确诊为蔓枯病。

（二）发生规律

甜瓜蔓枯病由子囊菌亚门瓜类球腔菌侵染所致。病菌以分生孢子器及子囊壳在病株残体上越冬、越夏。翌年春暖时，产生分生孢子及子囊孢子，借风雨传播，成为田间初侵染。以后病部产生的分生孢子继续传播蔓延，引起再侵染。病菌多从整枝、摘心的伤口及其他伤口处侵入，侵入组织以后潜育期为7~10天，种子表面也可带菌，种子发芽后病菌直接危害子叶。品种间抗病性差异明显，一般薄皮脆瓜类属抗病体系，发病率低，耐病力强；厚皮甜瓜较感病，尤其是厚皮网纹系统、哈密瓜类明显感病。高温高湿、种植过密、通风不好、缺肥或偏施氮肥、植株生长弱有利发病。浇水过多、放风不及时、连作重茬地易发病。

（三）防治措施

1. **实行轮作** 忌与瓜类、蔬菜连作，最好与禾本科作物轮作2~3年。

2. **田间管理** 最好起垄高畦栽培，实行合理密植，灌水应在垄沟进行，严禁大水漫灌。病菌主要从伤口侵入，因此整枝打杈掐蔓必须在晴天进行。打侧蔓时最好基部留小半截，以避免病菌从伤口向主蔓侵染。最好整枝后喷药和药剂涂抹伤口。及时清理病残体带到田外集中销毁，以减少土壤越冬菌原。

3. **选用抗病品种和做好种子处理** 较抗病的品种有龙甜一号、伊丽莎白、新蜜杂等品种；播前应进行种子处理。可用40%甲醛150倍液浸种30 min或清洗干净再催芽播种；也可用40%甲基硫菌灵或多菌灵500倍液浸种30 min。

4. **药剂防治** 选用43%氟菌·肟菌酯悬浮剂2 000~3 000倍液喷雾，或75%戊唑醇·肟菌酯水分散粒剂3 000~4 000倍液喷雾，或60%吡唑·代森联水分散粒剂400~500倍液喷雾。

六、叶枯病

（一）症状

甜瓜叶枯病，主要在种植期间发作。该病主要危害叶片，偶尔也危害叶柄。发病初期叶片上产生褪绿色小黄点，后扩展成圆形至椭圆形褐色病斑，中央灰白色，边缘深褐色至紫褐色，微微隆起，外缘油渍状。后期中部有稀疏霉层。病斑直径为0.1~0.2 mm，病叶上斑点数目很多，一张叶片常有病斑300个以上。严重时叶片卷曲、枯死，病株呈红褐色。此病在坐瓜后期开始出现，糖分积累时达发病高峰，通常在中上部叶片发生。茎蔓发病，产生菱形或椭圆形稍有凹陷的病斑。果实受害，果面上出现圆形褐色的凹陷斑，常有裂纹，病原可逐渐侵入果肉，造成果实腐烂。

（二）发生规律

病原菌主要是以休眠菌丝体、分生孢子附着在种子上越冬，或者在病残体上以及其他寄主上越冬，翌年春天待到温、湿度等条件适宜时开始初侵染。在生长期间植株的病部会产生分生孢子，侵入叶片，条件适宜时3天即可呈现病状，不久形成分生孢子进行再侵染。传播途径主要是通过风雨、气流、昆虫及农事操作等进行。

引起甜瓜叶枯病的瓜链格孢病菌，温度在10~36℃都可繁殖侵染，但以25~32℃最为适宜；该病菌比较喜欢高湿环境，当空气相对湿度达到80%以上时病害发生多并蔓延迅速，特别是夏季遇到高湿闷热的天气时，该病易发生流行。连续晴天、日照时间长，空气相对湿度降低后，该病菌活动受到抑制，病害发生减弱。连作地块、土壤瘠薄偏酸地块或肥料施用量少，偏施或重施氮肥，植株长势弱抗病力低的瓜田，病害发病严重。

（三）防治措施

1. **种子消毒** 选用55~60℃的温水浸种15 min，或50%多菌灵可湿性粉剂500倍液浸种1~2 h。

2. **土壤消毒** 苗床土壤可用70%敌克松可湿性粉剂700倍液喷施，或用喷施型的酵母素10 g对水15 kg，将床土喷湿，或用50%多菌灵可湿性粉剂500倍液喷施。

3. **精选耕地** 一是避用瓜类重茬地；二是要精细整地，将大田土壤整得上虚下实；三是要求排、灌方便，特别是选用不能渍水的地块。

4. **农业防治** 清除病残体，集中深埋或烧毁。采用配方施肥技术，避免偏施、过施氮肥。雨后开沟排水，防止湿气滞留。

5. **药剂防治** 75%戊唑醇·肟菌酯水分散粒剂3 000~4 000倍液喷雾，或25%吡唑醚菌酯悬浮剂1 000~1 200倍液喷雾，或25%嘧菌酯悬浮剂500~700倍液喷雾，或80%硫黄水分散粒剂200~250倍液喷雾，或42%戊唑醇·百菌清悬浮剂1 000~1 200倍液喷雾。

七、细菌性叶斑病

（一）症状

甜瓜细菌性叶斑病又叫斑点病，是甜瓜的重要细菌病害，引起叶片早枯脱落而减产，主要危害叶片，也可危害茎蔓和果实。叶片上病斑为黄色半透明圆点状或不规则大斑，当有露水时病斑背面溢出黄白色菌脓，后期病斑焦枯，病斑中央组织干枯脱落。茎蔓、果实上病斑褐色凹陷，龟裂溃烂，溢出大量细菌黏液，向果内扩展使种子带菌。

（二）发生规律

由丁香假单胞菌甜瓜致病变种引起。病菌随着病残体在土壤中和种子表面越冬，成为翌年初侵染源。病原菌由伤口和自然孔口侵入，带病种子发芽后即侵入子叶，温度22~28℃，潮湿、多雨、田间湿度大是病害发生的主要条件，地势低洼，连作田发病重。

（三）防治措施

1. **种子消毒** 播种前要进行种子消毒，用45%代森铵水剂300倍液浸种15~20 min，将种子用水冲洗干净后再进行催芽播种。

2. **田间管理** 定植前大棚用氯化苦熏蒸剂进行消毒处理，尤其前茬是瓜类作物的大棚，此项工作更为重要。加强通风管理，降低棚内湿度，避免棚内湿度过大造成结雾，给病菌一个不能生存和传播的环境。

3. **药剂防治** 70%春雷霉素·硫酸铜钙悬浮剂600~800倍液喷雾，或84%王铜水分散粒剂250~300倍液喷雾，或77%氢氧化铜可湿性粉剂200~250倍液喷雾，或30%噻唑锌悬浮剂500~700倍液喷雾，或3%中生菌素可湿性粉剂400~500倍液喷雾。

八、花叶病毒病

（一）症状

该病典型症状是病叶、病果出现不规则褪绿、浓绿与淡绿相间的斑驳，植株生长无明显异常，但严重时病部除斑驳外，病叶和病果畸形皱缩，叶明脉，植株生长缓慢或矮化，结小果，果难以转红或致局部转红，僵化。

（二）发生规律

一是种子带病毒；二是瓜田及其周围杂草多，病害（重要是蚜虫）传播厉害；三是在高温干旱、日照强、缺肥、管理粗放、有机肥腐熟不好等不良的种植管理条件下均利于发病。

（三）防治措施

1. **种子处理** 播种前用55℃温开水浸种10 min，浸种时不断搅动，待水冷凉后，再浸36 h，然后催芽、播种。

2. **农业防治** 选择远离蔬菜作物的田块种植，甜瓜、西瓜、西葫芦不宜混种。加强田间管理，培育健壮植株，增强植株抵抗力。发现病株，及时拔除销毁。打杈摘顶时要注意防治人为传毒。

3. **药剂防治** 1%香菇多糖水剂300~500倍液喷雾，或4%低聚糖素水剂200~300倍液喷雾，或24%混酯硫酸铜水乳剂400~500倍液喷雾。

第五节　生理性病害的识别与防治

一、瓜苗“戴帽”

瓜类育苗时,经常出现苗“戴帽”现象。发生“戴帽”的瓜苗易形成弱苗,影响瓜苗质量。

(一)症状

瓜苗出土后子叶上的种皮不脱落,俗称“戴帽”。瓜苗子叶期光合作用主要由子叶进行。苗子“戴帽”使子叶被种皮包住而不能正常伸展,不仅易使子叶受伤,而且直接影响到子叶的光合作用,造成幼苗生长不良或形成弱苗,影响植株的后期生长发育。

(二)发生规律

种皮干燥,覆土干燥,种皮容易变干;播种太浅或覆土厚度不够,造成土壤挤压力不足;苗床温度偏低,出苗时间延长;出苗过早揭开覆盖物或晴天中午揭膜,引起种皮在脱落前变干;种子生活力弱等都能引起瓜苗“戴帽”的发生。

(三)防治措施

一是精细整床,要求苗床床土细、松、平整。播种前要浇足底水。二是种子要经过浸种处理,不要播种干籽。覆土宜用湿土,厚度要适宜,薄厚均匀一致。三是加盖塑料薄膜保湿,使种子从发芽到出苗期间保持湿润状态。除去覆盖物不要过早、过急。四是幼苗刚出土时,若苗床过干要立即用喷壶洒水,保持床土潮湿。发现覆土太浅的地方,可补撒一层湿润细土。发现“戴帽”苗应及早“摘帽”。种皮不易摘掉时,先用喷雾器喷水湿润,待种皮柔软后再摘。

二、瓜苗沤根

甜瓜沤根病在苗床和田间均可发生。沤根后甜瓜生长缓慢,影响伸蔓、结瓜。甜瓜沤根常成片发生。

（一）症状

受害瓜苗或幼株地上部分生长停滞，叶黄，真叶不萌发，严重的引起死苗，或被害株根皮变黄，不长新根或仅长少而细的新根，严重时根皮变为铁锈色腐烂。

（二）发生规律

甜瓜育苗或定植初期，遇连阴雨天气，造成土壤低温、高湿，氧气不足引起沤根。特别在低洼地、黏土地，大雨后造成土壤冷湿，易发生沤根。苗床土质黏重，透水不良，雨后未及时放风晾晒，或分苗期浇水过多，遇连阴雨不能及时分苗，也可造成沤根病的发生。

（三）防治措施

一是选择排水良好的地块育苗或种植，避开低洼地和黏土地。二是苗床灌水要勤浇少浇，保证床土温、湿度及通气良好。三是定植后的瓜田，及时中耕，雨后注意排水，低洼地开深沟，做高畦防止水浸。四是田间发生沤根时，对苗床采取通风晾晒，增加光照，提高温度，苗间开沟散湿，改善苗床通气状况，促进生根发苗。五是定植瓜田，及时排水、中耕深松，降低土壤湿度，促进地温增高，改善通气状况，促进生根发苗。对淹水严重的地块，挖深沟排水降湿。同时，进行叶面喷肥，补充营养。

三、化瓜

（一）症状

刚坐瓜的小甜瓜或正在发育中的小甜瓜，由瓜尖至全瓜逐渐变黄、生长停滞，最后干瘪、死亡的现象，称为化瓜。

（二）发生规律

引起化瓜是因为小瓜得不到充足养分所致。日光温室中由于育苗和生育前期昼夜温差大，形成雄花少，缺乏授粉昆虫，容易产生化瓜。遇连阴天气，低温寡照，同化产物也少，也容易产生化瓜。盛果期密度过大，根系争夺土壤养分，茎叶争夺空间，透光、透风差，光合效率低，消耗增多。肥水过多，植株徒长，或肥水不足，采收不及时，受病虫害等使植株衰弱，均可使小瓜得不到充足的营养而形成化瓜。

（三）防治措施

培育适龄壮苗，适时精细定植，注意密度适宜，避免过于密植。施足基肥，及时追肥，适时追肥，适时灌水，避免土壤过干、过湿。出现化瓜时，要及时采收成熟瓜，适当疏掉弱瓜，控制水分，叶面喷施叶面肥。

四、裂瓜

（一）症状

甜瓜果面产生龟裂的果实称为裂瓜。从幼果期到收获期均可发生。裂瓜一般从花痕部开始，严重时引起烂瓜，龟裂越早损失越大。网纹型甜瓜上的网纹不属于裂瓜，如果网纹粗细超出正常指标，且裂瓜不能正常愈合，则属于裂瓜。

（二）发生规律

由于水分供应不均衡造成。一般在土壤干旱后突遇暴雨或灌水。裂瓜多在甜瓜果实表面硬化后，内部仍能正常发育，由于内外生长速度不均衡而引起。裂瓜的发生受果皮的硬化程度和吸水量的影响。当晴天光照强烈时，果实表皮发生硬化，此时灌水过多，植株吸水后就会引起裂瓜。在植株发生叶枯的情况下，也会加重裂瓜的发生。

（三）防治措施

避免土壤水分的突变，在天气干旱时灌水，水温不宜太低，水量也不宜过大；掌握灌水时间，避免冷热剧变造成裂瓜；加深耕作层，促进根系下扎，使根系吸收土壤下层水分，少受土壤表层水分的影响，可减少裂瓜。

五、急性凋萎

（一）症状

在甜瓜果实成熟期前，有时会出现甜瓜叶子在中午萎凋，临近傍晚时，叶子又慢慢恢复正常，到第二天中午时，叶子又出现萎凋，到了晚上叶子却再也不能恢复正常，最终枯死的现象，有点类似青枯病，这就是甜瓜的急性萎凋症。

（二）发生规律

甜瓜急性萎凋，本质上是由于地上部与地下部组织的养分、水分的疏导、转动不平衡造成的生理问题，根系早衰造成的水肥吸收、转运不畅是重要原因。

（三）防治措施

1. **重视养根护根** 在甜瓜苗期、幼果期、果实膨大期和成熟期各使用 1 次氨基酸水溶肥料，可促进甜瓜根系发育，防甜瓜根系早衰，提高甜瓜对干旱、高温的耐受能力，预防急性萎凋现象的出现。

2. **合理使用激素** 在选择水溶性肥料时，尽可能选择不含激素的肥料产品。长期过量使用含大量激素的肥料，会造成根系和植株早衰，这种早衰现象往往在膨果中后期才会慢慢显现出症状，当发现问题时，为时已晚。

3. **合理灌溉，避免极端高温** 甜瓜对水分需求量大，在幼果生长发育期，要保持充足的水分供给，在膨瓜后期、成熟期，要适当控水。当膨瓜速度过快，同时又处于高温干旱条件时，会显著加速甜瓜根系老化，引起急性萎凋症。

六、畸形瓜

（一）症状

1. **大肚瓜** 瓜的前端、花蒂附近肥大，中间和基部变细。

2. **削肩瓜** 果柄附近果肉少，较细，粗细程度各不相同。

3. **缢缩瓜** 瓜上出现缢缩症状，切开后可见缢缩处呈中空状。

4. **棱形瓜** 果实沿维管束纵向隆起，凹凸不平产生棱形瓜。

5. **长形瓜** 果实膨大不良，易出现长形瓜。

6. **扁平瓜** 甜瓜压缩，呈柿饼状。

7. **尖顶瓜** 果柄附近粗，先端细。

（二）发生规律

甜瓜畸形瓜一般发生在果实发育剧烈变化的时期，不同形状的畸形瓜发生阶段不同。厚皮甜瓜果实发育过程一般是在开花后 13 天左右，先纵向生长，然后横向生长加快。一般前期发育正常，后期发育不良，则形成长形瓜，反之，则形成扁平瓜。同一果实，因果梗一端提早停止发育，顶端花蒂部位很晚才停止，因此开花后经 7~15 天，果实发育由纵向转向横向膨大，这时如果遇降雨或根部受伤，果实膨大短期内 2~3 天受到促进或抑制，就会形成棱形瓜或尖顶瓜。

夏季高温持续时间长或植株生长势弱时，易产生缢缩瓜。夜温低，植株茎叶生长受抑制，生殖生长快，果实膨大受抑制，易出现削肩瓜。

1. **肥水管理不到位** 甜瓜植株弱，尤其是晚熟甜瓜生长量大需水肥数量大，特别是进入果实膨大期，营养生长已基本停止，光合产物及吸收的矿质营养绝大部分向果实输送，如果膨大期以前营养储备不足，就会产生果实营养供不应求，造成果实小，产生的畸形瓜多。

2. **受精不良** 甜瓜授粉受精后，子房中产生大量生长素，促使果实膨大，如生长素产生不足就会失去对养分吸收的竞争优势而形成畸形瓜。

3. **地温低，甜瓜发育不均衡** 尤其是晚熟甜瓜个大，进入果实膨大期生长速度快，阳面受光条件好，热量也充足，阴面受光不足，地温低于气温，造成阴阳两面生长发育不均衡，导致畸形瓜比例增加。

4. **生长调节剂使用不合理** 在甜瓜生产中，低温、阴雨、空气相对湿度大会造成坐瓜难，有时使用植物生长调节剂处理促进坐瓜，但对操作要求严格，浓度除因气温、品种而异外，喷洒、浸蘸或涂抹不均匀，或使用浓度过高，易形成畸形瓜。

（三）防治措施

1. **调整棚内温、湿度** 高温和多湿可促进果实膨大，低温与干燥抑制果实膨大，湿度大时或连续晴天应控制果实发育，据天气变化进行灌水和通风换气，使果实发育后半期的膨大速度与前半期相同时，就产生正常果。同时要加强肥水管理，形成健壮的瓜株。培育健壮植株，建立强大的营养体系是形成优良商品瓜的基础，也是受精正常的重要保障。采用测土配方施肥技术，施足基肥，及时追施伸蔓肥，酌情施用膨瓜肥，保证养分供应充足。水分管理上注意适当蹲苗，促进根系生长，蹲苗不要过火，防止出现僵苗。整枝后到果实膨大期结束要注意保证水分充足，促进果实生长和果实膨大。

2. **保证授粉质量** 增加授粉昆虫提高授粉质量。增加花粉活力，提高花粉抗逆力，可在花期喷施 5~20 mg/L 的 2，4-D，可刺激甜瓜花芽分化，增强花粉对外界环境的抵抗力，完成受精过程，起到减少畸形瓜的作用。

3. **及时翻瓜，促进果实均衡生长** 翻瓜时间以瓜重 0.5 kg 时为宜，太小容易伤害幼瓜，太大则阴面很难在短时间内恢复，每年瓜在生育期中翻动 3~4 次为宜。

4. **及早摘除畸形瓜，结好第二批瓜** 生产上在畸形瓜刚形成后摘除，其消耗养分有限，此时茎尖尚未停止生长，对植株影响较小，对第二批花形成有利，可及时坐好第二批瓜，否则需时较长。

5. **药剂防治** 坐果前喷洒 25% 缩节胺水剂 2 500 倍液。

第六节　主要虫害的识别与防治

一、地老虎

（一）症状

甜瓜种植一般情况选择土壤比较肥沃而且地势比较高的田块，地下害虫危害比较严重，尤其旱旱轮作田块地下害虫危害比较严重，另外受秸秆还田和暖冬的影响，地下害虫虫卵有寄宿，可安全过冬，寄主种类多，而且世代重叠，侵害性比较大，成虫、若虫均在土中活动，使甜瓜苗根脱离土壤，致使幼苗因失水而枯死，严重时造成缺苗断垄。

（二）发生规律

小地老虎年发生代数因地区、气候条件而异。在我国从北到南 1 年发生 1~7 代。黄淮流域每年发生 3~4 代，长江流域棉区每年发生 4~5 代。

小地老虎是一种迁飞性害虫，南岭以北，北纬 33° 以南地区，有少量幼虫和蛹越冬，在北纬 33° 以北，1 月温度 0℃以下地区，不能越冬。因此，我国北方地区小地老虎越冬代成虫均由南方迁入。

当年 3~4 月雨水少，有利于越冬幼虫化蛹、羽化和成虫交配产卵，小地老虎就有大发生的可能。

地势较低、土壤湿度大、杂草种类多且生长茂密，适宜小地老虎生长发育和繁殖。

小地老虎的成虫昼伏夜出，趋化性强，对发酵的酸甜气味和萎蔫的杨树枝把有较强的趋性，对黑光灯也有强烈的趋性。成虫羽化后 1~2 天开始交配，交配后第二天即产卵。卵散产，多产在土块及地面缝隙内，有时也产在土面的枯草茎或茎秆上，少数产在作物叶片反面。产卵量与所获得的补充营养的质量、幼虫期的营养有关。每雌产卵可达 1 000 粒以上，多的可达 2 000 粒以上。

小地老虎的幼虫共 6 龄，少数 7~8 龄。孵化后先取食卵壳，在缺乏食物或种群密度过大时，个体间常自相残杀。幼虫老熟后，常选择比较干燥的土壤筑土室化蛹。

（三）防治措施

甜瓜轮作倒茬，有条件的地方实行稻棉轮作，恶化地老虎生存环境。

春播前进行春耕细耙等整地工作可消灭部分卵和早春的杂草寄主，同时在作物幼苗期结合中耕松土，清除田内外杂草并将其烧毁，可消灭大量卵和幼虫。秋季翻耕田地，暴晒土壤，可杀死大量幼虫和蛹。

在清晨刨开断苗附近的表土捕杀幼虫，连续捕捉几次，效果也较好。受害重的田块可结合灌水淹杀部分幼虫。

糖醋酒液诱杀成虫：成虫盛发期，在田间设置糖醋酒盆诱杀成虫。

将刚从泡桐树上摘下的老桐叶，用水浸湿，于傍晚均匀放于苗地地面上，每公顷放置900~1 200张，清晨检查，捕杀叶上诱到的幼虫，连续3~5天，效果较好，也可将泡桐叶在90%敌百虫晶体200倍液中，10 h后取出使用。

每667 m^2 用5%顺式氯氰菊酯可湿性粉剂300~600倍液，晴天傍晚喷雾；喷雾后，有条件可及时浇水，没有浇水条件时，每667m^2 地最少两药桶水；同样剂量药液，水量大好于水量少。

二、蚜虫

（一）症状

瓜蚜俗称蜜虫、腻虫，栽培甜瓜地区均有发生，以成蚜和若蚜在叶背吸食汁液，使叶片枯萎、卷缩，提前干枯死亡导致减产。瓜蚜最喜食甜瓜幼叶和幼茎，多成群密集在茎蔓顶端危害，使瓜蔓伸蔓受阻，长势缓慢，开花和坐果推迟。

（二）发生规律

瓜蚜1年发生20~30代。以卵在花椒、石榴、木槿及夏枯草基部越冬。第二年2~3月连续5天平均温度达到6℃时，越冬卵开始孵化，在越冬植物上繁殖几代之后，产生有翅蚜，飞入棚内繁殖危害，秋末冬初天气转冷，有翅蚜迁回到越冬寄主上，产生两性蚜交尾产卵过冬。瓜蚜发育快，繁殖力强，春秋季10天完成1代，夏季4~5天完成1代。繁殖的适宜温度为16~22℃，夏季高温多雨，其数量明显下降，危害减轻。

（三）防治措施

1. *消杀虫源*　生产中及时清除田间残枝败叶，铲除田边杂草，消除蚜虫滋生地。

2. *黄板诱杀*　在田间地头多插几块黄色诱蚜板进行诱杀。

3. *银灰膜驱虫*　可在瓜田的一头悬挂银灰色薄膜来驱赶有翅蚜，不让它们落地产卵。

4. *药剂防治*　可选用70%啶虫脒水分散粒剂5 000~6 000倍液喷雾，或46%氟啶·啶虫脒水分散粒剂3 000~4 000倍液喷雾，或50%氟啶虫胺腈水分散粒剂4 000~5 000倍液喷雾。

三、蓟马

(一)症状

甜瓜蓟马喜欢聚集在甜瓜嫩梢、花朵里吸食汁液，造成甜瓜生长点萎缩变黑，甚至坏死。而幼瓜被害后会形成“锈皮”，严重者会导致畸形甚至出现幼果脱落。

成虫和若虫均能锉吸甜瓜心叶、幼芽和幼果汁液，使心叶不能舒展，顶芽生长点萎缩而侧芽丛生。幼果受害后表皮呈锈色，幼果畸形，发育迟缓，严重时化瓜。

(二)发生规律

甜瓜蓟马成虫体长约 1 mm，金黄色，卵长 0.2 mm，长椭圆形，淡黄色。肉眼可见叶背面成虫、若虫。成虫多在叶脉间吸取汁液，因其较小不易看到，生产中常被忽视。

蓟马一年四季均有发生。春、夏、秋三季主要发生在露地，冬季主要在温室大棚中，危害茄子、黄瓜、芸豆、辣椒、西瓜等作物。发生高峰期在秋季或入冬的 11~12 月，翌年 3~5 月则是第二个高峰期。雌成虫主要行孤雌生殖，偶有两性生殖，极难见到雄虫。卵散产于叶肉组织内，每雌产卵 22~35 粒。雌成虫寿命 8~10 天。卵期在 5~6 月为 6~7 天。若虫在叶背取食到高龄末期停止取食，落入表土化蛹。成虫极活跃，善飞能跳，可借自然力迁移扩散。成虫怕强光，多在背光场所集中危害。阴天、早晨、傍晚和夜间才在寄主表面活动，这也是蓟马难防治的原因之一。当用常规触杀性药剂时，因此特性，白天喷不到虫体而见不到药效。

蓟马喜欢温暖、干旱的天气，其适宜温度为 23~28℃，空气相对湿度为 40%~70%；当空气相对湿度达到 100%、温度达 31℃时，若虫全部死亡。在雨季，如遇连阴多雨，葱的叶腋间积水，能导致若虫死亡。大雨后或浇水后致使土壤板结，使若虫不能入土化蛹和蛹不能孵化成虫。

(三)防治措施

1. *农业防治*　早春清除田间杂草和枯枝残叶，集中烧毁或深埋，消灭越冬成虫和若虫。加强肥水管理，促使植株生长健壮，减轻危害。

2. *物理防治*　利用蓟马趋蓝色的习性，在田间设置蓝色粘板，诱杀成虫，粘板高度与作物持平。

3. *药剂防治*　根据蓟马繁殖快的特点，应做好早期的防治，当植株虫口达 3~5 头时，应立即喷施。开始每隔 5 天喷施 2 次以压低虫口基数，随后视虫情隔 7~10 天，喷药 2~3 次。

防治药剂可选用 40% 啶虫脒可湿性粉剂 1 000 倍液，或 70% 吡虫啉可湿性粉剂 4 000 倍液，或 6% 乙基多杀菌素可湿性粉剂 1 500 倍液，叶面喷雾。

四、白粉虱

（一）症状

成若虫刺吸叶、果实和嫩枝的汁液，被害叶出现失绿黄白斑点，随危害的加重斑点扩展成片，进而全叶苍白。排泄蜜露可诱致煤污病发生。

（二）发生规律

白粉虱的发生，全年有两个关键的时期：一是在春季，发生于温室茬口，时间在 4 月中旬至 5 月下旬；二是在秋季，发生于温室、冷棚、露地等所有设施，时间在 7 月底至 9 月下旬，温室会一直发生到 11 月底。

（三）防治措施

1. *农业防治*　甜瓜苗房和生产温室分开。在甜瓜育苗前彻底熏杀残余虫口，清理杂草和残株，在通风口密封尼龙纱，控制外来虫源。甜瓜种植园避免与黄瓜、番茄、菜豆混栽。

2. *物理防治*　白粉虱对黄色敏感，有强烈趋性，可在温室内设置黄板诱杀成虫。方法是利用废旧的纤维板或硬纸板，用油漆涂为橙皮黄色，再涂上一层黏油，置于行间可与植株高度相同。

3. *药剂防治*

1）药剂熏蒸　在粉虱类害虫发生区，采用熏虫净、棚虫清、哒乙烟等熏烟剂熏蒸。一般在傍晚关闭温室通风口后施放烟雾剂，第二天通风，5~7 天熏蒸 1 次，共 2~3 次。常规温室用量 6~8 块（150~250 g）。

2）常规喷雾　在温室里粉虱类害虫发生高峰期，可选用 0.3% 印楝素乳油 1 000 倍液，或 25% 扑虱灵可湿性粉剂 2 500 倍液，或 10% 吡虫啉可湿性粉剂 1 500 倍液喷雾防治，每 10 天喷 1 次，共喷 2~3 次。用药时应注意药剂的轮换使用。

五、瓜绢螟

（一）症状

瓜绢螟在甜瓜全生育期均可发生，以幼虫危害叶片，1~2 龄幼虫在叶背啃食叶肉，仅留透明表皮，呈灰白色斑；3 龄后吐丝将叶或嫩梢缀合，匿居其中取食，致使叶片穿孔或缺刻，严重时仅剩叶脉。幼虫还啃食甜瓜表皮，留下瘢痕，并常蛀入瓜内危害，严重影响瓜果产量和质量。

幼虫共5龄，老熟幼虫体长，头部前胸背板淡褐色，胸腹部草绿色，亚背线呈两条较宽的乳白色纵带，气门黑色。

（二）发生规律

瓜绢螟成虫趋光性弱，昼伏夜出，产卵前期2~3天，平均每雌蛾可产卵300~400粒，卵多产于叶片背面，以散产为主，也有几粒在一起。初孵幼虫嫩叶正、反两面取食，残留表皮成网斑；3龄后开始吐丝缀合叶片、嫩梢，在虫苞内取食，严重时仅剩叶脉。幼虫还常蛀入瓜内，影响产量和质量。

瓜绢螟幼虫活泼，受惊后吐丝下垂，转移他处危害。老熟幼虫在卷叶内或表土中做茧化蛹。适宜幼虫发育温度26~30℃，空气相对湿度80%~90%，卵历期2~4天，幼虫历期7~10天，蛹历期6~8天，成虫寿命10天左右。浙江常年越冬代成虫在5月中旬至6月上旬灯下始见，危害高峰期在8~10月，年份间发生极不平衡。

（三）防治措施

1. *农业防治*　提倡采用防虫网，防治瓜绢螟兼治黄守瓜。清洁田园，瓜果采收后将枯藤落叶收集沤埋或烧毁，可压低下代或越冬虫口基数。人工摘除卷叶，捏杀幼虫和蛹。

2. *生物防治*　提倡用螟黄赤眼蜂防治瓜绢螟。此外在幼虫发生初期，及时摘除卷叶，置于天敌保护器中，使寄生蜂等天敌飞回大自然或瓜田中，但害虫留在保护器中，以集中消灭部分幼虫。

3. *灯光诱杀*　加强瓜绢螟预测预报，采用性诱剂或黑光灯预测报发生期和发生量。提倡架设频振式或微电脑自控灭虫灯，对瓜绢螟有效，还可以减少蓟马、白粉虱的危害。

4. *药剂防治*　可选10%三氟吡醚乳油1 000倍液，或5%虱螨脲乳油1 000倍液，或5%氟虫氰悬浮剂1 500~2 000倍液，喷雾防治。

六、甜菜夜蛾

（一）症状

甜菜夜蛾又叫玉米叶夜蛾、玉米小夜蛾、贪夜蛾、白菜褐夜蛾。以初孵幼虫结疏松网在叶背群集取食叶肉，受害部位呈网状半透明的窗斑，干枯后纵裂。3龄后幼虫开始分群危害，可将叶片吃成孔洞、缺刻，严重时全部叶片被食尽，整个植株死亡。4龄后幼虫开始大量取食，蚕食叶片，啃食花瓣，蛀食茎秆及果荚。

（二）发生规律

黄淮流域地区每年发生 4~5 代，以蛹在土室内越冬，甜菜夜蛾在 7~8 月危害较重。甜菜夜蛾发生适宜的温度 20~23℃，空气相对湿度 50%~75%。成虫有趋光性。甜菜夜蛾的成虫夜间活动。雌成虫产卵和卵块孵化时间主要集中在 20 时至翌日 8 时。甜菜夜蛾的幼虫共 5 龄。3 龄前群集危害，食量小；4 龄后食量大增，昼伏夜出，有假死性。虫口过大时幼虫可互相残杀。幼虫发育历期 11~39 天。老熟幼虫入土，吐丝筑室化蛹，蛹发育历期 7~11 天。幼虫表皮光滑，药液喷洒时不容易黏附，特别是 3 龄以后幼虫，对许多常用药很易产生抗药性，由于该虫来势猛、扩展快、抗药性强。

（三）防治措施

1. *农业防治* 在甜菜夜蛾蛹期结合农事需要进行中耕除草、冬灌，深翻土壤。早春铲除田间地边杂草，破坏早期虫源滋生、栖息场所，这样有利于恶化其取食、产卵环境。在虫卵盛期结合田间管理，提倡早晨、傍晚人工捕捉大龄幼虫，挤抹卵块，这样能有效地降低虫口密度。有试验表明，人工摘除卵块 3 次和人工捕捉幼虫 3 次对甜菜夜蛾的控制效果能达到 70%~93%。

2. *生物防治* 使用 Bt 制剂进行防治，保护利用腹茧蜂、叉角历蝽、星豹蛛、斑腹刺益蝽等天敌防治。卵的优势天敌有黑卵蜂、短管赤眼蜂等；幼虫优势天敌有绿僵菌。

3. *灯光诱杀* 在甜菜夜蛾成虫始盛期，在大田设置黑光灯、高压汞灯及频振式杀虫灯诱杀成虫，同时利用性诱剂诱杀成虫。

4. *药剂防治* 5% 氯虫苯甲酰胺悬浮剂 800~1 000 倍液喷雾，或 10% 溴氰虫酰胺悬乳剂 2 000~2 500 倍液喷雾，或 24% 虫螨腈悬浮剂 1 000~1 200 倍液喷雾。

第七节　缺素症的识别与防控

一、缺氮

（一）症状

甜瓜缺氮时表现为植株矮小，长势弱，茎秆细。叶片由下向上逐渐变黄。开始叶脉间黄化，叶脉凸出可见，最后全叶变黄。上部叶片变小，瓜蔓顶端露尖乏力，植株早衰。

（二）发生原因

土壤有机质含量低，有机肥施用量低；土壤供氮不足或在改良土壤时施用稻草过多；土壤板结，可溶盐含量高的条件下，根系活力减弱吸氮量减少，也易出现缺氮症状。

（三）防治措施

定植前施用充分腐熟的农家肥，提高地力；生长过程中发现缺氮症状时，可施用尿素、硝酸铵等速效氮肥；甜瓜的吸肥高峰在授粉2周后，以后迅速下降，注意掌握追肥时间。

二、缺磷

（一）症状

甜瓜缺磷时苗期叶色浓绿，硬化，株矮；成株期叶片小，稍微上挺；严重时，下位叶发生不规则的褪绿斑。

（二）发生原因

缺磷原因除基肥施用不足外，地温低植株根系发育不良，吸收能力差，土壤中磷元素充足，植株也难以吸收利用。

（三）防治措施

甜瓜育苗和定植前，配制育苗基质和增施基肥都要施入足量的磷肥。在苗期发现症状时应采用土壤补磷和叶面喷施的方法进行补磷。土壤补磷可用磷酸二铵、三元素复合肥等，叶面喷施采用磷酸二氢钾等速效肥料。

三、缺钾

（一）症状

在甜瓜生长早期，叶缘出现轻微的黄化，在次序上先是叶缘，然后是叶脉间黄化，顺序很明显；在生育的中后期，中位叶附近出现和上述相同的症状；叶缘枯死，随着叶片不断生长，叶向外侧卷曲；品种间的症状差异显著。注意叶片发生症状的位置，如果是下位叶和中位叶出现症状可能缺钾；生育初期，当温度低，覆盖栽培（双层覆盖）时，气体危害有类似的症状；同样的症状，如果出现在上位叶，则可能是缺钙；生长初期缺钾症比较少见，只有在极端缺钾时才出现；仔细观察初发症状，叶缘变黄时多为缺钾，叶缘仍残留绿色时则很可能是缺镁。

（二）发生原因

一是在沙土等含钾量低的土壤中易缺钾；二是施用堆肥等有机质肥料和钾肥少，供应量满足不了吸收量时易出现缺钾症；三是地温低、日照不足、过湿等条件阻碍了对钾的吸收；四是施氮肥过多，产生对钾吸收的拮抗作用。

（三）防治措施

施用足够的钾肥，特别是在生育的中后期，注意不可缺钾；甜瓜植株对钾的吸收量平均每株为 7 g，与吸收氮量基本相同，确定施肥量要考虑这一点；施用充足的堆肥等有机质肥料，如果钾不足，每 667 m^2 可用硫酸钾 3~4 kg，一次追施。

四、缺钙

（一）症状

上位叶形变小，向内侧或外侧卷曲，且叶脉间黄化，叶小株矮；若长时间低温、日照不足或急晴高温则生长点附近叶缘卷曲枯死。

（二）发生原因

一是土壤氮、钾多或干燥均影响对钙的吸收；二是空气相对湿度小，蒸发快，或土壤酸性均产生缺钙症；三是根分布浅，生育中后期地温高亦易发生缺钙症。

（三）防治措施

一是 667 m^2 施生石灰 50 kg 作基肥撒施，且要深施于根层内，以利吸收；二是避免一次大量施入氮、钾肥；三是确保水分充足；四是叶面喷施 0.3% 氯化钙水溶液。

五、缺硫

（一）症状

甜瓜缺硫时植株生长无异常，但中上位叶的叶色淡。黄化叶与缺氮症状相类似，但发生症状的部位不同，因为硫在植物体内移动性小，所以缺硫症状易出现在比较上位的叶片上，而且叶色变淡也往往是轻微的，下位叶通常是健康的，如果不通过对比试验，较难发现缺硫植株的异常。下位叶黄化为缺氮。缺硫的上位叶黄化症状与缺铁相似，缺铁叶脉有明显的绿色，叶脉间逐渐黄化。缺硫叶脉失绿，但叶片不出现卷缩、叶缘枯死、植株矮小等现象。

（二）发生原因

一是当土壤中硫不足时易发生；二是保护地长期使用无硫酸根的肥料，有缺硫的可能性；三是用草炭等材料育苗容易缺硫。

（三）防治措施

一是增施硫酸铵、过磷酸钙等含硫肥料；二是在生长期或发现植株缺硫时，用硫酸钾溶液叶面喷施。

六、缺铁

（一）症状

甜瓜植株的新叶除了叶脉全部黄化，到后期叶脉也渐渐失绿，侧蔓上的叶片也出现同样症状。

（二）发生原因

一是因铁在植体内移动小，故黄化始于生长点近处叶；二是碱性土、磷肥过量；三是土壤过干过湿以及温度低等。

（三）防治措施

一是土壤 pH 应在 6~6.5，防止碱化；二是注意调节水分，防止过干过湿；三是发生缺铁症，应用硫酸亚铁水溶液或柠檬酸铁液喷洒叶面。

七、缺镁

（一）症状

在生长发育过程中，下位叶的表面异常，叶脉间的绿色渐渐地变黄，进一步发展，除了叶缘残留一点绿色外，叶脉间均黄化。品种间发生程度、症状有差异。生育初期，结瓜前，发生缺绿症，缺镁的可能性不大，可能是在保护地里由于覆盖，受到气体的危害；注意缺绿症发生的叶片所在的位置，如果是上位叶发生缺绿症可能是其他原因；缺镁时叶片不卷缩，如果硬化、卷缩应考虑其他原因。症状发生在下位的老叶上，致使下位叶机能降低，不能充分向上位叶输送养分时，其梢上的上位叶发生缺镁症；缺镁症状与缺钾症状相似，区别在于缺镁是从叶内侧失绿，缺钾是从叶缘开始失绿。

（二）发生原因

土壤中含镁量低，如在沙土、沙壤土上未施用镁的露地栽培易发生缺镁症；钾、氮肥用量过多，阻碍了对镁的吸收，尤其是保护地栽培反应更明显；收获量大，但没有补充施用足够量的镁。

（三）防治措施

据土壤诊断可知，如缺镁，在栽培前，要施用足够的镁肥料；注意土壤中钾、钙等的含量，保持土壤适当的盐基平衡；避免一次性施用过量的，阻碍对镁吸收的钾、氮等肥料；应急对策是，用1%~2%硫酸镁水溶液喷洒叶面。

八、缺硼

（一）症状

生长点附近的节间明显缩短，上位叶外卷，叶脉呈褐色，叶脉有萎缩现象；果实表皮出现木质化或有污点，叶脉间不黄。

（二）发生原因

当土壤中硼不足时易发生；酸性土壤中，一次施用过量的石灰性肥料，容易发生缺硼症状；有机质使用量少，在pH偏高的田地中也容易发生缺硼；施用过多的钾肥、氮肥会影响对硼的吸收，易发生缺硼症。

（三）防治措施

在施用有机肥中事先加入硼肥或采用配方施肥技术；适时灌水防止土壤干燥，不要过多施用石灰肥料，使土壤pH保持中性；应急时可喷硼砂或硼酸水溶液。

九、缺锌

（一）症状

从中位叶开始褪色，叶脉清晰可见；叶黄化至呈褐色枯死，叶片向外侧微卷曲；生长点近处节间缩短，新叶不黄化。锌在植株体内移动比较容易，故缺锌症多在中下位叶。光照过强、吸磷过多、土壤 pH 过高等条件均影响吸收锌元素而致缺锌症。

（二）发生原因

● 沙质土壤为严重缺锌土壤类型。此类土壤中阳离子交换量低，锌离子含量也低，根系无法吸收足量的锌，出现缺锌症状。随着土壤中黏粒的增加，土壤中全锌的含量增加。但是由于黏粒对锌的吸附作用强，尤其在石灰性黏质土上，对锌有很强的固定作用，导致根系无法吸收，因而在过黏的土壤类型中，也常出现缺锌现象。

● 土壤有机质含量下降，土壤有机质属于有机胶体，具有强大的离子吸附能力。因此，土壤有机质含量的增加有助于土壤锌吸附量的增加。有机质含量高的土壤，有效态锌含量通常也较高，并且可以防止土壤中锌的流失。有很多农民朋友越来越不注重有机肥的施用，造成土壤有机质含量的急剧下降，是一些壤土类型高产田块缺锌的重要原因。

● 施肥不合理，锌与许多微量元素之间存在着拮抗作用，在农作物栽培过程中，表现突出的便是磷—锌拮抗。主要原因是，近年来，随着化肥使用量的逐步增加，特别是磷肥过量施用，土壤中磷元素大量积累，由于拮抗作用，抑制了根系对锌的吸收。

● 土壤酸碱度的影响。土壤的酸碱度直接影响到土壤中有效锌含量，有效锌的含量变化趋势为：随 pH 的降低而升高，土壤 pH 为 5.5~7.0，pH 每降低 1 个单位，锌的平衡浓度可能上升 30~40 倍。这可能是由于 pH 会影响土壤吸附表面对锌的亲和能力，从而影响锌的吸附量。同时，在碱性环境下，锌和磷酸根混合易形成磷酸锌沉淀，从而降低了锌肥的有效性。

（三）防治措施

土壤不要过量施磷，一般缺锌时可每 667m^2 施硫酸亚锌 1 000 克。应急时用硫酸锌水溶液喷洒叶面。

十、缺锰

（一）症状

植株顶部与幼叶叶脉间失绿，多数叶片叶缘下卷，失绿部分逐渐变成小型黄白色坏死斑；有的叶缘并不下卷，但除叶脉保持绿色外，全部叶片均为黄白色，并在叶脉间出现坏死斑，白化严重。

（二）发生原因

土壤属富含碳酸盐的石灰质偏碱性土，土壤通气不良，地下水位较高或土壤含水量过高时，容易缺锰；低温、弱光等条件会促进缺锰症状的发生。

（三）防治措施

增施腐熟有机肥，缺锰土壤施用含锰肥料，如硫酸锰、氯化锰、碳酸锰、二氧化锰、锰矿渣等见效较快；可施用硫酸锰作为基肥，加强中耕，提高土壤的通气性。

十一、缺钼

（一）症状

从苗期开始发病，叶片小，叶缘焦枯，叶片卷曲，少数情况下是向下卷曲，多数情况是向上卷曲。叶尖萎缩，从叶缘向内发展，叶脉间的叶肉出现不明显的黄斑，叶色白化或黄化。有的症状比较特殊，叶缘黄化卷曲特点不明显，但叶面明显黄化。

（二）发生原因

钼和土壤酸度有密切的关系，土壤偏酸性，土壤中有效钼可供给性就会下降；土壤中，磷、硫等的同时施用会引起缺钼；铁、锰等元素过高会影响植株对钼的吸收。

（三）防治措施

施用钼肥，将钼酸铵、钼酸钠、三氧化钼掺入基肥，其中钼酸铵、钼酸钠也可进行叶面喷施；酸性土壤中施用石灰来中和土壤酸度，可提高钼肥肥效。土壤酸度下降后，土壤中钼的可供给性提高，能够提供较多的钼。